“十四五”职业教育国家规划教材

食品加工机械与设备

第3版

席会平　田晓玲　主编

中国农业大学出版社
·北京·

内容简介

食品加工机械的现代化程度是衡量一个国家食品工业发展水平的重要标志。本书是"十四五"职业教育国家规划教材，以典型食品机械与设备的使用与维护为主线，主要包括认识食品加工机械、焙烤食品加工机械与设备、肉制品加工机械与设备、果蔬干制品加工设备、乳制品加工机械与设备、饮料加工机械与设备、其他食品生产常用的加工机械与设备的技术知识和操作应用等内容。本书充分考虑了学习者的认知规律和心理特点，具有较强的实用性及可操作性，并配套了数字教学资源，具有明显的时代特点和创新性。

本书可作为职业教育食品类专业教材，也可作为企事业单位技术人员的参考教材及各类食品公司的岗前培训教材。

图书在版编目(CIP)数据

食品加工机械与设备 / 席会平，田晓玲主编. --3 版 .--北京：中国农业大学出版社，2024.4 (2025.3 重印)

ISBN 978-7-5655-3206-1

Ⅰ.①食… Ⅱ.①席… ②田… Ⅲ.①食品加工机械－高等职业教育－教材 ②食品加工设备－高等职业教育－教材 Ⅳ.①TS203

中国国家版本馆 CIP 数据核字(2024)第 078800 号

书　名　食品加工机械与设备　第 3 版

作　者　席会平　田晓玲　主编

策划编辑　郭建鑫　　**责任编辑**　郭建鑫

封面设计　郑　川　李尘工作室

出版发行　中国农业大学出版社

社　址　北京市海淀区圆明园西路 2 号　　**邮政编码**　100193

电　话　发行部 010-62733489,1190　　读者服务部 010-62732336

编辑部 010-62732617,2618　　出　版　部 010-62733440

网　址　http://www.caupress.cn　　**E-mail** cbsszs @ cau.edu.cn

经　销　新华书店

印　刷　运河(唐山)印务有限公司

版　次　2024 年 6 月第 3 版　　2025 年 3 月第 2 次印刷

规　格　185 mm×260 mm　　16 开本　　18.75 印张　　468 千字

定　价　49.00 元

第 3 版编写人员

主　　编　席会平（河南质量工程职业学院）

　　　　　田晓玲（辽宁农业职业技术学院）

副 主 编　李书华（河南质量工程职业学院）

　　　　　路红波（辽宁农业职业技术学院）

　　　　　袁　彬（商丘职业技术学院）

参　　编　田　辉（河南质量工程职业学院）

　　　　　闫泽华（河南质量工程职业学院）

　　　　　刘玉兵（黑龙江农业经济职业学院）

　　　　　朱赞彬（信阳农林学院）

　　　　　王　洋（哈尔滨学院）

　　　　　张明月（郑州食品工程职业学院）

　　　　　孙晓瑞（好想你健康食品股份有限公司）

第2版编写人员

主　　编　席会平(河南质量工程职业学院)
　　　　　田晓玲(辽宁农业职业技术学院)
副主编　袁　仲(商丘职业技术学院)
　　　　　袁玉超(河南牧业经济学院)
　　　　　路红波(辽宁农业职业技术学院)
参　　编　胡晓波(河南牧业经济学院)
　　　　　李书华(河南质量工程职业学院)
　　　　　刘玉兵(黑龙江农业经济职业学院)
　　　　　冯世杰(信阳农林学院)

第3版前言

食品加工业在我国国民经济中占有重要的地位，随着社会的发展和人民生活水平的提高，人们对工业化食品的需求和对食品种类的要求越来越多，对食品质量的要求越来越高，对食品卫生的要求越来越严格。这些需求既促进了食品工业的发展，也促进了食品加工机械的发展，给食品加工机械行业提供了更广阔的发展空间。

食品加工机械的现代化程度是衡量一个国家食品工业发展水平的重要标志。食品生产的机械化、自动化、专业化和规模化是提高企业国内、国际市场竞争力的必然选择。提高食品生产机械化和自动化程度，是生产卫生、安全、营养价值高的食品的前提和基本要求，也是实现食品加工企业规模化生产和发挥规模效益的必要条件。随着科学技术的进步，我国食品加工机械与设备正向复杂、自控、成套和机电一体化方向发展。同时，由于食品工业原料和产品品种繁多、加工工艺各异，食品加工机械也门类各异、品种多样。随着客观环境的变化，食品加工机械与设备的开发与使用正面临着新的挑战。

党的二十大报告提出“教育、科技、人才是全面建设社会主义现代化国家的基础性、战略性支撑。必须坚持科技是第一生产力、人才是第一资源、创新是第一动力，深入实施科教兴国战略、人才强国战略、创新驱动发展战略，开辟发展新领域新赛道，不断塑造发展新动能新优势”。高等职业教育肩负为国家振兴培养人才的重任，主要以培养学生分析解决实际问题的能力为教学中心。因此，本教材在修订过程中以典型食品加工机械与设备的使用与维护为主线，按认识食品加工机械、焙烤食品加工机械与设备、肉制品加工机械与设备、果蔬干制品加工机械与设备、乳制品加工机械与设备、饮料加工机械与设备、其他食品生产常用的加工机械与设备的顺序重新调整与组合教材内容，并科学界定项目名称及相应的任务名称，比较全面地介绍食品加工中常用的机械与设备。

本教材充分考虑了学习者的认知规律和心理特点，针对目前食品加工企业普遍使用的机械，在介绍其基本原理、主要结构的基础上，重点描述食品加工机械与设备的操作及维护要点，具有较强的实用性及可操作性。本书内容包含七个项目，配套有食品加工机械与设备相关的技术应用、思政小课堂以及思考与练习，旨在激发学生学习兴趣，同时培养探索能力及总结能力。同时，根据坚持教育优先发展、科技自立自强、人才引领驱动，加快建设教育强国、科技强国、人才强国，坚持为党育人、为国育才，全面提高人才自主培养质量，着力造就拔尖创新人才的要求，本教材在修订过程中增加了有关新工艺、新技术、新产品、新动态以及食品机械相关思政融合的内容，具有明显的时代特点和创新性，可作为职业教育食品类专业教材，也可作为企事业单位技术人员的参考教材及各类食品公司岗前培训教材。

本教材由席会平、田晓玲主编。具体编写分工如下：项目一由席会平、张明月编写，项目二由田晓玲、王洋编写，项目三由路红波、袁彬编写，项目四由闫泽华编写，项目五由田辉编写，项目六由刘玉兵、朱赞彬编写，项目七由李书华编写，全书由李书华、孙晓瑞统稿。本教材在编写过程中得到了所有参编人员所在院校领导的大力帮助和支持，同时参考了许多同类书籍，在此一并表示衷心的感谢。

本教材内容涉及面广，机械设备种类繁多，加之编者水平有限，书中难免存在不妥之处，敬请读者批评指正。

编　者

2024 年 1 月

目　录

项目 1

认识食品加工机械

学习目标

知识目标

- 了解食品加工机械工业的发展状况。
- 了解各种食品加工机械的功能。
- 掌握食品加工机械的分类及特点。

能力目标

- 能正确说出食品加工机械工业的发展状况。
- 能正确说出食品加工机械的分类方法及特点。
- 能正确说出食品加工机械的发展方向。

素质目标

- 能够坚持科学严谨的态度与良好的职业道德。
- 具备热爱岗位的职业素养。
- 具有一丝不苟、精益求精的敬业精神。
- 具备创新意识及勤于思考的作风。

项目概述

本项目主要介绍食品加工机械的概念、作用、分类及特点，食品加工机械与设备的要求、各种食品加工机械的功能，食品加工机械工业的发展进展和状况，使学生了解食品加工业中高新技术配套装备的研究进展，熟悉现代食品加工所用到的机械设备及其发展趋势。

知识导图

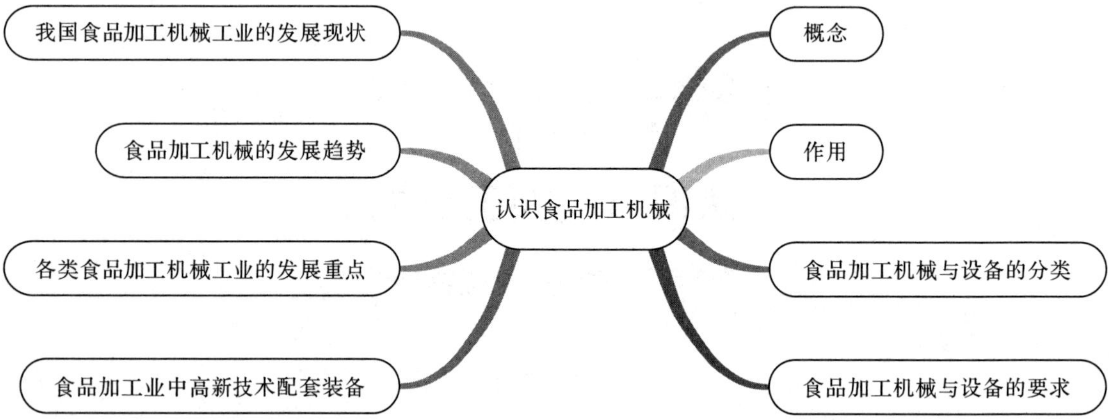

食品是人类生存与发展必不可少的物质基础。食品业就是把一切可食用的资源加工、制造成食品的产业，食品工业就是完成食品加工过程的工业。

食品加工机械与设备是在食品工业生产中，把食品原料加工成食品（或半成品）的一类专业机械与设备。

食品加工机械的现代化程度是衡量一个国家食品工业发展水平的重要标志。食品加工机械工业的技术进步为食品制造业和食品加工业的快速发展提供了重要的条件和保障，而食品工业的不断发展也为食品加工机械制造业提出了一个个新的课题，要求其不断创新、不断发展与完善。

食品加工过程中所采用的机械装置和设备称为食品加工机械。食品工艺上的要求是由食品机械来实现的，否则不能进行工业化生产。一些先进的食品工艺只能由食品加工机械来完成，因此，食品加工机械在食品工业中占有重要地位，而食品工业反映了国家工业整体水平，是国家工业化的重要标志。

食品加工机械的作用体现为减轻劳动强度，解放生产力，实现规模化生产，保证产品质量的稳定性，提高劳动生产率，减少原材料浪费，降低食品生产成本，促进食品安全法规的贯彻实施。

一、食品加工机械与设备的分类

由于食品原料及其加工工艺名目繁多，使得食品加工机械与设备的规格、品种也层出不穷，食品加工机械的种类非常繁杂，我国还未制订食品加工机械的分类标准，目前国内较为流行的分类方法主要有两种：食品加工产品对象分类法和食品加工机械设备功能分类法。

(1)食品加工产品对象分类法　按所用的原料或产品进行分类，如米类加工机械与设备、焙烤食品加工机械与设备、制糖加工机械与设备、乳品机械与设备、酿造机械与设备、面类食品加工机械与设备、豆制品加工机械与设备、肉制品加工机械与设备、果蔬机械与设备、水产品机械与设备、饮料机械与设备、调味品机械与设备、糖果机械与设备、方便食品加工机械与设备、炊事机械与设备、罐头食品加工机械与设备等。

(2)食品加工机械功能分类法　按食品加工机械的功能、工作原理和特点进行分类，如物料输送机械与设备，原料预处理机械与设备，粉碎、均质及混合机械与设备，热加工机械与设备，冷冻加工机械与设备，成型、挤压机械与设备，装料及包装机械，生化反应设备等。

近年来，随着食品加工业的发展，在每一个分支中均分化出了不少新的加工机械种类。例如，在分离机械中发展出了超临界萃取、纳滤、微波辅助萃取、超声辅助萃取等新的分离机械；在食品粉碎机械中新推出了气流粉碎、振动粉碎、球磨粉碎等超细粉碎设备。与此同时，不同行业的交叉又产生出一些新的行业。例如，在粮食加工中的植物蛋白饮料、果蔬加工中的果蔬汁饮料、畜禽加工中液态牛奶等工业的发展，形成了技术先进、产品便捷营养的饮料加工业，培养出了一批专业从事饮料成套设备研发与生产的科研机构与企业。

二、食品加工机械与设备的要求

食品加工机械与设备应满足各类食品的特定工艺要求，反映工艺的实用性和多样性需求，如在一台机器或一条食品生产流水线上采不同的原料、不同的配方、不同的工艺参数或者调整设备的配置，就可以生产出不同的食品，从而达到一机多能、一机多用的效果。

食品加工机械与设备在使用过程中必须符合《中华人民共和食品安全法》的有关规定，其结构的设计不仅要考虑便于清洗和便于拆卸，还要杜绝出现死角，避免物料的积存，防止微生物的滋生，同时要求与产品直接接触的零部件必须选用耐腐蚀、无毒的材料。食品加工机械的传动、润滑、密封性一定要好，防止润滑剂泄漏造成的食品污染事件。

食品加工机械与设备在使用中必须具有可靠性和耐久性。食品加工厂多数属于连续生产方式，如果生产中某一个部件出现了问题，不仅影响生产，严重时还会造成全线停产，导致所投入的原料部分或全部报废，给企业带来巨大的损失。

三、我国食品加工机械工业的发展

食品加工机械工业是为食品工业提供装备的行业，食品工业是我国国民经济的支柱产业。

参照国际分类标准，我国的食品工业分为以下四个主要行业：

(1)食品加工业　包含粮油加工业、饲料加工业、植物油加工业、制糖业、屠宰及肉蛋加工业、水产品加工业、盐加工业及其他食品加工业。

(2)食品制造业　包含糕点糖果制造业、乳品制造业、罐头食品制造业、发酵制品制造业、调味品制造业及其他食品制造业。

(3)饮料制造业　包含酒精及饮料酒、软饮料制造业、制茶业等。

(4)烟草加工业　包含烟叶复烤及卷烟制造。

食品工业发展带动了食品加工机械的发展。我国的食品加工机械工业始于20世纪50年代初，主要是在20世纪80年代随着改革开放，依靠自己的力量，从无到有，从小到大，从弱到强，从低到高，白手起家逐步发展壮大、完善起来的，已走过了几十年的光辉发展历程。20世纪80年代中期成立的中国食品和包装加工机械工业协会、原中国包装和食品机械总公司加强了行业管理，扩大了对外交流，每年举办中国国际食品加工和包装机械展览会，吸引了各国厂商参展，加强了国内外技术交流与合作，推动了新产品开发。

我国食品工业及食品加工机械的发展历程大致可分为三个阶段。

第一阶段，20世纪50年代以前，食品的生产加工主要以手工操作为主，基本属于传统作坊生产方式。仅在沿海一些大城市有少量工业化生产的食品加工厂，所用的设备几乎全是国外设备。粮食加工厂的情况略好于食品加工厂，此阶段工业化生产的粮食加工厂主要是进行面粉生产加工。但同样，面粉厂所用的设备也几乎全是国外设备。可以说20世纪50年代以前全国几乎没有一家像样的专门生产食品加工机械的工厂。

第二阶段，20世纪50～70年代，食品加工业及食品加工机械工业得到很大的发展，全国各地新建一大批食品加工厂，尤其是面粉、大米、食用油的生产加工厂。在多数主要的粮食加工厂中基本上实现了初步的机械化工业生产方式。但同期的食品加工厂尚处于半机械半手工的生产方式，机械加工仅用于一些关键工序中，而其他生产工序仍沿用传统的手工操作方式。与此阶段食品工业发展相适应，食品加工机械工业也得到了快速发展，全国各地新建了一大批专门生产粮食和食品加工机械的制造厂。国内的食品加工机械工业经过近30年的发展，使得国产食品加工机械基本能满足我国食品工业发展的需求，为实现食品工业化生产做出了重大贡献，食品加工机械工业已初步形成了一个独立的机械工业分支。

第三阶段，20世纪80年代以后，食品工业得到迅猛发展。随着外资的引入，出现了很多外商独资、合资等形式的食品加工企业。这些企业在将先进的食品生产工艺技术引进国内的同时，也将大量先进的食品加工机械引入国内。受此影响，再加上社会对食品加工质量、品种、数量要求的提高，极大地推进了我国食品工业及食品机械制造业的发展进程及速度。此阶段，通过消化吸收国外先进的食品加工机械技术，我国的食品加工机械工业的发展水平得到很大提高。20世纪80年代中期，我国粮食加工业和食品加工业实施了第一轮大规模的技术改造工程。经过这一轮的技术改造工程，食品工业全面实现了机械化和自动化。20世纪90年代以后，又进行了新一轮的技术改造工程，许多粮食加工厂和食品加工厂对设备进行了更新换代，或直接引进全套的国外先进的设备，或采用国内厂家消化吸收生产出的新型机械设备。可以说这两轮技术改造工程对食品加工机械工业的发展起了极大的推进作用，食品加工机械工业已完全形成了一个独立的机械工业分支。

四、食品加工机械与设备的发展趋势

随着我国经济的持续发展以及对于食品加工产业需求的逐年增大，我国食品加工市场呈现明显快速增长趋势。一方面，国外食品加工机械装备巨头纷纷加大了在中国市场的投资规模与销售力度，凭借其在资金、人才、设备、技术、研发等方面的优势，占据了国内高端食品加工机械装备的许多市场份额。另一方面，经过数十年的开拓和积累，我国食品加工机械装备行业逐步形成了一批具有较强研发能力、拥有自主知识产权、在中高端市场具有较强竞争力的食品加工机械装备制造商。尤其在一些中国特色食品加工领域，我国企业的研发能力、产品创新能力和企业盈利能力均实现了长足的发展。

总体来说，我国食品加工机械与设备发展趋势如下。

(1)保障加工食品的安全、绿色是大趋势　为保障食品生产加工的安全性，应尽可能地在食品加工机械设备中提高生产加工过程的密封性，也可通过使用特殊涂层等处理方式，以确保机械设备所生产、加工的食品更加安全与优质。

(2)大型化、节能化、成套化将是食品加工机械的发展方向　适配食品工业大规模生产的需求，并确保能够帮助食品加工企业获得最佳的经济效益，大型化成套食品加工生产线机械设备更能达到高效节能的效果，必将拥有广阔的市场。

(3)不断呈现信息化、智能化的特点　信息技术的发展为食品加工机械智能化发展提供了有效的技术支撑；智能化技术使得人、机械、相应的软件之间实现了较好的沟通和交流，从而可以对食品机械化生产起到良好的调整作用。未来，食品加工机械行业将会更加注重智能化和自动化，并且会朝着更高端的信息一体化的方向前进。

五、食品加工机械与设备的发展需求

高品质的用户在挑选设备的过程中除了注重设备本身的质量与售后服务之外，更加注重以下几点需求：

(1)人工智能化　随着经济发展越来越迅速，人工费用越来越高，人工的可控性越来越差，所以很多食品企业负责人希望可以通过机械代替人工的方式实现生产管理智能化，生产可控性更强，更节约人工成本，并且人工智能是未来各个行业的发展趋势。

(2)量身定制　越来越多的食品企业已不满足于使用常规设备来做自己的产品，他们对自己的食品更了解，更希望食品机械生产者根据实际工艺去为它们定做专属于自己的设备，这就需要食品机械生产者有更专业的技术团队、更强的研发能力，才能在这个供远大于求的大环境

中脱颖而出。

(3)提供食品工艺解决方案　在这个发展如此迅速的社会环境中，食品机械生产者不仅要提供设备，更要提供食品工艺解决方案，这需要有广大的客户群体和长时间的经验积累。

(4)设备全面化　对于很多新建工厂来说，更希望找一个公司就可以制作配套所有设备，建设一整条生产线，解决客户难题。

六、各类食品加工机械工业的发展重点

今后一个时期，我国各类食品加工机械工业的发展重点如下。

(一)粮油加工设备

粮油加工设备将提高技术结构水平，产品结构升级换代加快发展，进入设备质量、品种数量、技术含量的提高和调整时期。发展能提高大米、面粉得率，降低杂质含量的技术和装备；适当发展免淘米、珠光洁米、专用粉、杂粮精加工的技术和装备；发展粮食深加工和综合利用的技术和装备；发展膨化等油脂浸出工艺、油脂精炼和豆粕低温脱溶技术与装备；开发并应用棉籽、菜籽的脱毒技术与装备；发展大豆加工和综合利用设备。

(二)淀粉加工设备

我国淀粉加工机械应在提高生产能力和技术水平上狠下功夫。解决好关键主机和成套设备方面的问题。进一步加大薯类资源开发和综合利用，应全面开发马铃薯全粉的生产设备及开发利用马铃薯全粉生产系列食品的加工工艺和设备。

(三)方便食品加工设备

为使城乡居民饮食生活进一步多样化、方便化，满足人们对方便食品在营养、卫生、经济、风味等方面的需求。发展方便面、方便米饭、方便粥、方便米粉、膨化食品、馒头、包子、春卷、馄饨、饺子等方便主食加工成套设备。发展方便主食，以及各种蔬菜、肉、蛋、禽、水产品等速冻小包装相关设备。发展快餐、学生课间餐、营养餐、午餐等工业化生产装备。重点发展传统食品，保健、婴幼食品加工设备，也应注意发展各种休闲膨化食品加工设备。

(四)果蔬保鲜与加工设备

果蔬保鲜与加工设备仍有广阔的市场需求，应发展果蔬分级技术与装备；高得率的鲜榨果汁技术和设备；节能的浓缩技术和设备；速冻及脱水技术与设备；发展分离和提取果蔬(尤其是皮、籽等废弃物)中功能性成分的技术与设备。发展全自动速冻食品加工成套设备及相关配套设备。

(五)乳品加工机械

我国的乳品加工机械应增加产品品种，提高关键产品的质量，发展国内急需的大型自动化生产线。建议今后开发的重点：①原料奶的自动质检、检测仪器，低温预处理有关设备，原料奶的贮藏设备，专用鲜奶检测仪器；②大中型乳品生产线实现微机自动化；③提高和完善均质机的技术性能和质量水平；④鲜奶生产的超高温瞬时杀菌设备、灭菌奶的无菌灌装设备及其与UHT设备的成套化；⑤牛奶的分离技术和设备；⑥高效率、低能耗的多次蒸发器；⑦奶粉二次干燥设备，大型奶粉生产线，小型奶酪加工设备。

(六)肉类加工设备

目前我国家畜、家禽屠宰设备以中、小型成套设备为主，大型设备还需进口。在中、小型成

套设备中，关键设备（如胴体分割、骨肉分离、电麻、自动宰杀、内脏摘取等）与发达国家存在较大差距。熟肉制品加工关键设备（如盐水注射机、斩拌机、全自动真空灌肠机、蒸煮设备等）与发达国家也存在较大差距。今后，应着力增加产品品种、提高产品质量和技术水平。大力发展熟肉制品和方便肉食品的加工设备，同时要大力发展冷冻肉、分割肉、小包装肉等加工和包装设备。发展畜、禽屠宰的内脏、血、皮、骨、毛和各种腺体等的综合利用技术与设备，应用分离、提纯新技术，开发功能性、生理活性物质的加工设备。

（七）饮料加工设备

我国饮料工业近十几年发展迅速。饮料加工机械有清洗机械、分级选果机械、粉碎机械、打浆机、榨汁机、分离机、均质机。过滤机、浓缩设备、热交换机械、水处理设备、汽水混合机、提香机、杀菌机械、灌装设备、冷饮成套设备等。

目前，饮料设备的年生产能力已达 2 000 t 以上，行业内已引进符合国际先进水平的两片式易拉罐生产线和灌装线以及 PET 瓶、利乐包、康美盒等一次性软包装生产线和各种规格、型号的玻璃瓶、塑料瓶灌装浓缩果汁、纯净水生产线，高压杀菌设备以及其他各种饮料生产设备，国际上最先进的 PET 瓶无菌灌装设备也被引进投入使用。先进的生产工艺技术如膜分离技术、酶工程技术、无菌灌装技术等也在国内饮料行业得到应用。

国产饮料机械基本能满足饮料加工业的一般要求，但尚不能完全满足饮料工业发展的需要。与发达国家相比，存在产品规格不全、成套性差、大型成套设备少、自动化水平不高、先进技术应用不多等差距。今后应加强目前缺门短项的单机（如浓缩、杀菌、香味回收等）新产品开发，加快新技术的应用，提高设备的可靠性、稳定性。

（八）无菌包装设备

无菌包装诞生于 20 世纪 40 年代，应用于 60 年代，发展于 70 年代，到 90 年代中期，国外已有数十家生产各种无菌包装设备的公司，目前，发达国家的液体食品包装中，无菌包装已占 65%以上，且每年以超过 5%的速度增长。我国的无菌包装技术起步于 20 世纪 70 年代，到 80 年代末 90 年代初迅速地发展起来，从最初的引进国外成套无菌设备生产线及包装耗用材料到自主研究开发，我国的无菌包装技术经过了从无到有，并逐渐走向成熟的过程。

目前，世界上较大的较有影响力的无菌包装器材生产企业有瑞典利乐包装有限公司、美国国际纸业公司、德国 PKL 公司、德国意韦卡公司等。从北京航空工艺研究所于 1988 年底研制成功国内第一条大袋无菌包装生产线开始，目前国内广东省远东食品包装机械有限公司、安徽省科苑集团、杭州中亚包装有限公司、上海轻工机械厂等 10 余家企业已经有能力生产各种无菌包装生产线。

七、食品加工业中高新技术配套装备

可应用于食品机械生产中新的食品加工技术主要有以下几种。

（一）冷杀菌技术

传统的高温杀菌方法容易破坏食品的原有风味和维生素 C，使酶特性发生变化，影响食品品质。美国食品药品监督管理局（FDA）1995 年 7 月通过了 Coolpure 公司的冷杀菌法，该法适用于液态或可泵送食品的杀菌，采用短时高电压脉冲杀灭液体和黏性食品中的微生物。冷杀菌技术包括物理冷杀菌和化学冷杀菌。近年来发展较快的物理冷杀菌技术包括：超高压杀菌、脉冲电场杀菌、脉冲磁场杀菌、电子射线杀菌、强光脉冲杀菌等。目前有关冷杀菌的机理研究较多，开发了不少不同规格的小型试验设备，但技术实施的共同困难是设备的放大问题。

学习视频1
超临界流体萃取

(二)超临界流体萃取技术

超临界流体萃取技术是利用某些物质(主要是一些沸点低、在常温常压下呈气态的物质)处于超临界状态下所具有的优良溶解特性，来分离混合物中目标组分的一种高新分离技术。超临界流体萃取技术常常以 CO_2 为溶媒，在萃取食品、香料、中药材中有效成分时，具有萃取温度低、选择性好、无有机溶剂残留、对环境无污染等优点，因此得到快速的发展，前景广阔。我国已经研制出了萃取容量达 1 000 L 的超临界流体萃取设备，25 L 以下的实验设备比较普及，且性能基本可以满足实验的需要，生产型的设备还有待完善。我国已进口多套大型超临界流体萃取生产设备，单只萃取釜的容积最大达 3 500 L。

(三)超声波技术

超声波技术在食品加工中有多种应用，例如，超声波强化萃取技术、超声波均质机细化技术、超声波细胞破碎技术等。

超声波强化萃取技术是借助超声波的“空化效应”，使得提取介质中的微小气泡压缩、爆裂，破碎被提取原料的细胞壁，加速了天然产物中有效成分的溶出；借助超声波的“机械振动”和“热效应”还可进一步强化溶出成分的扩散，因此可以大大缩短提取时间、降低提取温度、提高提取效率。

传统的高压式均质机已发展到了极限，即不可能再靠提高压力的方法来取得进一步细化物料的效果，对纤维状结构和脂肪球的破碎效果不理想。目前美国已研制成功新一代聚能式超声波均质机，能使果汁饮料中的固形物尺寸细化到 0.1～0.5 μm，且不会像高压均质机那样因升温而改变物料特性。

(四)挤压技术

挤压技术是借助螺杆挤压机完成输送、混合、加热、加压、质构重组、熟制、杀菌、成型等多加工单元，从而取代食品加工的传统生产方法。目前已研究开发出适应高淀粉、高蛋白质、高脂肪、高水分的挤压加工机械，用于生产各类合成肉、水产、谷物早餐等食品。螺杆挤压机分为单螺杆挤压机和双螺杆挤压机。

(五)真空技术

真空技术在食品工业的应用潜力很大。目前食品工业普遍采用真空浓缩、真空包装、真空充氮气包装、真空贴体包装、真空干燥、真空油炸、真空熏蒸、真空输送、真空浸渍、真空冷却等技术。

我国食品原料种类繁多，资源十分丰富。为了满足人们对食品的营养需求，在保证原有食品特色、种类及需求量的基础上，还应不断研制和开发新型食品原料及适应新产品要求的新型的食品加工设备。因此，在食品加工机械与设备新产品的研制与开发方面具有非常广阔的发展空间，我们要顺应产业需求，使食品加工机械向知识密集化、技术综合化、产品智能化等方向发展。

思政小课堂

智能机械创新推动食品加工企业升级

智能食品机械是高端装备领域的重要组成部分，数据显示，国内智能食品机械的年增长率将保持在25%以上。例如在食品包装领域，机器人技术的应用率从9.5%增加到了17.4%，增长极其迅速。尤其是码垛机器人、分拣机器人的出现，极大地解放了劳动力，工作效率和运行精准度也非常高。

《中国制造2025》提出后，人们逐渐认识到智能化、数字化生产的优势。近几年，国内智能技术呈现飞跃式发展，人工智能、机器视觉、物联网、大数据、区块链等新兴技术不断发展，并应用到食品机械中。食品机械制造业正在逐步走向智能化，并将带动食品工业的转型升级。

智能机械的不断发展为食品工业提供了更强大的生产力，推动产业内新的生产模式出现。随着市场进一步发展，未来食品行业集中度还将有所提升，因此企业要想不被市场淘汰，就要提高创新意识，优化生产模式，通过智能设备的应用，降低生产成本，提升产品质量，使企业在面临市场变化时具有更好的灵活性和应变能力。

创新意识是指个体或组织认识到创新的重要性，并具备开拓、尝试和推动创新的思维和意愿。它是一种积极主动的态度和观念，是对传统观念和方式的挑战和超越，追求创造新价值、解决问题和实现持续进步的意识。作为食品专业的新时代青年，必须重视培养创新意识，助力企业积极研发新技术，不断提高产品质量和性能，以满足市场需求，提高竞争力。

思考与练习

1. 简述食品加工机械与设备应满足的要求。
2. 简述食品加工机械与设备的发展趋势。
3. 可应用于食品机械生产的新的食品加工技术有哪些？

项目 2

焙烤食品加工机械与设备

学习目标

知识目标

- 掌握面包加工机械与设备的结构、工作原理、操作方法和在生产中的作用。
- 掌握饼干加工机械与设备的结构、工作原理、操作方法和在生产中的作用。
- 掌握糕点加工机械与设备的结构、工作原理、操作方法和在生产中的作用。

能力目标

- 能正确操作和维护焙烤食品加工机械与设备。
- 能够独立或协作分析焙烤食品加工机械出现的问题并解决问题。

素质目标

- 具备诚实守信、吃苦耐劳、团结协作、规范操作的精神。
- 具有较强的企业安全生产意识。

项目概述

焙烤食品因其美味、便捷、健康等优势，深受各国消费者的喜爱，吐司、面包、饼干等焙烤食品已经成为人们生活中不可或缺的一部分，既可作为日常餐饮的主食，也可作为茶歇点心供人们聚会休憩时享用。专业、高效的焙烤设备是自动化、机械化焙烤食品生产当中不可或缺的一部分。

焙烤食品的品种不同，其加工工艺就不同，加工所用的机械设备也有所不同，这就需要多种类型的加工设备，比如和面机、面团切块机、搓圆机、成型设备、烤炉、隧道炉等。正是这些加工机械与设备的应用大大促进了加工工艺的改善，提高了我国焙烤食品的加工水平。

知识导图

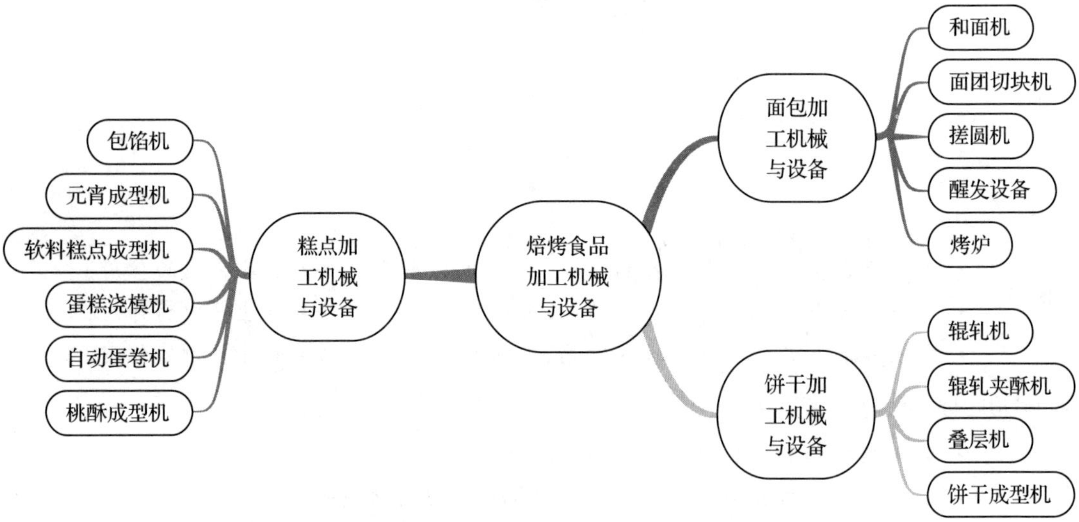

任务 2-1　面包加工机械与设备

技术知识

面包是以小麦粉、酵母、食盐、水为主要原料，以鸡蛋、油脂、奶粉、果仁等为辅料，经过发酵、整形、成型、醒发、烘烤、冷却等过程加工而成的焙烤食品。面包生产历史悠久、品种丰富、数量众多，而且面包内部组织膨松，营养丰富，易于消化吸收，食用方便，越来越受到广大消费者的青睐，在人们的饮食生活中占据越来越重要的地位。

面包生产工艺均要经过搅拌、发酵、整形、醒发、烘烤五个主要工序，还有冷却与包装等成品处理的工序。

常用的面包生产工艺为二次发酵法，其工艺流程如下：

调制种子面团→发酵→调制主面团→延续发酵→分割搓圆→中间醒发→整形→入盘（听）→最后醒发→烘烤→冷却→包装。

生产面包的设备主要包括：和面机、面团切块机、滚圆机、醒发设备、烘烤设备等。

一、和面机

学习视频 2
和面机

和面机的作用是将各种原料加水搅拌，调制成符合产品质量要求的面团。按照主轴的安装形式，分为立式和面机和卧式和面机两类，主要由搅拌器、搅拌容器、容器翻转器、传动装置和机座等组成。

和面机在工作时，首先将面粉、水等物料倒入搅拌容器，然后开机使搅拌器转动，搅拌器先是对物料进行局部混合，进而达到整体混合，使物料形成整体团块，然后由搅拌器移动产生剪切力，使物料被拉延撕裂，一部分物料受到推挤而压向邻近物料，另一部分物料被抛出，打向容器内壁，经过反复多次的拉、压、揉、打得到要求的塑性物料。

（一）结构

1. 卧式和面机

卧式和面机的搅拌容器轴线与搅拌器回转轴线都处于水平位置。其所具备的造价低廉，生产能力强大，卸料、清洗及维修便捷，以及可以与其他设备组成连续性生产线等特点，使它成为国内外大型烘焙企业与面点食品加工企业生产车间里应用最为广泛的一种和面设备。卧式和面机工作时，电动机会利用三角皮带带动蜗杆，然后经蜗轮蜗杆减速机构使搅拌器转动起来。和面结束后，电动机再次利用三角皮带带动蜗杆，通过蜗轮蜗杆减速机构使和面容器在一定范围内翻转，以便将和好的面团卸出。如图 2-1-1 所示。

2. 立式和面机

立式和面机的搅拌容器轴线沿垂直方向布置，搅拌器有倾斜和垂直两种安装方式。立式和面机的结构与立式打蛋机十分相似，其传动装置相对较为简单。有些设备搅拌容器做回转运动，有的装备有翻转甚至移动卸料的部件。立式和面机虽然结构上较为简单，但其卸料及清洗方面不如卧式和面机那么便捷，另外，其直立轴封部件长期工作时还存在润滑剂泄漏现象，会带来食品污染的风险。如图 2-1-2 所示。

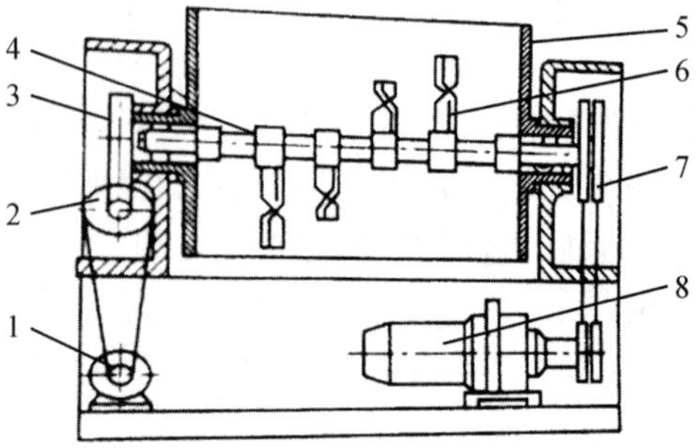

1. 副电动机 2. 蜗杆 3. 蜗轮 4. 主轴
5. 缸体 6. 桨叶 7. 链轮 8. 主电动机

2-1-1 卧式和面机结构

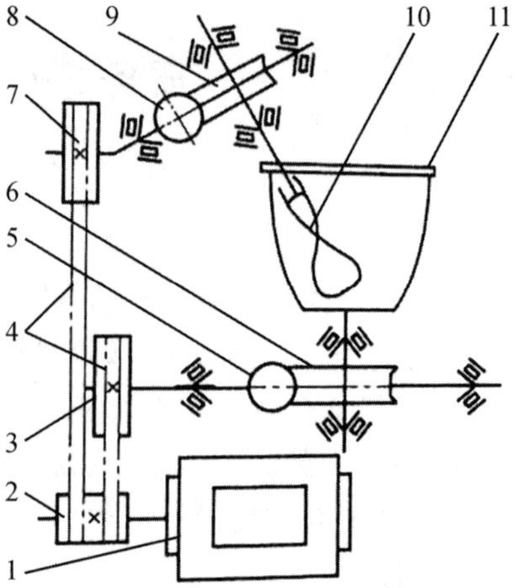

1. 电动机 2、3、7. 皮带轮 4. 皮带 5、8. 蜗杆
6、9. 蜗轮 10. 搅拌器 11. 搅拌容器

2-1-2 立式和面机结构

(二)主要部件

1. 搅拌器

搅拌器也称搅拌桨,是和面机中最为重要的部件。搅拌器的种类繁多,一般要依据搅拌物料的性质及工艺要求而进行选取。搅拌器按照转轴数目分,主要有单轴与双轴两种。立式和面机与卧式和面机的搅拌器也各有不同。卧式和面机常见的搅拌器有桨叶式搅拌器、"Σ"形与"Z"形搅拌器、滚笼式搅拌器等,立式和面机的搅拌器主要有桨叶式、扭环式及象鼻式三类。

(1)桨叶式搅拌器 桨叶式搅拌器如图 2-1-3 所示,这种搅拌器由几个直桨叶或扭曲直桨叶与搅拌轴组成。搅拌轴一般装在容器的中心部位,近轴处物料的运动速度相对较低,如果投粉量少或操作不当时,容易造成抱轴或搅拌不均等现象。另外,桨叶搅拌器在和面时对物料的剪切作用较强,但在拉伸作用方便表现较弱,进而对面筋的形成有一定的破坏作用。桨叶式搅拌器具有结构简单、成本低的特点,被广泛用于揉制酥性面团。

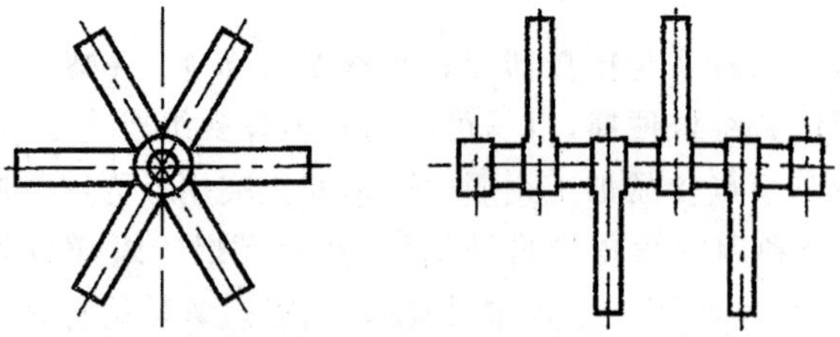

图 2-1-3 桨叶式搅拌器

(2)"Z"形与"Σ"形搅拌器 "Z"形与"Σ"形搅拌器如图 2-1-4 所示,这两种搅拌器的桨叶母线与其轴线呈一定角度,进而增加了物料的轴向和径向的流动,从而达到促进混合的目的,此类搅拌器适宜高黏度物料的调制。"Σ"形搅拌器具有很好的调制作用,卸料和清洗也都很方便,因此被广泛应用。"Z"形搅拌器与"Σ"形搅拌器相比,虽然调和能力较低,但可产生较高的压缩剪切力,在细颗粒与黏滞性物料的搅拌中被广泛应用。

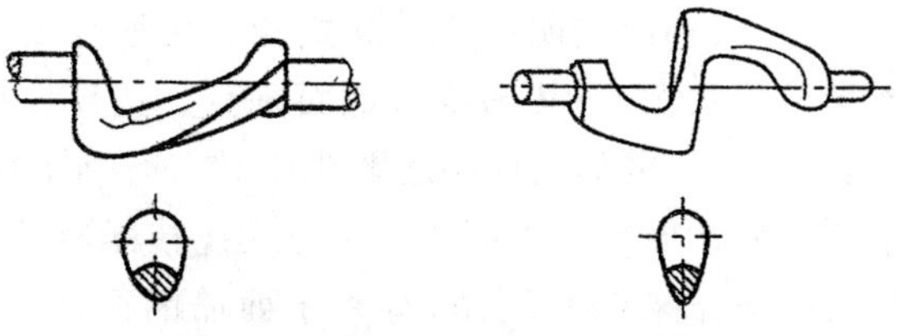

图 2-1-4　“Z”形与“Σ”形搅拌器

(3)滚笼式搅拌器　滚笼式搅拌器基本结构如图 2-1-5 所示。滚笼式搅拌器主要由连接板和 4～6 个直辊及搅拌轴组成。直辊分为加有活动套管与不加套两种。活动套管在和面时自由转动,可减少直辊与面团间的摩擦及硬挤压,以降低功率消耗,减少面筋的破坏。直辊安装位置有平行于搅拌轴线和倾斜于搅拌轴线两种。后者倾角为 5°左右,作用是促进面团的轴向流动,各辊对回转轴心的半径不同。直辊在连接板上的分布有“X”形、“S”形、“Y”形。其中“Y”形结构搅拌器两连板间无中心轴,可避免面团抱轴或中间调粉不均匀的现象。

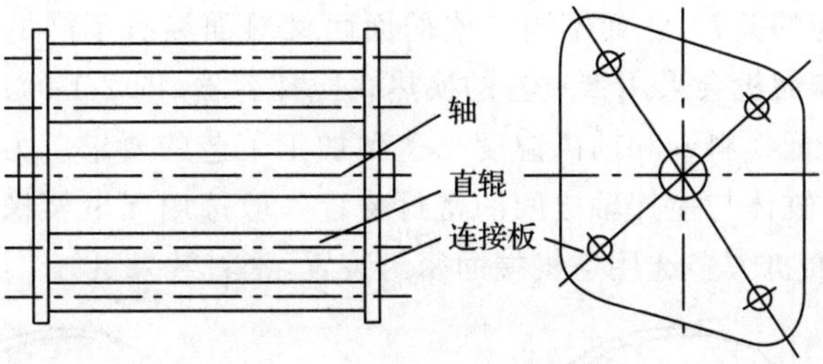

图 2-1-5　滚笼式搅拌器

滚笼式搅拌器和面时,对面团有举、打、折叠、揉、压、拉等多种连续操作(图 2-1-6),有助于面团的捏和。如果搅拌器结构参数选择合适,还可利用搅拌时的反转,将捏和好的面团自动抛出容器,这样就省去了一套容器翻转机构,降低了设备成本。滚笼式搅拌器对面团作用柔和,面团形成慢,对面筋的机械作用弱,因此有利于面筋网络的生成。其具有结构简单、制造方便等特点,广泛应用于水面团、韧性面团等面团的调制。

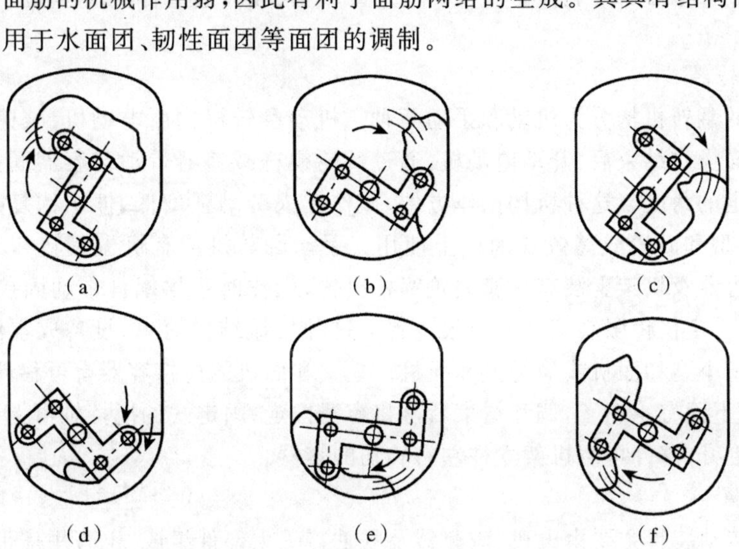

(a)举　(b)打　(c)折叠　(d)揉　(e)压　(f)拉

图 2-1-6　滚笼式搅拌器和面流程

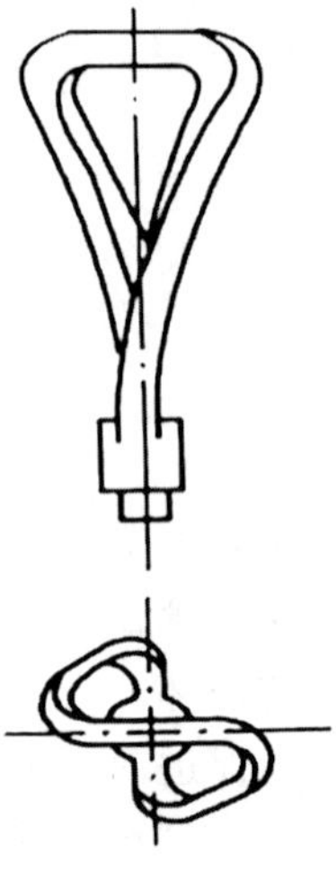

图 2-1-7 扭环式搅拌器桨叶

(4)立式和面机搅拌器　立式和面机搅拌器与卧式和面机桨叶式搅拌器结构形状相似,其轴线与地面垂直。扭环式搅拌器的结构特点为桨叶(图 2-1-7)从根部至顶端逐渐扭曲 90°,有利于促进面筋网络的形成,适用于调制韧性面团与水面团。象鼻式搅拌器通过一套四杆机构模拟人手调粉时的动作来调制面团,有利于面筋的调制,适于调制发酵面团。另外,搅拌容器可以从机架上推出,作为发酵容器使用,既减少了生产设备,又简化了搬运面团的操作。一次调粉可达 300 kg 以上。但这种搅拌器结构复杂、动作慢。

2. 搅拌容器(搅拌缸)

卧式和面机的搅拌缸也称搅拌槽,其典型结构如图 2-1-8 所示,搅拌缸大多是由不锈钢焊接成的"U"形钢槽。容器的容积大小由一次调和物料的重量决定,一般分为 25 kg、50 kg、75 kg、100 kg、200 kg、400 kg 等产品规格。在面团调制的过程中,面团质量的好坏与面团的温度有非常密切的关系,然而不同性质的面团又对面温有不同的要求,为此,高功效的和面机会采用带夹套的换热式搅拌容器(图 2-1-9)。为降低成本,使用普通单层容器,可通过降低物料调和前的温度来达到加工工艺的要求。为防止面团调制过程中润滑油从轴承处泄漏,缸体与搅拌轴之间的密封装置一般选用无滑架橡胶密封圈等高变形弹性元件。新型卧式和面机大多选用空气端面密封装置,密封效果更好。

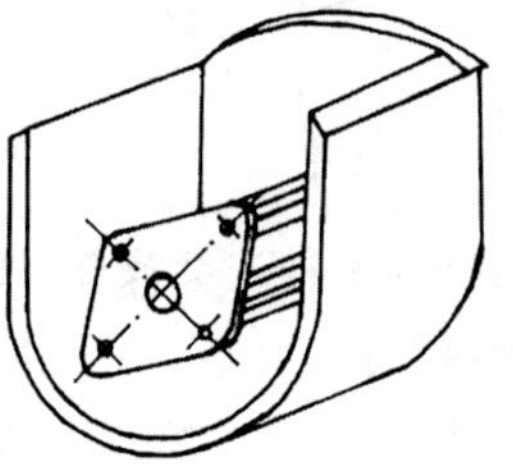

图 2-1-8 搅拌缸

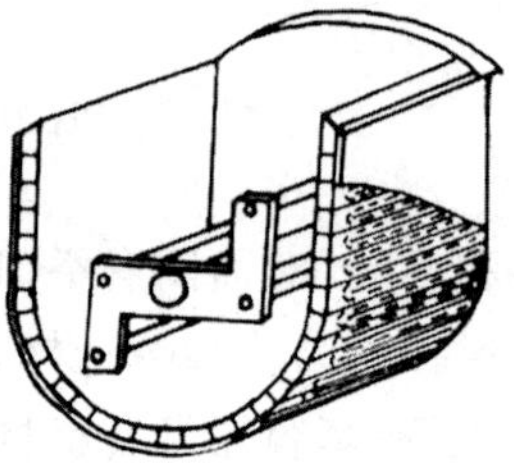

图 2-1-9 夹套传热式搅拌缸

3. 容器翻转器

搅拌容器的翻转机构分为机动和手动两种。机动翻转机构由电动机、减速器及容器翻转齿轮组成。和面操作结束后,开动电动机,通过蜗轮蜗杆减速器带动与容器固接的齿轮转动,使容器翻转一定的角度。这种机构操作方便,操作工人劳动强度低,但结构复杂,整个设备成本高,适宜在大型和面机或高效和面机上使用。手动翻转机构有机械翻转和人力翻转两种。机械翻转是在容器及机架上装有一套蜗轮蜗杆机构,操作时手摇蜗杆带动固接在容器上的蜗轮,使容器翻转。定位销限制翻转的极限位置。这种机械结构简单,设备成本低,但操作劳动强度大。适用于小型和面机或简易型和面机。立式和面机的搅拌容器有可移动式和固定式两种:可移动式的下面有小轮子,调和结束后可将容器推走;固定式的搅拌轴可上下移动,操作结束后将搅拌轴上升,移开可绕机架立柱左右转动的容器。

4. 传动装置

和面机的传动装置主要由电机、减速器及联轴器三大部件组成,也有用皮带传动的。和面机工作转速一般为 25～50 r/min,因此,想要大减速比,就必须选择蜗轮蜗杆减速器或行星减速器来配合。蜗轮蜗杆减速器具有传动效率低、摩擦磨损较大、构件成本较低等特点。行星减速器具有结构紧凑、传动效率较高、能效高、构件成本较高等特点。

5. 机座

小型和面机由于其转速低、工作阻力大、产生的震动及噪声都较小，因此一般使用时不需要固定基础。机座结构一般采用整体铸造，也有采用型材焊接框架结构的，还有底座铸造而上部用型材焊接的。

二、面团切块机

面团切块机又称面团分割机，主要作用是自动且精确地将面团按照要求的体积分割成大小一致的较小的面团。面团切块机主要代表类型有三种，即盘式切块机、辊式切块机和真空吸入式切块机。

1. 盘式切块机

如图 2-1-10 所示，将面团放入储槽之后，当转动盘上的一个面块定量槽旋转至与储槽下面的出口和切刀上的圆孔重合的时候，储槽内的面团由于受到重力作用而使其中一部分向面块定量槽 1 中滑落，直至定量槽 1 充满后，随着切刀的旋转，面团被切断的同时，也关闭了储槽的出口。同时定量槽 1 沿轨道移动，活塞随着轨道的升起而逐渐升起。当随着移动至定量槽 2 位置的时候，面团也全部被推出定量槽，此时，切刀孔旁的拨手将推出的面团拨走，通过输送机送入搓圆工序。

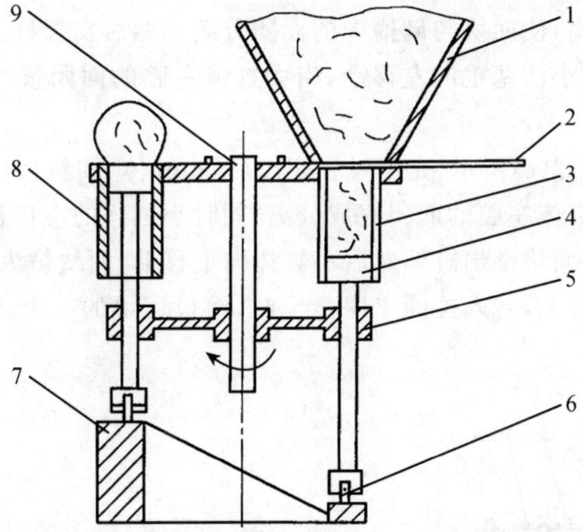

1. 储槽　2. 切片刀　3. 定量槽1　4. 活塞　5. 旋转架　6. 滑轮
7. 轨道　8. 定量槽2　9. 旋转轴

图 2-1-10　盘式切块机结构

2. 辊式切块机

如图 2-1-11 所示，构成辊式切块机的主要部件为储槽、活塞、轨道、传动装置、机架等。它的工作原理为：将面团放入到储槽后，转动装置带动活塞向下运动，并同时沿轨道移动，当转动辊转动到定量槽口与储槽出口重合时，储槽中的面团在重力作用而掉入定量槽中。当定量槽被面团充满后，传动装置继续沿轨道移动，同时带动转动辊旋转。随着活塞向上移动，定量槽离开储槽出口，面团被推出定量槽，送往搓圆工序。

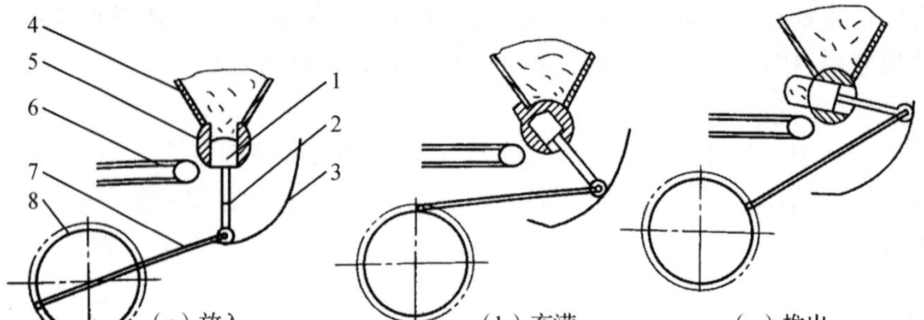

1. 活塞 2. 活塞杆 3. 轨道 4. 储槽 5. 定量槽 6. 输送带 7. 连杆 8. 传动轮

图 2-1-11 辊式切块机结构与工作原理

3. 真空吸入式切块机

真空吸入式切块机主要由卸料挡块、缸体、容量槽、定量槽、活塞、阀体、摇杆、刮刀、调节装置及传送带组成。其工作原理就是利用真空将面团吸入容量槽，并分割成大小重量均匀一致的面块，然后整形生产出面包生坯。这个面团的分割过程由吸入、充填、排出三个部分组成。

(1)吸入 如图 2-1-12(a)所示，摇杆 7 在曲轴的带动下使阀向右移动，面团储槽与大缸体的通路被逐渐打开。这时摇杆 8 带动大活塞也向右移动，使大缸体左腔部位形成瞬时真空。于是面团在内、外界大气压力和自身重力的双重作用下，进入大缸体的内腔，完成吸入过程。

(2)充填 如图 2-1-12(b)所示，在完成真空吸入面团后，摇杆 7 带动阀向左移动，将面团储槽与大缸体的通路关闭，使面块与储槽中的面团分离。然后在摇杆 8 的带动下，大活塞向左移动，同时卸料挡块带动小活塞也向左移动，当大缸体左腔的面团被推入小缸体之后，完成充填的过程。

(3)排出 如图 2-1-12(c)所示，充填过程完成后，小缸体、卸料挡块及小活塞便同时下移，使小缸体内的面块与大缸体左腔的面团完成分离，同时小缸体的端口被打开。此时，卸料挡块推动小活塞向右移动，将面块推出缸体然后小缸体向上移动，面块被大缸体下面的刮刀从小活塞的端面上刮落在传送带上，转入搓圆工序。至此，面包切块的一个工作循环结束，下一个循环开始。

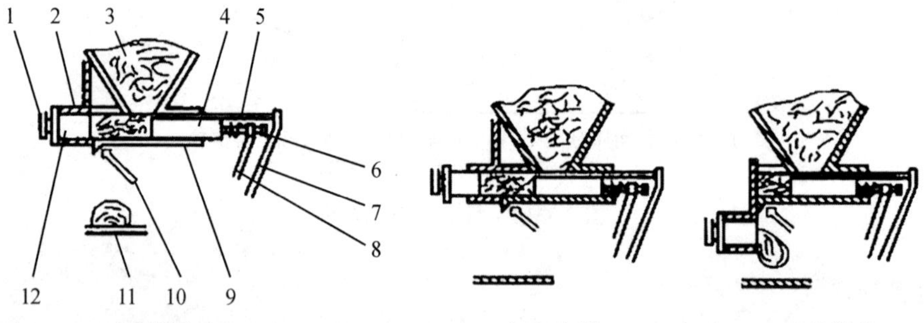

1. 卸料挡块 2. 小缸体 3. 面团 4. 大活塞 5. 阀 6. 调节装置
7、8. 摇杆 9. 大缸体 10. 刮刀 11. 传送带 12. 小活塞

图 2-1-12 真空吸入式切块机结构与工作原理

三、搓圆机

搓圆作业是将切割后的面团揉制成圆球状，通过此阶段的揉制，不仅使面团形成均匀的表皮，内部组织也变得更加细密，气体分散得更加均匀，从而使醒发时所产生的气体能均匀地分布在面团内部，不会外泄。

面团搓圆机从外形上分，主要有伞形、锥形、桶形、水平式以及网格式五种。网格式搓圆机又称为成型机，它是一次性完成面团的切块与滚圆两项操作的小型间歇式成型机械。

1. 伞形搓圆机

伞形搓圆机是目前我国面包生产中应用最广泛的搓圆机械。伞形搓圆机的主要结构如图 2-1-13 所示，主要包括电动机、转体、旋转导板、撒粉装置及传动装置等。

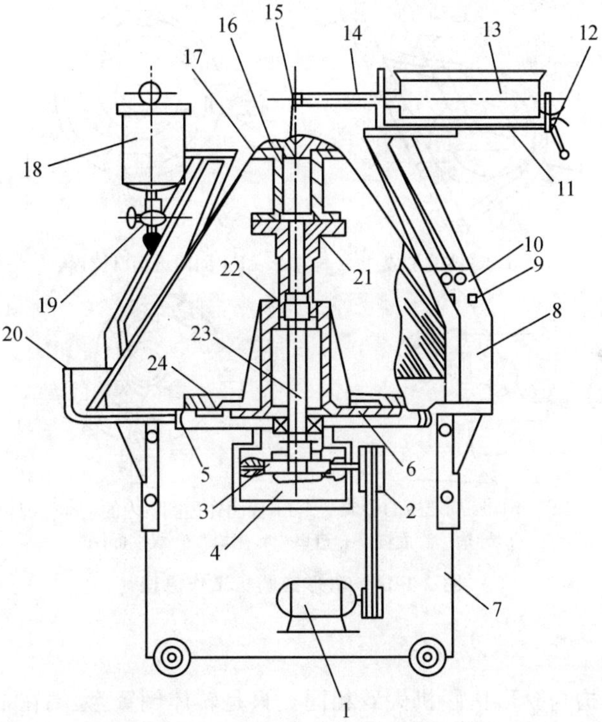

1. 电动机　2. 皮带轮　3. 蜗轮　4. 蜗轮箱　5. 主轴支撑架　6. 轴承座　7. 机架　8. 支撑架　9. 调节螺杆　10. 固定螺钉　11. 控制面板　12. 翼形螺栓　13. 撒粉盒　14. 轴　15. 拉杆　16. 顶盖　17. 转体　18. 贮液桶　19. 放液嘴　20. 托盘　21. 法兰盘　22. 轴承　23. 主轴　24. 旋转导板

图 2-1-13　伞形搓圆机的结构

搓圆机的转体和螺旋导板是对面团进行搓圆的执行部件。转体安装在主轴上，动力由电机经 V 带及一级蜗轮蜗杆减速后，传至主轴，在旋转主轴的带动下，转体随之转动。螺旋导板通过紧固螺钉与支承板固定安装在机架上，由导板与转体配合形成面块运动的成型导槽。由于面包面团含水多、质地柔软，因此面包搓圆机装有撒粉装置。在转体顶盖 16 设有偏心孔，该偏心孔与拉杆 15 球面连接，使撒粉盒 13 的轴心做径向摆动。将盒内的面均匀地撒在螺旋形导槽内，防止操作时面团与转体、面团与导板及面团与面团之间粘连。机器停止时，应松开翼形螺栓 12，使控制面板 11 封闭出面孔。

伞形搓圆机工作原理如图 2-1-14 所示。工作时,来自切块机的面块由转体底部进入螺旋形导槽,由于转体及固定导板的圆弧形状,使导板与面块、面块与转体伞形表面之间产生摩擦力,面块在转体旋转时还受离心力作用,因而面块沿螺旋形导槽由下向上运动。其间面块既有公转又有自转,既有滚动又有微量的滑动,从而形成球形,如图 2-1-14(a)所示。伞形搓圆机面块的入口设在转体的底部,出口在伞体的上部,由于转体上下直径不同,使得面块从底部进入导槽由下向上的运动速度越来越低,如图 2-1-14(b)所示,这样,使得前后面块距离越来越小,有时会出现双生面团,即两个面块合为一体一起离开机体,为了避免双生面团进入醒发机,在正常出口上部装有一横挡,使体积大的双生面团不能通过,面团只能继续向前滚动,从大口出来进入回收箱,送去重新加工,其原理如图 2-1-14(c)所示。搓圆完毕的球形面包生坯由伞形转体的顶部离开机体,由输送带送至醒发工序,如图 1-14(d)所示。

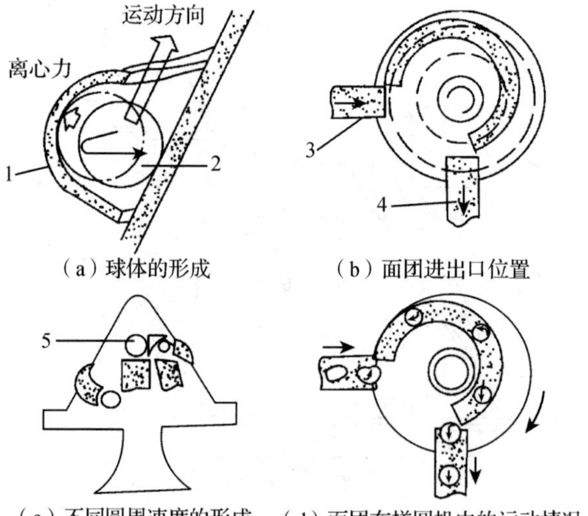

(a)球体的形成　(b)面团进出口位置

(c)不同圆周速度的形成　(d)面团在搓圆机内的运动情况

1. 导槽　2. 面团　3. 进口　4. 出口　5. 双生面团

图 2-1-14　伞形搓圆机工作原理

2. 锥形搓圆机

锥形搓圆机的结构与伞形搓圆机大致相同。只是转体倒置,大端在上,小端在下,呈锥形。转体外同样设有导板,导板与转体组成面块成型的导槽。锥形搓圆机的工作原理与伞形搓圆机基本相同。

工作时,来自切块机的面块由定向输送器送至锥形转体下部。在复合力的作用下,面块沿螺旋形导槽既公转又自转地由下向上运动,在运动过程中被搓成球形,到达锥体的顶部。搓圆完毕后,面团由帆布输送带送至醒发工序,见图 2-1-15。由于转体直径下小上大,所以面块的运动速度由小到大,在离开搓圆机时达到最大,前后面块的距离也由小变大。这一点与伞形搓圆机相反,因此,不易产生双生面团。但搓圆质量稍差,面团质地不致密,一般用于生产小型面包。

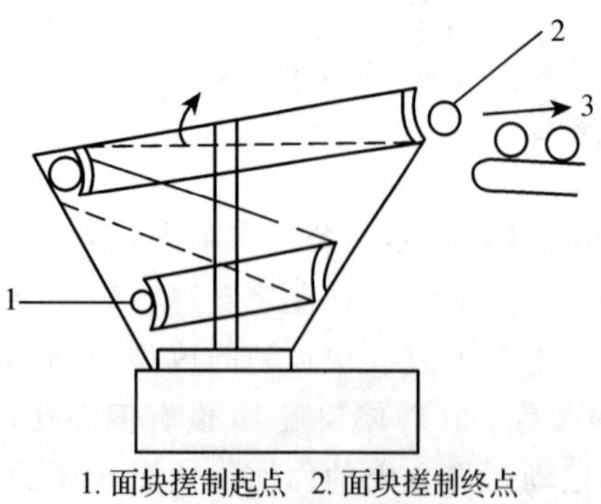

1. 面块搓制起点　2. 面块搓制终点
3. 面团落入帆布输送带

图 2-1-15　锥形搓圆机面块运动路线

3. 水平搓圆机

水平搓圆机由水平帆布输送带和模板组成。如图 2-1-16 所示，水平搓圆机的帆布输送带与多台切块机的出面口相连，组成切块搓圆机。可以 4 排面团同时搓圆，也有多至 6 排的，生产效率高。模板安装在输送带上方，与输送带纵向成 α 角。水平搓圆机工作原理是，来自切块机的面块，经输送带入模板与帆布带形成的三面封闭槽内。由于 α 角的存在及导槽模板的曲面形状，使得面块在各种力的作用下被迫产生自转，并受帆布带的运动方向限制，在输送过程中，自身被搓成球形。其特点是可与多台切块机组合使用，因此生产效率高。但其搓圆效果不如伞形搓圆机好，表面结实程度稍差，适合于大型面包生产线使用。

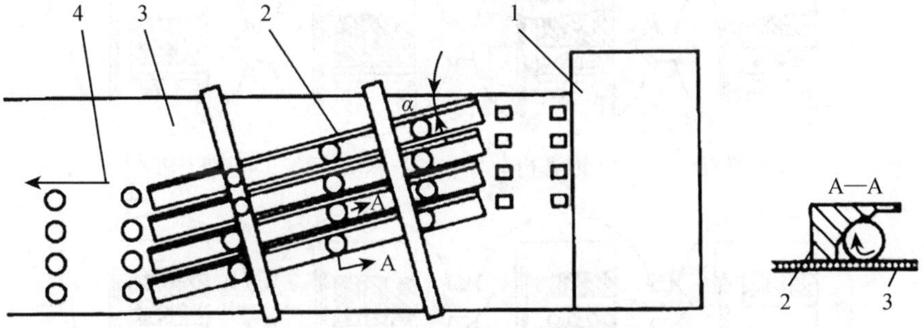

1. 切块机 2. 模板 3. 帆布输送带 4. 传送至醒发工序

图 2-1-16 水平搓圆机工作原理

4. 网格式滚圆机

网格式滚圆机的结构如图 2-1-17 所示，网格式滚圆机的主体结构由压头、工作台以及传动装置等部件组成。

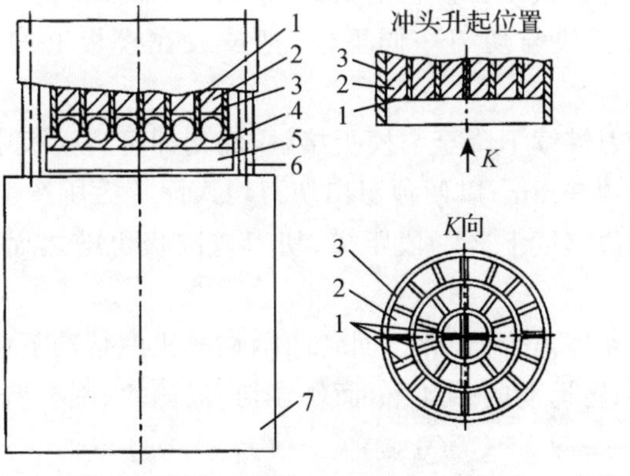

学习视频 3
网格式滚圆机

1. 切刀 2. 压块 3. 围板 4. 模块 5. 工作台 6. 导柱 7. 机座

图 2-1-17 网格式滚圆机结构

压头包括压块、切刀、围板、导柱四组部件。压块安装在围板内，用来压制面片。切刀可以在压块间滑动，用于完成面坯的切分。

工作台主要由工作台板、锁紧架、曲柄组和模板等部件组成。模板位于工作台板上，一般由无毒耐油橡胶或工程塑料等软质材料制作而成。曲柄组由传动偏心轴和辅助偏心轴组成。传动偏心轴安装在工作台的中心处，辅助偏心轴则位于工作台的边缘处，它们是用来使工作台进行平面回转运动的。

转动装置通常是由电机与离合器构成，离合器一般选用锥盘式摩擦离合器。锥盘式摩擦离合器可以将工作中产生的振动能量与传动系统隔离，从而减缓工作台做平面回转运动时因交变载荷作用而引起的振动冲击现象。

网格式滚圆机的成型原理是，利用切刀将面团进行分割后，利用模板做平面回转运动完成对面团的揉搓滚动，最终形成球形面团。这个过程大致是由如图 2-1-18 所示的 8 个工序来完成的。

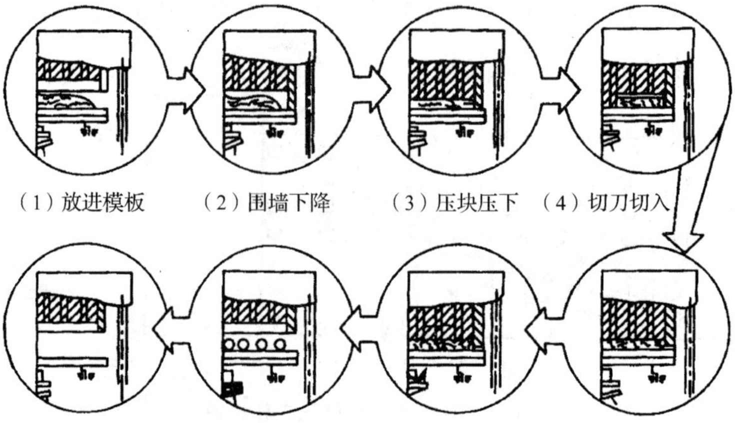

图 2-1-18 网格式滚圆机工作流程

(1)放进模板　将一定量的面团摊放在滚圆机工作台的模板上。

(2)围板下降　下降围板压至模板上，将摊放在上面的面团包围起来。

(3)压块下压　将压块与切刀一同下降，把摊放在模板上的面团压成厚度均匀一致的面片。

(4)切刀切入　切刀继续下降至与模板接触，此刻即可将模板中的面片切分成若干等分的面块。同时，压块上升约 3 mm，以便预留出切刀切入面片后所产生的体积膨胀的空间。

(5)压块上升　压块继续上升一段距离，切刀与围板也随之而上升约 1 mm，预留出揉搓面团时所需要的空间。

(6)摩擦轮转动　摩擦离合器结合，回转曲柄在电机的带动下使工作台上的模板做平面回转运动。在模板平面回转运动的带动下，面块在切刀、压块、围板所围成的空间内随模板转动，进而被揉搓成圆球形。

(7)压块及切刀复位　摩擦离合器断开，工作台停止转动，围板、切刀与压块复位。

(8)取出模板　网格式滚圆机的一次工作循环结束。

四、醒发设备

醒发设备的作用就是为面团创造一个温度和湿度适宜的环境，面包醒发设备通常分为中间醒发和最后醒发两种类型，一般情况下，除了一部分中间醒发设备选用的是机械式醒发机之外，大部分选用的是醒发箱或醒发房来进行中间醒发和最后醒发。对于一些大批量生产面包的大型烘焙企业，为了更好地满足自动化连续生产的需要，他们不仅是在中间醒发工序上采用机械式醒发机，就连最后醒发工序也是选用的便于自动化连续生产的多层回转自动醒发机。

醒发设备主要分为机械式中间醒发机、醒发箱和醒发室。

（一）醒发设备的原理

各种醒发设备在工作原理上的差异就在于供热、供湿的方法。无论是便于自动化连续生产的机械式醒发机，还是灵活、便捷的醒发箱，都是利用电热管将水槽内的水加热蒸发，使面团在一定温度和湿度下充分地发酵、膨胀。不同之处在于部分醒发箱是利用喷雾加湿系统来调节醒发的环境湿度的。而醒发室除了采用电加热和水箱加热、加湿的方式外，还有利用锅炉来进行加热、加湿的。

（二）醒发设备结构

1. 机械式中间醒发机

机械式中间醒发机主要由面团进料机构、出料机构、传动机构、面团网斗、箱体等部件组成，如图2-1-19所示。中间醒发机的箱体一般选用的是金属支架，外壁大多选用聚乙烯泡沫板作为保温材料。网斗通常选用不锈钢丝材质，冲压成碗形后，表面再喷涂一层聚四氟乙烯，用以防止面团粘连。网斗通常以6个为一排固定在框架上。箱体上除了设有玻璃观察门和检修门之外，一些小型的中间醒发机的两侧为大面积的玻璃框架，以便于观察。除了上述主要部件外，有些中间醒发机还设有撒粉装置，用以减少面团与网斗和机器的粘连。

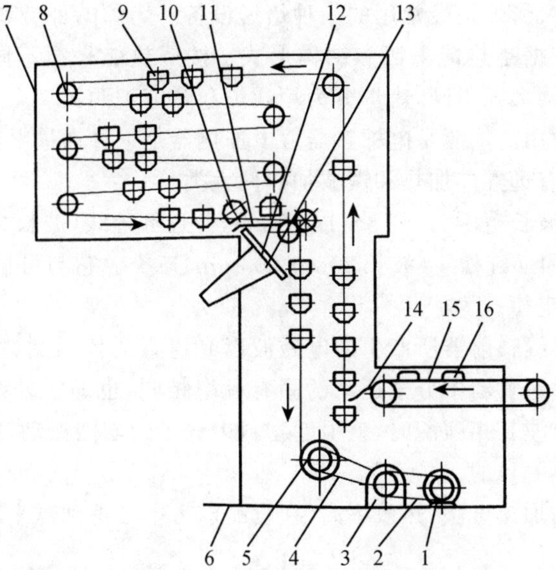

1. 电动机 2. 三角带 3. 减速机 4. 链条 5. 传动链轮 6. 传动链条 7. 箱体 8. 张紧链轮 9. 面团网斗 10. 翻斗 11. 翻斗机构 12. 料槽板 13. 出料斗 14. 落料板 15. 送入传送带 16. 面团

图 2-1-19 中间醒发机结构

2. 醒发箱

醒发箱的箱体大多为不锈钢材质，由密封的外框、活动门、不锈钢托架、电源控制开关、水槽和温度、湿度调节器等部件组成。活动门一般为不锈钢边框包裹着耐高温的钢化玻璃门。箱体顶部带有排风孔，底部带有水槽，内置干湿发热管。箱体两侧内壁设有承接管凹槽，并配有可拆卸式不锈钢承接管。前门采用大面积透明玻璃结构，便于观察。内装防水辐流式循环系统，确保箱内空间各个角落温湿度的一致，采用精确的数显控温仪和喷雾加湿控制系统，保证醒发面包的质量，可用于中间醒发或最后醒发。

3. 醒发室

醒发室的基础设施一般采用砖墙结构，另外还有采用金属框架的拼装结构，选用聚乙烯泡沫板作为保温材料。醒发室顶部为圆弧形，以引导水珠沿墙壁流淌，防止水珠滴落到醒发的面团上。醒发室的四周墙角处设有排水槽，用于排出冷凝水。醒发室内部设备根据其供湿、供热方式一般分为两种情况。采取电加热、加湿方式的，内部一般装有电热式蒸汽发生器与防水辐流式循环系统。采取锅炉供汽的方式加热、加湿的醒发室外部设有锅炉房，湿热空气随管路进入醒发室内。同时，为保证温度、湿度分布均匀，为了能够更加精准地控制温度和湿度，醒发室内还在多处设有温度、湿度感应探头，并将信息数据反馈至控制面板。

五、烤炉

将焙烤食品的坯料置于烤炉等烘焙设备中后，在加热元件产生的高温作用下，淀粉和蛋白质发生一系列物理、化学及生物化学的变化，开始时制品表面受到高温影响，水分大量蒸发，淀粉糊化，糖和氨基酸反应，外表形成薄薄的焦黄色外壳，然后外部水分逐渐转变为气态向坯内渗透，使坯料由生变熟，成为具有多孔性海绵状态结构的成品，具有较深的颜色和令人愉快的香味，并具有易于保藏和便于携带的特性。

焙烤设备种类很多，烤炉是最常用的一种焙烤设备。烤炉的种类繁多，分类依据也有很多种。最为常见的分类依据是热能来源和结构形式。按照热能来源不同，烤炉分为煤炉、煤气炉、电炉三类。按照结构形式不同，烤炉分为箱式炉和隧道炉两类。

焙烤食品生产中常用的热源是电加热器。电加热器是一种通过电热元件把电能转变为热能的加热装置，常用的有远红外加热和微波加热两大类。

红外线是电磁波，波长范围为0.78～1 000 μm，分近红外线（波长0.78～2.5 μm）、中红外线（波长2.5～20 μm）和远红外线（波长20～1 000 μm）三类。它与可见光一样，按直线传播并服从反射、透射和吸收定律。

当红外线或远红外线辐射器所产生的电磁波以光速直线传播到达物体时，红外线或远红外线的发射频率与被烘烤物料中分子运动的固有频率相同，也即红外线或远红外线的发射波长与被烘烤物料的吸收波长相匹配时，就引起物料中分子的剧烈振动，在物料的内部发生激烈摩擦产生热而达到加热的目的。

微波加热是新型的加热方法，热效率高，在食品加工中已得到越来越广泛的应用。

（一）箱式烤炉

箱式烤炉由其外形为一个箱体而得名。按食品在炉内的运动形式不同，箱式烤炉又可分为固定烤盘的箱式炉、风车炉、水平旋转烤炉、旋转热风烤炉等。

1. 固定烤盘的箱式炉

如图2-1-20所示，箱式炉炉膛内壁上安装有用以支承烤盘的支架，烤盘不能转动。加热部件位于炉膛内的上下两端。在整个烘烤过程中，加热部件与烤盘中的面团之间没有相对运动。由于这种烤炉只能间歇性操作，产量小，不能满足自动化连续生产的需要，因此它只适用于中小型烘焙企业。箱式炉根据供热形式不同，可分为电热式烤炉和燃气式烤炉两种，根据烤炉层数分为单层烤炉和多层烤炉。

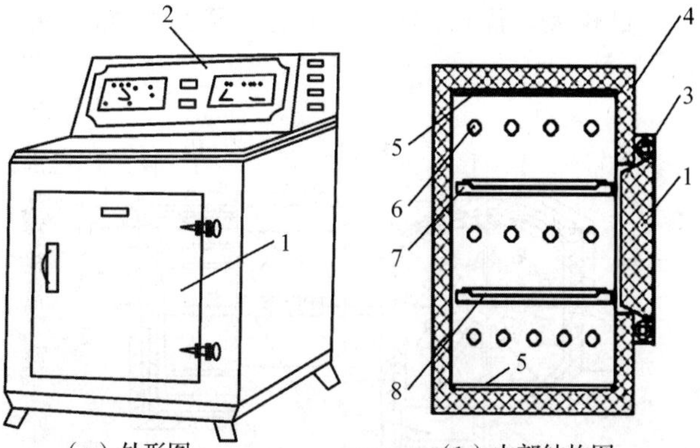

（a）外形图　　（b）内部结构图

1. 炉门　2. 控制板　3. 密封件　4. 炉体　5. 反射板　6. 加热管　7. 支架　8. 烤盘

图 2-1-20　箱式炉结构

(1)电烤炉　主要由钢板、保温层、电热管等部件组成。烤炉整体的外部结构为不锈钢钢板，中间由具有保温功能的夹层棉填充，烤炉内壁则为不锈钢钢板。内壁的不锈钢钢板经抛光处理，能够有效地提升折射能力，从而改进热效应。烤炉顶部设有气孔，可供排除烘烤过程中所产生的水蒸气。烤炉内上下紧贴内壁处安装有电热管，用来提供热源。烤炉内还装有温度监测部件，以检测烤炉内的温度变化，再由外部的控制部件根据烤炉内的温度变化参照设定值进行智能调控。烤炉的门上设有观察窗口，是由两层防爆玻璃构成的。炉内还安装有灯泡，可通过外部开关来控制，以便于观察烤炉内面团的烘烤程度。

(2)燃气炉　利用天然气经电子打火后的火焰作为热源。由自动火焰检测、电子打火、智能温控等部件构成。如图 2-1-21 所示。

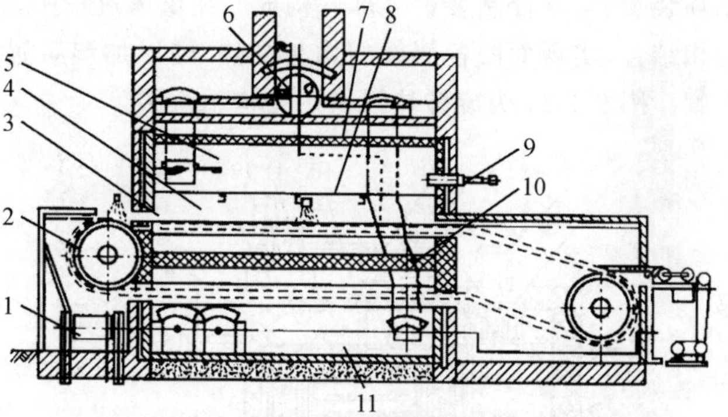

1. 传送带　2. 链轮　3. 链条　4. 炉膛　5. 上燃烧室　6. 烟道
7、10. 绝热层　8. 隔离板　9. 煤气喷头　11. 下燃烧室

图 2-1-21　煤气炉结构

2. 风车炉

风车炉因其烘烤膛内有个形状类似风车的转篮部件而得名，其结构如图 2-1-22 所示。这种烤炉大多选取焦炭、无烟煤、煤气等为燃烧原料，也有部分设备是选用电或远红外加热技术的。以煤为燃料的风车炉，其燃烧室大多设置在烘室的下面。因为燃料在烘室内燃烧，热量可以直接通过辐射和对流的形式烘烤产品，因此热效率相对较高。这种风车炉同时还具有占地

面积小、结构较为简单、产量较大等优点，不足之处是需要手工装卸、劳动强度较大、不适宜自动化连续生产。

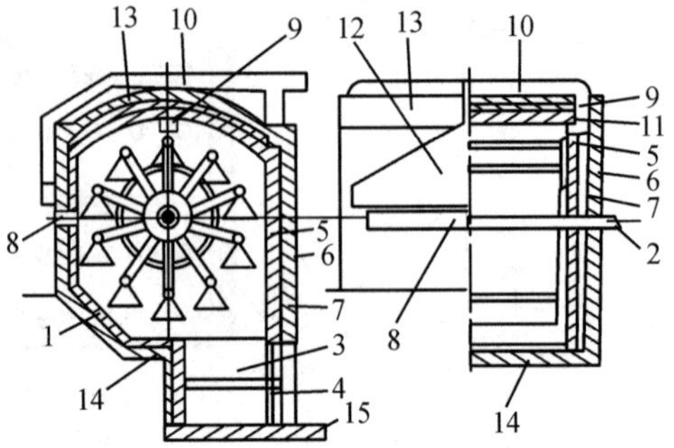

1. 转篮 2. 转轴 3. 炉外壁 4. 保温层 5. 炉内壁 6. 挡板 7. 烟道 8. 烟筒 9. 排气罩 10. 炉顶 11. 炉门 12. 底脚 13. 燃烧室 14. 空气门 15. 燃烧室底脚

图 2-1-22 风车炉结构

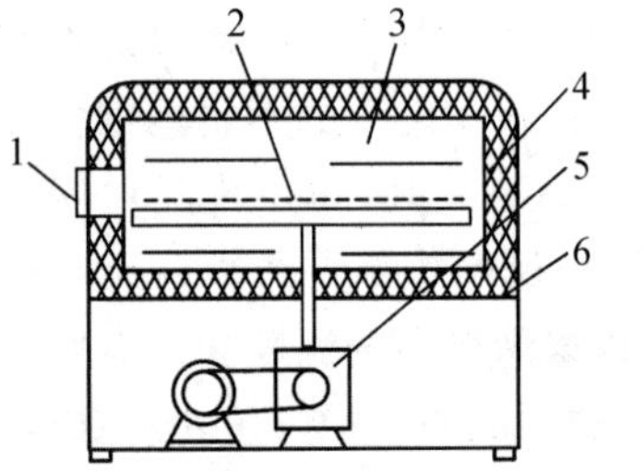

1. 炉门 2. 加热部件 3. 烤盘 4. 回转支架 5. 传动装置 6. 保温装置

图 2-1-23 水平旋转炉结构

3. 水平旋转烤炉

水平旋转烤炉内设有一水平布置的回转烤盘支架，在回转支架上摆有烤盘。烘烤过程中，由于面团在炉内回转，各面团间温差较小，所以烘烤效果比较均匀，生产能力相对较大。不足之处是依然需要手工装卸、劳动强度较大、不适宜自动化连续生产且炉体较笨重(图 2-1-23)。

4. 旋转热风烤炉

旋转热风烤炉简称旋风炉，主要由烘烤室、烤架小车、加热装置、热风循环装置、电气控制装置等部件构成。在烘烤过程中，利用对流循环热风与烤架小车的缓慢自转相结合，实现面团各部位的均与受热，辅以加湿装置的配合，从而有效地控制炉内的温度和湿度。图 2-1-24 为旋转热风烤炉结构示意图。

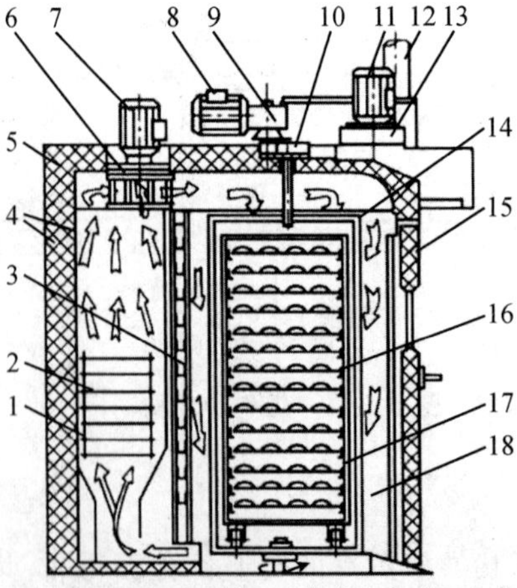

1. 燃烧室 2. 加热部件 3. 喷水雾化槽 4. 箱体内外壳 5. 保温层 6. 热风循环风机 7. 热风循环电机 8. 传动电机 9. 减速器 10. 传动齿轮 11. 排风电机 12. 排气 13. 排风机 14. 旋转架 15. 进出料门 16. 烤盘 17. 烤盘车 18. 烘烤室

图 2-1-24 旋转热风烤炉结构

(二)隧道炉

学习视频 4
隧道炉

隧道炉的炉体很长、烘室为一狭长的隧道,在烘烤过程中食品与加热元件之间有相对运动。因食品在炉内运动,好像通过长长的隧道,所以称为隧道炉。隧道炉根据带动食品在炉内运动的传动装置不同,可分为钢带隧道炉、网带隧道炉、烤盘链条隧道炉和手推烤盘隧道炉等。

1. 钢带隧道炉

钢带隧道炉是指传送装置是一条钢带,面团在钢带上沿隧道运动的一类烤炉,简称钢带炉,钢带炉外形如图 2-1-25 所示。钢带由空心辊筒驱动,滚筒分别设在炉体两端。烘烤后的产品从烤炉末端输出并落入冷却输送带上进入下一道工序的。这类烤炉的优点在于,首先,钢带只在炉内循环运转,因此热损失相对较少;其次,钢带炉通常选用的是调速电机,自动化程度高,能很好地与食品成型设备同步运行,适宜自动化连续生产使用。其缺点主要表现在钢带的制造相对较为困难,调偏装置比较复杂。此类烤炉通常以天然气、煤气、燃油及电作为热源。

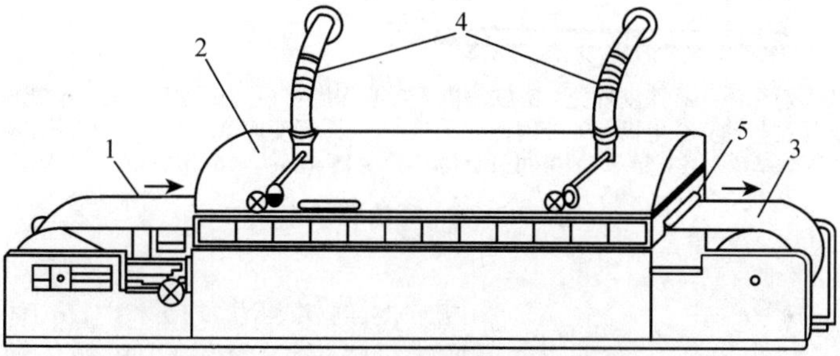

1. 入炉端钢带　2. 炉顶　3. 出炉端钢带　4. 排气管　5. 炉门

图 2-1-25　钢带炉外形结构

2. 网带隧道炉

网带隧道炉简称网带炉,其结构与钢带炉相似,只是传送面坯的载体采用的是网带。网带由金属丝编制而成。网带长期使用损坏后,可以补编,因此使用寿命长。由于网带网眼空隙大,在焙烤过程中制品底部水分容易蒸发,不会产生油滩和凹底。网带运转过程中不易产生打滑,跑偏现象也比钢带易于控制。网带采用的热源与钢带炉基本相同。网带炉焙烤产量大,热损失小,多用于烘烤饼干等食品。该炉易与食品成型机械配套组成连续的生产线。网带炉的缺点是不易清洗,网带上的污垢易于粘在食品底部,影响食品外观质量。

3. 链条隧道炉

链条隧道炉是指食品及其载体在炉内的运动靠链条传动实现的烤炉,简称链条炉。其主要传动部分有电动机、变速器、减速器、传动轴、链轮等。链条炉结构如图 2-1-26 所示,炉体进出两端各有一水平横轴,轴上分别装有主动和从动链轮,链条带动食品载体沿轨道运动。根据焙烤的食品品种不同,链条炉的载体大致有两种,即烤盘和烤篮。烤盘用于承载饼干、糕点及花色面包,而烤篮用于听形面包的烘烤。链条隧道炉出炉端般设有烤盘转向装置及翻盘装置,以便成品进入冷却输送带,载体由炉外传送装置送回入炉端。由于烤盘在炉外循环,因此热量损失较大,不利于工作环境而且浪费能源。链条炉一般与成型机械配套使用,并组成连续的生产线,其生产效率较高。因传动链的速度可调,因此适用面广,可用来烘烤多种食品。

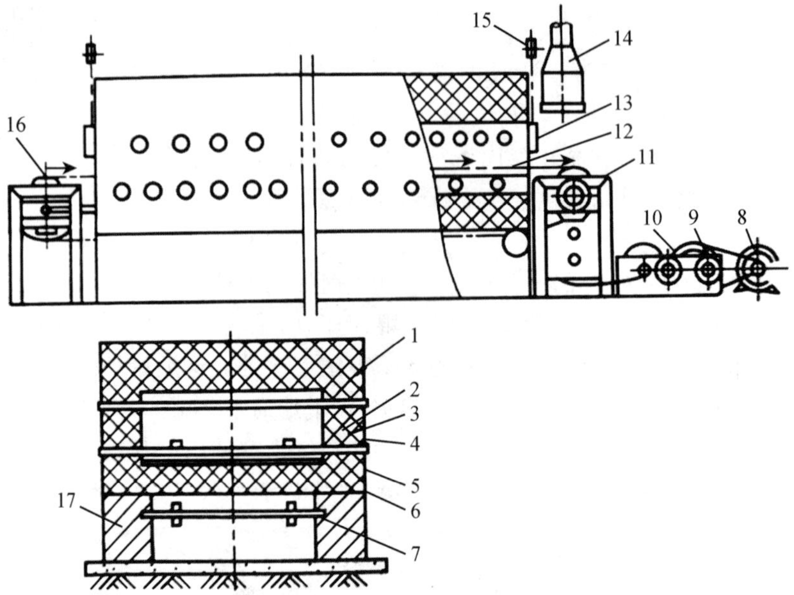

1. 管状辐射元件 2. 铁皮外壳 3. 铁皮内壳 4. 保温材料 5. 链条轨道 6. 轨道承轨 7. 回链托盘与轴 8. 电机 9. 变速操作手轮 10. 无级变速器 11. 出炉机座与减速箱 12. 入炉基座 13. 链条 14. 可开启隔热板 15. 滑轮 16. 排气罩 17. 炉基座

图 2-1-26 链条炉结构

4. 手推烤盘隧道炉

手推烤盘隧道炉因为缺少机械传动装置，面团在炉内的运动是依靠人力推动的。这种烤炉在炉底装有一对或数对由扁钢制成的轨道，烤盘放在轨道上。操作时，进出口各需一位操作者，以完成装炉和出炉的任务。这种隧道炉的炉体较短，结构简单，适用面较广，多用于中、小型食品厂。其缺点是所需操作工人较多，劳动强度较大，食品在炉内的运动速度不易控制，食品烘烤质量不易掌握，而且不能与食品成型机械配套组成连续的生产线。其外形如图 2-1-27 所示。

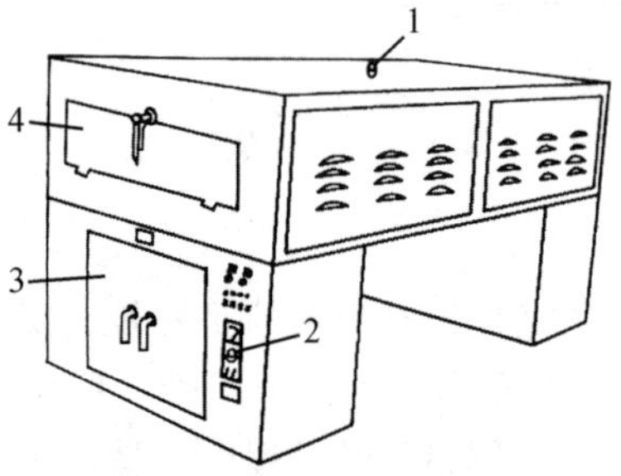

1. 排气孔 2. 控制板 3. 电气柜 4. 炉门

图 2-1-27 手推烤盘隧道炉

任务 2-2 饼干加工机械与设备

技术知识

饼干以面粉为主要原料，加入糖、油脂、乳类、蛋类、香精等，经焙烤、冷却、包装等加工而成，是一种含水量较低、松脆、易于保藏、食用方便的食品。饼干一般分为 4 类：甜饼干（酥性、韧性饼干）、发酵饼干（苏打饼干）、夹心饼干、花色饼干（威化饼干、杏元饼干、蛋卷）。

饼干生产一般工艺流程如下：

原材料处理→面团调制→面团压片→叠层→连续压片→成型→焙烤→冷却→包装整理→成品。

饼干生产设备主要包括：调粉机（和面机）、辊轧机、叠层机、成型机、烤炉、冷却输送机等。根据生产工序所用设备不同，可以组成多种不同类型的生产线，以下是两种典型的饼干生产线（图 2-2-1，图 2-2-2）。

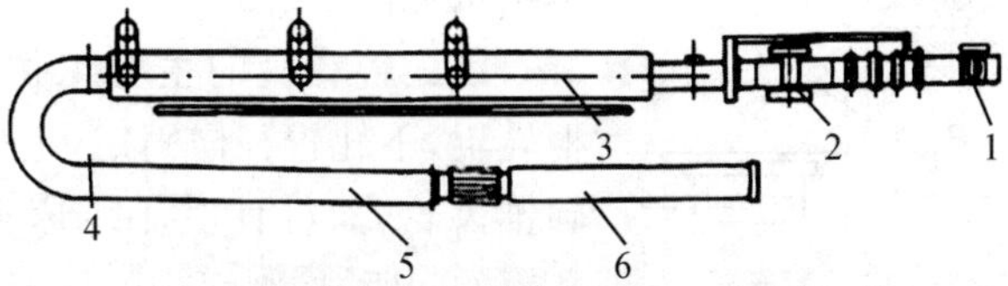

1. 卧式双桨调粉机　2. 面团输送机　3. 辊印饼干机
4. 钢带电炉　5. 钢带　6. 电气控制箱

图 2-2-1　辊印式饼干生产线

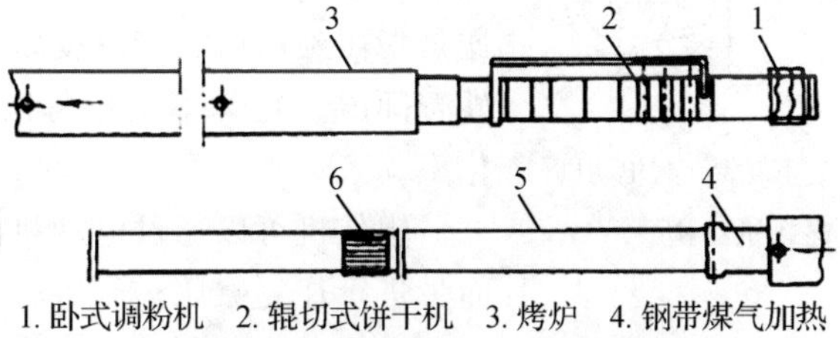

1. 卧式调粉机　2. 辊切式饼干机　3. 烤炉　4. 钢带煤气加热
5. 饼干直线冷却输送带　6. 饼干调理机

图 2-2-2　辊切式饼干生产线

一、辊轧机

面团调制好后，为了使组织松散的面团变成紧密的、具有一定厚度的成型面片，需要进行辊轧（即压片），面团在压片时，受到机械力的作用，使面团产生纵向和横向的张力，因此，在辊轧时应不停地变换方位，使面带所受的张力分布均匀。在外观上，多次辊轧会使饼干表面有光泽，形态完整，冲印后的花纹保持能力强，色泽均匀。

酥性面团一般不必经过辊轧，因为酥性面团是软性或半软性面团，弹性极小，塑性较大，可以直接进入成型机辊筒压成面片，另外，辊轧还会增加面带的硬化程度，使产品酥松度下降。

1. 辊轧机的类型

面制品辊轧机械是用于对调制完毕的面团在进入成型机以前，进行辊轧成片（带）的操作机器。其主要类型有以下几种。

（1）按物料通过轧辊时的运动位置可分为卧式辊轧机和立式辊轧机。卧式辊轧机的特点是两轧辊的轴线在垂直平面内互相平行，而面带在辊轧过程中呈水平直线运动状态；立式辊轧机的特点是两轧辊的轴线在水平平面内相互平行，而面带在辊轧过程中呈纵向直线运动状态。

（2）按轧辊的类型辊轧机可分为对辊式和辊平面式。对辊式是指辊与辊之间的辊轧；辊-平面式是指辊与平面之间的辊轧。

（3）按轧辊的运动方式辊轧机可分为固定辊式和运动辊式。固定辊式是指轧辊轴线在辊轧过程中的位置不变；运动辊式是指轧辊的轴线在辊轧过程中做平动。

（4）按工作性质辊轧机可分为间歇式和连续式。间歇式一般需由人工送料，辊轧操作在一对轧辊间反复进行。而连续式则无须人工送料，辊轧机常由几对（又称几道）轧辊组成，面带经几道辊连续辊轧，自动进入下一工序。

2. 卧式辊轧机

卧式辊轧机是生产中使用较多的辊轧机，其基本结构见图 2-2-3。

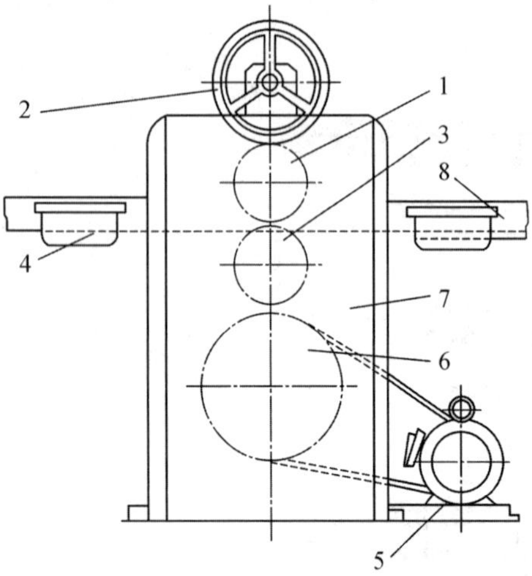

1. 调节手轮 2. 上轧辊 3. 下轧辊 4. 电动机

图 2-2-3 卧式辊轧机结构

卧式辊轧机的主要工作部件是水平安置的两根轧辊，下轧辊径向固定，上轧辊可通过调节手轮、圆锥齿轮、丝杆使其轴承座上下升降，以调节上下轧辊的间距，控制面带的厚度，面带厚度调节的范围为 4～20 mm。

卧式辊轧机的生产能力取决于轧辊的直径、长度及转速，其效果则取决于压延比和轧薄率。压延比是指压延前后面带厚度之比，取决于轧辊对数和轧辊间隙。轧薄率是指每次压延后面带厚度的变化率。

辊轧机可以通过电动机的正反转，对被压延的面带进行往复碾压。轧辊转速应协调，防止面带过度拥挤和出现不均匀拉伸现象，以保证面片质量。

3. 立式辊轧机

卧式辊轧机由于轧辊上下相对安装，占地面积较大，而立式辊轧机将面带的运动方式由水平变为垂直。在一个垂直工作面上，可以安置多对轧辊，面带受到多对轧辊的连续压延，很快被碾压为所需厚度的面带，见图 2-2-4 和图 2-2-5。

立式辊轧机主要由进料斗、轧辊、计量和折叠型层压器组成。在计量辊下面安有撒油酥装置，生产苏打饼干时可在折叠层内撒进油酥。

立式辊轧机轧辊一般在 4 对以上，调制好的面团放入料斗，先经头道轧辊将面团压成 1～2 cm 的面带，再由帆布输送带送到第二对轧辊，压延成 1.2～1.5 cm 的面带，然后摆皮折叠成 45 cm 厚的折叠层，经转 90°角的帆布输送带输送到第三道轧辊进行碾压，再经摆皮折叠，旋转 90°后进入第四道轧辊，依此类推，直至面带的厚度和质量符合要求为止。轧辊对数越多，面带质量越好。最后，将压延好的面带连续输送到成型机的输送带上，进入下一道成型工序。

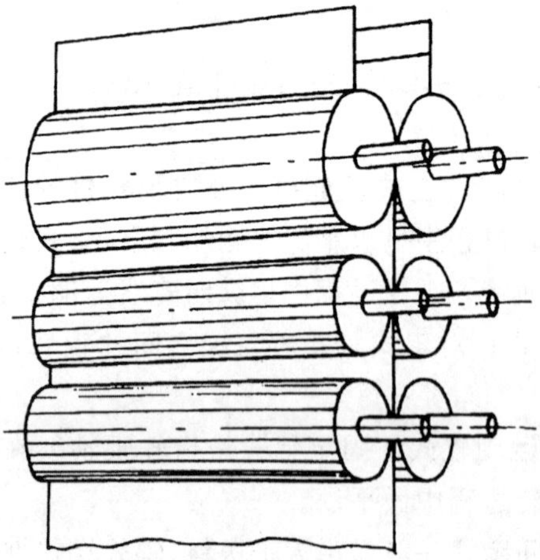

图 2-2-4 立式辊轧机的轧辊排列

立式辊轧机各对轧辊的压延比一般不宜超过 2～3，压延比过大，面表面粗糙，易粘轧辊或模具。在面带的压延和输送过程中，应防止面带过于绷紧，要使面带保持一定的松弛度，以消除压延后产生的张应力，否则制成的面坯易变形。

面团经轧辊碾压成面片后，应组织均匀一致，无空洞或硬块缺陷，并通过多次摆皮、折叠和反转，均匀碾压，有利于消除残余的张应力，保证饼干坯不收缩变形。

生产苏打饼干时，立式辊轧机需设有油酥料斗（图 2-2-6），以便将油酥夹入面带中间。折叠器的作用是将经过辊轧、计量后的面带折叠，以使成型后的制品具有多层次结构。

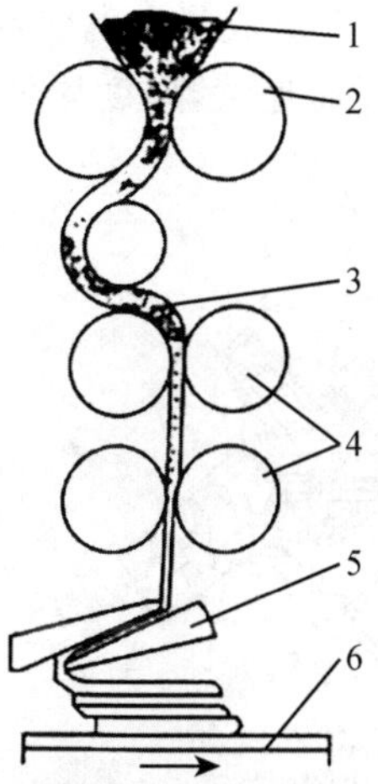

1. 面斗　2. 第一对轧辊　3. 面带　4. 第二、第三对轧辊
5. 导向折叠器　6. 输送带

图 2-2-5　立式辊轧机结构

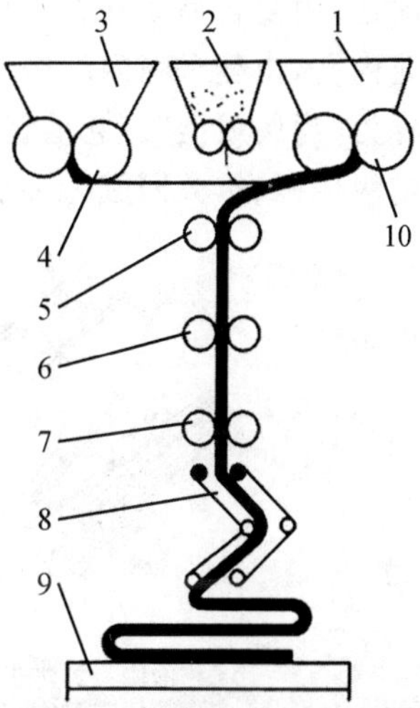

1、3. 面斗　2. 油酥料斗　4、10. 喂料轧辊
5、6、7. 计量辊　8. 导向折叠器　9. 输送带

图 2-2-6　有撒油酥装置的立式辊轧机结构

二、辊轧夹酥机

连续卧式辊轧夹酥机是一种新型的高效能辊轧设备。饼干的生产线中常采用这种多辊压延夹酥机组，如图 2-2-7 所示。它是一种轧辊压力小而生产效率高的食品辊轧机械，由 8～12 个直径为 60 mm 的做行星式旋转的轧辊组成，轧辊用聚已二酰已二胺（尼龙 66）制成。轧辊的自转靠它与面带间的摩擦力带动，没有专门的动力驱动，而轧辊的循环运动由专门的链条带动。

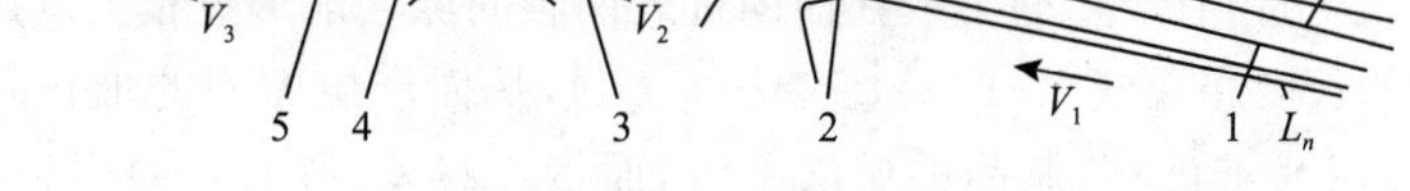

1、2、3、4. 输送带　5. 多辊压延夹酥机组

图 2-2-7　辊轧夹酥机结构

（一）辊轧夹酥机的工作原理

辊轧夹酥机模拟人手擀面的动作，面带经过连续辊轧后，面层可达 120 层以上，且产品层次分明、酥脆可口，外观及口感良好。辊轧夹酥机的工作过程主要包括两部分，即夹酥和辊轧。

1. 夹酥

首先将调和好的面团 1 送入水平输面绞龙 2 中，接着面团经回转的水平输面绞龙 2、输面竖纹龙 4 输送，由复合嘴 5 外腔挤出而成型为空心面管。与此同时，油酥经叶片泵输送，沿垂直输面绞龙内孔，由复合嘴内腔挤出并黏附在面管内壁上，从而形成了夹酥中空面管 6。这种成型方式称为“灌肠成型”。它的优点主要是面皮与油酥的环面连续，厚度均匀一致。此后面管再经过初级压延、折叠即成为多层叠起的中间产品 8(图 2-2-8)。

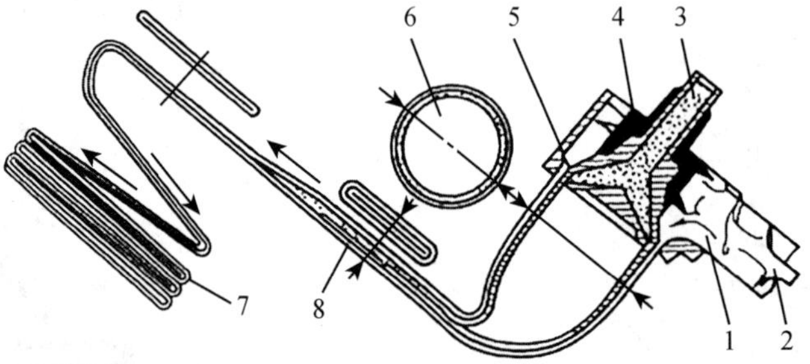

1. 面团 2. 水平输面绞龙 3. 油酥 4. 输面竖绞龙 5. 复合嘴
6. 夹酥中空面管 7. 压延中的夹酥面带 8. 中间产品

图 2-2-8 夹酥工作过程

2. 辊轧

辊轧过程分两个阶段，一是夹酥中空面管的初级压延成带；二是最终压延成型。最终压延成型是将经初级压延后折叠成的中间产品，在连续卧式辊轧机上再一次进行压延操作。连续卧式辊轧机的最终压延成型机构主要由速度分别为 V_1、V_2、V_3 的三条下方输送带及不断运动的上方轧辊组组成。输送带的速度沿面带运动方向逐渐加快($V_1<V_2<V_3$)。轧辊组中的各运动辊既有沿面带流向的公转运动，又有逆于此方向的自转。工作时，中间产品进入由输送带及轧辊组构成的楔形通道，随着中间产品的逐渐压缩变形，输送带的速度不断增加，从而减缓了中间产品与输送件之间的摩擦压力。同时面带局部不断地受到轧辊逆向自转的辊轧作用，使得面带在变形过程中平稳、均匀、可靠。为使面带连续地前进并取得一定的张力，应使 $V_1<V_2<V_3$。轧辊与面带间的摩擦系数越小，制品质量越好。因此，实际作业时，为防止轧辊与面带表面粘连，应供给它们间的接触面以足够的干面粉。

(二)辊轧夹酥机的特点

(1)传统的辊轧方法为对辊式，这种方法效率低、质量较差，在减小面带厚度时，两辊对面带产生的压力较大，工作时产生的力线在面团进入两辊间隙之前形成很大的旋涡，面带表层至中心层各处纤维的长度相差较大($L_1>L_2>\cdots>L_n$)，从而产生面团的堆积。因此，在辊轧多层夹酥面团时，面层易被破坏，制品的层次不清，面带口感差，有时还会引起面带被拉断的现象。为了得到理想的制品，克服面团在进入两辊间隙之前产生的堆积，一是要求进料厚度要薄，二是要多次折叠、辊轧。连续卧式辊轧夹酥机克服了这个不足，经过 1～2 次辊轧即可做到防止面带层次的破坏，使面层达到最佳状态。此外，多辊压延可将较大厚度的面带一次辊轧成较薄的厚度，并且入口处不会产生严重的堆积现象。这是因为入口处面带各层纤维的长度相差甚小，这种压延机出口面带厚度的误差只有 0.01 mm 左右。

(2)传统辊轧机的辊轧效果是通过轧辊表面加在面带上的横压力及剪切力实现的，由面带本身来抵抗损坏。在减小面带厚度时，两辊对面带产生的压力较大。而连续卧式辊轧夹酥机的压力很小，且构件运动速度的逐渐增加，对面带的摩擦力很小，几乎纯粹是拉伸应力的作用，因此，能使面层达到较佳的变形状态，有利于保持物料原有的品质。

传统的辊轧方法，轧辊加在面带上的压力往往高达 2 MPa；而使用多辊压延机时，面带所受的压力只有 0.007 MPa，对辊轧食品的质量提高是十分有益的。

(3)连续卧式辊轧夹酥机的辊轧过程为直线流变状态。这种辊轧过程不会引起油、面层次混淆不清。

(4)连续卧式辊轧夹酥机的适应性较强，能够生产多种食品。

(5)连续卧式辊轧夹酥机结构复杂，设备成本高，操作维修技术要求较高。

三、叠层机

叠层机是与饼干成型机配套使用的设备，该机是将面团压皮经往复运行，小车反复叠层，层数不限，配置撒酥装置，将叠层后的面皮送至成型机，经该机生产出来的饼干层次分明，口感酥化、松脆，是提高饼干质量档次的主要设备，是生产苏打饼干的必要设备。叠层机生产效率高，可与饼干生产线中的成型机同步，可对面团进行辊轧、面皮纵横换向、夹酥、复合辊轧、叠层等一系列的工艺操作。

(一)叠层机的性能特点

(1)压延效果好，压制的面带厚度均匀。

(2)控制系统化，操作方便，压片厚度(调节厚度由数字显示)及叠层的次数可任意调节。

(二)叠层机的分类

根据轧辊排列位置的不同可分为立式叠层机和卧式叠层机两种类型。

1. 立式叠层机

通过对生饼坯进行预先加工，经过与制饼方向垂直轧制叠层的面皮具有较高的表面质量，有利于饼干的起层、发酵，为生产各种高、中、低档韧性饼干，特别是苏打饼干提供了方便条件。立式叠层机的类型主要有以下几种，如图 2-2-9 至图 2-2-11 所示。

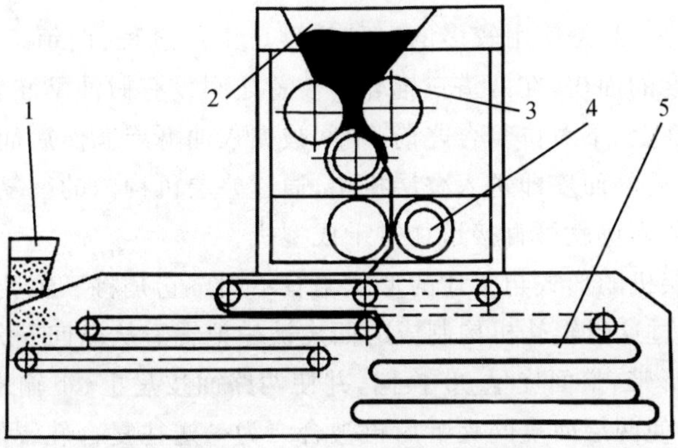

1. 干粉撒布装置　2. 料斗　3. 三辊制皮辊　4. 轧皮辊　5. 叠层机构

图 2-2-9　立式叠层机结构

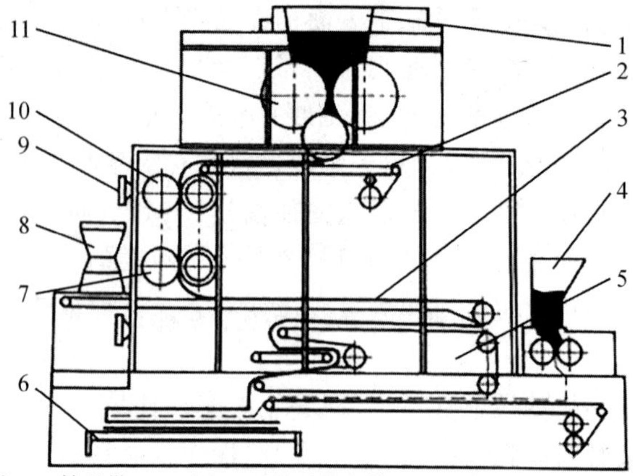

1. 料斗 2. 输送带 3. 面皮 4. 油酥撒布装置 5. 叠层机构 6. 输送平台
7、10. 轧皮辊 9. 干粉撒布装置 9. 轧皮调节手轮 11. 三辊制皮

图 2-2-10 英国“贝壳·珀金斯”公司立式叠层机结构

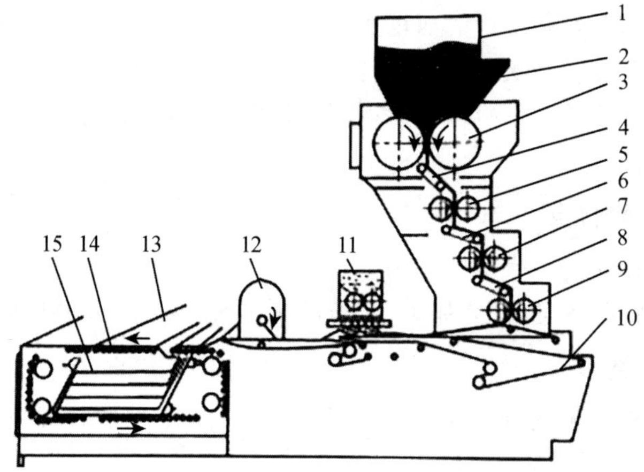

1. 大料斗 2. 小料斗 3. 制皮轧辊 4、6、8. 倾斜输送带 5、7、9. 轧皮辊 10. 输送带
11. 油酥撒布装置 12. 切块机构 13. 成块面皮 14. 履带式叠层机构 15. 输送平台

图 2-2-11 美国“SIMON-VICARS”公司饼干立式叠层机结构

2. 卧式叠层机

卧式叠层机(图 2-2-12)是使用较多的一种机型。工作过程:两道三辊轧皮装置同时将面团辊轧成具有一定厚度的面皮,在两道三辊轧皮装置之间设有撒油酥装置,使得经两道三辊轧皮装置轧制成的面片在上、下对位复合之前,中间被夹入油酥层。然后面皮经输送带进入复合辊轧装置,经两道辊轧后的面皮即送入叠层机构,通过叠层机构内的往复平推车的作用达到叠层的目的。经叠层后的面皮就可直接送往饼干成型机。

还有一种卧式叠层机的形式与上述的形式略有不同。它是将三辊轧皮机构由两组简化为一组,见图 2-2-13。通过这组辊轧机构制成的面皮被一把辊刀从纵向一分为二,经两组输送带分别输送,通过 45°环形带,整面皮呈 90°换向,并使两路面皮呈上、下输送形式。在上、下两层间配置了撒油酥机构,使两层面皮间夹酥后再被合二为一送往复合轧辊轧制、压延。这种机型的特点是简化了机构,避免了因两组辊轧机构同时工作而造成的速度同步困难;多了一道面皮换向,使面皮在纵、横两方向的受力更趋一致。

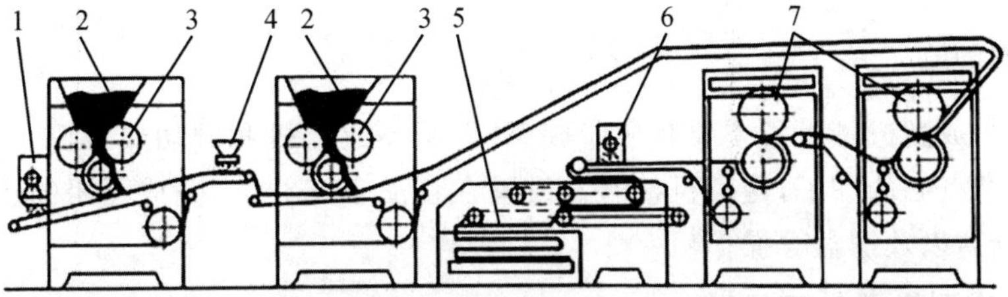

1. 干粉斗　2. 料斗　3. 三辊轧皮辊　4、6. 油酥斗　5. 复合叠层机　7. 两道轧皮辊

图 2-2-12　三辊轧皮卧式叠层机Ⅰ

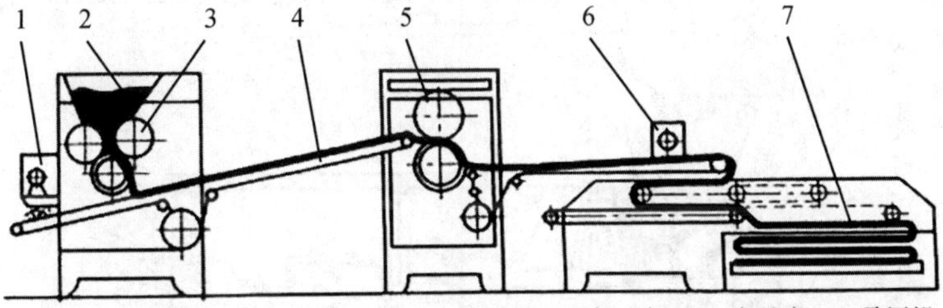

1. 干粉斗　2. 料斗　3. 三辊轧皮辊　4. 输送带　5. 轧皮辊　6. 油酥斗　7. 叠层机

图 2-2-13　三辊轧皮卧式叠层机Ⅱ

我国自行设计的自动 90°转向摇摆折叠机构，其结构及工作原理如图 2-2-14、图 2-2-15 所示，有大(DS1000)、中(DS560)型两种。

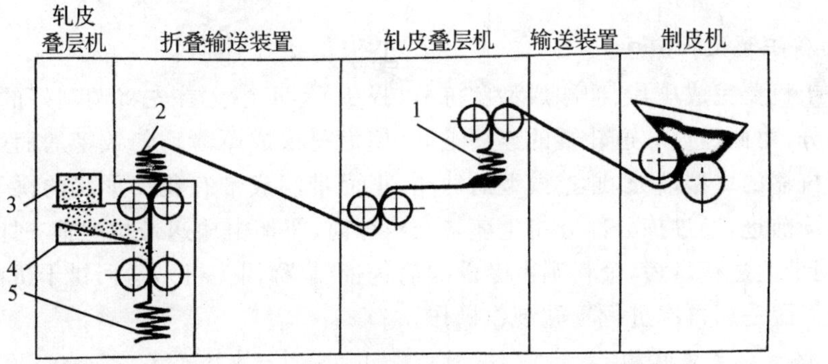

1、2. 90°转向摇摆折叠机构　3. 油酥斗　4. 油酥振荡机构　5. 90°转向曲臂式均速叠层机构

图 2-2-14　DS1000 型饼干叠层机组工作流程

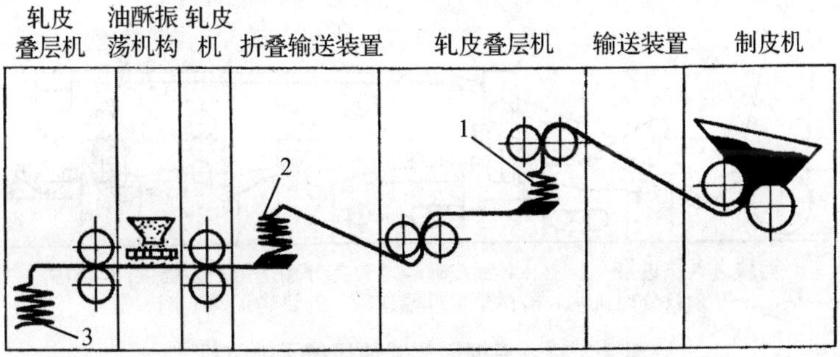

1、2. 90°转向摇摆折叠机构　3. 90°转向曲臂式均速叠层机构

图 2-2-15　DS560 型饼干叠层机组工作流程

四、饼干成型机

典型的饼干成型机械设备主要有冲印成型机、辊印成型机和辊切成型机。主要用于各种饼干或桃酥之类点心的加工，这类机械通常设置在食品生产线上，完成面团的压片、冲印或辊印成型，料头分离以及摆盘等操作。

(一)冲印成型饼干加工机械

冲印式饼干成型机(简称冲印饼干机)主要用来加工韧性饼干、苏打饼干及油脂含量较低的酥性饼干。冲印式饼干成型机(图 2-2-16)分为间歇式和连续式(摆动式)两种。间歇式机型目前已经基本淘汰。

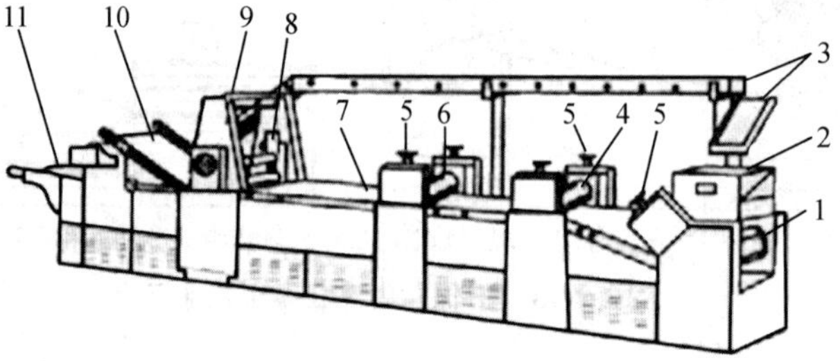

1. 头道辊 2. 面斗 3. 回头机 4. 二道辊 5. 轧辊间隙调整手轮 6. 三道辊 7. 面坯输送带 8. 冲印成型机构 9. 机架 10. 拣分斜输送带 11. 饼干生坯输送带

图 2-2-16 冲印饼干成型机

1. 冲印饼干机工作原理

冲印饼干机要完成压片、冲印成型及拣分(提头)等工序。首先将调制好的面团引入饼干机的压片部分，由此经过 3 道轧辊的连续辊轧，使面料形成厚薄均匀致密的面带；然后由帆布输送带送入机器的成型部分，通过模型的冲印，把面带制成带有花纹形状的饼干生坯和余料；此后面带继续前进，经过拣分部分将生坯与余料分离，饼坯由输送带排列整齐地送到烤盘或烤炉的钢带、网带上进行烘烤，余料则由专设的输送带(也称回头机)，送回饼干机前端的料斗内，与新投入的面团一起再次进行辊轧制作操作。

2. 冲印饼干机主要结构

连续式(摆动式)冲印饼干成型机基本都是由面皮辊轧部分、冲印成型部分、余料分离部分、输送入炉部分等组成。如图 2-2-17 所示为常见连续摇摆式冲印饼干成型机。

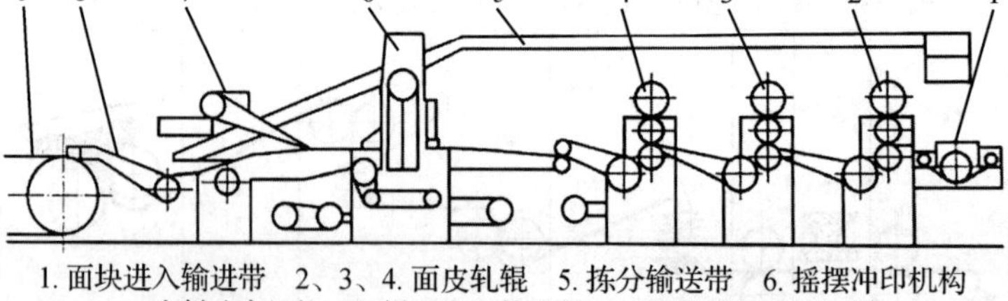

1. 面块进入输进带 2、3、4. 面皮轧辊 5. 拣分输送带 6. 摇摆冲印机构 7. 余料分离机构 8. 饼干生坯输送带 9. 烘烤炉网（钢）带

图 2-2-17 连续摇摆式冲印饼干成型机

3. 主要工作部件

冲印机构是饼干成型的主要工作部件，它主要包括动作执行机构和印模组件两部分。

(1)动作执行机构　饼干机的动作执行机构分为间歇式和连续式两种。

①间歇式　这种机构工作时，印模通过曲柄滑块机构来实现对饼干生坯的直线冲印，生坯的同步送进要依靠棘轮棘爪机构驱动输送带来实现。冲印的瞬间，输送带必须处于停顿状态。由于这类饼干机冲印速度受到坯料间歇送进的限制，最高冲印速度不超过 70 次/min，所以生产能力较低。提高输送速度将会产生惯性冲击，引起机身振动，以致使加工的面带厚薄不均，边缘破裂，影响饼干的质量。由该机构组合的饼干机不适于与连续式烤炉配套形成生产线。

②连续式　该机构作业时，印模随面坯输送带连续动作，完成同步摇摆冲印作业，故也称摇摆式冲印。如图 2-2-18 所示，它主要由一组曲柄连杆机构、一组双摇杆机构和一组曲柄摆动滑块机构组成。工作时，冲印曲柄 1 和摇摆曲柄 2 同时旋转，其中曲柄 1 通过连杆 9 带动滑块 8 在滑槽内做直线往复运动；曲柄 2 借助连杆 3、6 和摆杆 4、5 使摆杆 7 摆动。这样，使得冲头 10 在随滑块 8 做上下运动的同时，还沿着输送带 11 运动的方向前后摆动，于是保证在冲印的瞬间，冲头与面坯的移动同步。冲印动作完成后，冲头抬起，并立即向后摆到未加工的面坯上。冲印时要求冲头与输送带同步运行，这是保证冲印机构连续作业的关键。

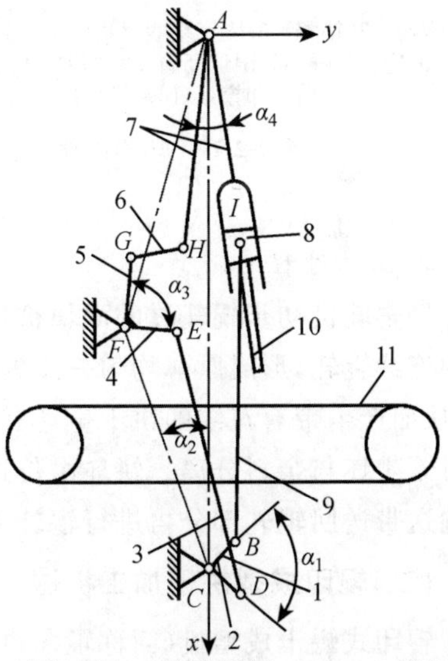

1. 冲印曲柄　2. 摇摆曲柄　3、6、9. 连杆　4、5、7. 摆杆　8. 滑块　10. 冲头　11. 输送带　$\alpha_1 \sim \alpha_4$. 各杆间安装角度　$A \sim I$. 各交接点代号

图 2-2-18　连续式饼干成型机结构

采用摇摆式冲印机构的饼干机，冲印速度可达 120 次/min，生产能力强，运行平稳，饼干生坯成型质量较好，且便于与连续式烤炉配套使用。

(2)印模组件　结构如图 2-2-19 所示。它由印模支架、冲头芯杆、切刀、印模和余料推板等组成。一台饼干机的冲印成型动作通常由若干个印模组件来完成，工作时，在执行机构的偏心连杆或冲头滑块带动下，印模组件一起上下往复运动。当带有饼干图案的印模 10 被推向面带时，即将图案压印在其表面上。然后，印模不动，印模支架 5 继续下行，压缩弹簧 4 并且迫使切刀 8 沿印模外围将面带切断，最后，印模支架随连杆回升，切刀首先上提，余料推板 11 将粘在切刀上的余料推下，接着压缩弹簧复原，印模上升与成型的饼坯分离，一次冲印操作到此结束。由于饼干品种不同，印模有轻型和重型之分，前者图案凸起较低，所以印制花纹较浅，冲印阻力也比较小；后者图案下凹较深，印制花纹清晰，但冲印阻力较大。

饼干机根据饼干品种的不同，配有两种印模，一种是生产凹花有针孔韧性饼干的轻型印模；另一种是生产凸花无针孔酥性饼干的重型印模。苏打饼干印模属于轻型，不过通常只有针柱而无花纹。这些结构都是由饼干面团特性所决定的。

①韧性饼干面团　具有一定的弹性，烘烤时易于在表面出现气泡，背面出现洼底。即使采用网带或空铁板带也只能减少饼坯洼底，而不能杜绝起泡。因此，印模冲头上设有排气针柱，以减少饼坯气泡的形成。

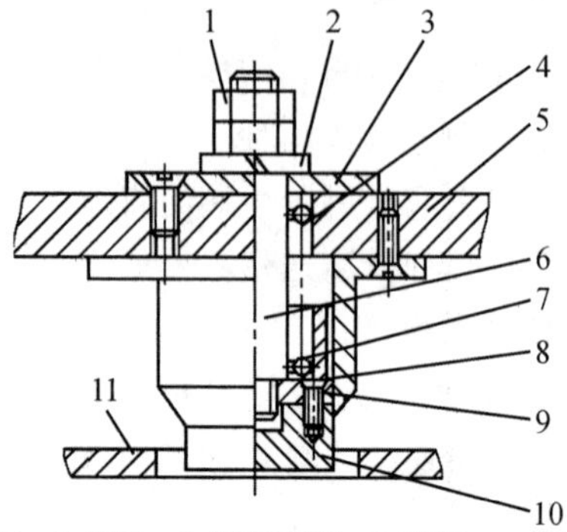

1. 螺帽 2. 垫圈 3. 固定垫圈 4. 弹簧 5. 印模支架
6. 冲头芯杆 7. 限位套筒 8. 切刀 9. 连接板
10. 印模 11. 余料推板

图 2-2-19 印模组件

②苏打饼干面团 弹性较大，冲印后的花纹保持能力差，所以苏打饼干印模冲头仅有针柱及简单的文字图案。

③低油酥性饼干面团 可塑性较好，花纹保持能力较强。它的印模冲头即使无针柱也不会使成型后的生坯起泡。

轻型印模冲头上的凸起图案较低，弹簧压力较弱，印制饼坯的花纹较浅，冲印阻力也较小，操作时比较平稳。重型印模冲头上的凹下图案较深，弹簧压力较强，印制饼坯的花纹清晰，冲印阻力也较大。此外两种印模的结构基本相同，都是由若干组冲头、套筒、切刀、弹簧及推板等组成的。

4. 工作过程

经辊轧机初步辊轧过的面块被送入成型机的面皮辊轧部分，一般经过 3 对旋向相同的轧辊的连续辊轧，形成厚薄均匀一致的面带。面带被送入冲印成型部分，通过连续摇摆冲印的印模，从而产生带有花纹的饼干生坯和边料。冲印成型后的面带继续向前输送，经余料分离部分使饼干生坯与余料分离。饼坯由传送带送至烘烤的网带（或钢带）上入炉烘烤，余料经余料返回输送带送回辊轧部分再进行辊轧复用。

（二）辊印成型饼干加工机械

辊印式饼干成型机（简称辊印饼干机）主要适用于加工高油脂酥性饼干，更换该机印模辊后可以生产各种图案的酥性饼干，通常还可以加工桃酥类糕点。

1. 辊印饼干机工作原理

饼干机工作时，喂料辊 1 与印模辊 2 在齿轮的驱动下相对回转（图 2-2-20），料斗 11 内的酥性面料依靠自重落入两辊表面的饼干凹模之中，以后由位于两辊下面的分离刮刀 4，将凹模外多余的面料沿印模辊切线方向刮落到面屑接盘中。印模辊旋转，含有饼坯的凹模进入脱模阶段，此时橡胶脱模辊 3 依靠自身形变，将粗糙的帆布脱模带 5 紧压在饼坯底面上，并使其接触面间产生的吸附作用力大于凹模光滑内表面与饼坯间的接触结合力，因此，饼干生坯便顺利地从凹模中脱出，并由帆布脱模带转入生坯输送带上。

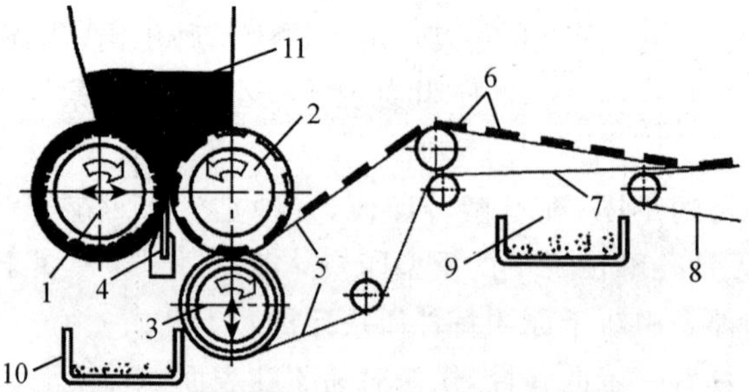

1. 喂料辊 2. 印模辊 3. 橡胶脱模辊 4. 分离刮刀 5. 帆布脱模带 6. 饼干生坯
7. 帆布带刮刀 8. 生坯输送带 9、10. 面屑斗 11. 料斗

图 2-2-20 辊印成型原理

2. 辊印饼干机主要结构

辊印饼干成型机有两种类型：一种是直接进入网带（钢带）式（图 2-2-21）；另一种是落烤盘式（图 2-2-22），这种类型的成型机只需更换成型模就可生产桃酥，故又称饼干、桃酥两用机。两种类型的成型机在成型原理上是完全相同的。

辊印饼干成型机结构见图 2-2-23，主要由喂料辊、印模辊、橡胶脱模辊、输送带、机架和传动系统等组成。辊印成型和橡胶脱模是该机的两项主要操作。

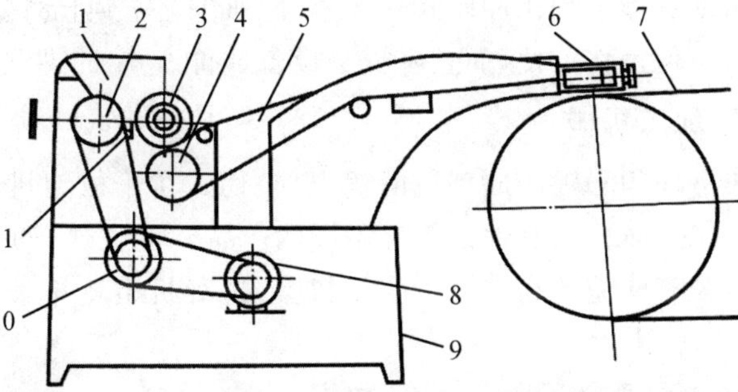

1. 料斗　2. 喂料辊　3. 花纹成型辊　4. 橡胶脱模辊　5. 帆布传送带　6. 帆布刀口分离器
7. 烘烤炉网（钢）带　8. 电动机　9. 机架　10. 减速器　11. 刮刀

图 2-2-21　直接进入烘烤辊印饼干机结构

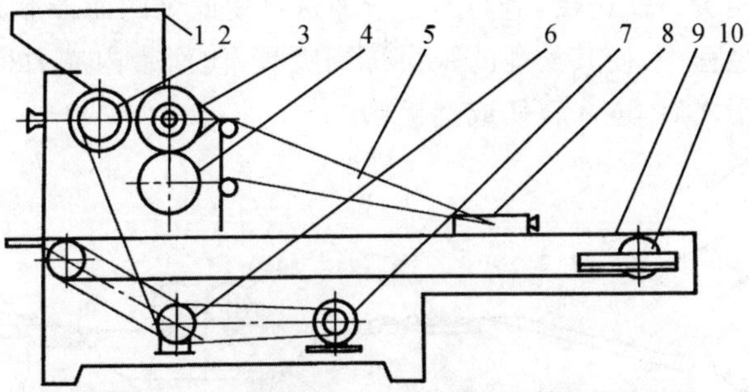

1. 料斗　2. 喂料辊　3. 花纹成型辊　4. 橡胶脱模辊　5. 帆布传送带　6. 减速器
7. 电动机　8. 帆布刀口分离器　9. 烤盘输送链条　10. 张紧装置

图 2-2-22　饼干、桃酥两用辊印饼干机结构

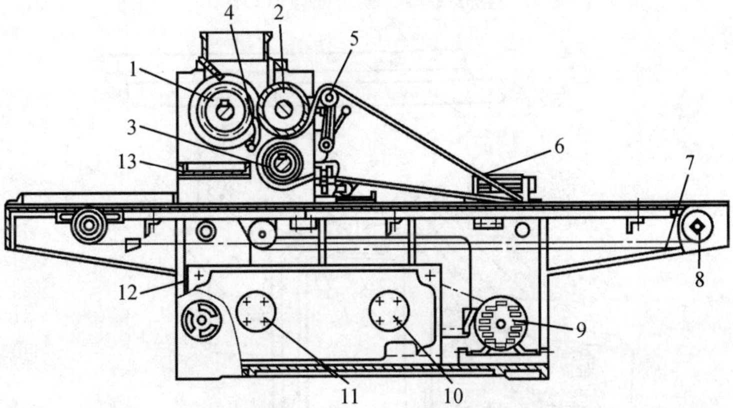

1. 喂料辊　2. 印模辊　3. 橡胶脱模辊　4. 刮刀　5. 张紧轮　6. 帆布脱模带　7. 生坯输送带
8. 输送带支架　9. 电机　10. 减速器　11. 无级调速器　12. 机架　13. 余料接盘

图 2-2-23　辊印饼干成型机结构

3. 主要工作部件

喂料辊、印模辊和橡胶脱模辊是饼干辊印成型机的主要工作部件。喂料辊与印模辊尺寸相同,直径一般在 200～300 mm,其长度由相匹配的烤炉宽度而定。辊坯均用铸铁离心浇铸,再经加工而成,印模辊表面还要镶嵌用无毒塑料或聚碳酸酯(简称 PC)制成的饼干凹模。橡胶脱模辊(又称底辊)是在滚花后的辊芯表面上套铸一层耐油食用橡胶,并经精车磨光而成。

由于辊印饼干成型机的印花、成型和脱坯操作是通过三个辊筒的转动一次完成的,所以该机工作平稳,无冲击,振动和噪声均比冲印式饼干机小,而且不产生余料,省去了余料输送带,使得其结构简单、紧凑,不但操作方便,而且降低了设备造价。

(三)辊切成型饼干加工机械

辊切饼干成型机兼有冲印和辊印成型机的优点,辊切式饼干成型机(简称辊切饼干机)广泛适用于加工苏打饼干、韧性饼干、酥性饼干等不同的产品。辊切饼干机操作时,速度快、效率高、振动噪声低,是一种较有前途的高效饼干生产机型,这种机型近年来在国内已经得到普遍的推广使用。

1. 辊切饼干成型机工作原理

辊切饼干成型机工作原理如图 2-2-24、图 2-2-25 所示。面片经压片机构压延后,形成光滑、平整、连续均匀的面带。为消除面带内的残余应力,避免成型后的饼干生坯收缩变形,通常在成型机构前设置一段缓冲输送带,适当的过量输送可使此处的面带形成一些均匀的波纹,这样可在面带恢复变形过程中,使其松弛的张力得到吸收,使面带内应力得到部分恢复,即张弛作用。面带经张弛作用之后,进入辊切成型机构。

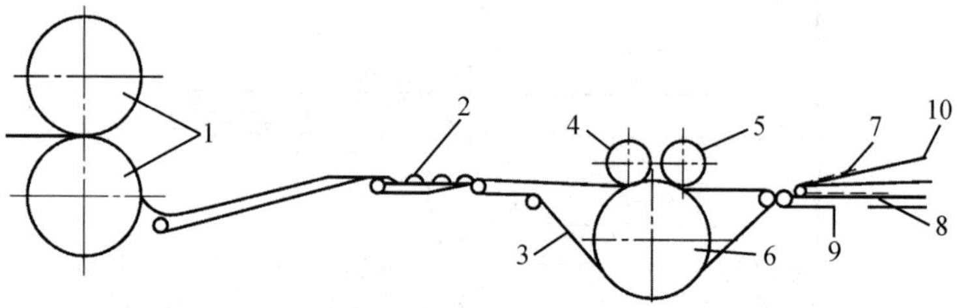

1. 定量辊 2. 波纹状面带 3. 帆布脱模带 4. 印花辊 5. 切块辊 6. 橡胶脱模辊 7. 余料 8. 饼干生坯 9. 水平输送带 10. 倾斜输送带

图 2-2-24 辊切成型原理

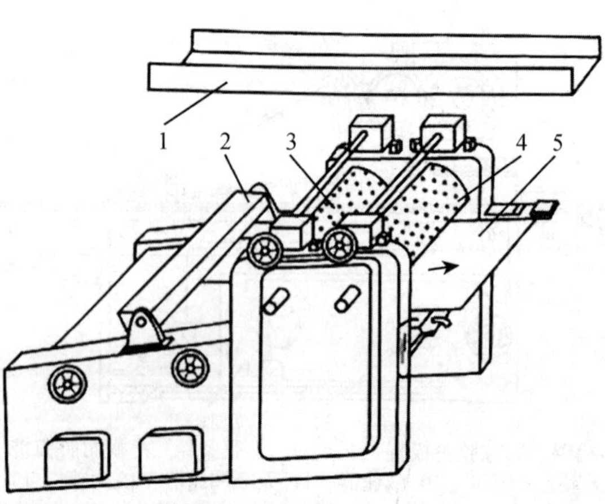

1. 余料回头机 2. 撒粉器 3. 印花辊 4. 切块辊 5. 帆布脱模带

图 2-2-25 辊切饼干成型机结构

2. 辊切饼干成型机主要结构

辊切饼干机主要由压片机构、辊切成型机构、余料提头机构(拣分机构)、传动系统及机架等组成。其中压片机构、拣分机构与冲印饼干机的对应机构大致相同,只是在压片机构末道辊与辊切成型机构间设有一段中间缓冲输送带。在此处适当的过量输送使面带形成一段均匀的波纹,并在短暂的滞留过程中,使面带的残余应力得以消除,然后再进行辊切成型作业。如图 2-2-26 所示。

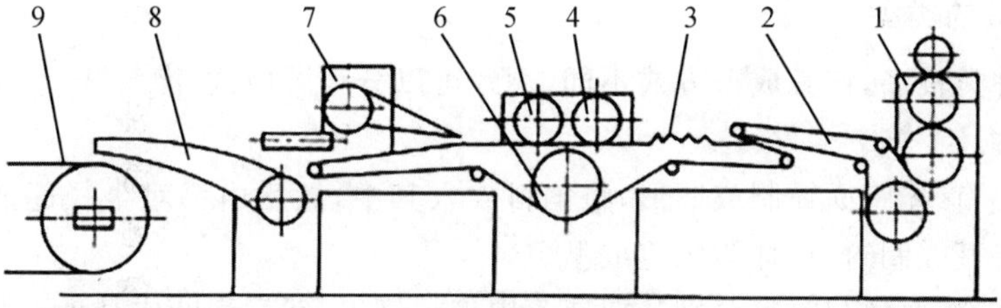

1. 面皮压片轧辊(共3组)机构　2. 面皮过渡帆布传送带　3. 中间缓冲传送带　4. 印花辊
5. 切块辊　6. 橡胶脱模辊　7. 余料回头机　8. 进炉帆布带　9. 烘烤炉网带(钢带)

图 2-2-26　辊切饼干机成型机构

3. 主要工作部件

辊切成型机构主要由印花辊、切块辊、橡胶脱模辊及帆布脱模辊等组成。印花辊与切块辊的尺寸一致,其直径一般在 200～300 mm。辊的长度与配套的烤炉尺寸相关联。橡胶脱模辊要同时支承两个轧辊,所以直径大于上面两辊。

4. 工作过程

面团经 3 组面皮压片轧辊机构的辊轧形成光滑、平整、均匀一致、结构合理的面带,面带由过渡帆布传送带和中间缓冲传送带进至辊切成型部分。面带首先经印花辊辊印出饼坯花纹,然后在前进中经与印花辊同步运转的切块辊切出带花纹的饼干坯来。位于印花辊与切块辊下方,设有直径较大的橡胶脱模辊,在印花、切块过程中起着弹性垫板和脱模的作用。成型的饼干坯由进炉帆布带送上烘烤炉网带(钢带)。余料由余料分离装置分离,经返回帆布传送带送回面皮压片机料斗供重新辊轧复用。

辊切成型与辊印成型区别在于辊切成型的印花和切断是分两个步骤完成的,即面带首先经印花辊轧印出花纹,随后再经同步转动的切块辊切出带花纹的饼干生坯。

这种辊切成型的技术关键在于应严格保证印花辊与切块辊的转动相位相同,速度同步,且两辊同时驱动,否则切出的生坯的外形与图案分布不能吻合。

任务 2-3　糕点加工机械与设备

技术知识

糕点是以粮、油、糖、蛋等为主要原料,添加适量辅料,并经调制、成型、熟制等工序制成的食品。糕点种类繁多,习惯分为中式糕点和西式糕点两大类。中式糕点指中国传统的糕点食品,比如月饼、元宵、桃酥等。西式糕点是从外国传入我国的糕点的统称,其中,蛋糕是最具代表性的,是以鸡蛋、食糖、面粉等为主要原料,经搅打充气,辅以疏松剂,通过烘烤或汽蒸而使组织松发的一种疏松绵软、适口性好的食品。

一、包馅机

生产带馅食品的机器称为包馅机。包馅食品一般由外皮与内馅组成。包馅制品(如月饼、汤圆、包子等)外皮通常是由面粉或米粉与水、油、糖、蛋组成的混合物;内馅的种类很多,如豆沙、枣泥、果酱、五仁等。

(一)包馅机的类型

包馅机的种类较多,按其成型方式不同,大致可以分为感应式、灌肠式、注入式、剪切式、折叠式等。

(1)感应式　首先将面坯制成凹形,将馅料放入其中,然后由一对半径逐渐增大的圆盘状的回转成型器将其搓制封口,称为感应成型。

(2)灌肠式　将面坯与馅料分别从双层筒中连续挤出,然后切断成某种点心的形状。

(3)注入式　在模具中设计有注入馅团的喷管,将馅注入挤出的面坯中,然后切断成型。

(4)剪切式　将面坯从两侧连续供送,馅料制成球状后由中间供送,然后利用一对表面上有凹心部分的轧辊转动,进行剪切成型。剪切成型又称为辊切成型。

(5)折叠式　首先将压延后的面坯按规定的形状冲切,然后放入馅料,最后折叠成所需要的形状。

(二)包馅机的主要结构

如图 2-3-1 所示,包馅机主要由输面机构、输馅机构、成型机构、撒粉机构、传动机构、操作控制系统及机身等组成。

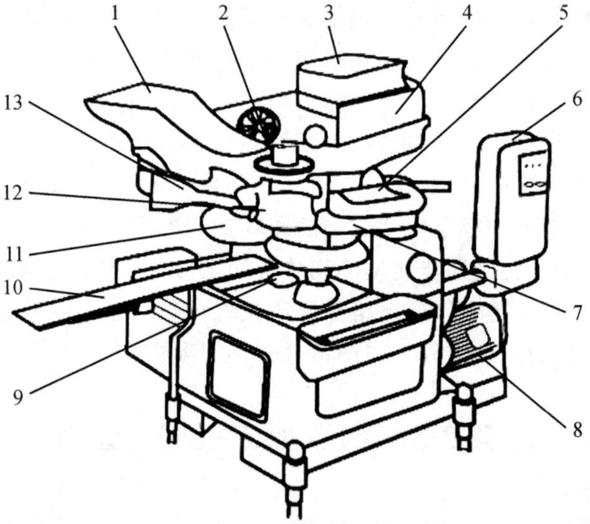

1. 面斗　2. 叶片泵　3. 馅斗　4. 输馅双绞龙　5. 干面粉斗　6. 操作箱　7. 撒粉机构
8. 电动机　9. 托盘　10. 输送带　11. 成形盘　12. 输面竖绞龙　13. 输面双绞龙

图 2-3-1　包馅机外形

输面部分包括面斗、两只水平输面绞龙及一只垂直输面绞龙(竖绞龙)。输馅部分包括馅斗、两只水平输馅绞龙及滑片泵。撒粉装置由面粉斗、粉刷、粉针及布粉盘组成。成型装置的主要部分是两只回转成型盘、托盘及复合嘴。传动系统包括一台电机、皮带、无级变速器、双蜗轮箱及各种齿轮变速箱等。为确保传动系统安全，在双蜗轮箱输出轴及面、馅绞龙驱动轴上均设有安全销。当工作系统发生故障或超载运行时，安全销先被剪断，从而使机器免遭损坏。在输送带齿轮箱上，设有二次加工附件的输出轴，以驱动安装在上面的各种加工附件。产品可在输出过程中进行二次加工，不必专设单独的传动系统与工作部件。这不仅缩短了机身的长度，而且扩大了机器的使用范围。

带馅食品的皮料与馅料呈半流体状态。半流体的流变特性给输送与成型带来很多不便。通常半流体在食品成型机上用绞龙输送，但绞龙的输送能力并不总是随其转速的增加而增加的。当速度达一定数值以后，效率反而下降，而且速度过高，物料易摩擦生热。特别是在出口处，压力升高使面、馅升温，严重时会引起食品物料的变性，影响食品的口感和风味。因此单靠增加绞龙转速来提高半流体物料的输送量是不行的。为了解决这一问题，包馅机分别采用两只直径较大且平行排列的绞龙来输面和输馅，从而在不提高绞龙转速的情况下，提高了面、馅的输送能力。面料自水平输送绞龙出来后被切割成小块或小片，并被两只压面辊压入竖绞龙。面料向下移动，至出口前端再集结成一体，从而保证了面料均匀，降低了移动阻力，减缓了输送过程中内压上升的趋势。馅料则在被推出水平绞龙之后，进入滑片泵，由旋转叶片使馅料转向90°，并沿输馅管向下移动，在输送过程中馅料内的空气被排出，馅料被压实成棒状，这样避免了供馅不准的现象，有利于准确定量。

半流体物料含水量较多，易粘连，因此，成型过程中通常需要使用大量分离剂。但是，在感应成型过程中，产品与成型盘的瞬时接触面较小，这样黏附的可能性减少，所以需要的分离剂也较少。该机使用干面粉作为分离剂，面粉贮在干面粉斗中，借助于粉刷、粉针、布粉盘的作用，将面粉撒在产品与成型盘之间，起到分离作用。分离剂的多少与撒粉的部位影响传递的搓切力量大小，因此通过使用分离剂也可调节搓圆的效果，以适应不同品种的操作。

包馅机输馅绞龙有两挡速度可调，输面绞龙有四挡速度可调，在其他速度不变的情况下，二者配合起来就可以有 8 种速度。另外，电机输出装有机械无级变速器，这样，就使速度调节的范围更大。因此，在不更换任何零部件的情况下，该机可以制造出 8 种皮馅比例不同的食品。

另外，考虑到各种包馅制品的原料软硬不同，黏度与弹性不同，需要变更操作条件来适应。该机在制作球状产品时，棒状半成品的出口转速及搓球时下部托盘的升降速度，均可通过更换部分零件得以调节，从而满足不同品种的成型条件，适应其成型时的形体变化。除此之外，还可以根据面团韧性的大小更换叶片数目不同的竖绞龙，如对于韧性较大的面团，叶片数目可以多些，以减少纵向推进时的面料后退量；对于韧性较小的面团，叶片数目就应少些，否则面团被挤紧的时间太短，内部组织松散，影响成型时收口。

(三)包馅机的成型原理

1. 棒状成型

如图 2-3-2 所示，进行棒状成型时，面料在输面双水平绞龙 14 的推动下，进入输面竖绞龙 6 的螺旋空间，并被继续推进，移向面馅复合料嘴 9 的出口。此时，面料被挤压成筒状面管。馅料经输馅双绞龙 3 输送至双滑片泵 4。叶片旋转，使馅料转向 90°并向下运动，进入输馅管 5。输馅管装在输面竖绞龙 6 的内腔，当馅料离开输馅管，在复合料嘴 9 出口处与面管汇合时，便形成里面是馅，外皮是面的棒状半成品。棒状半成品经压扁、印花及切断可制两端露馅的带馅食品。根据不同的品种要求,复合料嘴 9 可以更换。复合料嘴 9 断面形状、尺寸不同,挤出的棒状产品规格不同。

2. 球状成型

球状成型是由成型托盘 12 的动作来完成的(图 2-3-2)。由棒状成型后得到的半成品经过一对转向相同的回转成型盘的加工后,成为球状包馅食品。成型盘表面呈螺旋状。成型盘除半径、螺旋状曲线的径向与轴向变化外,螺旋角也是变化的。这就使成型盘的螺旋面随棒状产品的下降而下降,同时逐渐向中心收口。而且由于螺旋角的变化,使得与螺旋面接触的面料逐渐向中心推移,从而在切断的同时把切口封闭并搓圆,最后制成球状带馅食品生坯。这种成型方法称为感应成型,也叫回转成型。

所谓回转成型是对成型时的运动形式而言的。由于成型盘的回转及产品本身的回转运动,使物料和成型盘之间不产生固定的接触。这样就使产品在与成型盘数十次回转的相对运动中连续受力,逐渐变形,避免因一次成型使产品受力过猛,造成应力集中,致使面皮组织坚实,影响食品的口感风味。

感应成型是就成形时力的传递方式而言的。由于成形盘迎角的变化,使产品的部分物料向预计的方向逐渐移动。由于局部受力位移,牵连相关的其他部分产生连锁反应。根据这一原理,利用成形盘螺旋面的迎角变化,使压力方向逐渐改变,从而把棒状半成品收口切断成一个个球状食品生坯。球状食品生坯再经压扁、印花、装饰、烘烤等操作,制成各种形态的带馅食品。

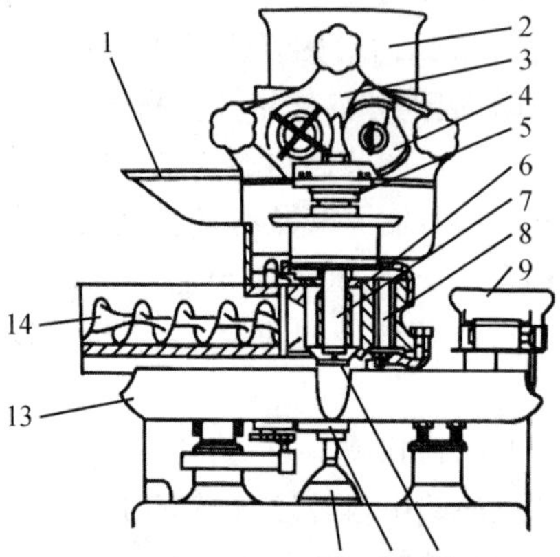

1. 面料斗 2. 馅料斗 3. 输馅双绞龙 4. 双滑片泵 5. 输馅管 6. 输面竖绞龙
7. 馅料嘴 8. 面料嘴 9. 复合料嘴 10. 干面粉斗 11. 拨杆
12. 托盘 13. 成型盘 14. 输面双水平绞龙

图 2-3-2 包馅机结构

二、元宵成型机

元宵成型机是糕点食品加工中重要的成型机械设备之一。元宵是我国的传统食品,其加工方法以前是把各种馅料切成小方块,然后装在放有米粉的簸箕中靠人工摇滚而成,这种方法劳动强度大,生产效率低,元宵个体不够均匀。元宵成型机的应用克服了手工操作的上述缺点,其结构如图 2-3-3 所示,它主要由倾斜圆盘、翻转机构、传动机构和支架组成。工作时,先将一批馅料切块和米粉放入圆盘中，圆盘旋转时，由于摩擦力的作用，物料将随着圆盘底部向上运动，然后又在自身重力作用下，离开原来的的运动轨迹滚动下来，与盘面产生搓动作用。与此同时，由于离心力的作用，料团被甩到圆盘的边缘，黏附较多的粉料后又继续上升，如此反复滚搓一段时间后，馅料即被粉料逐渐裹成一个较大的球形面团，当达到要求的大小时，停机并摇动翻转机构将成品倒出。

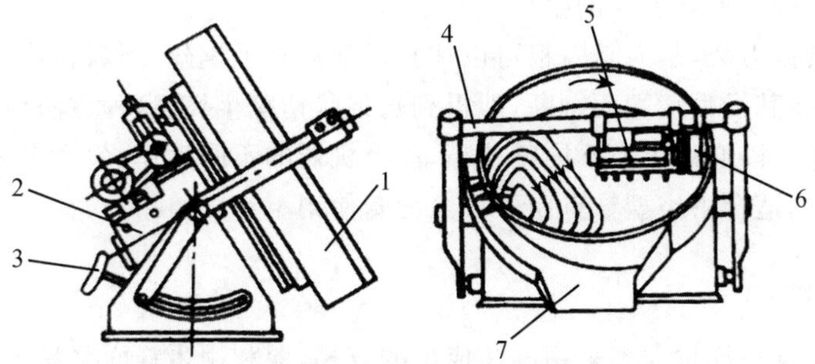

1. 倾斜圆盘　2. 减速器　3. 翻转机构　4. 支架　5. 喷水管　6. 刮刀　7. 卸料斗

图 2-3-3　元宵成型机

工作时，元宵机的圆盘倾斜角度可由人工进行调整。但圆盘倾角不得小于物料的自然休止角，否则物料将贴在盘面上并随其一同转动而失去滚搓作用。倾角的大小影响物料在盘面上的停留时间，倾角小，料球在盘面上停留时间长，滚搓出来的元宵面团越致密，但生产率将会有所下降。因此，应在保证产品质量的前提下，兼顾生产效率，合理选择倾角的大小。

在元宵机的支架横梁上，还设置有喷水管和刮刀，以便使米粉含有一定的水分，保持足够的黏性，并随时将黏结在圆盘内壁上的物料清理下来。

三、软料糕点成型机

制作曲奇饼、奶油桃酥点心、奶油浪花酥等糕点的面料，在形态、流动性等方面介于韧性、酥性、甜酥性面团及面浆之间，俗称软料。用软料制作的糕点称为软料糕点。其成型可以由软料糕点成型机完成，其外形如图 2-3-4 所示。

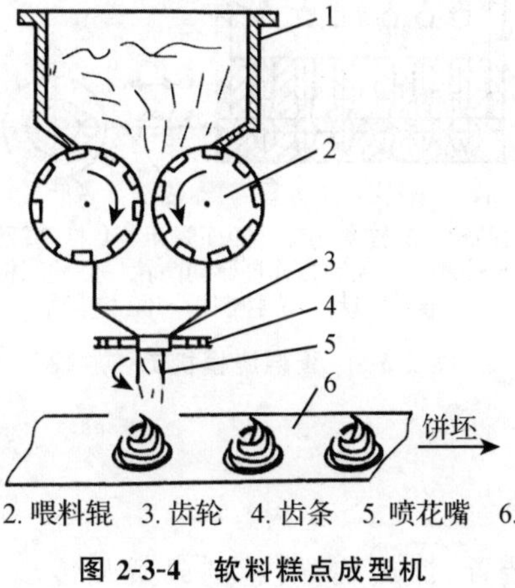

学习视频 5
软料糕点成型机

1. 料斗　2. 喂料辊　3. 齿轮　4. 齿条　5. 喷花嘴　6. 传送带

图 2-3-4　软料糕点成型机

软料糕点成型机由喂料机构、成型机构、传动机构、走盘机构等组成。

工作过程:将调制好的面料放入料斗中,通过一对喂料辊的相对旋转,使得喂料辊下方的腔体形成压力腔,从而将面料挤向喷花嘴,挤出在上升的烤盘上。喷花嘴可通过齿轮和齿条带动旋转,使挤出的生坯呈螺旋状花纹;若喷花嘴不转,仅使烤盘直线前进,也可制出带条状花纹的饼坯。料斗为长方形,喂料辊的轴向尺寸与料斗长度一致,喷花嘴横向排列,一次挤花,便可生产出一排形状相同或形状各异的生坯。

该机还可安装割刀架,割刀是一根可以往复运动的水平钢丝,当软料从喷花嘴挤出一定量时,水平钢丝运动将其沿喷嘴端面割断,即得到长条状切割生坯,这种方法称为钢丝切割成型。

该机的特点是可以通过更换不同喷花嘴,配合机器的不同动作,生产出多种形状的软料糕点。由于产量适中,适合中小型糕点制作厂家配套使用。

四、蛋糕浇模机

国内使用的蛋糕浇模机大多采用浇注成型的方式,即利用蛋糕面浆易于流动的特性,利用真空吸力和挤压力将料斗内的面浆料挤注到烤盘上的蛋糕模内。蛋糕浇模机的结构主要由面浆斗、面浆定量装置、浇注控制装置、传动装置等组成,如图 2-3-5 所示。

工作过程:将调制好的面浆送入面浆斗中,这时控制板的进浆孔与上面定量板的定量孔及下面的蛋糕烤盘模孔错开,定量板的定量孔中充满面浆。然后,柱塞连杆驱动凸轮带动柱塞连杆连同柱塞杆横梁、挤浆柱塞一同向下移动。与此同时,控制板连杆驱动凸轮带动控制板移动,使定量板与烤盘模孔间形成通路。挤浆柱塞将定量面浆压入蛋糕烤盘的模腔内。接着,控制板连杆驱动凸轮带动控制板移动,将定量板与蛋糕模孔的通路断开,柱塞杆上移,面浆又充入定量板的定量孔中,下一个循环接着进行。

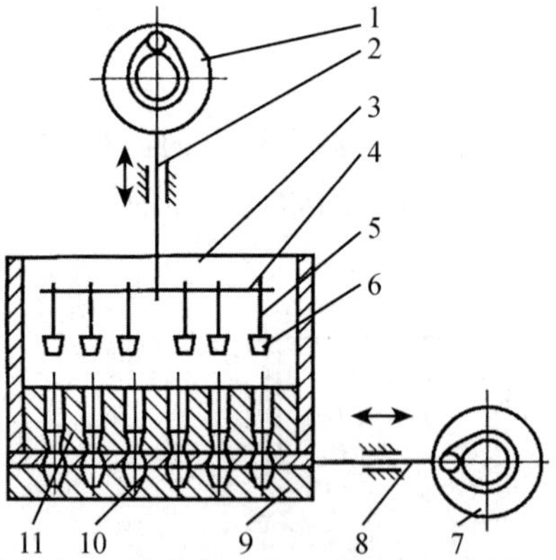

1. 柱塞连杆驱动凸轮 2. 柱塞连杆 3. 面浆斗 4. 柱塞杆横梁 5. 柱塞杆
6. 挤浆柱塞 7. 控制板连杆驱动凸轮 8. 控制板连杆
9. 蛋糕烤盘 10. 控制板 11. 定量板

图 2-3-5 蛋糕浇模机工作原理

五、自动蛋卷机

自动蛋卷机主要由上浆装置、加热装置、卷制成型及传动系统等组成,如图 2-3-6 所示。上浆装置由贮浆斗、上浆板、加热辊筒组成,加热装置包括上、下加热元件,加热罩及通风排潮装置等，加热方式分为煤气和电加热两种。卷制成型装置由135°转向帆布带、与帆布带呈45°角的导辊、旋转同步切刀等组成。

工作过程：面浆从贮浆斗底部流出，沿上浆板向下流动，被均匀地撒布到加热辊筒表面。辊筒表面应预热，当浆料接触到高热的辊筒后，便形成一层固化膜即蛋卷皮。烤制好的蛋卷皮随帆布带输送至导辊，导辊位于上、下帆布带中间，并与帆布带运动方向呈45°角，由于导辊的旋转及帆布带135°转向，使蛋卷皮被卷制成连续多层的蜂旋状长条蛋卷。长条蛋卷经冷却定型输出后，通过做复合旋转运动的圆盘形切刀来进行定长切割，最后作为蛋卷成品被输送带送出。

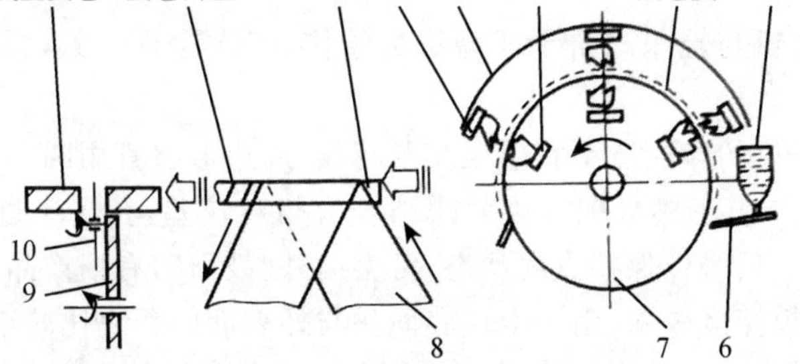

1. 蛋卷绕制芯杆　2. 上加热元件　3. 加热罩板　4. 下加热元件　5. 贮浆斗
6. 上浆板　7. 加热辊筒　8. 卷筒帆布带　9. 同转刀架　10. 圆片切刀

图2-3-6　自动蛋卷机

六、桃酥成型机

桃酥成型机是机械生产桃酥必需的设备。机械式生产桃酥的成型方式分为冲印与辊印两种。

(一)冲印式桃酥成型机

冲印式桃酥成型机是机械式生产桃酥使用较多的一种机型。如图2-3-7所示，主要由供料机构、成型机构、脱模机构、烤盘输送机构及传动机构等组成。

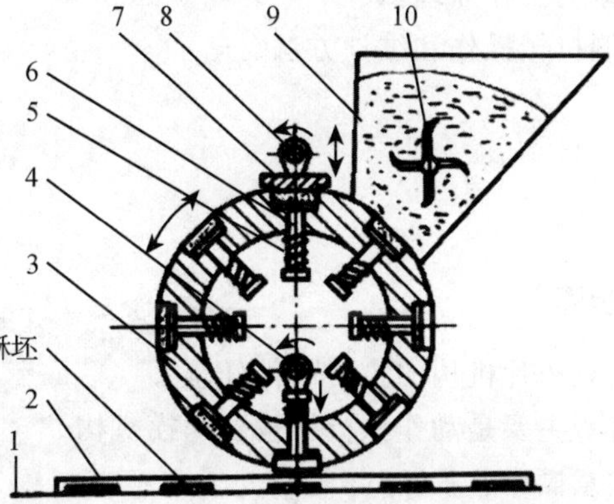

1. 烤盘输送链条　2. 烤盘　3. 回转模辊　4. 脱模凸轮　5. 压簧
6. 活动模柱　7. 压紧板　8. 压紧轮　9. 料斗　10. 输面辊

图2-3-7　冲印式桃酥成型机

桃酥的成型通过一回转模辊实现，模辊按相同夹角沿轴向开有数个模孔，模孔的直径按产品的规格而定。工作时，将调制好的面团送入料斗，通过输面辊的回转，将坯料填入模孔内，然后通过间歇传动机构使回转模辊沿圆周方向转动一个孔位。在回转模辊停转的时间内，由压紧凸轮带动压紧板上的冲印柱塞将桃酥坯料压紧。同时，脱模凸轮带动活动模柱运动，将成型后的桃酥饼坯从模孔中冲出并落在烤盘中。当处于压紧和脱模位置上的冲印柱塞和活动柱塞上升并复位后，回转模辊又开始转动。与此同时，烤盘输送链带动烤盘向前移动一个工位。

采用机器生产的桃酥饼坯具有形状整齐、质量准确、生产率高、卫生条件好等优点。但桃酥口感不如手工制作的好。

(二)辊印式桃酥成型机

辊印式桃酥成型机与辊印式饼干成型机的结构、工作原理一致，只是印模的规格尺寸等不同。

辊印式桃酥成型机的印模造型宜用粗线条花纹，周边形状宜用圆形或曲线形，忌用直线形的方形或长方形，这是由于桃酥配方中面团结合力相对较差，在焙烤过程中饼体周边向外胀发，直线条的周边胀发后难以保持直线状态，常会向外“鼓出”，有损产品外观。

桃酥体较厚，印模深度较深，由于生坯底面积与外表面面积之比减小，脱模作业难度增加，为此，在设计印模时四周模壁要有一定斜度，印模四周底边与模壁连接处应呈一定弧度(不宜采用直角形连接)。在操作上出现脱模困难时，可在脱模帆布上喷少量水，以增加生坯底部与帆布之间的黏着力，使生坯从印模中顺利脱出。

技术应用

实验实训　饼干成型机械观察

一、目的要求

(1)了解饼干成型机械主要组成部分的构造。
(2)掌握饼干成型机械的工作原理。
(3)初步掌握饼干成型机械操作和维护方法。

二、设备与工具

小型饼干成型设备一套。

三、实训内容和方法步骤

(1)观察压片机构，注意压片机构的主要部件轧辊。
(2)观察冲印成型机构，主要是动作执行机构及印模机构。
(3)观察拣分机构，注意操作过程。

四、维护保养

(1)需定期用温水刷洗，可用喷枪进行冲洗。

(2)经常检查仪表的灵敏度。

(3)及时更换印模等设备。

思政小课堂

“精益求精”成就大国工匠

第 44 届世界技能大赛在阿联酋阿布扎比闭幕，中国代表团继在第 43 届世界技能大赛实现金牌零的突破后，在本次大赛中表现十分出色，参加 47 个项目比赛，获得了 15 枚金牌、7 枚银牌、8 枚铜牌和 12 个优胜奖。

特别值得一提的是中国选手蔡叶昭获得烘焙项目金牌，真的很难想象，在“烘焙”这个欧洲人占有绝对优势的项目里，中国队居然成功夺冠，并且中国队是首次参加烘焙项目比赛，背后的艰辛只有冠军和教练团队自知。

蔡叶昭，生于 1995 年 8 月 12 日，经过层层选拔，蔡叶昭作为种子选手参加烘焙项目比赛，以第一名的优异成绩入选国家队，后在多次阶段性选拔赛中始终保持第一名的好成绩，拿下阿布扎比大赛的入场券。

蔡叶昭的成功夺冠来自他以极致的态度对自己的产品精雕细琢，他具备精益求精、追求更完美的精神理念，在工作中不断地打磨产品，不断地改善工艺，享受产品在双手中升华的过程。这种精神奠定了他在行业中成功的基础。

作为食品类专业的学子，同学们应发扬并传承这种精神，在一点一滴中秉持严谨求是的科学态度，坚持踏实细致的工作作风，让自己的青春更加靓丽。

思考与练习

1. 辊轧机的类型有哪些?
2. 简述包馅机的类型。
3. 简述软料糕点成型机的构成和工作过程。
4. 简述自动蛋卷机的构成和工作过程。

项目3

肉制品加工机械与设备

学习目标

知识目标

- 掌握灌肠肉制品加工机械与设备的结构、工作原理、操作方法和在生产中的作用。
- 掌握腌肉制品加工机械与设备的结构、工作原理、操作方法和在生产中的作用。
- 掌握熏肉制品加工机械与设备的结构、工作原理、操作方法和在生产中的作用。
- 了解肉制品加工技术的应用及发展方向。

能力目标

- 能在操作规程的指导下完成原料肉切割、盐水注射、嫩化、滚揉、烟熏、充填、蒸煮等生产操作。
- 能正确操作和维护肉制品加工机械与设备。
- 能够独立或协作分析肉制品机械出现的问题并解决问题。

素质目标

- 具备诚实守信、吃苦耐劳、团结协作、科学严谨、规范操作、勇于创新的精神。
- 具有较强的企业安全生产意识。

项目概述

近年来，我国肉制品加工机械飞速发展，专业制造厂生产的肉类加工设备几乎覆盖了高温肉制品、低温肉制品、传统酱卤制品和综合利用等所有加工领域，这些设备在我国肉制品业中起到了很大的作用，推动了肉制品业的发展。目前，我国的肉制品加工机械设备在外观上不亚于世界先进水平，在功能上已覆盖肉类加工产品的90%以上，在质量和技术性能方面也有一定程度的改进和提高。

肉制品加工在食品行业中占有很大比例，其种类较多，生产最终依赖于由一系列符合工艺要求的加工设备组成的生产线。肉制品的品种不同，其加工工艺就不同，加工所用的机械设备也有所不同，这就需要多种类型的肉类加工设备，比如绞肉机、斩拌机、搅拌机、盐水注射机、滚揉机、灌装设备、杀菌设备、烟熏设备、包装设备等。也正是这些加工机械设备的应用大大促进了加工工艺的改善，提高了我国肉制品业的加工水平。

知识导图

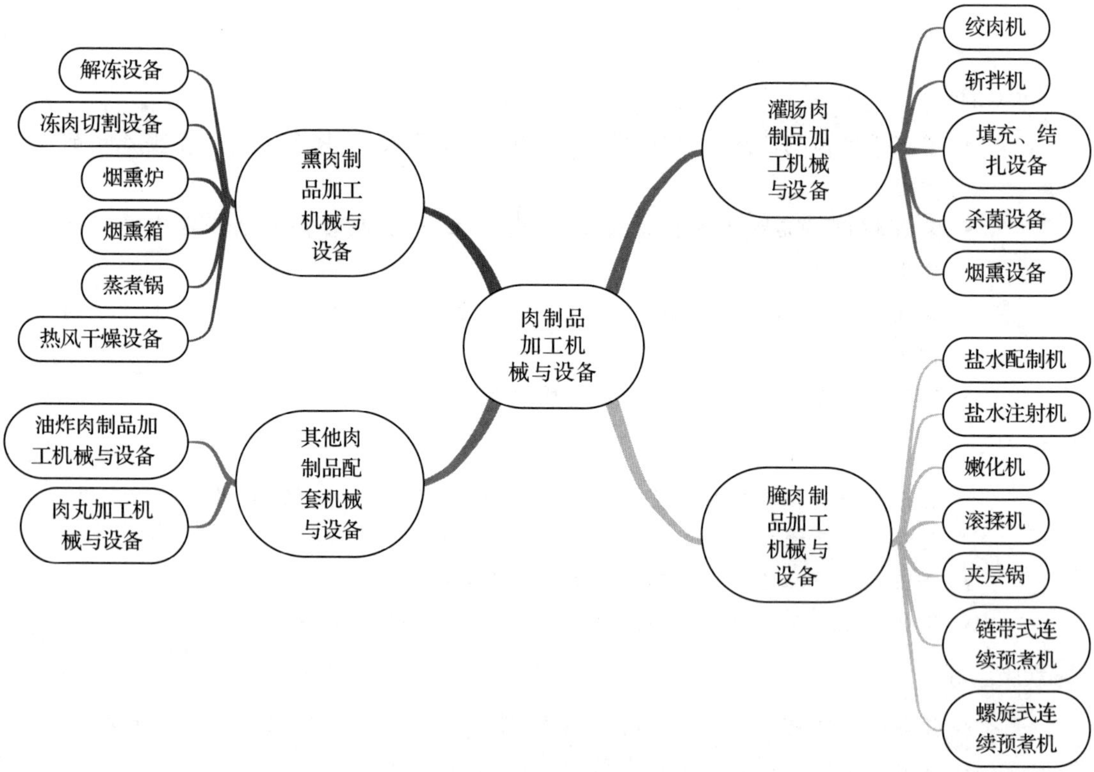

任务 3-1　灌肠肉制品加工机械与设备

技术知识

火腿加工生产包括腌制、嫩化、滚揉、灌装、蒸煮等工序，通过本任务的学习，同学们应详细了解火腿加工生产工序中所涉及生产设备的结构、工作原理，达到掌握设备的操作规程及能进行简单的设备维护保养的目的。

一、绞肉机

绞肉的目的是将大块的原料肉切割、研磨和破碎为细小的颗粒（一般为 2～10 mm），便于在后道工序如腌制、斩拌、混合、乳化中，将各种不同的原料肉按配方的要求，准确均匀地搭配使用。

学习视频 6
绞肉机

绞肉机是将原料肉绞切成大小不同的颗粒的专用设备，其用途比较广泛，既可用于午餐肉罐头的肉料加工，也可用于香肠、火腿、肉包、烧卖、肉饼、肉丸、馄饨等的肉料加工。

（一）绞肉机类型

绞肉机根据构造不同，可以分为单绞龙绞肉机和双绞龙绞肉机；根据处理原料不同，可以分为普通鲜肉绞肉机和冻肉绞肉机；根据绞刀和隔板数量不同，常分为一段式和三段式，前者只有 1 把绞刀和 1 个隔板，后者有 3 把绞刀和 2 个隔板，可以更好地将肉块绞成细小的肉粒。

（二）绞肉机结构原理

图 3-1-1 为一种绞肉机的结构。不同机型的绞肉机结构有所差别，但其基本部分和工作原理是一致的。其结构主要由料斗、固紧螺帽、隔板、十字切刀、螺旋供料器、传动系统及机架等组成，机架为铸铁制成。

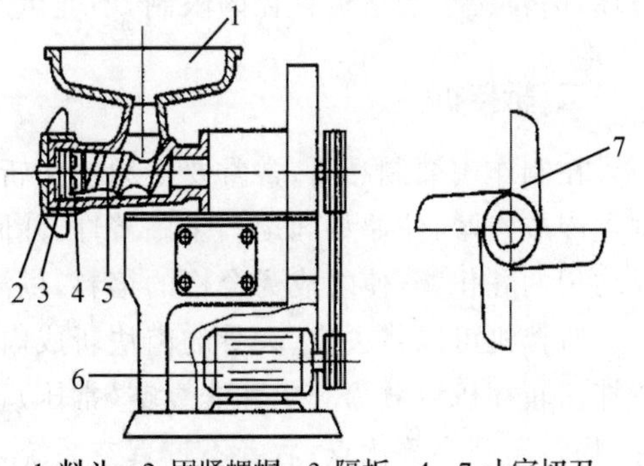

1. 料斗　2. 固紧螺帽　3. 隔板　4、7. 十字切刀
5. 螺旋供料器　6. 电动机

图 3-1-1　绞肉机的结构

螺旋供料器 5 的螺距向着出料口（即从右向左）逐渐减小，而其内径向着出料口逐渐增大（即为变节距螺旋），这样当螺旋旋转时就对物料产生了一定的挤压力，这个力迫使肉料进入隔板孔眼以便被切割。

在螺旋供料器的末端有一个四方形的突出块，其上装有十字切刀 4，切刀的四个刀刃与有许多孔眼的隔板 3 紧贴，刀口顺着切刀转向安装，当螺旋转动时，带动十字切刀 4 紧贴着隔板 3 旋转进行切割。隔板 3 由紧固螺帽 2 压紧，以防隔板沿轴向移动，影响切割。隔板有几种不同规格的孔眼，通常粗绞用直径 8～10 mm 的孔眼，细绞用直径 3～5 mm 的孔眼。粗绞与细绞的格眼，其厚度都为 10～12 mm 普通钢板。粗绞时孔径较大，排料较易，故螺旋供料器的转速可比细绞时快些，但最大不超过 400 r/min；因为隔板上的孔眼总面积一定，即排料量一定，当供料螺旋转速太快时，使物料在切刀附近堵塞，造成电动机负荷突然增加，对电动机有不良的影响。

（三）绞肉机工作过程

料斗内的块状物料依靠重力落到变节距推送螺旋上，由螺旋产生的挤压力推送到隔板。这时因为总的通道面积变小，肉料前方阻力增加，而后方又受到螺旋推挤，迫使肉料变形而从隔板孔眼中前移。这时旋转着的切刀紧贴隔板把进入隔板孔眼中的肉料切断。被切断的肉料由于后面肉料的推挤，从隔板孔眼中挤出。

（四）使用注意事项

（1）绞肉机使用一段时间后，要将绞刀和孔板换新或修磨，否则影响切割效率，甚至使有些物料不是切碎后排出，而是挤压、磨碎后呈浆状排出，影响产品质量；更严重的是由于摩擦产生的高温，可能使局部蛋白变性，造成产品失去弹性、保水性差、脂肪析出等缺陷。

（2）绞肉刀与隔板的贴紧程度要适当，过紧时切肉不利，会增加动力消耗并加快刀、板的磨损；过松时，隔板与切刀产生相对运动，肌膜和结缔组织会缠绕在刀上，引起对物料的磨浆作用。

（3）原料肉块不可太大，也不可冻得太硬、温度太低，一般在－3～0 ℃即将解冻时最为适宜，否则送料困难，甚至会造成堵塞。

（4）不可让硬骨、铁块等进入绞肉机，以免打坏刀具或造成产品的污染。运转时严禁将手伸入料斗。

（5）每次绞肉完毕后，应拆下隔板、刀具、供料螺旋等，清洗干净，暂不使用的刀具、隔板应擦干涂油，防止生锈。

（6）应避免将水冲到电机及电气元件上。

绞肉机的优点是结构简单，造价较低，使用方便。缺点是肉块受螺旋的挤压，纤维组织被破坏，肉粒大小受格板直径的限制，不能生产乳化状肉糜产品。

二、斩拌机

在制作肉灌制品时，常常要把原料肉斩碎。斩拌在肉制品加工中的作用就是将原料肉切割剁碎成肉糜，使原料肉馅产生黏着性，并同时将剁碎的原料肉与添加的各种辅料相混合，形成均匀的乳化物，使之成为合格的馅料，供灌肠工序使用。

斩拌机可以将去皮、去骨的肉块斩成肉糜，并将同时加入的调味品及用来降温的冰屑一起斩拌。斩拌机可分为真空和非真空（常压）斩拌机两类。前者是在负压下工作，具有卫生条件好、物料温升小等优点；后者不带真空系统，在常压下工作。真空斩拌机和非真空斩拌机的外形如图 3-1-2 和图 3-1-3 所示。

图 3-1-2　真空斩拌机

图 3-1-3　非真空斩拌机

(一)斩拌机的主要结构

斩拌机(图 3-1-4)主要由一组斩拌刀、一个盛肉(原料)的转盘、刀盖、上料机构、出料机构、机架、传动系统、控制系统等部分组成。真空斩拌机还要另加一套真空装置。

1. 传动系统

如图 3-1-5 所示,传动系统由三台电机分别带动环形斩肉盘、刀轴和出料转盘工作。电机 YD_1 经带轮 1、2 使蜗杆 6 传动蜗轮 7,通过棘轮机构 8 使斩肉盘 10 单向回转。电机 YD_2 经带轮 3、4 使斩肉刀轴 5 高速回转斩肉。电机 YD_3 经变速齿轮使出料转盘轴回转出料,斩肉时出料转盘轴 9 抬起,欲出料时放下控制电路接通,出料转盘轴 9 回位,由装在轴上的刮板将已斩好的物料刮下,经出料槽排出。

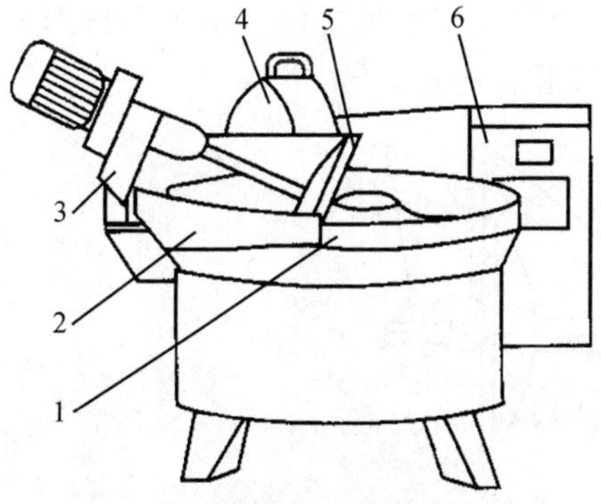

1. 斩肉盘　2. 出料槽　3. 出料器　4. 刀盖　5. 出料转盘　6. 控制箱

图 3-1-4　非真空斩拌机结构

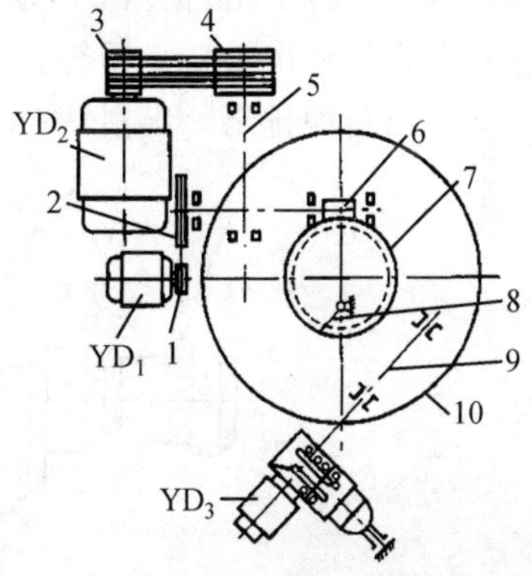

1~4. 带轮　5. 斩肉刀轴　6. 蜗杆　7. 蜗轮　8. 棘轮机构　9. 出料转盘轴　10. 斩肉盘　YD_1~YD_3. 电机

图 3-1-5　斩拌机传动系统

2. 刀轴装置及斩肉刀

6 把凸刃口刀相互错开呈螺旋状[图 3-1-6(b)和(c)],安装在刀轴端部。由于刀轴轴线只能与环形斩肉盘的某一径向平面垂直。故各刀片上最大回转半径的点与斩肉盘内壁的间隙各不相同。为了防止斩肉刀片与斩肉盘内壁发生碰撞,在刀轴上装有若干调整垫片 3。调整时松开螺母 1,通过增减垫片厚度,同时使刀片上的长六方形孔在刀轴径向移动即可调整刀片与斩肉盘内壁的间隙。该间隙一般为 5 mm。

斩拌刀由主轴通过带束被双速主电机带动旋转,其转速为 1 500 r/min、3 000 r/min(高速斩拌机主轴转速可达 4 000 r/min)。有的主轴上还装有一只带有超越离合器的带轮,由一只带有减速器的电机驱动,可使主轴以 200 r/min 左右的转速旋转,用于拌馅。刀片的

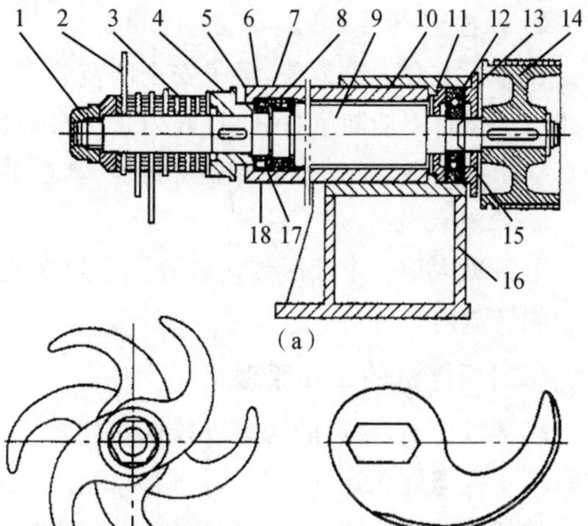

1. 螺母　2. 斩肉刀　3. 垫片　4. 六角油封　5. 轴承压盖　6. 轴套　7. 双列短滚子轴承　8. 套子　9. 刀轴　10. 轴套　11、13. 轴承盖　12. 深沟球轴承　14. 带轮　15. 挡环　16. 刀轴座　17. 挡圈　18. 隔套

图 3-1-6　斩拌机刀轴装置及斩肉机

安装数量可分为每组2片、3片、4片、6片等，生产能力小的，往往刀轴转速低，安装的刀片数也少。

3. 转盘

转盘实际上就是一个凸形不锈钢锅状物，断面为半圆。因此，也称为转锅。一只三速电机通过减速器带动转锅以两种(或三种)不同速度旋转，如10 r/min、20 r/min。转盘的容量有5～200 L不等。斩拌机的型号往往由转盘容量来决定，200 L的斩拌机一般情况下最多能容纳170～180 kg的物料。为了保证安全工作，斩肉时用刀盖将刀片组件盖起来，同时也防止物料飞溅，刀盖与斩刀轴驱动电机互锁，只有当盖子盖上时，刀轴电机才能启动工作。

4. 出料转盘装置

如图3-1-7所示，该装置通过固定支架4安装在机架外壳悬伸的芯轴上，使之能上下、左右运动。欲出料时，拉下出料转盘7，使其置于斩肉盘环形槽内。此时，固定支架上的水银开关导通电路，电机带动出料转盘回转，配合转锅的转动把料馅经锅沿处旋出。由于出料挡板6的阻挡，肉糜从出料槽排出。出料后，将转轴套管抬起，该装置停止运转。

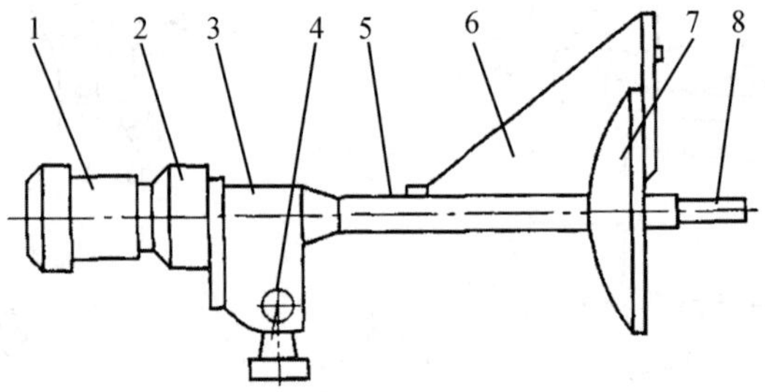

1. 电机　2. 减速器　3. 机架　4. 固定支架　5. 套管
6. 出料挡板　7. 出料转盘　8. 转轴套管

图3-1-7　出料转盘装置

5. 刀盖

在刀上方有一个刀盖，属于安全防范装置，有自锁装置，是为防止原料肉斩剁时飞溅而设计的。工作时不能随意打开，打开刀盖会自动切断电源，即使再次启动电源，机器也不会转动。在真空斩拌机中，还有一个转盘密封盖，其在抽真空时起密封作用。

6. 上料机构

上料机构是一个液压传送装置。主要功能是通过按钮操作把标准肉斗车内的原料肉卸到转动的转盘内。

(二)斩拌机的工作原理

斩拌过程中，盛肉的转盘以较低速旋转，不断向刀组送料，刀组以高速转动，原料一方面在转盘槽中做螺旋式运动；同时，被切刀搅拌和切碎，并排掉肉糜中存在的空气。利用置于转盘槽中的切刀高速旋转产生劈裂作用，并附带挤压和研磨，将肉及辅料切碎、均匀混合，并提取盐溶性蛋白，使物料得到乳化。斩拌机工作原理如图3-1-8所示。

斩拌机工作时，首先处于搅拌速度状态，即转盘以低速旋转，刀组也以低速旋转。将装载物料的标准肉斗车置入上料机构中，开启上料按钮，被斩拌物料即可卸入转动的转盘内，旋转的刀组即可搅拌混合物料。根据产品的要求，选择刀组的斩拌速度及转盘速度，刀速和转盘速度都从低速经中速调到高速，一般产品需2～5 min即可斩切为肉馅或肉糜。斩拌后，整机转入搅拌速度状态，开启出料机构，被斩切的物料即可连续从转盘内排出，进入标准肉斗车内。

真空斩拌机，就是在斩拌过程中有抽真空的作用，避免空气进入肉糜中，防止脂肪氧化，保证产品风味；可释出更多的盐溶性蛋白，得到最佳的乳化效果；可减少产品中的细菌数，延长产品储藏期，稳定肌红蛋白颜色，保护产品的最佳色泽。

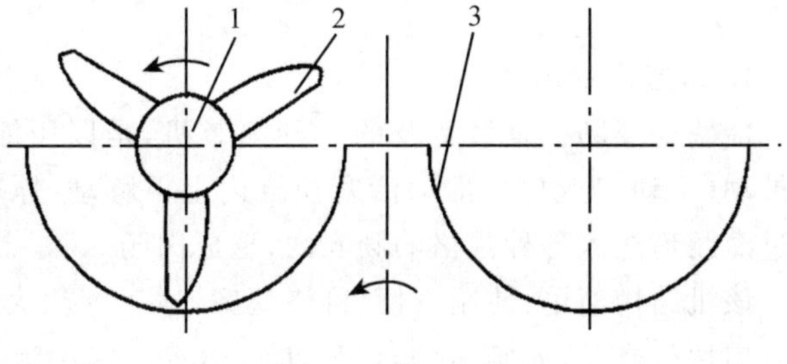

1. 刀轴　2. 刀片　3. 器皿

图 3-1-8　斩拌机工作原理

（三）斩拌机的操作

1. 使用前准备

在操作之前，要对斩拌机的刀具进行检查。如果刀刃部出现磨损，斩拌瞬间的升温会使盐溶性蛋白变性，肉也不会产生黏着效果，不会提高保水性。此外，还会破坏脂肪细胞，使乳化性能下降，导致脂肪分离。因此，刀刃部的检查是很重要的。如果每天使用斩拌机，最少每隔10 d要磨一次刀。在装刀的时候，刀刃和转盘要留有两张牛皮纸厚的间隙，并注意刀具一定要牢固地固定在旋转轴上。如果固定得不牢固，在旋转中，刀就可能飞出，造成事故。刀具检查结束后，还要将斩拌机清洗干净，可先后用自来水、洗涤液和热水清洗，在清洗后，要在转盘中添加一些冰水，对斩拌机进行冷却处理。

2. 斩拌操作

准备就绪后，即可进入斩拌作业。先将一部分瘦肉馅装入斩肉盘内，均匀铺开。开动斩拌机，逐渐加入水或冰屑、调味料、香辛料，然后加入脂肪。斩拌均匀后立即取出，准备灌制。斩拌结束后，将盖打开，清除盖内侧和刀刃部附着的肉。附着在这两处的肉，不可直接放入斩拌过的肉馅内，应该与下批肉一起再次斩拌，或者在斩拌中途停一次机，将清除下的肉加到正在斩拌的肉馅内继续斩拌。最后，要认真清洗斩拌机。然后用干布等将机器盖好。

3. 注意事项

斩拌时投入的原料量和辅料量不可过多或过少，否则对肉糜的温度和保水性有影响。

刀具的转速和斩拌时间根据肉糜的种类、工艺要求、环境温度、加入的水量和脂肪含量来确定，以保证斩拌质量。

斩拌时应先启动刀轴电动机，待转速正常后，再启动斩肉盘电动机。工作中途停机时，应先使斩肉盘停止转动，再使刀轴停止转动。

三、填充、结扎设备

经过绞肉、斩拌、搅拌等加工处理后的肉馅，要根据灌制品的工艺要求，选择所需的肠衣，制成大小不同、形状不同的肠制品。因此需要用灌肠机来进行灌制与成型。

(一)灌肠机

灌肠机又称填充机，是将已加工处理好的肉馅。在动力作用下填充到人造肠衣或天然肠衣中，形成各种肠类制品的机器。灌肠机的种类很多，按使用的动力分为气压式、液压式、机械式等；按机械结构分为活塞式和机械泵式；按肉馅的压力情况分为常压式和真空式；按工作方式分间歇式和连续式等。

1. 活塞式灌肠机

学习视频7 液压活塞式灌肠机

活塞式灌肠机是最普及的一种灌装机，是以压缩空气、液压传动或机械推动(手动)为动力，推动活塞在缸内上下移动，原料肉在活塞的挤压下经过灌肠嘴注入各种规格的肠衣内，形成肉肠。

该机结构简单、使用方便、价格低廉，适于灌注大肉粒和有膘丁的原料或有肉块的产品，如哈尔滨红肠、小火腿等。这种灌装机在灌制过程中不破坏肉块(颗粒)和膘丁的几何形状，能保证带有肉块、膘丁的肠类产品的质量，同时也适用于各种肠类产品的加工，但生产是间歇式的，效率较低，不能自动定量，灌装时也不能抽真空，档次较低。目前，气动和手动的由于安全性差，工作过程不平稳，逐渐被淘汰，液压传动的仍被大量使用。下面以液压活塞式灌肠机为例进行介绍。

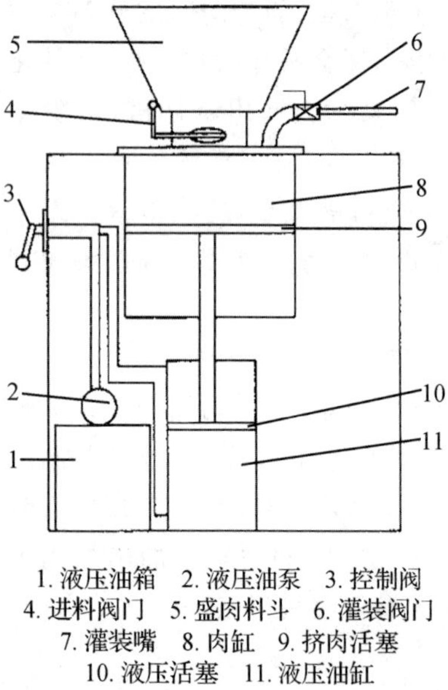

1. 液压油箱 2. 液压油泵 3. 控制阀 4. 进料阀门 5. 盛肉料斗 6. 灌装阀门 7. 灌装嘴 8. 肉缸 9. 挤肉活塞 10. 液压活塞 11. 液压油缸

图 3-1-9 液压活塞式灌肠机结构

(1)液压活塞式灌肠机结构与工作过程 液压活塞式灌装机的结构如图 3-1-9 所示，由盛肉料斗、灌装嘴(1～2 个)、肉缸、挤肉活塞、液压油缸、液压油泵等组成，是间歇式灌肠机。

工作时，先将肉馅放入盛肉料斗 5 内，启动液压油泵 2，控制阀 3 使液压油进入液压油缸 11 上腔，液压活塞 10 带动挤肉活塞 9 向下运动，将肉馅吸入肉缸 8。灌肠时，关闭进料阀门 4，操作控制阀门 3，使液压油进入液压油缸 11 下腔，由液压活塞 10 带动挤肉活塞 9 上行。将准备好的肠衣套在灌装嘴 7 上，逐渐开启灌装阀门 6，使肉馅均匀地充入肠衣。肉缸内肉馅装完后，使活塞下行，打开进料阀门，在重力和肉缸的负压作用下，肉馅又进入肉缸，进行下一批次的灌装。

(2)液压活塞式灌肠机的使用维护

①使用前先要检查各连接部位的情况，并清洗机器，做好准备工作。

②按工艺要求选择合适的灌装嘴，冲洗干净后安装在出料口上。

③检查无误后，将肠衣套在灌装嘴上，开始灌装。灌装过程中要注意观察肠制品情况和料斗肉馅情况，必要时补充肉馅和调整灌装量。

④生产结束后，要将机器内外清洗干净，有些部位要加注食用润滑油，如挤压活塞。

2. 真空灌肠机

真空灌肠机是一种由料斗、肉泵(滑片泵、齿轮泵或双螺旋泵等)和真空系统所组成的连续式灌肠机。它是将原料肉馅在真空状态下进行定量、分份、扭结充填灌装，能与打卡机、挂肠机等多种机器连接形成连续生产线。真空系统是该类灌肠机最重要的部件，在蒸煮香肠的生产中，可以不采用真空斩拌机，但应尽可能使用真空灌肠机。真空进料可起防止产品出泡，减少脂肪氧化、避免蛋白水解、延缓产品变质等作用。

(1)主要结构　真空灌肠机由进料组件、扭结器、灌装组件、扭结驱动组件、机架、伺服电机、真空系统和电控箱等组成(图 3-1-10)。整机由优质不锈钢材料制造，肉馅推出结构可分为叶片泵式、齿轮泵式和双螺旋泵式，传动采用伺服电机或液压系统。

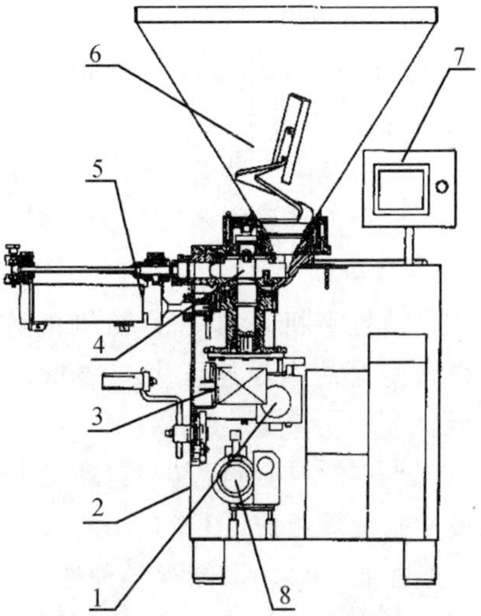

1. 伺服电机　2. 机架　3. 扭结驱动组件
4. 灌装组件　5. 扭结器　6. 进料组件
7. 电控箱　8. 真空系统

图 3-1-10　真空灌肠机结构

(2)工作原理　物料由提升机倒入锥形料斗内，由于自身重力作用使泵腔与空气隔离。此时启动真空传动系统把泵腔内残存的空气抽出以形成相对真空状态。当真空表达到一定真空度时启动电机，带动转子转动。安装在转子滑槽的叶片随着径向旋转，因定子是带偏心的容腔，叶片在旋转过程中按定子偏心轨迹在转子滑槽内进行周期性的径向游动，原料肉在叶片空隙内被旋转的叶片挤推出定子出口，并通过充填管向肠衣内充填。叶片在偏心定子腔中不停游动，使转子与定子间的空隙由小变大，促使物料不断被带入空隙内。转子转动一周为一个工作过程，转子速度越快，输出原料肉的速度越快，反之则小。

(3)操作要点　使用前应先设定灌装压力、速度、定量、扭结圈数、灌肠数量等参数，安装相应的灌肠管、扭结器和自动上肠衣装置。然后用提升机将肉馅倒入料斗中，套上肠衣即可进入灌肠工作程序。

(4)使用注意事项　真空泵应定期清洗和换油；针对不同的肠衣直径，必须选择合适的灌肠管、肉馅推进压力、肠衣扭结圈数和速度，避免肠衣破损或定量不准。

(二)打卡机

打卡机的用途是与真空灌肠机或类似灌装设备连接，用铝卡将经定量分份的肉制品肠衣两端打卡锁紧。打卡机有多种结构，根据其工作性能，分为打单卡和打双卡，以及手动、半自动和全自动打卡机。

1. 手动打卡机

手动打卡机(图 3-1-11)是实验室及小型肉制品加工厂常用的打卡设备，有机械打卡和气动打卡两种结构，还可分为U型打卡机和V型打卡机。其中气动打卡效率较高，但需配置压缩空气供给系统。而机械打卡不需配置任何动力源，在实际生产中应用更为广泛。

(1)主要结构与特点　底座、主板、铝轮(曲柄)活动导轨、主导轨、副导轨、下模等。根据肠衣直径不同，卡扣有长短不同规格，使用时必须更换相应的夹紧装置。

图 3-1-11　手动打卡机

(2)操作要点　使用时将已灌装好的产品放入卡扣夹紧位置，按下打卡手柄，带动铝轮(曲柄)三合导轨推动卡子至下模完成打卡动作，松开手柄，弹簧使其复位。

(3)使用注意事项

①卡扣及夹紧装置应根据实际肠衣的材质、厚薄、直径及其灌装产品来选择。

②卡扣夹持导轨不得扭曲变形，要保持卡扣下滑顺畅。

2. 自动打卡机

自动打卡机是真空灌肠机的配套设备，用于灌装肉制品的肠衣封口打卡。该机与灌肠设备配套能满足连续生产要求，不但能降低人工操作成本，还能形成肉制品加工自动生产线。

(1)主要结构与特点　自动打卡机由电控箱、灌装管组件、机架、铝丝盘、气动系统和动力及传动系统等组成(图 3-1-12)。整机由优质不锈钢制造，传动采用伺服电机，电器采用人机界面电子控制，可输入、储存各种加工参数。该机使用的材料主要是长城卡扣和铝丝，通过采用不同的卡扣夹紧装置，就能达到不同材料的打卡锁紧效果。打卡机的动作是根据联动灌装设备给予的信号完成的，当灌装设备的肉馅推出停顿时，打卡机动作，完成一次产品的打卡锁紧，如此反复循环。

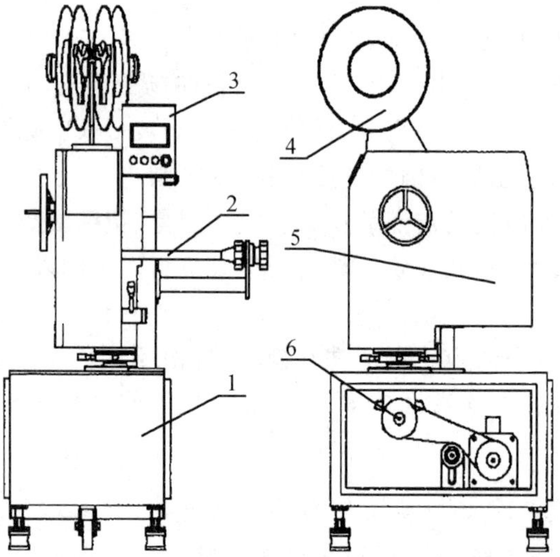

1. 机架　2. 灌装管组件　3. 电控箱　4. 铝丝盘
5. 气动系统　6. 动力及传动系统

图 3-1-12　自动打卡机结构

(2)操作要点　使用前根据打卡产品的肠衣，安装所需的灌装管。然后检查压缩空气是否正常。根据产品打卡要求，设定打卡和间歇时间，调整夹紧闭合中心和上下夹紧头夹紧间隙。在空机试运行后，方可进行生产。

(3)使用注意事项

①卡扣大小及铝丝直径应根据所使用肠衣的材质、厚薄、直径及灌装产品决定。

②针对不同的肠衣直径，必须选择合适的灌肠管，以避免肠衣破损。

③使用时，必须调整好与灌装设备的同步信号。

四、杀菌设备

肉制品经过灌装以后，往往要进行杀菌，以杀灭微生物，便于储存，同时也使肉制品得到熟化。在肉制品中常用的杀菌方法有两种：一种是巴氏杀菌，也就是 80～85 ℃的杀菌，包括水煮和汽蒸，常用于灌肠、火腿等低温肉制品，也可以称为低温杀菌；另一种是 121 ℃的高温杀菌，包括蒸汽杀菌和高温水杀菌，常用于高温香肠、罐头制品等。常用的高压杀菌设备有立式、卧式和连续式等多种形式。

（一）立式杀菌锅

立式杀菌锅外形见图 3-1-13，可用于常压或加压杀菌。在品种多、批量小的生产中较实用，因而在中小型罐头厂使用较普遍。与立式杀菌锅配套的设备有杀菌篮、电动葫芦、空气压缩机等。

图 3-1-13　立式杀菌锅外形

该设备结构合理，密封性好，启闭省力，操作方便，安全可靠，性能稳定，并配有压缩空气管系统，以压缩空气的反压力作用，有效地保证罐头不变形，保持食品的原味。图 3-1-14(a)为具有两个杀菌篮的立式杀菌锅。其球形上锅盖 4 铰接于锅体后部，上盖周边均布 6～8 个槽孔，锅体的上周边铰接与上盖槽孔相对应的螺栓 6，以密封盖与锅体。密封垫片 7 嵌入锅口边缘凹槽内。锅盖可借助平衡锤 3 使开启轻便。锅的底部装有十字形蒸汽分布管 10 以送入蒸汽，9 为蒸汽入口，喷汽小孔开在分布管的两侧，以避免蒸汽直接吹向罐头。锅内放有装罐头用的杀菌篮 2，杀菌篮与罐头一起由电葫芦吊进与吊出。冷却水由装在上盖内的盘管 5 的小孔喷淋，此处小孔也不能直接对着罐头，以免冷却时冲击罐头。锅盖上装有排气阀、安全阀、压力表及温度计等，锅体底部有排水管 11。

上盖与锅体的密封广泛采用如图 3-1-14(b)所示的自锁斜楔锁紧装置。这种装置密封性能好，操作时省时省力。这种装置有十组自锁斜楔块 2 均布在锅盖边缘与转环 3 上，转环配有几组滚轮装置 5，转环可沿锅体 7 转动自如。锅体上缘凹槽内装有耐热橡胶垫圈 4，锅盖关闭时，转动转环，斜楔块就互相咬紧而压紧耐热橡胶垫圈，达到锁紧和密封的目的。将转环反向转动，斜楔块分开，即可开盖。

（二）卧式杀菌设备

卧式杀菌锅（图 3-1-15）只用于高压杀菌，而且容量较立式杀菌锅大，通常不需要电动葫芦和杀菌篮，但需要有杀菌小车。目前这种杀菌锅主要用于软包装罐头的高温杀菌（如高温火腿肠、高温五香牛肉、高温猪蹄、铝箔包装的烧鸡等）。

1. 卧式杀菌锅结构

卧式杀菌锅装置如图 3-1-16 所示。锅体 17 与锅门（盖）14 的闭合方式与立式杀菌锅相似。锅内底部装有两根平行的轨道，供装载罐头的杀菌车进出之用。蒸汽从底部进入锅内两根平行的开有若干小孔蒸汽分布管，对锅内进行加热。蒸汽管在导轨下面。当导轨与地平面

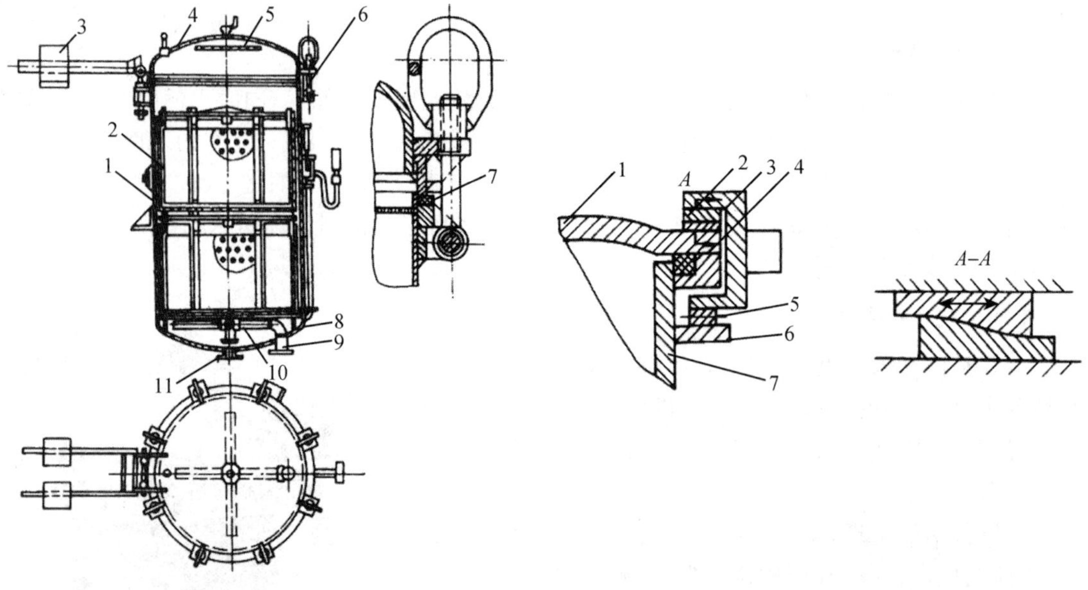

1. 锅体 2. 杀菌篮 3. 平衡锤 4. 锅盖 5. 盘管 6. 螺栓 7. 密封垫片 8. 锅底 9. 蒸汽入口 10. 蒸汽分布管 11.排水管

（a）立式杀菌锅

1. 锅盖 2. 自锁楔块 3. 转环 4. 耐热橡胶垫圈 5. 滚轮装置 6. 滚轮导轨 7. 锅体

（b）自锁斜楔锁紧装置

图 3-1-14 立式杀菌锅及自锁斜楔锁紧装置

图 3-1-15 卧式杀菌锅

呈水平时，才能使杀菌车顺利地推进推出，因此有一部分锅体是处于车间地平面以下的。为便于杀菌锅的排水，应开设一地槽。

锅体上装有各种仪表与阀门。由于采用反压杀菌，压力表所指示的压力包括锅内蒸汽和压缩空气的压力，致使温度与压力不能对应，因此还要装设温度计。

上述以蒸汽为加热介质的杀菌锅，在操作过程中，由于锅体内存有空气，使锅内温度分布不均，故影响产品的杀菌效果和质量。为避免因空气而造成的温度“冷点”，在杀菌过程采用排气的方法，通过安装在锅体顶部的排气阀排放蒸汽来挤出锅内空气和通过增加锅内蒸汽的流动来提高传热杀菌效果。但此过程要浪费大量的热量，一般占全部杀菌热量的 1/4～1/3，并给操作环境造成噪声和湿热污染。

2. 使用方法

（1）准备工作　先将一批罐头装在杀菌车上，再送入杀菌器内，随后将门锁紧，打开排气阀、泄气阀、排水管，同时关闭进水阀和进压缩空气阀。

（2）供汽和排气　将蒸汽阀门打到最大，按规定的排气规程排气，蒸汽量和蒸汽压力必须充足，使杀菌器迅速升温，将杀菌器内空气排除干净，否则杀菌效果不一致。排气结束后，关闭排气阀。当达到所要求的杀菌温度时，关小蒸汽阀，并保持一定的恒温时间。

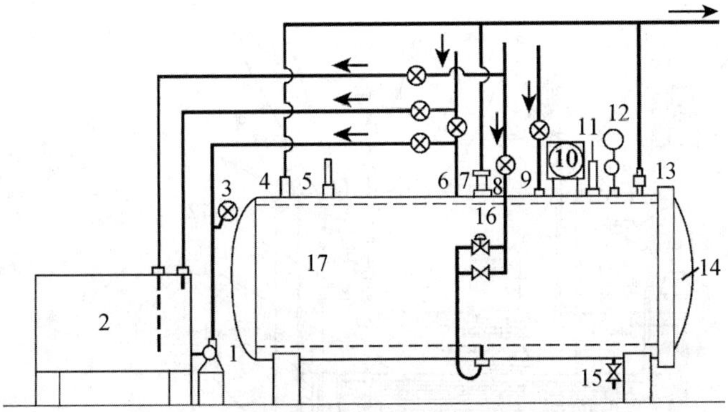

1. 水泵　2. 水箱　3. 溢流管　4、7、13. 放空气管　5. 安全阀　6. 进水管　8. 进气管　9. 进压缩空气管　10. 温度记录仪　11、12. 压力表　14. 锅门　15. 排水管　16. 薄膜阀门　17. 锅体

图 3-1-16　卧式杀菌锅装置

(3)进气反压　在达到杀菌的温度和时间后，即向杀菌器内送入压缩空气，使杀菌器内的压力略高于罐头内的压力，以防罐头变形胀裂，同时具有冷却作用。由于反压杀菌，压力表所指示的压力包括杀菌器内蒸汽和压缩空气的两种压力，故温度计和压力计的读数，其温度是不对应的。

(4)进水和排水　当蒸汽开始进入杀菌器时，因遇冷所产生的冷凝水，由排水管排出，随后关闭排水管。在进气反压后，即启动水泵，通过进水管向器内供充分的冷却水，冷却水和蒸汽相遇，将产生大量气体，这时需打开排气阀排气。排气结束再关闭排气阀。冷却完毕，水泵停止运转，关闭进水阀，打开排水阀放净冷却水。

(5)启门出车　冷却过程完成后，打开杀菌器门，将杀菌车移出，再装入另一批罐头进行杀菌。

五、烟熏设备

烟熏的目的是增加肉制品的风味和使其美观，使肉制品产生能引起食欲的烟熏气味，形成独特风味，提高肉制品的保存性。大部分西式肉制品如灌肠、火腿、培根等，均需要烟熏加工。目前国内大量使用的烟熏设备主要是直火式烟熏设备、半自动烟熏炉和自动烟熏炉等。

(一)直火式烟熏设备

这种设备是在烟熏室内燃烧发烟材料，使其产生烟雾，利用空气自然对流把烟分散到室内各处。直火式烟熏设备由于依靠空气自然对流的方式，使烟在直火式烟熏室内流动和分散，存在温度差、烟流不匀、原料利用率低、操作方法复杂等缺陷，目前只在一些小型肉制品企业使用。

(二)全自动烟熏炉

现代的烟熏设备具有多种功能，除烟熏外，还可用于蒸煮、冷却、干燥和喷淋等。

1. 全自动熏蒸炉结构

全自动熏蒸炉的结构如图 3-1-17 所示，主要由熏蒸室、熏烟发生器、蒸汽喷射装置、冷却水喷管、熏制车和控制器等组成。

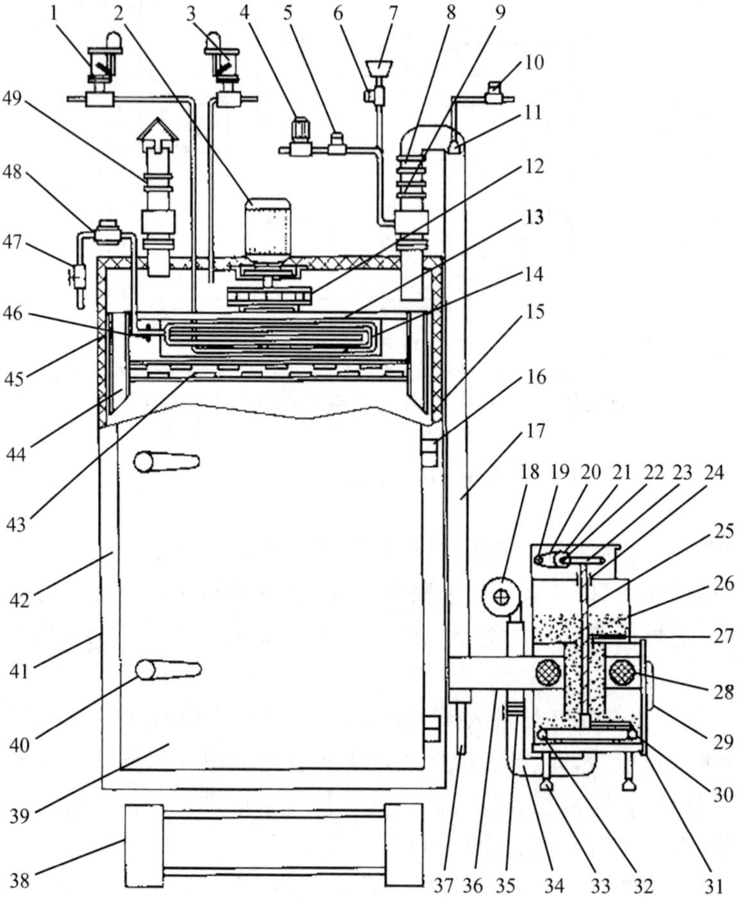

1. 高压蒸汽电磁阀 2. 循环风机 3. 低压蒸汽电磁阀 4. 管道泵 5. 冲洗电磁阀 6. 清洗剂电磁阀 7. 清洗剂桶 8. 进烟蝶阀 9. 加空气蝶阀 10. 喷淋电磁阀 11. 喷头 12. 风机叶轮 13. 上隔板 14. 盘管散热器 15. 内壁包板 16. 门铰链 17. 输烟管道 18. 鼓风机 19. 送屑电机 20. 三角皮带 21. 大皮带轮 22. 蜗杆 23. 蜗轮 24. 轴承座 25. 主轴 26. 木屑 27. 小拨叉 28. 滤网 29. 玻璃透窗 30. 大拨叉 31. 发烟室门 32. 电热管 33. 支架 34. 进风管道 35. 可调风门 36. 方形烟道 37. 排水管 38. 坡度板 39. 熏室门 40.门把手 41. 外壁包板 42. 炉体 43. 隔流板 44. 风管 45. 保温隔层 46. 法兰盘 47.疏水阀门 48. 疏水器 49. 排气阀

图 3-1-17 全自动熏蒸炉

熏蒸室用型钢焊接制成，内外用不锈钢板包裹，中间有良好的绝热层。风机设在室内顶部位置，当风机启动后在顶部形成增压区。烟发生器生成的烟由下而上吸入风机，经增压后再从两侧的喷嘴喷出，部分烟雾则从顶部防污染的过滤器排出。在增压区内还设有加蒸汽装置，以保证烟雾流动速度并保持一定湿度。在风机下部设有热交换器，供给干燥时的温风和冷却时的冷风。烟发生器设在烟熏室外部，产生的烟雾供给熏烟室。

熏制车一般由型钢焊接而成，底部有 4～6 个小轮，便于进出烟熏室，制品用吊杆吊挂在熏制车上。控制器设在外部，用来控制烟雾浓度、烟熏时间、相对湿度、烟熏室温度、物料中心温度和操作时间等，一般设有程序控制系统(可编程序控制器，PLC)控制。该控制系统能够存储完整的操作程序，对于不同的产品，只要适当调整一些技术参数就能按要求进行自动工作。

2. 全自动熏蒸炉特点

全自动熏蒸炉容易操作，自动化程度高，只要正确设定好操作程序和参数，就可自动运行，加工出理想的肉制品。能快速、均匀地达到工艺所要求的温度、湿度和烟雾浓度，确保加工制品质量稳定，具有优良的熏烟效果。由于热风的温度能够控制在最佳状态，而且熏烟的质量也非常优越（无焦油污染），所以熏制出来的产品芳香可口，风味极佳。运行费用较低，由于以蒸汽为热源，另外使用烟发生器，木材消耗大大减少，能够节省费用。由于该设备能够进行高精度的湿度控制，产品的成品率较高。

3. 全自动熏蒸炉使用要求

（1）烟熏前要将制品的外表清理干净，并要进行适当的干燥处理。

（2）根据肉制品的种类和工艺要求，经过试验确定合理的程序和工艺参数（如温度、湿度、时间、烟雾浓度等）。

（3）每批次装入肉制品的量要符合烟熏室的要求。超过容量要求，烟量和烟的循环会变差，易出现烟熏斑驳现象。

（4）烟熏结束后，必须立即从烟熏室取出制品。如继续放在烟熏室内冷却，就会引起制品收缩，影响外观。需要蒸煮的制品，在烟熏后立即进入蒸煮工艺。

任务 3-2　腌肉制品加工机械与设备

技术知识

腌肉制品是指畜禽原料肉通过加盐和香辛料进行腌制，并在适宜的温度条件下经过风干、成熟等工艺最终形成独特的腌腊风味。传统腌肉制品因其肉质紧密、色泽诱人、香味浓郁，深受人民喜爱，腌肉制品在我国肉类消费结构中占有重要地位。腌肉制品主要包括：咸肉、腊肉、南腿（金华火腿）、北腿（苏北如皋火腿）、云腿（云南宣威火腿）、腊肠、板鸭、培根等。肉的腌制方法可归纳为干腌、湿腌、混合腌制和肌肉或动脉注射腌制等。无论采用何种腌制方法，均要求腌制材料渗入食品内部并且均匀地分布在食品中，腌制过程才基本完成，在企业工厂中最常见的是用盐水注射法腌制肉制品。

腌肉制品加工通常是将修整后的原料肉注射盐水，经过嫩化和滚揉，再经灌装和热加工定型制成产品。腌肉制品加工生产线设备的组成，主要是依据产品工艺要求进行选择配置的，主要从产量、肉的种类、肉块大小和出品率等方面来考虑。接下来以火腿加工工艺为例，学习腌肉制品加工过程中机械与设备的原理、用途、操作方法和维护保养等。常见大块肉火腿加工生产线设备组成：盐水配制机、盐水注射机、嫩化机、真空滚揉机、蒸煮桶、冷却箱。

盐水配制就是将可溶性添加剂和水搅拌均匀，配制成可注射的盐水，通常采用盐水配制机来配制。盐水注射是将盐水通过盐水注射机均匀地注射到肉块内，要求注射压力相同，盐水在肉块中分布均匀。嫩化是通过切割、刀扎和挤压来增加原料肉的表面积，使盐水极易渗透至肌肉组织内部，促进蛋白质溶解，从而达到嫩化和保水的目的。真空滚揉是将经过注射、嫩化后的原料肉，在真空状态下通过柔和地按摩和挤压，达到嫩化和保水。定量灌装是将滚揉后的原料肉按产品规格和包装要求，灌装到模具或不同的收缩膜肠衣中。要求采用真空灌装，以减少火腿中的气泡含量，确保火腿定量准确。热加工是将定量灌装的火腿进行巴氏杀菌和热加工定型。冷却是为了将定量灌装的火腿在蒸煮后放入冷却水或冷却箱中冷却，以快速通过细菌繁殖的最佳温度，并使火腿组织结构凝固、稳定。同时也是为了使收缩膜快速收缩，不使火腿渗水，并方便脱模。

一、盐水配制机

盐水配制机是配制盐水注射机用的盐水的专用设备，其主要用途是将可溶性添加剂、香辛料、蛋白粉或淀粉等辅料加入水中搅拌成均匀的注射液，配制后的盐水可用于注射，也可与肉一起直接加入真空滚揉机内滚揉。根据盐水制备量的多少，可将盐水配制机分为小型盐水配制机、中型盐水配制机和大型盐水配制机。

1. 主要结构

盐水配制机（图 3-2-1）由盐水泵、电机、搅拌桨叶、盐水箱及电控箱等组成。整机由优质不锈钢制造，搅拌桨叶安装在盐水箱底部，能保证添加剂等的均匀溶解。盐水泵用于盐水的输出，还可以通过管路使盐水重新回到盐水箱内，以加速盐水的混合。

2. 操作要点

如图 3-2-2 所示，配制盐水前应先检查盐水箱内是否有异物，关闭盐水泵输出阀，打开循环阀，然后根据盐水配方比例加水，加水容积不得超过盐水箱容积的 70%。启动搅拌按钮，同时开启盐水泵循环盐水，按工艺要求先后往搅拌桶内加入各种添加剂和辅料，直至搅拌均匀。盐水配制好后，关闭盐水泵循环阀，打开输出阀输出盐水。

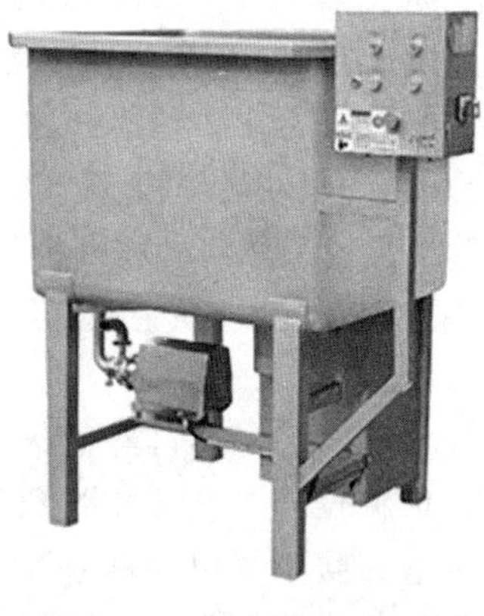

图 3-2-1　盐水配制机外形

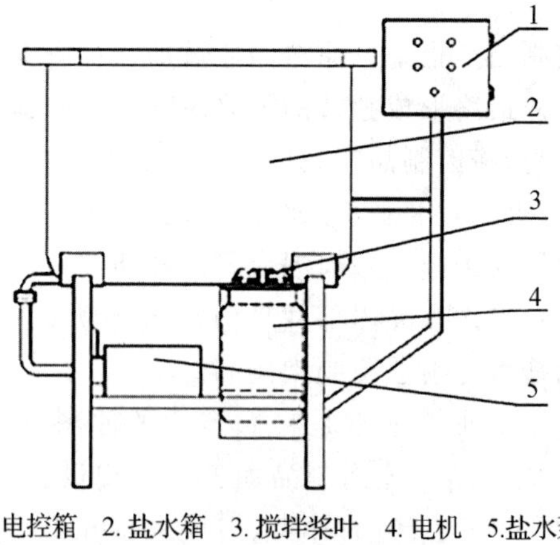

1. 电控箱　2. 盐水箱　3. 搅拌桨叶　4. 电机　5.盐水泵

图 3-2-2　盐水配制机结构

3. 注意事项

(1)这种盐水配制机不带冷却系统，一般需安放在冷却间内工作，并使用冰水。

(2)严格按照生产工艺进行盐水的配置，对于难溶于水的物质，需要预先溶解。

(3)配制过程中严禁用手或其他物件直接搅拌盐水。

(4)搅拌浆、研磨头、循环泵等机械组件每次使用完后需要拆卸清洗。

二、盐水注射机

传统的干盐腌制方法需要很长时间，盐的扩散也不均匀，盐量无法精确控制，质量不稳定，产品保水性差，出品率低。利用盐水注射法可加快腌制速度和使盐水均匀扩散、渗透，可以缩短生产时间，提高产品质量，改善保水性，提高出品率。

盐水注射机是将盐水及辅料通过盐水注射、真空滚揉，使肉被料液充分腌渍和渗透，疏松肌肉组织结构，有利于肌球蛋白溶出，并且由于添加剂对原料肉离子强度的增强作用和蛋白等的调整作用，注入配制的盐水溶液能使肉质嫩化、松软，从而提高了肉制品的出品率，并改善肉制品的嫩度和口感。可根据不同工艺要求，调整步进速度、步进距离、压肉板间隙及注射压力，将腌渍液均匀连续地注入肉中，达到理想的注射效果。

盐水注射机按其用途可以分为不带骨盐水注射机、带骨盐水注射机、注射嫩化两用机。目前最先进的盐水注射机通过更换针头，大都既能注射带骨肉块，又能注射去骨肉块，还能进行嫩化处理。按操作动力分为手动和自动两种，手动的盐水注射机适合小规模生产，目前规模化生产都是采用全自动的盐水注射机。

(一)手动盐水注射机

一般在小型肉制品厂和超市用得较多的是手动盐水注射机，其由一个盐水罐、一个注射器、一根胶皮管、一支或几支针组成。其移动方便，价格便宜，但效率低。目前国内外各种盐水注射机型号很多，小到 10 支针，多到 440 支针，每小时可注射 3～4 t 肉。

手动盐水注射机(图 3-2-3)是手动注射设备，用于肉制品加工企业的产品研发室或小型企业中肉制品腌制加工的盐水注射。

1. 主要结构

手动盐水注射机由盐水泵、排水阀、开关、过滤器、盐水箱、注射工作台、注射枪和注射针等组成(图 3-2-4)。整机由优质不锈钢制造，上层是注射工作台，下层为盐水箱，未注入肉中的盐水通过注射工作台自动回到盐水箱中，再经过箱底的过滤器过滤后重新被盐水泵回吸循环使用。

图 3-2-3　手动盐水注射机外形

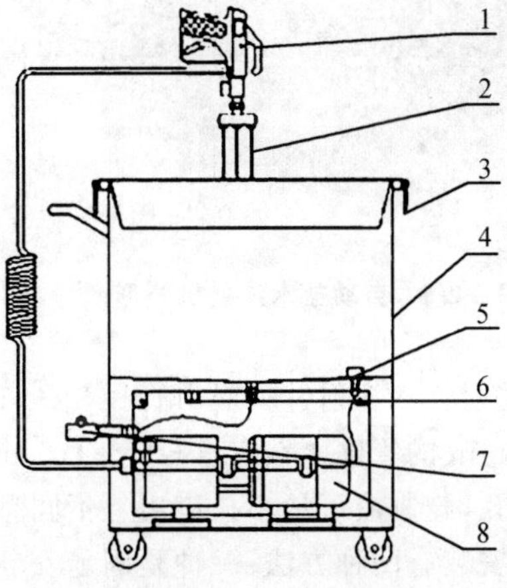

1. 注射枪　2. 注射针　3. 注射工作台　4. 盐水箱
5. 过滤器　6. 开关　7.排水阀　8. 盐水泵

图 3-2-4　手动盐水注射机结构

2. 操作要点

注射前，将已配制好的盐水倒入盐水箱中，把肉放置在工作台上，启动盐水泵，手持盐水注射枪，在将注射针刺入肉中的同时打开注射枪的开关，拔出注射针时应立即关闭注射枪。然后根据肉块的大小，按工艺要求的注射孔距，移动注射针至肉块另一位置，进行第二次注射。如此循环往复，直至注射结束。

3. 注意事项

(1)盐水泵禁止在长时间不注射的状态下运转。

(2)严禁在无水的情况下开启盐水泵。

(3)盐水泵、过滤器、注射枪、注射针及机器需要每次使用后及时清洗。

(二)自动盐水注射机

自动盐水注射机(图 3-2-5)是连续式自动注射设备，注射能力较强，产量较高，故适用于大中型肉制品加工企业。

1. 主要结构

自动盐水注射机由盐水箱、减速电机、压力调节阀、盐水泵、盐水分配器、注射针、步进送料机构和机壳等组成(图 3-2-6)。整机由优质不锈钢制造，其盐水的注射压力是通过压力调节阀来调节的，工作速度是通过机械无级减速机来调节。通过调节送料机构的步进量可改变注射的密度，并可实现自动送料和注射机构的互锁。注射多余的盐水通过盐水箱中两道过滤后在机器中自动循环使用。单独分别控制的注射开关阀可用于带骨肉块的注射。

图 3-2-5　自动盐水注射机外形

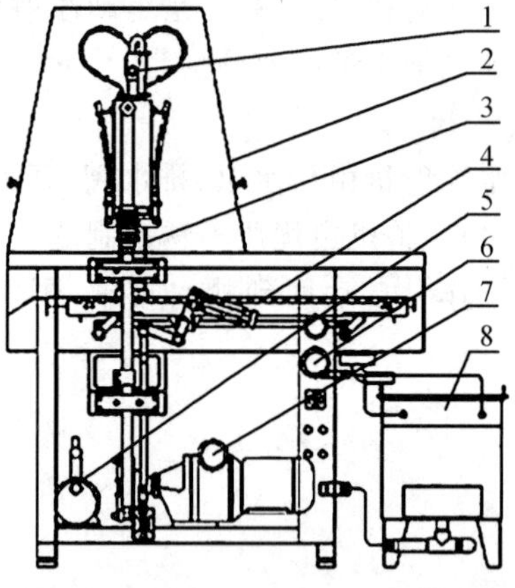

1. 盐水分配器　2. 机壳　3. 注射针　4. 步进送料机构
5.盐水泵　6. 压力调节阀　7. 减速电机　8. 盐水箱

图 3-2-6　自动盐水注射机结构

(1)注射针　注射针一般由管径 3～4 mm 不锈钢无缝管制造，长度 180～200 mm，在距针头 5～10 mm 的管壁上钻有直径 1～1.5 mm 的小孔，最多可达 20 个。注射针的针管侧壁上有许多小孔，腌制液可从小孔流出。不同型号的机器针排数、每排的针个数也不同。注射针在针板上的安装有两种方法：一种是固定安装，即将针座通过螺纹拧在针板的螺孔内，适于去骨肉的注射；另一种是弹性安装，针座头通过弹簧安在针板上，注射时针头除了和针板一起上下运动外，还可以做相对运动，当针头碰到骨头和其他硬物时，该针头停止下降，不会损坏注射针头，因此很适合注射带骨肉。

(2)针板运动机构　一般注射针固定在针板上,由曲柄连杆机构带动针板上下往复运动来完成注射操作。针板的运行驱动有三种方式:一是曲柄驱动,二是气压驱动,三是液压驱动。曲柄驱动方式简单实用,但是由于在直线运动时的速度不均匀性,注射针在进入肉块内部时盐水注射量不均匀适于腌制肉块小、滚揉时间长的情况,以及产品档次低些的西式肉制品。气压驱动方式通过压缩空气推动气缸活塞,带动针头上下往复运动,从而完成盐水注射。因为在推动针头进入肉块时需要较大的压力,所以针头在进入肉层后需花费一定的时间才能达到恒定速度。液压驱动方式通过液压系统来实现注射针头的上下运动,由于液压油几乎不可压缩,不存在针头进入后滞缓运动,注射速度始终不变,各肉层注射量均匀一致,适于生产大块肉类火腿和培根等高档肉制品。

(3)肉料输送机构　肉料输送机构的作用主要是运送原料肉块,多为间歇式运动,输送机构实际是一网带式输送机构。间歇动作是由一组棘轮-棘爪机构控制的,以完成输送带的步进。当原料肉块被放置在传送带上,传送带便会从支撑格条处稍微下沉,激发控制系统,传送带根据速度设定值向前移动,进入机器。每次注射结束后,注射针从肉中完全离开、针尖到达上限位置时,传送带即开始运动。可根据盐水的注射量及生产能力进行调节。

(4)盐水过滤与循环系统　这一系统对盐水注射的均匀性以及产品出品率是极为重要的,盐水经针头注入肉块以后,在针头拔出时,会有部分盐水、原料肉的组织液等随针孔溢出,同时可能会伴有一些原料肉的碎渣。这一方面会造成盐水浓度的降低,另一方面会造成针管中喷孔(针眼)的堵塞,为了防止注射针孔眼的堵塞和保持注射盐水的浓度,需在盐水循环过程中使用过滤装置,盐水过滤器的孔径必须小于针管孔径,过滤网的孔眼规格一般为 3 mm、1 mm、0.85 mm。当回收大量盐水,碎肉又较多时,可用振动筛或旋转筒形滤网。

2. 操作方法与维护

盐水注射机在工作时,先启动盐水泵,调整压力调节阀,保证所需压力。开动驱动电机,调整棘轮棘爪机构,保证输送带的间歇送进量。将肉块放在喂料传送带上,再经过一整套的过滤器,压力泵从盐水槽吸取盐水,再经过针盒上部的截止阀(用于控制盐水注射量),将泵所抽取的盐水运送到注射针。输送带带动肉块向前移动,注射针向下移动到中点时,输送带停止运动,压板压住肉块,注射针刺入肉块并连续注射,直到达到设定的时间。注射结束,阀门关闭,针头上升,针盒处于最高位置,传送带步进,把肉块送出。同时传送带将下一批肉送入,开始新的循环,如此反复工作。注射时,未进入肉块的盐水应回收,为了防止可能混入的碎肉和油脂堵塞针眼,必须经过过滤,过滤后,再流回盐水槽。

(1)清洗　开机之前,机器必须进行清洗,用热温水(最高 50 ℃)冲洗盐水槽,再加去污剂,把盐水注射机的盐水泵启动运转,至少要运行 5 min,以便把软管和注射针清洗干净,再用干净水冲洗,将去污剂全部去除掉。

(2)启动机器　机器运行之前,应按下放气阀,以保证盐水泵的正常运行。

(3)调节装置　调节注入盐水的压力,调节输送带的速度与注射针的速度。一般来说,以上参数在安装试车时调定后,就不再调整。

(4)输送带的调定 在针从肉中完全脱离出来之后,即针尖头处于最高位置时,输送带立即执行动作。根据工艺调定速度,输送带将肉移向前方,进入机器。输送带速度与针盒注射速度耦合。一般来说,输送带在安装试车时调定后,就不再调整。

(5)注射　原料肉修整完毕,配好盐水,注射机准备好后,将肉倒入输送带,就可以注射。

对于出品率要求较高的产品，可以注射两遍。

(6)清洗　生产完毕，必须清洗设备。一般备有一个捅针(金属丝)用于注射针的清洗，钩形扳手用于盐水保护过滤器的开启。

3. 注意事项

(1)盐水注射机不适用于温度较低、未完全解冻的原料肉或小块原料肉。为了很好地注射，必须每天清洗针头。阻塞的针头在沸水中泡几分钟，用压缩空气反方向吹气。更换针头时，不要忘记针头盖的复位，仔细检查针头是否完全进入位置。

(2)原料肉在盐水注射机送料机构上必须排布均匀。

(3)严禁将不能带骨注射的盐水注射机用于注射带骨肉类。

(4)工作结束后，盐水泵、注射针、送料机构等部件都要认真清洗，清洗方法：排干盐水，加入≤50 ℃的温水或5%柠檬酸水溶液，让设备运转 10 min，最好两遍，将针头冲洗干净，然后排出温水，再用干净的清水重新运转、清洗一遍。

(5)严禁用温度高于 40 ℃的热水清洗盐水注射机。

(6)盐水注射针极易堵塞，可用压缩空气清洗，清洗后正确安装。注射针的直径原则上细一些好，对肉的损伤小，一般为 3～4 mm，过小则会影响输液速度和针的刚度。

(7)使用时，盐水箱不能空，否则盐水泵和密封垫将会被损坏。供冷却用的水管必须开着，使液压油温不超过规定油温。永远不要在过滤器未开启的情况下操作机器。

(8)工作完毕，盐水箱中的盐水必须倒空。装满清水，将盐水泵的注射量调到最大，运转 10 min，否则盐水在泵中干燥，会引起密封垫损坏、循环泵堵塞。不要把任何工具或物体放在传送带上，因为操作时会毁坏针头。

三、嫩化机

嫩化机的功能是通过机械的切割、扎割或挤压作用增加肉的表面积，有效地打开肉的结缔组织，使盐水极易渗透至肉的纤维组织内，从而达到使肉类嫩化和保水的目的。嫩化机的加工工序位于盐水注射机后，所以有时会将用于嫩化大块肉的针刀扎割式嫩化机与盐水注射机做成一体机，以便注射结束后直接进行嫩化。嫩化机工作时，主要通过机械作用，将肉块进行深层切割以增加表面积，但保证基本形状不变，使肉块在滚揉按摩中充分吸收盐水和其他辅料，打开肌束，使肌肉释放出更多的蛋白质，进而提高肉的黏着性、持水性，强化腌制效果，从而可以缩短滚揉时间，改善肉块结构，使肉质变嫩并达到部分乳化的目的。这种嫩化处理通常在盐水注射之后、滚揉之前进行，可以适当提高出品率，改善产品风味。

嫩化机有双圆刀切割、针刀扎割、双滚轴挤压、圆刀和挤压辊等多种结构，但是，不论何种结构，其加工目的都是将肉块嫩化。

(一)圆刀型嫩化机

学习视频 8
嫩化机

圆刀型嫩化机(图 3-2-7)是最通用的嫩化机，无论肉块大小，只要通过两组装有多把圆刀的旋转刀轴即能完成嫩化工序。该机是通过式嫩化，生产效率较高，适用于肉制品加工企业在加工低温火腿时嫩化肉块。

1. 主要结构

圆刀型嫩化机(图 3-2-8)由减速电机、嫩化刀组件、刀间距调节装置、刀栅板和机架等组成。整机由优质不锈钢制造，通常放在盐水注射机后面，采用通过式嫩化结构，相对转动的两组嫩化刀轴能快速地将肉块嫩化。嫩化刀轴间距可调整，以适应不同大小的肉块的扎割深度要求，且拆装、清洗方便。

图 3-2-7　圆刀型嫩化机外观

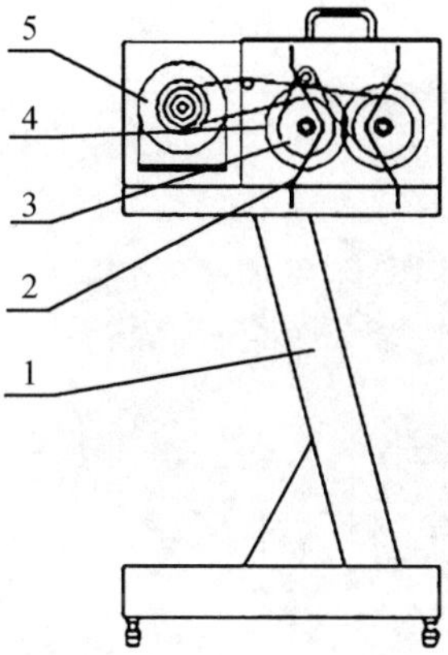

1. 机架　2. 刀栅板　3. 刀间距调节装置
4. 嫩化刀组件　5. 减速电机

图 3-2-8　圆刀型嫩化机结构

2. 操作要点

工作前，按照肉块大小调整好两刀轴的间距，将肉车推至机器出料口。待盐水注射机工作后，即启动机器，注射后肉块将自动按序进入嫩化机，完成嫩化工序。

3. 注意事项

工作时，投料要连续均匀，严禁将手或其他物体伸入投料口内。工作结束后，按照说明书的要求摘下加料斗，对机器内部进行清洗和检查，然后再将加料斗安装好。

(二)针扎型嫩化机

针扎型嫩化机(图 3-2-9)是通过多个嫩化针刀垂直扎割肉块的方式来完成嫩化工序的，因其能有效地将肉块中的结缔组织(筋腱)轧断，故也叫断筋机。该机除了用于低温火腿加工嫩化外，还常用于西餐牛排的断筋加工。

1. 主要结构

针扎型嫩化机(图 3-2-10)由减速电机、扎割机构、嫩化针刀组、步进送给机构、控制按钮、机架和刀架等组成。整机由优质不锈钢制造，通常与盐水注射机联机。嫩化针刀的横截面通常做成一字形和“L”形，其扎割深度可以调节。肉料输送采用了类似盐水注射机的步进送给机构，可与盐水注射机形成连续生产线。

2. 操作要点

工作前，根据肉块大小调整好扎割深度、输送速度和步进距离，将肉车推至机器出料端。当盐水注射机工作后即可启动机器，自动连续完成嫩化工序。

3. 注意事项

(1)加料前，先将大肉块切成适当大小的肉块，开机后将肉块倒入料斗内让其自动进入机器内进行加工。

(2)针扎型嫩化机不得用于－10 ℃以下冷冻肉的嫩化，否则易使嫩化针刀折断。

图 3-2-9 针扎型嫩化机外形

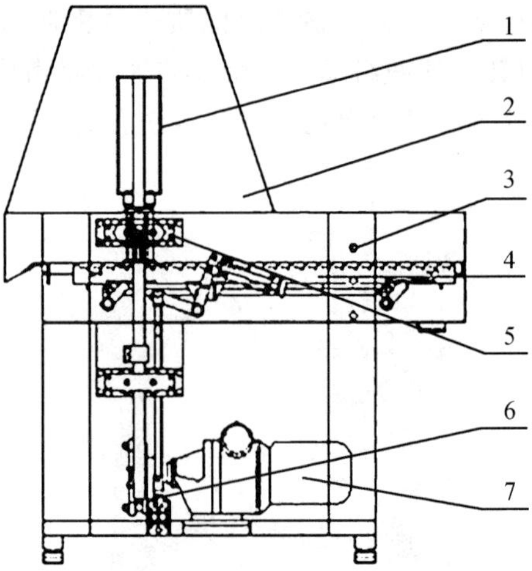

1. 刀架 2. 机架 3. 控制按钮 4. 步进送给机构
5. 嫩化针刀组 6. 扎割机构 7. 减速电机

图 3-2-10 针扎型嫩化机结构

(3)工作时,禁止将手或其他物品伸入机器运动部件内。

(4)每次工作结束后按使用说明书要求拆卸、清洗各运动部件。

四、滚揉机

滚揉机是将已经注射盐水和嫩化的肉块进行滚揉的机械,它能使肉块得到均匀的挤压、按摩,加速肉块中盐溶性蛋白的释放及盐水的渗透,增加黏着力和保水性,改善产品的切片性,提高出品率。滚揉机是最为常见的腌制设备,适用于带骨、无骨的肉类、禽类及整禽、鱼、虾等,可用于西式火腿、香肠、培根、烤肉以及传统中式禽类、酱卤类、休闲类等肉制品的腌制加工。

滚揉机主要利用物理冲击原理,通过滚筒内壁叶片,将较大肉块间歇性地举起、落下、揉搓,导致肉质松软、肌原纤维断裂、结缔组织适度破坏,使得腌制液的渗透速率大为提高,也可使注入的腌制液在肉中均匀分布,从而吸收大量盐水,这样不仅缩短了腌制时间,还提高了产品的保水性和出品率,改善了嫩度和风味。滚揉时,由于肉块间互相摩擦、撞击和挤压,肌肉中盐溶性蛋白浸出并转移到肌肉表面,随着滚揉时间延长,其溶解程度随之增加,它们吸收水分、淀粉等组分形成黏糊状物质,使不同的肉块能够黏合在一起,提高产品黏着性。

滚揉机按压力情况分为真空和非真空两种,真空滚揉机应用最为广泛,因其与常压滚揉机相比有较多优点:①排出肉品中的空气,避免在后续加工过程中因受热而出现气孔;②真空能加快盐水渗透;③抑制需氧菌生长。有的滚揉机还有制冷装置,称为制冷式滚揉机。滚揉机按肉块的滚揉方式可分为滚筒式和搅拌式。为了更加有效地减少因摩擦而引起的肉温上升和气泡产生,并抑制有害微生物生长繁殖,通常将真空滚揉机置于温度较低的环境下,或采用带有制冷功能的外壁夹层,或采用桨上带有制冷功能的滚揉设备。

(一)真空滚揉机

真空滚揉机是火腿生产的主要加工设备,其种类很多,主要根据滚揉桶内部桨叶结构和滚揉状态来区分。但其工作目的一致,都是为了使肉块发色,提高肉块嫩度和保水性。无论哪一种类型的真空滚揉机,都可进行工作总时间、工作时间、暂停时间和真空度的调节控制,有些真空滚揉机还具有正、反转时间控制。真空滚揉机(图 3-2-11)按其滚揉桶容量一般分为小型真空滚揉机、中型真空滚揉机和大型真空滚揉机。

(a)小型　(b)中型　(c)大型

图 3-2-11　真空滚揉机外观

1. 真空滚揉机的结构

真空滚揉机由电控箱、真空系统、电机、机架、滚揉桶和加料口等组成(图 3-2-12)。真空系统包括真空泵、真空表、过滤器、管路。电控部分包括控制面板和控制箱。机架由不锈钢制成,所有部件安装在机架上,机架上设有接地螺栓,以便安装地线。固定机架上装有起倒限位开关,滚揉罐和罐盖之间采用"O"形橡胶密封环密封。

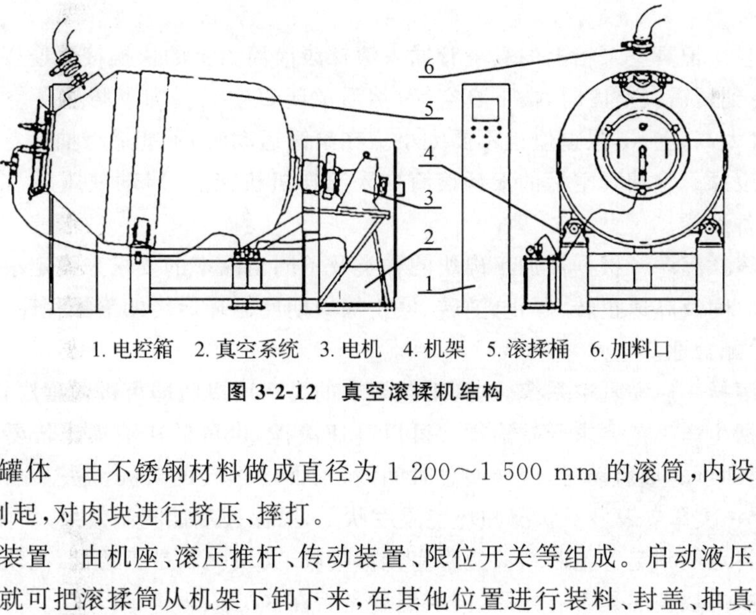

1. 电控箱　2. 真空系统　3. 电机　4. 机架　5. 滚揉桶　6. 加料口

图 3-2-12　真空滚揉机结构

(1)滚揉罐罐体　由不锈钢材料做成直径为 1 200～1 500 mm 的滚筒,内设有桨叶,在滚揉时可将肉块刮起,对肉块进行挤压、摔打。

(2)可倾斜装置　由机座、滚压推杆、传动装置、限位开关等组成。启动液压开关,使装置处于直立状态,就可把滚揉筒从机架下卸下来,在其他位置进行装料、封盖、抽真空,然后推上机架,重新将倾斜装置放平,进行滚揉。

(3)真空阀门　常压滚揉机中,不需要抽真空,没有真空截止阀门,只有要求在真空状态下滚揉的真空滚揉机中才有真空截止阀门。在运转之前,抽出筒体内的空气,使肉块处于真空状态,再拆下真空泵接头,启动驱动装置使筒体运转。没有倾斜装置的真空滚揉机,在中心轴处装有旋转导气管接头,连接筒内垂直向上的吸气管,它可防止肉末被吸入真空泵。筒体后部设有变速转动装置,筒体在旋转状态下连续抽真空。

(4)驱动装置　驱动装置由电机经过减速器带动四个摩擦轮组成,摩擦轮在树脂的轮缘外绕包尼龙层，以加大驱动轮与筒体间的摩擦。在固定式滚揉筒中，也有用电机经减速器用链条或齿轮带动滚揉筒的中心轴转动的，四个小轮只起支撑作用。

(5)控制系统　控制系统现在大多是触摸屏控制的，能设计并输入滚揉程序，包括滚揉时间、停歇时间、正转、反转、开始、结束等。

2. 工作原理

滚揉机的外形是滚筒，滚筒内部有桨叶，经注射后的肉块在滚筒内随着滚筒转动，桨叶把肉块带到上端，随即一部分肉块在重力的作用下摔下，与低处的肉相撞击，同时，由于桨叶的作用，肉块在滚揉机内与腌制液一起互相摩擦、挤压、摔打(立式按摩机只是在搅拌桨叶的作用下，肉块相互摩擦、挤压、按摩)。由于旋转是连续的，所以每块肉块都有自身翻滚或与其他肉块互相揉搓和互相撞击的机会。这样，可使原来僵硬的肉块软化、肌肉组织松弛、盐水容易渗透和扩散、肉发色均匀，同时起到拌和作用。真空滚揉机就是在滚揉的同时，能够保持罐内一定的真空度。

3. 滚揉机的操作

(1)装料　检查机器的完整情况和周围环境，清除影响操作的物品。对于可移动式滚揉筒，用固定式提升机将原料肉送入滚揉滚筒内，装到额定的加工量。对于固定式滚揉筒，先关闭筒盖，点动启动机器，使进料口停止于旋转中心上方合适位置，取下进料口的封口，装上进料管，接通滚筒与料车。开启真空泵将肉料吸入筒体。关闭真空泵，取下吸料管，封闭进料口，再启动真空泵。

(2)抽真空　把真空泵箱上的真空管插入滚揉滚筒筒盖上的快换接头连接体，启动真空泵抽真空。当达到所需真空度时，拨下真空管，然后关闭真空泵。为了防止真空泵频繁启动，真空度上限不宜太高，上、下限差值也不要太小。在滚筒运动时，不能进行抽真空。

(3)准备滚揉　将抽真空后的滚揉滚筒推入滚揉机机架后，启动液压泵，将滚揉筒上升至滚揉位置，准备滚揉。

(4)设定滚揉程序　根据被加工肉块的种类及不同出品率的要求来设定滚揉的总时间、运转时间、暂停时间及高速正转、停止、逆转、停止等周期性循环运转的滚揉程序。注意正转时间和逆转时间的配合性。

(5)开始滚揉　启动真空系统，达到工艺要求的真空度以后即可进入程序性滚揉。程序设定完毕后，根据生产工艺要求开始滚揉。可以高速滚揉，也可低速滚揉。若要中断滚揉程序，按下停止按钮即可。重启动时，应调整总时间，将前面已运转的时间减去。在滚揉过程中，每隔 2 h 要查看一次真空表显示状况和环境温度状况，以保证滚揉腌制效果。

(6)滚揉终点的判定　腌制料液是否完全被吸收，肉块腌制是否透彻，肉块组织是否柔软，肉色是否鲜艳，肉块表面是否有光泽，肉块温度是否在 8 ℃以内等。

(7)卸料　滚揉结束后，把标准料车推到滚揉机出料口下方，用快换接头插入滚揉筒盖上的连接体。空气经过快换接头进入滚揉筒，消除真空后取下筒盖，开动液压泵使滚揉筒上升至卸料位置，按动卸料启动按钮，使滚揉筒旋转，以利于卸料。卸料结束时，按下滚揉筒停止按钮，滚揉筒停止转动，然后将滚揉筒恢复至起始位置，准备下一轮工作或关闭滚揉机。

4. 注意事项

(1)滚揉时间要控制得当　滚揉时间越长，肌纤维蛋白的溶解和抽提越充分。但时间过长，溶解抽提出的蛋白质还会返回到肌肉组织中去，并且也会产生过多气泡，影响产品的保水性和切片性。一旦采纳了可以生产出标准化产品的程序,这个程序或工艺就应保持不变。

(2)转速控制　转速越大,蛋白质溶解和抽提越快,但对肌肉的破坏程度也越大。滚揉速度控制肉块在滚揉机内的下落能力。转速一般控制在 10～12 r/min。另外,滚揉机应柔和地推挤、按摩、提升和摔落肉块,以达到较好的滚揉效果。

(3)真空度控制　一般真空度要求在 60.8～81 kPa。

(4)间歇滚揉　滚揉机的运转不要连续进行,一般的方法是采取间歇滚揉的工艺。设备若有反转功能,也可采取正—反—停间歇滚揉的工艺,这主要是为了避免由于摩擦而引起的肉温上升,同时也使肉组织不容易受到破坏。

(5)装入量　装入量影响滚揉的效果,装入量越多,肉每次下落的高度越小,肉块在滚揉筒内起不到挤压、摔打的作用。装入量太少,则肉块下落过多,会被撕裂,导致滚揉过度,肉块太软和肉蛋白质变性,从而影响成品的质量。因而在滚揉时,根据滚揉罐的设计容量确定装入量,一般装载 70%即可。

5. 保养

(1)经常检查机器接地是否可靠,确保安全。每日工作完后对整机进行清洁卫生工作,在清洗时,一定要注意防止机身开关箱受潮,严禁将水溅入开关箱。滚揉机不使用时,应将其处于滚揉状态的位置。

(2)做到机器的完整、清洁、润滑,开机前对机器的主要部位进行检查,发现问题及时处理。电气系统每周进行一次检查维护,以确保运转灵敏。

(3)首次加油运转一周后应更换新油,并将内部油污清除干净,以后每六个月更换一次新油。

(4)每周对翻转传动装置注一次油,每月对转向节部分的轴承注一次油;每六个月对翻转系统中的双向推力轴承、滚动轮装置上的轴承等部位进行清污、润滑;减速机上的链轮、传动链要定期加润滑油。

(5)注意观察真空泵上的油位,油位降至 2/3 以下时,应加真空泵油。若发现油变成乳白色,可能是有水进入泵内,应立即更换新油。

(6)定期检查液压系统的连接,确保液压系统中各元器件工作正常,不得有堵塞和渗油现象。

(7)保护好进、出料口盖处的密封圈(垫)及密封面,以免造成漏气而无法保证真空度。长时间运行后,主轴上的密封圈可能磨损,造成漏气,应及时更换。

五、夹层锅

夹层锅又名二层锅、蒸汽锅、蒸煮锅、夹层蒸汽锅。夹层锅采用夹套加热,加热介质可分为蒸汽、导热油、电。夹层锅主要用于糖果、制药、乳品、酒类、糕点、蜜饯、饮料、罐头等食品的加工,是罐头食品调味煮汁的主要设备,常用来热烫、预煮各种原、辅料。该设备结构简单,使用方便,具体结构及操作方法详见任务 6-3。

六、链带式连续预煮机

链带式连续预煮机用链带作为牵引构件,在链带上装上斗槽即为斗槽式,如青刀豆连续预煮机;在链带上装上刮板即为刮板式预煮机(图 3-2-13),如蘑菇连续预煮机。

预煮机外部是个很大的钢槽 7,用一定厚度的不锈钢板焊接而成。钢槽的钢板应焊接平整,在链带的驱动轮、尾轮以及由水平面过渡到倾斜段的链带压轮处,都要加强钢板的刚度和强度，以利于支撑；整个钢槽焊接在由型钢制成的支架上，里面装入一定液位的水，液位的高低用溢流口 10 控制。钢槽的底面向排污口 9 倾斜，以便排放污水。钢槽的顶部有数块盖 2，安放在钢槽边缘的水封槽内，预防蒸汽泄漏。钢槽的前端装置有进料斗 1，物料用提升机连续供料，后端装有卸料斗 5，用于预煮后物料的及时冷却。

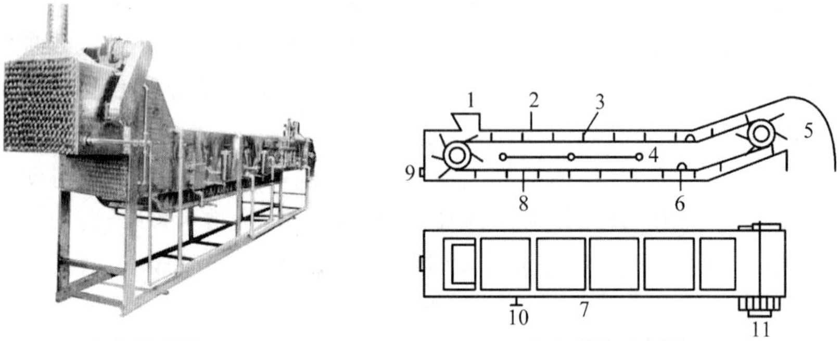

（a）外形图 （b）结构示意图

1. 进料斗 2. 盖 3. 刮板 4. 蒸汽管 5. 卸料斗 6. 压轮 7. 钢槽 8. 链带 9. 排污口 10. 溢流口 11. 传动系统

图 3-2-13 刮板式连续预煮机

预煮机的一个重要部分是输送链带，链带由电动机和传动系统 11 驱动，物料预煮时间通过调节链带速度控制。链带由链板构成，刮板焊在链板上。为了减小刮板在水中的运行阻力，刮板上钻了许多小孔，孔径大小以不能通过原料为准。压轮 6 使链带从水平段过渡到倾斜段，并能起到张紧链带的作用。刮板、压轮、链带全部浸在钢槽的水中，故都必须用不锈钢制造。

钢槽中的水通过蒸汽管 4 直接加热，蒸汽管 4 上开有许多小孔，小孔的总截面积应等于加热管的纵截面积，小孔的分布原则是靠近进料斗处多些，靠近卸料斗处少些，这样可使刚进预煮机的原料温度迅速升高到预煮温度。为了不使蒸汽直接冲击物料，小孔大多开在两侧，这样还可以加快钢槽内水的循环，使槽内水温比较一致。一般加热蒸汽压力要求大于 0.45 MPa。

这种预煮机的特点是能适应多种物料的预煮，物料经预煮后的机械损坏也很少；缺点是清洗非常困难，占地面积较大，一旦链带在槽内卡死，检修很不方便。

两种链带式预煮机的主要技术特性见表 3-2-1。

表 3-2-1 两种链带式预煮机的主要技术特性

项目	刮板式	斗槽式
生产能力/(t/h)	2.14(蘑菇)	3.12(青刀豆)
链带速度/(cm/s)	0.01	0.025
预煮时间/min	8	3
预煮水温/℃	98～100	98～100
蒸汽压力/MPa	0.405	0.405
主轴转速/(r/min)	1.05	3.2
电动机功率/kW	1.5	2.8
外形尺寸(长×宽×高)/mm	7 030×700×1 000	1 100×1 100×1 700

七、螺旋式连续预煮机

螺旋式连续预煮机由进料口、筛网圆筒(筛筒)、螺旋、蒸汽系统、预煮机、出料转斗、斜槽等部分组成。原料在螺旋的推动下,在预煮机中行进,达到预煮目的,最后通过斜槽送入冷却水槽中冷却。螺旋推进式连续处理设备适用于黄桃类罐头、经过洗涤后的蘑菇等的预煮;可使物料根据放入的先后自动有序输出,能使物料预煮时间基本恒定。机体应用不锈钢制造,抛光处理,减少污染,美观并能确保卫生质量;有的温度可任意设定,自动控制,另外可以根据厂家要求配上网篮提升机以减少人工。螺旋式连续预煮机的结构见图 3-2-14。

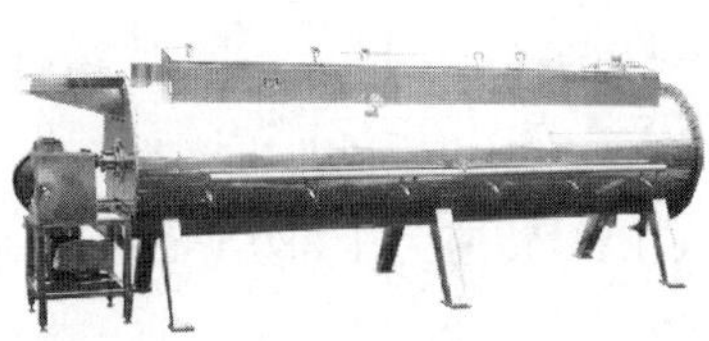

(a) 外形图

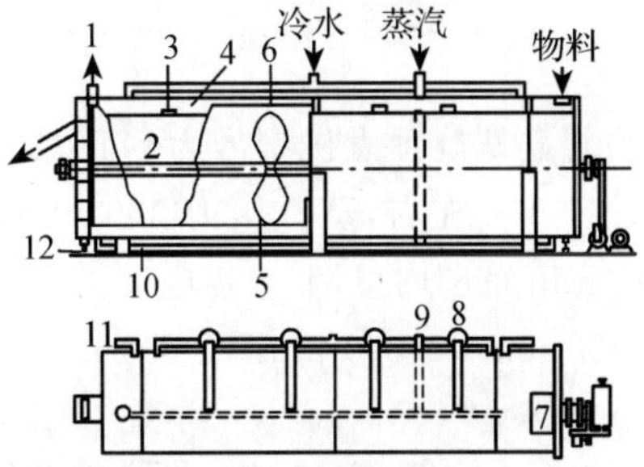

(b) 结构示意图

1. 排气口　2. 螺旋轴　3. 铰带　4. 机壳　5.螺旋叶片　6. 筛网圆筒　7.进料口
8. 重锤　9. 进水管　10.蒸汽进管　11. 溢流管　12.排水口

图 3-2-14　螺旋式连续预煮机

螺旋推进式连续处理设备预煮经过洗涤后的蘑菇时,首先从进水管 9 加入冷水至溢流水位,开启蒸汽进管 10 通入蒸汽,将冷水加热至 96~100 ℃,同时也将物料加热。接通电源,使螺旋轴 2 转动,然后由提升机将蘑菇送到进料口 7 连续进料,这时蘑菇在筛网圆筒 6 内边预煮边由螺旋叶片 5 推进前进,达到工艺要求的温度及时间后,推至出料转斗中,出料转斗随螺旋轴一起转动,把预煮后的蘑菇带入出料斜槽,由斜槽滑入冷却槽冷却。

靠近出口处有排气口 1,将预煮液中的不凝气排放掉。加热蒸汽从预煮机底部进入,从两根喷管的喷口中喷出蒸汽直接对水进行加热。预煮机两边备有一溢流管 11,将设备内超过规定水位的水和浮在水面的杂物排放出去,底部有排水口 12,可将机内脏水全部排掉,便于设备清洗。

筛网圆筒由不锈钢板辊轧而成,钻有许多小孔,孔的排列呈正三角形,筛网圆筒固定在机壳上。螺旋轴贯穿筛网圆筒,支承在机壳轴承上,由电动机和传动系统驱动。螺旋轴上焊有不锈钢制成的螺旋叶片 5,螺旋叶片与筛网圆筒内壁之间的距离为 2 mm 左右。

卸料机构必须在保证水位不变的情况下把物料连续从预煮机中排出,这种卸料机构称出料转斗(图 3-2-15)。出料转斗沿圆周分布许多斗板,斗板数有 6 个或 12 个,以 12 个为佳。斗板多些,卸料更均匀。出料转斗与螺旋轴固接,转速与螺旋轴转速相同。当物料由螺旋叶片推至出料转斗时,旋转的转斗将物料捞进斗室里,当已进料的斗室转到最高位置时把物料倾倒至出料斜槽中,斗室一个接一个回转,从水中捞起预煮后的物料,转到最高处时卸料。出料转斗的出料能力要稍大于螺旋叶片的输送能力,才能保证物料不会在预煮机中停留时间太长,超过预煮要求。出料转斗能保证在水位不变的情况下,把物料连续从预煮机内送到出料口的斜槽,然后滑送到冷却槽中。

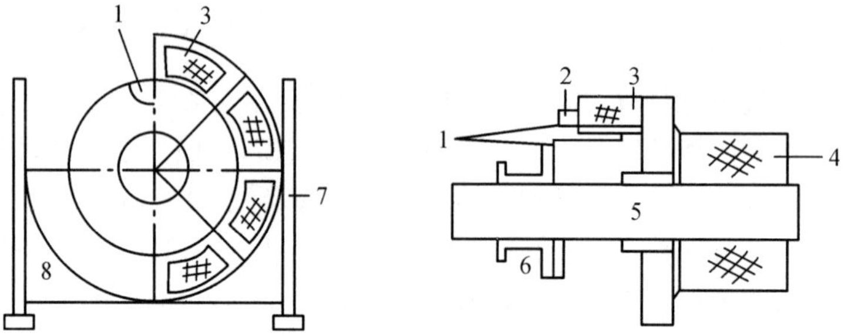

1. 出料槽 2. 端板 3. 转斗 4. 筛筒 5. 螺旋轴 6. 密封圈 7. 机架 8. 机壳

图 3-2-15 出料转斗

标准化的蘑菇螺旋预煮机型号为 GT6J20，其生产能力可达 3～3.5 t/h，物料预煮时间为 8～9 min，水温 98 ℃左右，蒸汽压力 300 kPa，配备两台电动机：主机功率为 2.2 kW，转速在 120～1 200 r/min 范围内可调，开盖电动机功率为 0.6 kW，转速为 1 380 r/min，外形尺寸（长×宽×高）为 6 300 mm×1 800 mm×2 800 mm。

任务 3-3 熏肉制品加工机械与设备

技术知识

熏肉制品是指原料肉经腌制后，再以烟气、高温空气、明火或高温固体为介质干热加工而成的肉制品。烟熏是肉制品加工中的一种手段，许多肉制品，特别是西式肉制品如灌肠、火腿、培根等均需经过烟熏处理。烟熏可以赋予肉制品特殊的风味，增加香味；烟熏可以使肉制品外观具有特有的烟熏色，促进发色；烟熏还可以杀菌消毒，防止腐败变质，增加肉制品保质期。

熏肉制品按生产方式可分为直接烟熏和间接烟熏。直接烟熏是一种原始的烟熏方法，在烟熏室内直接不完全燃烧熏材进行熏制，烟熏室下部燃烧熏材、上部垂挂产品。根据在烟熏时所保持的温度范围不同，可分为冷熏、温熏、热熏、焙熏等方法。直接烟熏法历史悠久，应用广泛，不需复杂的设备。间接烟熏是用发烟装置（熏烟发生器）将燃烧好的一定温度和湿度的熏烟送入熏烟室与产品接触后进行熏制，熏烟发生器和熏烟室是两个独立结构。这种方法不仅可以克服直接烟熏时熏烟的密度和温、湿度不均的问题，而且可以通过调节熏材燃烧的温度和湿度以及接触氧气的量，来控制烟气的成分，减少有害物质的产生，因而得到广泛的应用。根据烟的发生方法和烟熏室内温度条件可分为湿热法、摩擦生烟法、燃烧法、炭化法、二步法等方法。

典型的熏肉制品生产工艺通常包括以下大部分或全部的工艺步骤：调整、干燥、烟熏、固色、预蒸煮、蒸煮。在实际应用中这六种工艺步骤可以有许多的组合形式，特定步骤也经常被添加或删除。

（1）调整　调整的目的是在烟熏和蒸煮前在炉内的所有产品上形成均一的表面。一种最基本的调整工艺形式是喷淋，喷淋也可清洗掉产品表面的污物；另一种有效的调整方式是在入炉的第一步使用暖风和高相对湿度的工艺，这种工艺步骤也被称为发红或者升温，这种工艺将会在产品较冷的表面建立一层薄的冷凝水，完成整炉产品的表面调整，例如使用干球温度

43 ℃、湿球温度 37 ℃，调整 10 min。

(2)干燥　干燥的目的是形成均一的干燥产品表面以保证烟熏过程中产品表面具有期望的水分含量，这将影响烟熏过程中产品对于烟雾的吸附以及形成均一的期望的烟熏色。烟熏过程中湿润的产品表面比干燥的产品表面对烟雾的吸附效果更好，因此，如果产品表面需要较深的颜色，那么干燥步骤应该缩短；如果产品表面需要较浅的颜色，那么干燥步骤应该延长。

(3)烟熏　烟熏可以是自然烟熏或者液体烟熏。自然烟熏时保持烟熏炉内高温、干燥的环境将有利于烟雾中的羰基化合物与肉中的氨基化合物发生美拉德反应，但是表面过度干燥也会减少烟雾吸附、延长烟熏的时间。在批次型的烟熏炉中使用液体烟熏时，烟熏液水溶液会被雾化喷入烟熏炉内。液体烟熏通常包括一个雾化阶段和一个凝露阶段，然后再进行其他步骤。

(4)固色　固色的目的是在高湿度蒸煮工艺之前生成和固定产品表面的烟熏色。在此步骤中，烟熏炉中应该保持高温、干燥的环境来生成和稳定期望的烟熏色。如果工艺步骤包括液体烟熏，那么在液体烟熏步骤之后必须立即进行固色。

(5)预蒸煮　预蒸煮是一个从低湿度颜色固定步骤到高湿度蒸煮步骤的过渡。某些产品不需要这一步，可以被省略。

(6)蒸煮　在蒸煮步骤中，产品将被加热至期望的中心温度。在此步骤中，湿球温度应该被设定为期望的中心温度或者高于此温度。例如产品期望的中心温度为 71 ℃，那么湿球温度值应该设为 71 ℃或者更高，这将有助于减少蒸煮时间，增强产品温度和产品失重的一致性。如果颜色已经在之前的步骤中得到了生成和固定，那么高湿球温度的蒸煮不会影响产品表面的烟熏色。

一、解冻设备

在肉制品加工中，冷却肉是首选的原料肉。但随着肉制品生产量的逐年增加，肉制品加工企业对原料肉的需求量不断增大，使得冷却肉供不应求，肉制品加工企业只能采用能远距离运输的冷冻肉。冷冻肉的大批量使用要求加工企业必须对肉类原料进行预加工。经预加工的产品可以被进一步加工成肉制品，也可以在超市、商场进一步加工后直接销售。近年来，随着市场上预加工肉类产品需求量的逐渐增大，肉类预加工设备的使用也越来越广泛。

(一)微波解冻设备

微波解冻设备是用于冻结食品解冻的一类专用设备。微波解冻是指在一定频率的电磁波作用下将冻结食品解冻的方法。与传统的自然解冻、水浸或水淋解冻相比，它具有解冻时间短、内外受热均匀，肉损耗少、营养成分无损失，解冻环境清洁、产品卫生标准高等突出优点。

1. 主要结构

微波解冻设备由隧道式微波发生箱体和输送带组成，采用变频调速，以适应不同大小肉块解冻时所需的速度。该机利用微波加热，能耗低，内外温差小，物料解冻过程中基本无损失，解冻速度快，能有效保存食品的原有风味、色泽和营养，同时具有很强的杀菌作用。

2. 注意事项

解冻时应避免肉块表面有水，以节约能耗。原料肉在进入解冻设备前需经过金属检测器，禁止夹杂金属进入机器。

(二)热风循环解冻设备

热风循环解冻设备是用于冻结食品解冻的一类专用设备。这是一种快速的风循环解冻方法,与微波解冻相比,不但节约投资,而且使用效果也较好,适用于大批量冷冻原料肉的解冻。

1. 主要结构

热风循环解冻设备主要由箱体、解冻架、热交换系统和空气循环系统组成。被解冻食品放入解冻架后,受单向热风作用,能快速解冻。热风循环解冻比常温货架解冻能缩短一半以上的解冻时间。虽然资金投入上增加了风机及热交换器等设备,但与微波解冻设备相比成本低很多。其最大的优势是提高了解冻效率,所以是一种经济、快速的解冻设备。

2. 注意事项

解冻时肉块不能重叠堆放,解冻温度不能过高。

二、冻肉切割设备

肉品加工过程中,经常需要对原料肉进行切块、切片、切条、切丁等处理,以适应不同类型产品的质量要求。冻肉切割设备是目前肉制品加工企业使用最广的冷冻肉加工设备。该设备是在冷冻状态下切割肉类,所以能保证肉的质量,减少肉的营养成分损失,降低肉制品加工能源损耗。目前常用的冻肉切割设备按照原料不同可分为冻肉切割机、鲜肉切割机等;按照产品形状不同可分为切块机、切片机、切条机、切丁机等。

(一)圆盘型冻肉刨肉机

圆盘型冻肉刨肉机(图 3-3-1)是用于冻肉块切割的一类专用设备。该机通过调整切割刀片位置,可以将不同规格的冻肉块切成不同厚度的肉片,适合各种肉类生产企业加工冻肉。

图 3-3-1 圆盘型冻肉刨肉机外形

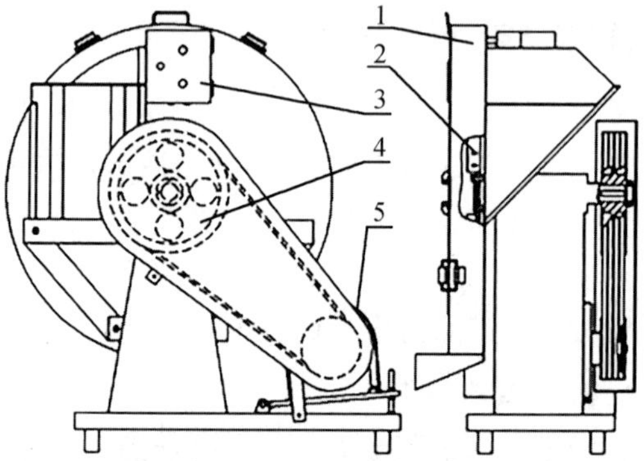

1. 机架 2. 切割机构 3. 电控箱 4. 传动机构 5. 电机

图 3-3-2 圆盘型冻肉刨肉机结构

1. 主要结构

圆盘型冻肉刨肉机主要由机架、切割机构、电控箱、传动机构和电机组成(图 3-3-2)。整机由优质不锈钢制造,刀盘上装有两把切刀,切刀的安装位置可以伸缩调整,以适应不同厚度的切割要求。进出料口均有安全保护罩。

2. 操作要点

使用前,消毒、清洗机器。检查进料斗、刀盘处是否有异物,将盛料容器放在出料口下方,并将前盖关好。放入冻肉原料,按下启动按钮,机器即可开始工作。

3. 注意事项

(1)每天检查安全装置和刨肉刀紧固状况,定期磨刃。

(2)原料肉在进入设备前需经过金属检测器,禁止夹杂金属进入机器。

(3)机器运转过程中严禁将手或任何物件伸入进料斗和防护罩。

(二)滚刀型冻肉刨肉机

滚刀型冻肉刨肉机(图 3-3-3)主要用于将不同大小的冻肉块刨成无规格要求的小块或小片,以满足后序加工要求。

1. 主要结构

滚刀型冻肉刨肉机主要由电控箱、机架、安全装置、切割及传动组件和电机组成(图 3-3-4)。刀具拆卸、清洗方便,刨削厚度可调。

图 3-3-3　滚刀型冻肉刨肉机外形

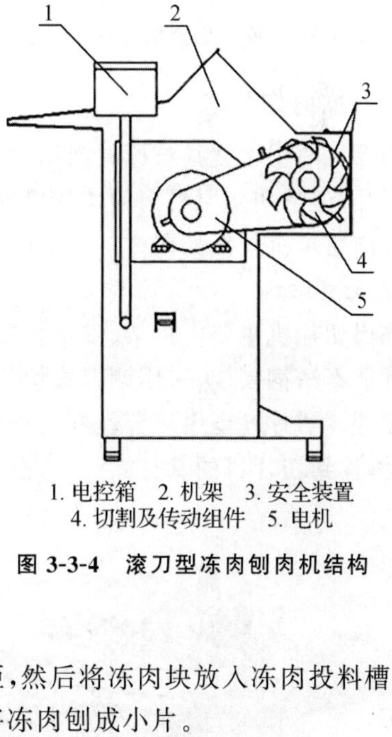

1. 电控箱　2. 机架　3. 安全装置
4. 切割及传动组件　5. 电机

图 3-3-4　滚刀型冻肉刨肉机结构

2. 操作要点

使用前首先需要根据刨削厚度要求调节好刀的间距,然后将冻肉块放入冻肉投料槽内,肉块自动下滑,与刀具定位接触。开机后,旋转的刀具会将冻肉刨成小片。

(三)冻肉切割机

冻肉切割机(图 3-3-5)是用于将大块冻肉切割成小块冻肉的专用设备。该机可与输送提升机连接,组成自动加工生产线。

1. 主要结构

冻肉切割机主要由安全装置、切割机构、机架、控制面板和液压系统组成(图 3-3-6)。整机由优质不锈钢制成,机器采用液压传动。冻肉块的进料推送机构采用步进电机或气动,能保证肉块的切割厚度和安全输送。出料口有安全开关,可与肉车或输送提升机连接。

2. 操作要点

工作时,将冻肉块放在切割机工作平台上。启动机器后,进料推送机构会将冻肉块往刀的方向步进式推进,切割刀自动上下往复运动,将冻肉块切成小块或小片。

3. 注意事项

同圆盘型冻肉刨肉机。

图 3-3-5　冻肉切割机外形

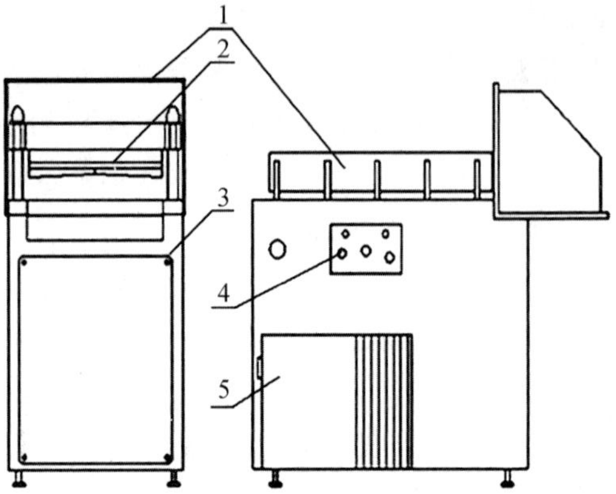

1. 安全装置　2. 切割机构　3. 机架　4. 控制面板　5. 液压系统

图 3-3-6　冻肉切割机结构

(四)冻肉切片机

切片机的用途就是将原料肉均匀地切成肉片。这些被切片的原料可以是生肉,也可以是熟肉制品,但是切生原料肉的切片机绝对禁止用于切熟肉制品。

冻肉切片机外形如图 3-3-7 所示,配装输送带后可与包装线连接,提高生产效率。

1. 主要结构

冻肉切片机主要由机架、安全装置、切割机构、传动机构和推进机构等组成(图 3-3-8)。整机由优质不锈钢制成,采用铡刀式切片结构和电机直接带动曲柄连杆机构使铡刀上下运动的切割原理。切片厚度由调节丝杆转动的角度来控制,丝杆停止转动时切刀下行,二者互锁,往复运动,达到切片目的。

图 3-3-7　冻肉切片机外形

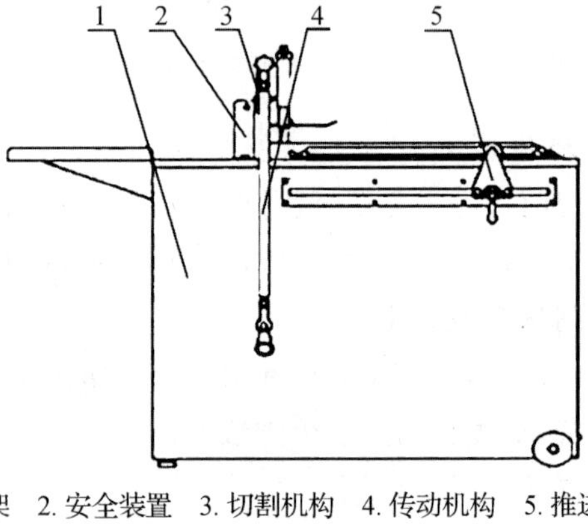

1. 机架　2. 安全装置　3. 切割机构　4. 传动机构　5. 推进机构

图 3-3-8　冻肉切片机结构

2. 操作要点

使用前首先需要调整两侧肉料导板,调至肉块能自由通过,然后调整压肉架高度,高 5 mm 左右为宜。

3. 注意事项

磨刃后重新装上刀具时,必须使刀刃达行程下限时正好与工作台面(硅橡胶)接触。机器运转过程中严禁将手或其他任何物件伸入切片位置。

(五)台式切片机

台式切片机(图3-3-9)是餐厅、食堂、超市最常用的切片设备,其最佳切片温度范围是在$-2\sim2$ ℃。目前很多火锅店用其制作冷冻的涮羊肉片。

1. 主要结构

台式切片机主要由磨刀器、机架、厚度调节机构、控制按钮和切割机构等组成(图3-3-10)。整机由耐腐蚀铝合金制成,工作时切片圆刀只做转动,圆刀外圈有防护板(罩),切片厚度依靠调节圆刀防护板与圆刀的间隙来实现。

图3-3-9　台式切片机外形

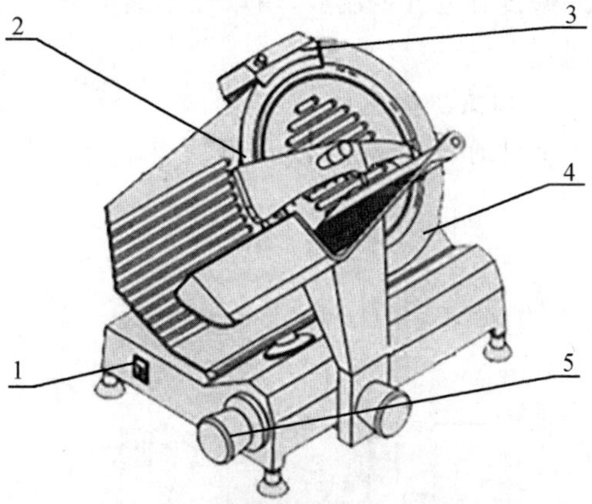

1. 控制按钮　2. 切割机构　3. 磨刀器　4. 机架
5. 厚度调节机构

图3-3-10　台式切片机结构

2. 操作要点

工作时将肉制品或肉块放在圆刀上方的持肉板架上,用压锤压住肉块,调节好切片厚度,然后启动机器,圆刀转动,放有肉块的持肉板架就会在圆刀上方来回运动,随着压锤的下滑作用,持续压住肉块,切下肉片。

3. 注意事项

(1)切冻肉时,如肉温太低,切薄片时容易断片,切厚片时阻力过大,容易造成电机堵转,甚至烧毁电机。因此,切肉前必须进行缓肉(将-18 ℃的冻肉放在保温箱内,使其内外温度同时缓慢上升的过程称作缓肉)。

(2)注意刀片使用情况,要及时磨刃,以保证切片质量。

三、烟熏炉

烟熏作为一种工艺,它是利用木材、木屑、甘蔗皮、红糖等材料不完全燃烧而产生的熏烟,使肉制品吸收而增添特有的熏烟风味,以提高产品质量的加工方法。肉制品加工中烟熏方法按照产生烟雾的状态可分为气态烟熏法和液态烟熏法两种;按照烟熏的温度可分为冷熏、温熏、热熏;按照发烟方式可分为直接发烟式和间接发烟式等。直接发烟式最常用的设备就是烟熏炉,间接发烟式以前用的是半自动烟熏炉,现在用的是全自动烟熏炉,它们都分为烟熏室和发烟器两部分,发烟器用于制造熏烟,通过烟道进入烟熏室来熏制产品。不管什么形式的烟熏室，应达到以下要求：一是温度和发烟要能自由调节；二是烟在烟熏室内能均匀扩散；三是要防火、通风；四是熏材的用量要少；五是建筑费用应尽可能低；六是操作便利，最好可调节湿度。

1. 工作原理

烟熏室用型钢焊接而成，内外均用不锈钢制造，中间有良好的绝热层。由烟雾发生器生成的烟由下而上吸入室内顶部的鼓风机，经增压后再从两侧喷嘴喷出，对室内肉制品进行烟熏，部分烟雾则从顶部经防污染的过滤器净化后排出。在增压区内设有蒸汽加压装置，以保证烟雾流动速度并保持一定湿度。在鼓风机下部设有热交换器，供给干燥用的温风和冷却所需的冷风以及湿热蒸汽，完成干燥、冷却、蒸煮工作。烟雾发生器设在烟熏室附近，供给新鲜熏烟。室外壁设有电气控制板，用以控制烟熏浓度、烟熏速度、相对湿度、室温、物料中心温度及操作时间，并有仪表显示。

2. 烟熏炉的结构

全自动烟熏设备具有多种功能，除烟熏外，还可用于蒸煮、冷却、干燥和喷淋等(图 3-3-11)。

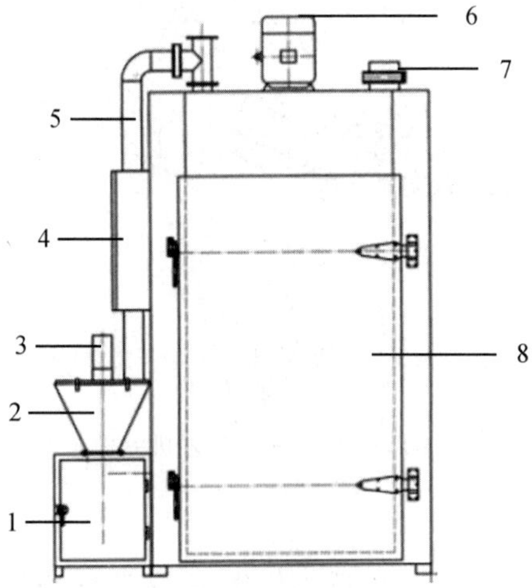

1. 发烟箱 2. 发烟料漏斗 3. 下料减速电机 4. 控制器 5. 进烟管 6. 高速电机 7. 排烟口 8. 炉门

图 3-3-11 烟熏炉外形结构

(1)熏室 以普通型钢焊接而成，内外多数采用不锈钢板，中间填充硬脂聚氨发泡材料或矿渣棉等隔热材料，增强了绝热性。组装时在各板缝隙处用特制的橡胶带和专用密封涂料加以密封，并采用内外夹板和自攻螺钉予以固定。

(2)箱门 采用不锈钢板外壳，中间填充硬脂聚氨发泡材料、矿渣棉等隔热材料，每扇门用两个可调铰链与箱前面板连接，每扇门上装两个压杆锁柄，可从任意方向开锁，门与箱前板采用全向密封条加以密封，烟熏架进口处，装有不锈钢倾斜板桥，供架车进出。

(3)循环风机 循环风机机组主要由一台(或两台)特制风机组成，吸入端借助固定夹板安装在加热机组的顶板上。交替活门是构成循环风机机组的另一个重要部件，它的开启调节由一台减速机通过链条带动，特制的风机叶轮不允许有任何木焦油等存积物，必须保证在动静平衡良好状态下稳定运转。

(4)导气管装置 为全不锈钢结构，安装在交替活门的后面、烟熏箱上顶板左右两侧，导气管设有许多锥形喷嘴，运转时循环风机不断地将热空气、蒸汽、烟雾等混合气体通过交替活门注入导气管，然后通过喷嘴喷射到烟熏箱内，运转中左右活门交替开闭，形成稳定的气流，使被加工的食品平衡均匀地被干燥、烟熏、熟化和灭菌。

(5)新鲜空气活门 用于向箱内配给新鲜空气，以取得改变湿度、提高干燥速度的效果。平板式活门安装在平行导轨上，通过气缸驱动。气缸受电磁阀控制，电磁阀的换向动作是受电器控制系统的预编程序动作，该机组采用法兰螺栓连接在加热器的后背板上，二者之间采用特殊橡胶材料予以密封。

(6)排气风机 风机借助于法兰及压紧板与箱顶板连接，一般可根据排气出口现场位置任意调整。整机由不锈钢制造，风机可在短时间内排掉箱内的气体。

(7)烟雾发生器 烟雾发生器为使木料产生烟雾的装置。木料在烟雾发生器内发烟,浓烟通过洗涤净化后送到加热循环系统,对炉内的肉制品进行烟熏。目前的全自动烟熏炉、半自动烟熏炉都采用这种发烟装置,也就是发烟和烟熏是在两个不同的地方进行的。

燃烧法是将木屑放在电热燃烧器上燃烧,所产生的烟雾借风机与空气一起送入烟熏室内,烟熏室的温度取决于烟的温度和混入空气的温度,烟的温度通过木屑的湿度进行调节。

摩擦发烟是在硬木棒上施加压力,使硬木棒与带有锐利摩擦刀刃的高速转轮接触,通过摩擦发热使削下的木片热分解产生烟,烟的温度由燃渣容器内水的量来调节。

湿热分解法是将水蒸气和空气适当混合,加热到300 ℃,高温热气通过木屑产生热分解,因为烟和蒸汽是同时流动的,故变成潮湿烟,由于温度过高,需要经过冷却器冷却后进入烟熏室,冷却可使烟凝缩,附着在制品上,故此法又称凝缩法。

流动加热法是用压缩空气使木屑飞入反应室,经过300～400 ℃的过热空气,使反应室内的木屑热分解,产生的烟雾随气流进入烟熏室。由于气流速度较快,灰化后的木屑残渣很容易混入其中,需要通过分离器将二者分离。

(8)清洗装置 清洗装置由蒸汽喷射器和控制元件组成。它可把清洗液或水喷射到箱内各个部分,定期清洗箱内所有循环系统的各个部件的焦油、污物,以保证热效率和产品的卫生。

3. 操作要领

(1)开机前的调试

①首先检查压缩空气压力、各电气线路和气动线路是否正常或正确。

②接通电源,检查循环风机在高、低速各自运转时风叶的旋转方向。

③开机试机,分别进行通气、通水和通蒸汽试验,检查各工序动作的准确性。例如,气动角座阀动作、电磁阀动作和气缸动作是否准确或正常等,一切正常后关机。

④按要求配备好木粒,开机测试木粒发烟器。检查送料气缸传动是否平稳,搅拌轴转向是否准确;空转正常后,加入木粒进行发烟试验,检查正常后关机。

(2)操作步骤

①工作前,根据产品熏制要求,在烟熏炉控制屏上设定加工参数和工序要求。

②检查发烟器内是否有发烟燃料。

③将挂有需要熏制肉料的烟熏车推入烟熏箱内,关上箱门。

④启动烟熏箱,自动完成整个加工工序。

⑤熏制结束后,应及时搞好电加热烟熏炉内外卫生,保持清洁。

4. 注意事项

(1)应定期检查电热管是否完好,保证加热正常进行。

(2)应定期检查温度控制仪和温度探头是否完好,保证测定、显示正常。

(3)使用自动烟熏炉前,应该清楚了解该设备是否具有自动点火功能。如没有,在进入烟熏工序前,需要人工点火发烟。

(4)烟熏车内不能挂放太多需要熏制的物料,避免物料出现相互挤挂现象。

(5)定期清洗设备,及时清除烟灰,保持自动烟熏炉内外清洁。

5. 日常维护及保养

(1)当热风温度低时,要检查疏水器是否损坏,管道是否漏气;当热风、蒸煮温度不上升时,要检查电热管和汽源;当温度过高报警时,查看是否接近或超过温度设定值。

(2)每班开机前，应认真检查各蒸汽气源、压缩空气气源和电源是否正常。

(3)每班需检查木粒发烟器发烟是否正常，是否出现明火，木粒是否足够。

(4)每班需检查整机是否有漏气和漏烟等缺陷。

(5)每班工作后，应手动或使用系统自带的清洗程序将炉体顶部风腔及内壁清洗干净。

四、烟熏箱

烟熏箱主要是将各种肉类制品进行干燥、烟熏、蒸煮等成熟发色处理的设备。在实际生产中，烟熏箱不但具有主要的烟熏功能，还可以单独作为蒸箱使用，也可以作为干燥箱使用，配装辅助加热装置后还可以作为烘箱使用。因其具有独特的温湿度和风循环控制，所以加装冷却装置后还可用于发酵肉制品的加工。

烟熏箱有多种加热发烟装置，但其目的都是保证箱内不同位置的产品都能均匀受热、烟熏和发色。也就要求箱内温度、风循环必须均匀，温湿度必须能够控制。其中温度是烟熏箱的控制重点，烟熏箱一般都装有箱内温度和产品中心温度两种控制装置。前者显示箱内的温度，后者直接显示肉制品的中心温度。为了满足这些加工要求和控制重点，无论何种结构的烟熏箱，其内部都装有循环风机、热交换器、均风装置、温湿度控制、发烟器等装置。

(一)电加热烟熏箱

电加热烟熏箱(图 3-3-12)用于各种肠类制品和块状肉制品的干燥、烟熏、蒸煮和烘烤。因其采用电力为加热源，故加热温度较高，且与常规烟熏箱相比增加了烘烤功能。

1. 主要结构

电加热烟熏箱主要由喷淋组件、发烟器、箱体、风循环组件、电加热组件和烟熏车等组成(图 3-3-13)。该设备由优质不锈钢制造，电器采用人机界面电子控制，根据加工产品的不同要求，可输入、储存各种加工参数。配装冷却系统后，该机也可用于冷烟熏。

图 3-3-12　电加热烟熏箱外形

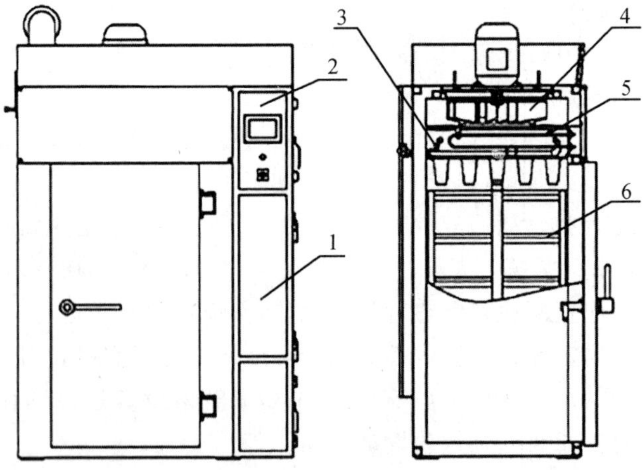

1. 箱体　2. 发烟器　3. 喷淋组件　4. 风循环组件　5. 电加热组件　6. 烟熏车

图 3-3-13　电加热烟熏箱结构

2. 操作要点

使用前需根据所加工产品的要求，在烟熏箱控制屏上设定各加工参数和工序要求，检查发烟器内是否有发烟燃料。然后将挂有产品的烟熏车推入烟熏箱内，关上箱门，即可启动烟熏箱，自动完成整个加工工序。

3. 注意事项

（1）启用自动烟熏工序前，必须了解该烟熏箱的发烟器是否具有自动点火功能。若没有，则在进入烟熏工序前，需要人工点火发烟。

（2）经常检查电热管的完好性，以保证其正常加热功能。

（3）烟熏车内不能挂放太多产品，更不能将产品互相挤挂在一起。

（4）经常检查温控仪和温度探头的使用状况，保证其良好性能。

（5）定期清洗设备，及时清除烟灰，严禁有清洗液残留在设备上。对于循环风机、发烟器及烟管部分，清洗后必须仔细检查。

（二）蒸汽加热烟熏箱

蒸汽加热烟熏箱（图图 3-3-14）的用途与电加热烟熏箱类似，但不具备烘烤功能。由于一般肉制品加工企业都有蒸汽锅炉，而且蒸汽的使用成本相对较低，蒸汽加热烟熏箱使用最为普遍。

图 3-3-14　蒸汽加热烟熏箱外形

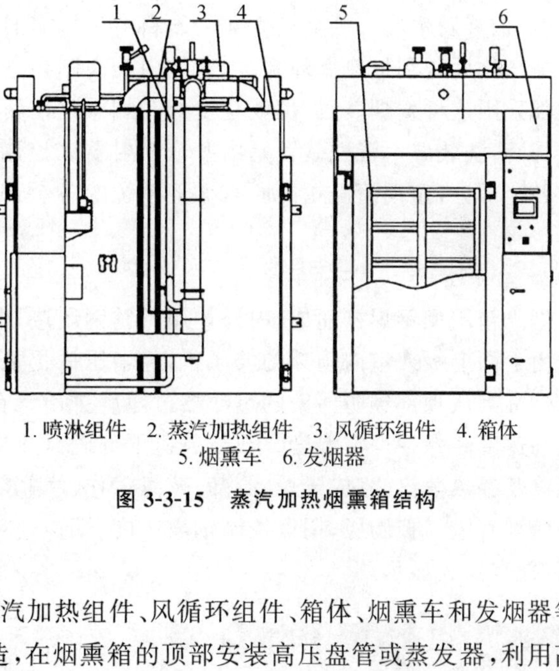

1. 喷淋组件　2. 蒸汽加热组件　3. 风循环组件　4. 箱体
5. 烟熏车　6. 发烟器

图 3-3-15　蒸汽加热烟熏箱结构

1. 主要结构

蒸汽加热烟熏箱主要由喷淋组件、蒸汽加热组件、风循环组件、箱体、烟熏车和发烟器等组成（图 3-3-15）。该设备由优质不锈钢制造，在烟熏箱的顶部安装高压盘管或蒸发器，利用高压蒸汽的热能来进行热交换。循环风机把热量引入烟熏箱内，通过高速循环使温度均布。电气采用人机界面电子控制，根据加工产品的不同要求，可输入、储存各种加工参数。配装冷却系统后，该机也可用作冷烟熏。

（1）熏室　以普通型钢焊接而成，内外多数采用不锈钢板，中间填充硬脂聚氨发泡材料或矿渣棉等隔热材料，增强了绝热性。组装时在各板缝隙处用特制的橡胶带和专用密封涂料加以密封，并采用内外夹板和自攻螺钉予以固定，成为坚固的一体。

（2）箱门　采用不锈钢板外壳，中间填充硬脂聚氨发泡材料、矿渣棉等隔热材料，每扇门用两个可调铰链与箱前面板连接，每扇门上装两个压杆锁柄，门与箱前板采用全向密封条加以密封，烟熏架进口处装有不锈钢倾斜板桥，供架车进出。

(3)循环风机　循环风机机组主要由一台特制风机组成，吸入端借助于固定夹板安装在加热机组的顶板上。交替活门是构成循环风机机组的另一个重要部件，它的开启调节受一台减速机通过链条带动，特制的风机叶轮不允许有任何木焦油等存积物，必须经常保证其处于动静平衡的良好状态下稳定运转。

(4)导气管装置　为全不锈钢结构，安装在交替活门的后面、烟熏箱上顶板左右两侧，导气管设有许多锥形喷嘴，运转时循环风机不断地将热空气、蒸汽、烟雾等混合气体通过交替活门注入导气管，然后通过喷嘴喷射到烟熏箱内，运转中左右活门交替开闭，形成稳定的气流，使被加工的食品平衡均匀地干燥、烟熏、熟化和灭菌。

(5)新鲜空气活门　用于向箱内配给新鲜空气，以取得改变湿度、提高干燥速度的效果。平板式活门安装在平行导轨上，通过气缸驱动。气缸受电磁阀控制，电磁阀的换向动作又受电器控制系统的预编程序动作，该机组采用法兰螺栓连接在加热器的后背板上，法兰与后板间采用特殊橡胶材料予以密封。

(6)排气风机　风机借助于法兰及压紧板与箱顶板连接，一般可根据排气出口现场位置任意调整。整机由不锈钢制造，风机可在短时间丙排掉箱内的气体。

(7)烟雾发生器　烟雾发生器为木料产生烟雾的装置。木料在烟雾发生器内发烟，浓烟通过洗涤净化后送到加热循环系统，对炉内的肉制品进行烟熏。目前的全自动烟熏炉、半自动烟熏炉都采用这种发烟装置，也就是发烟和烟熏是在两个不同地方进行的。

(8)清洗装置　清洗装置是由蒸汽喷射器和控制元件组成的。它可把清洗液或水喷射到箱内各个部分，定期清洗箱内所有循环系统的各个部件的焦油、污物，以保证热效率和产品的卫生。

2. 工作过程

烟熏箱用型钢焊接而成，内外均用不锈钢制造，中间有良好的绝热层。由烟雾发生器生成的烟由下而上吸入室内顶部的鼓风机，经增压后再从两侧喷嘴喷出，对箱内肉制品进行烟熏，部分烟雾则从顶部经防污染的过滤器过净后排出。在增压区内设有蒸气加压装置，以保证烟雾流动速度并保持一定湿度。在鼓风机下部设有热交换器，供给干燥用的温风和冷却所需的冷风以及湿热蒸汽，完成干燥、冷却、蒸煮工作。烟雾发生器设在烟熏箱附近，供给新鲜熏烟。箱外壁设有电气控制板，用以控制烟熏浓度、烟熏速度、相对湿度、室温、物料中心温度及操作时间，并有仪表显示。

(三)大型烟熏箱

大型烟熏箱(图 3-3-16)一般采用蒸汽加热，能容纳 4 辆及以上标准烟熏车。这类烟熏箱可以根据生产场地横向排列或纵向排列，但必须符合危害分析和关键控制点(HACCP)要求。

图 3-3-16　大型烟熏箱外形

1. 主要结构

大型烟熏箱(图 3-3-17)主要由箱体、风循环组件、蒸汽加热组件、烟熏车、发烟器及清洗组件等组成。该设备由优质不锈钢制造，因其箱体容积较大，故需要配装特制的中央发烟器或两个以上普通发烟器才能满足供烟需求。另外，为了满足箱体内部温度和烟的均匀性，该设备还需配装特别的热、烟混合循环装置。其他电气控制等与蒸汽加热烟熏箱相同。

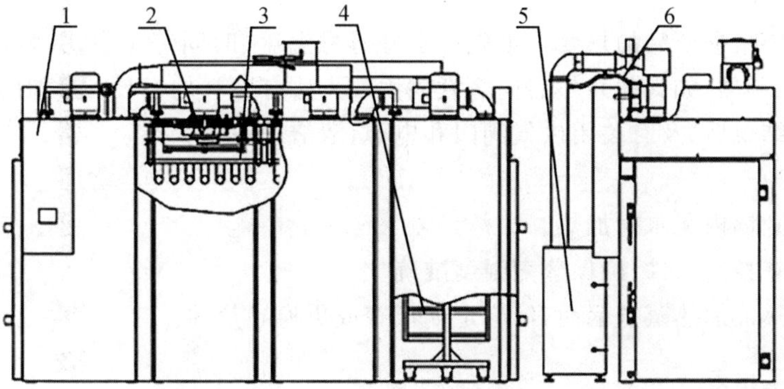

1. 箱体 2. 风循环组件 3. 蒸汽加热组件 4. 烟熏车 5. 发烟器 6. 清洗组件

图 3-3-17 大型烟熏箱结构

五、蒸煮锅

蒸煮锅是应用夹层锅原理设计的对食品进行二次加热的一类设备，整机由优质不锈钢制成，锅体多为长方体。按照热源不同，可分为蒸汽加热蒸煮锅、导热油加热蒸煮锅和燃气（油）加热蒸煮锅等类型。

蒸汽加热蒸煮锅主要采用水煮方式进行加热煮制，即先将肉料装入特定模具内，再放入蒸煮锅内，在设定温度和时间下煮（熟）制和杀菌（图 3-3-18）。

图 3-3-18 蒸汽加热蒸煮锅外形

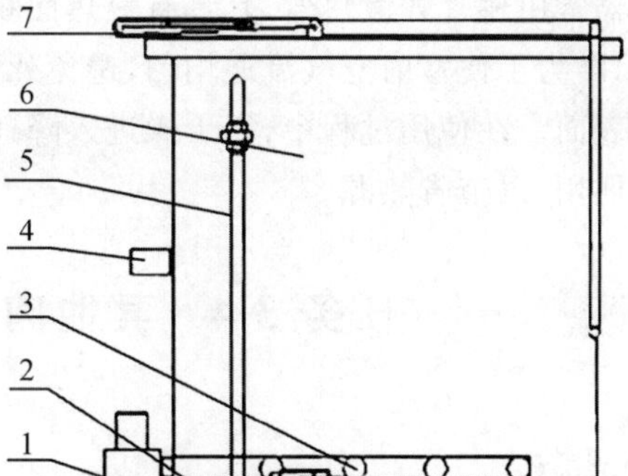

1. 电磁阀 2. 排水口 3. 蒸汽管 4. 温控系统 5. 溢水管 6. 桶体 7. 桶盖

图 3-3-19 蒸汽加热蒸煮锅结构

1. 蒸煮锅构造

蒸煮锅主要由锅体、锅盖、保温层、蒸汽盘管、进出水口、吊篮、配重等部分组成，如图 3-3-19 所示。蒸汽加热蒸煮锅还有蒸煮控制系统，主要有水温控制、肉温（中心温度）控制和时间控制 3 种方式，实际生产中最为常见的是肉温控制方式。导热油加热蒸煮锅的独特之处在于，将蒸煮锅分成三层结构，在保温层和内胆间增加导热油层，并且将电热管或蒸汽管加热元件置于导热油中，其他与蒸汽加热蒸煮锅相同。燃油（气）加热蒸煮锅的独特之处在于，通过喷油（气）系统将油（气）在蒸煮锅底部燃烧加热，但该种设备热量传递不好，锅内温度不均匀，而且还存在一定危险性。

工作时，需要根据产品加热要求事先设定好蒸煮温度、时间等参数，并将锅内的水预加热至 50 ℃（特殊肉制品，如火腿）；然后向蒸煮锅内放入盛有肉料的模具，继续加热直至达到设定温度为止；蒸煮结束后，及时关闭供气阀门和电源，清洁设备。

2. 注意事项

（1）严禁蒸煮锅内无水时加热。

（2）定期检查控制元件，确保蒸煮温度准确。

（3）对于导热油加热蒸煮锅而言，应定期检查或更换导热油。

六、热风干燥设备

热风干燥设备是一种强制循环送热风的干燥方法，设备类型较多，有强制循环干燥机、隧道式干燥设备、多层网带式干燥机等。肉品加工中常用的是强制循环干燥机，习惯上也称作集热式烘房。

干燥室有砖砌的，但较多采用的是金属结构，骨架用型钢焊接而成，两面用金属薄板，中间有绝热层，也有的内壁采用石棉板，外表面则采用不锈钢薄板或彩色涂塑薄钢板装饰。室内可放置多台干燥台车，每层架上放置烘盘，烘盘之间的距离根据物料大小设计，但必须保证上层盘底和下层物料顶面不小于 50 mm 的空隙距离，以便热风流通，排除湿气。如果距离太大，则热风与物料表面热交换面积减少，影响热效率的提高。风机一般采用离心式通风机，较大的干燥室可采用多台并联风机。空气进入风机前应做过滤处理，以防空气中的尘埃污染物料。空气加热器常用翅片式散热器，其具有散热面积大、体积小的优点。干燥室的中部设有一个或多个温度计，为了使室内空气流通均匀，避免死角，在台车两侧设有导风板装置，引导热风吹向料盘物料表面。在使用过程中，当干燥进入降速阶段时，湿气中含水量较低，部分热风可以混入冷空气回用，以节省热源。

任务 3-4　其他肉制品配套机械与设备

技术知识

一、油炸肉制品加工机械与设备

油炸作为食品熟制和干制的一种加工工艺由来已久，油炸也是较古老的烹调方法之一。油炸食品在加工过程中能够比较彻底地杀灭食品中的微生物，从而延长食品的保质期，并增添独特的食品风味，改善食品营养成分的消化性，并且其加工时间也比一般的烹调方法要短。油炸食品已成为许多人日常饮食中不可缺少的方便食品。近十几年来，油炸食品的种类越来越多，油炸干果系列，油炸果蔬系列，油炸鱼、鸡、猪肉系列，油炸风味休闲食品系列等在市场上崭露头角。在我国，油炸食品的发展也很快，油炸方便面便是其中之一。各式炸鸡的纷纷出现以及油炸果蔬制品的不断开发都说明油炸在方便食品生产中占有重要的位置。

油炸的方法主要有浅层煎炸和深层油炸，浅层煎炸（如煎炸鸡蛋、馅饼等）严格地讲不能列入油炸工艺中。油炸应指深层油炸，它适合于加工不同形状的食品，可分为常压深层油炸和真空深层油炸；或者分为纯油油炸和水油混合油炸，纯油油炸是一种传统的油炸方式，如今许多饭店及食品工厂采用此种方式；水油混合深层油炸是近年来国外新兴的一种工艺技术，它有着传统纯油油炸不可比拟的优点，因而极受食品加工企业、中西式快餐店的欢迎。水油混合深层油炸设备的开发及利用有着广阔的市场前景。

油炸对食品营养价值的影响主要与油炸的工艺条件有关。在理想的操作条件下，油炸是比较安全的食品加工手段；下面介绍几种食品加工业上常用的水油混合式油炸和后来发展起来的真空低温油炸工艺及设备。

（一）间歇式水油混合式油炸设备

水油混合式油炸是指在同一敞口容器内加入油和水，相对密度小的油占据容器的上半部分，相对密度大的水则占据容器的下半部分，在油层中部水平安装电热管加热。

常用的水油混合式深层油炸，由于电热管水平置于锅体上部油层中，油炸时食品处于上部油层中，食品的残渣由于重力作用从高温油层落下，积存于底部的水层中，这样在一定程度上缓解了传统油炸工艺造成的残渣碎屑与油混合在一起，使油变得浑浊的问题。因为沉入下半部的食物残渣可以过滤除去，且下层油温比上层油温低，因而油的氧化程度也可得到一定程度的缓解。但油锅底部的油还是只能随食物残渣一起被排出，并有一部分要扔掉，因为油使用的时间较长后，黏度变大，微小的食物残渣会附着于油中，使油质变坏。

水油混合式工艺具有限位控制、分区控温、自动过滤、自我洁净的优点。如果严格控制上下油层的温度，就可使得油的氧化程度显著降低、浑浊情况大大改善，而且用过的油无须再行过滤，只要将食物分解的渣滓随水放掉即可。这样，在炸制过程中油始终保持新鲜状态，所炸出的食品不但色、香、味俱佳，而且外观干净漂亮。更重要的是，没有与食物残渣一起弃掉的油，或因氧化变质的油，从而所耗的油量几乎等于被食品吸收的油量，补充的油量也近于食品吸收的油量，节油效果明显。图3-4-1为间歇式无烟型多功能水油混合式油炸设备。

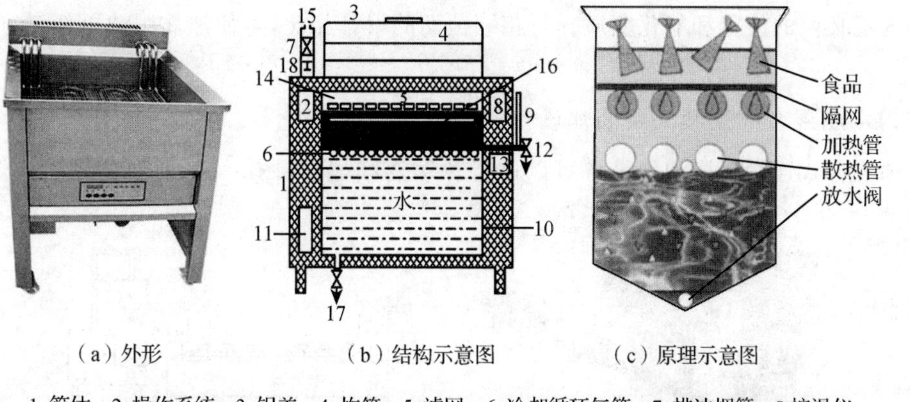

（a）外形　（b）结构示意图　（c）原理示意图

1. 箱体　2. 操作系统　3. 锅盖　4. 炸笼　5. 滤网　6. 冷却循环气筒　7. 排油烟管　8.控温仪　9. 油位计　10. 油炸锅　11. 电气控制系统　12. 排油阀　13. 冷却装置　14.蒸煮锅　15. 排油烟孔　16. 加热器　17. 排污阀　18. 脱排油烟装置

图3-4-1　间歇式无烟型多功能水油混合式油炸设备

用该设备炸制肉制品时，将滤网置于加热器 16 上，在油炸锅 10 内先加入水至油位计 9 规定的位置，再加入油炸用油至油面高出加热器上方约 60 cm 的位置。由电气控制系统 11 自动控制加热器使其上方油层温度保持在 180～230 ℃，并通过控温仪 8 准确显示其最高温度。炸制过程中产生的食物残渣从滤网 5 漏下，经水油分界面进入油炸锅下部冷水中，积存于锅底定期由排污阀 17 排出。油炸过程中产生的油烟从排油烟孔 15 进入排油烟管 7，通过脱排油烟装置 18 排出。排油阀 12 具有放油和加水双重作用。由于加热器 16 被设计成仅在上表面 240°的圆周上加热，再加上油炸锅 10 上部外侧涂有高效保温隔热材料，这样，加热器所产生的热量就能有效地被油炸层所吸收，热效率得到进一步提高，而加热器下面的油层温度则远远低于油炸层的温度。

当油水界面的温度超过 50 ℃时，由电气控制系统 11 自动控制的冷却装置 13 立即强制大量冷空气经位于油水界面上的冷却循环系统 6 抽出，形成高速气流，将大量的热量带走，使油水界面的温度能自动控制在 55 ℃以下，并通过控温仪 8 显示出来。

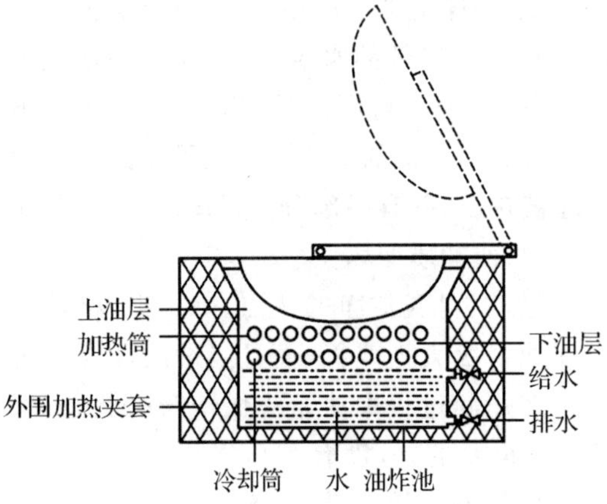

图 3-4-2　内外同时加热式油炸设备原理

间歇式水油混合式油炸设备可以设计成多种形式。图 3-4-2 是日本一家食品机械公司生产的水油混合式油炸设备。它的设计思想和工作原理与前面介绍的设备基本相同。从图 3-4-2 可以看出，其基本组成部分仍为上油层、下油层、水层、加热装置、冷却装置、滤网等。冷却装置装在油水界面处，上油层的加热采用了内外同时加热以提高加热效率的加热方式，这样还可以使上油层的油温分布更均匀。另外一个不同之处是截面设计采用了上大下小的结构，即上油层的截面较大，下油层和水层的截面较小，以便在保证油炸能力的情况下，减小下油层的油量，避免过量的油在锅内不必要的停留和氧化变质。与相同截面的设计相比，可使油炸用油更新鲜，产品质量更好。

(二)水油混合式连续深层油炸设备

水油混合式连续深层油炸设备可以进行自动连续操作，图 3-4-3 为连续深层油炸设备示意图。

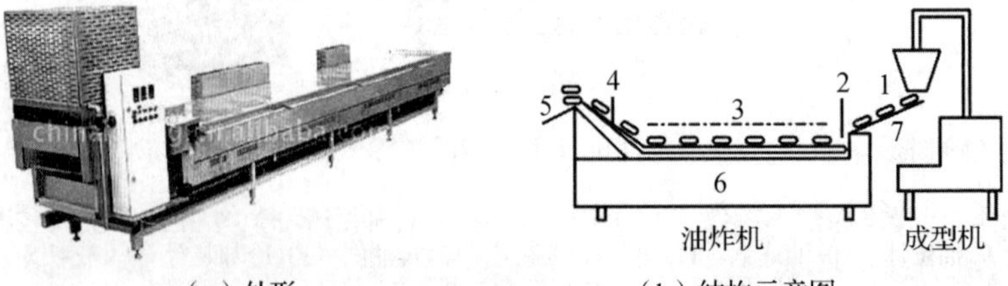

(a) 外形　(b) 结构示意图

1. 出自成型机的食品生坯　2. 油炸机入口　3. 潜油网带　4. 炸货输送带
5. 油炸机出口　6. 机体　7. 食物生坯输送带

图 3-4-3　连续深层油炸设备

连续深层油炸机的主要部件有机体、食物生坯输送带和潜油网带等。机体内装有油槽和油槽加热装置。待炸食品成型坯由入口处进入油炸机后，落在油槽内的网状输送带上。生坯在炸制过程中，水分大量蒸发，体积膨松，密度减小，因此易漂浮在油面上，这样便造成其上下表面色泽差异很大，成熟程度不一。所以油槽上设有潜油网带，强迫炸坯潜入油内。潜油网带与炸坯输送带回转方向相反，但速度一致，同步协助生坯前进。油的加热方式主要有电加热和煤气加热两种，这种连续式深层油炸设备适于作为一般的纯油深层油炸设备，如果作为水油混合式深层油炸设备，必须在油槽中设计加热管及冷却筒，同时在油槽中必须放入水和油，情况类似间歇式设备。

二、肉丸加工机械与设备

肉丸是一种历史悠久的家常传统肉制品。相传最早的肉丸起源于清朝末年广东客家，是一种民间手工加工制品。肉丸制作工艺简单，风味鲜美，食用方便，一直以来深受人们喜爱，随着人们生活水平的不断提高，健康意识的不断增强，对食品的营养品质的要求也不断提高，肉丸的加工配方已经不再是过去简单的原料肉加调味料，而是将各种功能性添加配料按照科学的比例添加到原料肉中，不仅丰富了肉丸的营养价值，还起到了提高肉丸品质的作用。肉丸的加工工艺也不再是简单的传统工艺，而是更加科学合理、安全、高效的机械化和半自动化生产工艺，使肉丸更加优质，食用更加方便和安全。

肉丸加工很早以前是使用木棒将肉打成肉酱，手工成团，水煮成型，没有加工机械设备和温度控制设备。但随着中式肉制品加工设备的日益完善，肉丸的加工已经完全能够实现机械化作业。目前，主要的设备有碎肉机、绞肉机、搅拌机、擂溃机、丸子成型机、水煮槽及冷冻机，其中搅拌机和擂溃机自身可以带有制冷装置，这样有利于加工过程中的温度控制。

肉丸的加工方法根据使用设备的不同主要分为三种，即擂溃法、搅打法和绞肉机混碎法。

(1)擂溃法　将瘦肉进行修整，去除筋腱、脂肪及淤血、软骨等杂质，非肉原料冷冻后绞碎。将瘦肉置于擂溃机锅体中，在擂溃过程中加入食盐、冰片及磷酸盐等，捶打至肉变成黏性很高的肉泥。将此肉泥及其他调味料和绞碎的肥肉混合搅打成乳凝状态。将肉馅置于低温库内冷却至 4 ℃以下为止。

(2)搅打法　将瘦肉去除筋腱、脂肪及淤血、软骨等杂质，脂肪切成方块，分别加以冷冻降温，至冻硬。将冻结过的瘦肉及肥肉分别用装着 3 mm 孔径筛板的绞肉机绞碎。先将绞细的瘦肉置于搅拌机中，并加入食盐、聚合磷酸盐、味精、糖等搅打成浆。加入绞细的肥肉，继续搅拌使其成乳凝状态。成型，并以 90 ℃左右水煮 20 min。冷却、包装，如果冻藏则将包装好的成品冻结、贮藏。

(3)绞肉混碎法　将猪瘦肉置于碎肉机中，并加入食盐、聚合磷酸盐、味精、糖等，混合碎成肉泥。加入冻好的肥肉，继续混碎直至成乳凝状态。成型、水煮、冷却、包装同前。

(一)搅拌擂溃机

搅拌擂溃机(图 3-4-4)是制作肉丸馅料的专用加工设备，用该机加工的馅料能保持肉的纤维组织，使所制成的肉丸具有弹性，常用于高品质肉丸的馅料制作。

1. 主要结构

搅拌擂溃机由搅拌桨、擂溃桶、传动系统、机架及电控箱等组成(图 3-4-5)。整机由优质不锈钢制造，搅拌桨为可拆卸式，电气控制采用变频调速，可在馅料制备过程中根据原料状况不断调整擂溃速度。擂溃桶为可移动式,可以方便从机架处移走,便于装卸料。根据生产量要求可以配置多个擂溃桶,用作馅料的擂溃和运输,缩短装卸料辅助等待时间,加快生产流程。

图 3-4-4 搅拌擂溃机外形

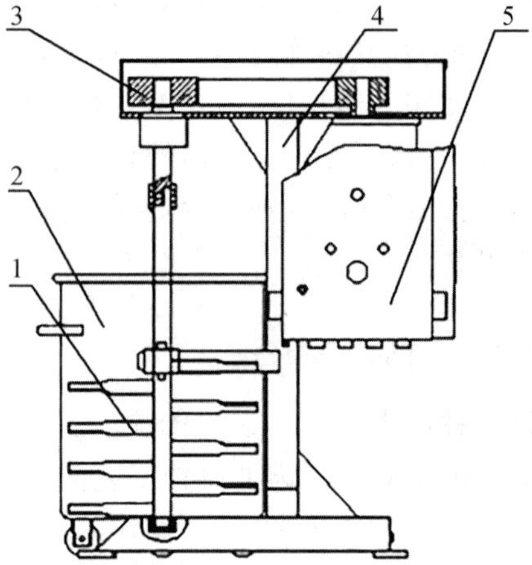

1. 搅拌桨 2. 擂溃桶 3. 传动系统 4. 机架 5. 电控箱

图 3-4-5 搅拌擂溃机结构

2. 操作要点

工作前,先将擂溃桶推入机架处,将桶固定,并将搅拌桨安装到位。然后加入已称重的原料,盖好桶盖,启动机器开始擂溃。搅拌桨的转动应先低速后高速,这一运转规律能将肉和辅料、添加剂搅拌均匀,制成具有良好黏性和弹性的肉丸馅料。

3. 注意事项

(1)工作时,注意防止异物掉入擂溃桶内,以免损伤机器。

(2)机器运转中不得将手和其他物品伸入擂溃桶内。

(3)按照机器的生产能力加料,擂溃桶内的浆料不得超量。

(4)工作结束必须立即清洗机器。

(二)肉丸成型机

肉丸成型机是将搅拌擂溃机或斩拌机加工的肉馅制成肉丸的专用加工设备,改变成型量杯、切割刀形状、送料结构可以得到多种类型的肉丸成型机。

1. 高速肉丸成型机

高速肉丸成型机(图 3-4-6)是普通型的肉丸加工设备,适用于多种肉丸馅料的成型,应用范围较广。

(1)主要结构 高速肉丸成型机由送料电机、成型电机、电控箱、送料机构、储料斗和成型切断机构等组成(图 3-4-7)。整机由优质不锈钢制造,电气控制采用双变频调速,可根据不同馅料调整肉丸成型速度。该机装有一片切割刀,能高速切割肉丸,并保证圆度。

(2)操作要点 工作前,根据肉丸直径要求安装好相应的出丸成型量杯并调整出丸速度和肉丸的圆度。确认满足质量、规格要求后,即可批量连续生产。

(3)注意事项

①启动机器后严禁将手和其他物品伸入储料斗内,以免发生安全事故。

图 3-4-6　高速肉丸成型机外形

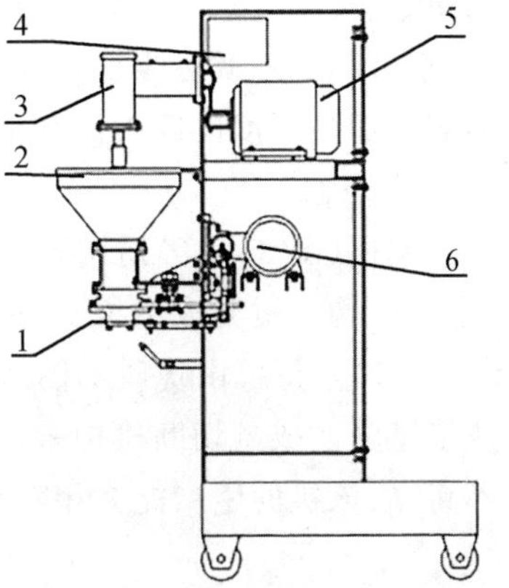

1. 成型切断机构　2. 储料斗　3. 送料机构
4. 电控箱　5. 成型电机　6. 送料电机

图 3-4-7　高速肉丸成型机结构

②成型后的肉丸应立即进入热水或沸水中定型，也可直接掉入油炸锅内，以使肉丸能迅速定型而不致散开。

③工作结束后应立即拆卸、清洗储料斗、送料机构和成型切断机构。

2. 包芯肉丸成型机

包芯肉丸成型机（图 3-4-8）是将不同禽肉类、水产类馅料制成包芯肉丸的专用设备。

（1）主要结构　包芯肉丸机由机架、成型切断机构、皮馅料进给机构、动力传动机构、芯馅料进给机构、电机及电控箱等组成（图 3-4-9）。整机由优质不锈钢制造，装有两片切割刀，切割时做相对运动，速度极快，且能保证所切割肉丸的圆度。

图 3-4-8　包芯肉丸成型机外形

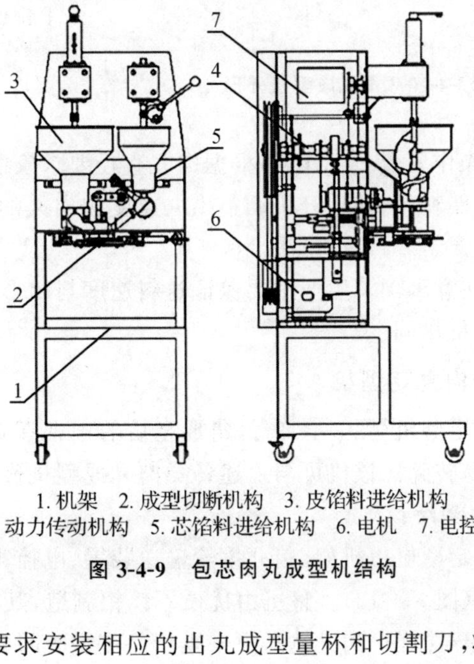

1. 机架　2. 成型切断机构　3. 皮馅料进给机构
4. 动力传动机构　5. 芯馅料进给机构　6. 电机　7. 电控箱

图 3-4-9　包芯肉丸成型机结构

（2）操作要点　工作前，根据肉丸直径要求安装相应的出丸成型量杯和切割刀，将皮馅料和芯馅料分别倒入不同的储料桶，然后开机调整出丸速度和肉丸的圆度，并检查包芯质量。当确认满足质量、规格要求后，即可批量连续生产。

(3)注意事项　在实际生产过程中，不仅要保证两种肉丸馅料输送速度匹配，还要保证送料速度与成型切断速度的匹配。其他注意事项与高速肉丸成型机相同。

3. 贡丸成型机

贡丸成型机(图 3-4-10)适用于馅料黏稠，且含有较多肉纤维的贡丸的成型。

(1)主要结构　贡丸成型机由电控箱、减速机、送料机构、储料斗、成型切断机构和机架等组成(图 3-4-11)。整机由优质不锈钢制造，电气控制采用双机械无级调速，可根据不同馅料调整肉丸成型速度。成型切断机构采用碗形挖刀，以保证直径较大的肉丸的圆度。这种切刀旋转速度不高，故该机的生产能力相对较低。

图 3-4-10　贡丸成型机外形

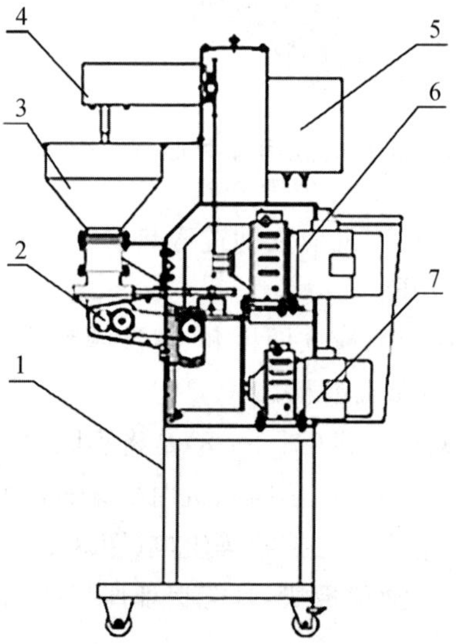

1. 机架　2. 成型切断机构　3. 储料斗　4. 送料机构
5. 减速机（成型切断）　6. 减速机（送料）　7. 电控箱

图 3-4-11　贡丸成型机结构

(2)操作要点　工作前，根据肉丸直径要求安装相应的出丸成形量杯和碗形挖刀，将肉丸馅料倒入储料斗，然后开机调整出丸速度和肉丸的圆度。确认满足质量、规格要求后，即可批量连续生产。

(3)注意事项　生产中要保证送料速度与碗形挖刀切断速度的匹配，其他注意事项与高速肉丸成型机相同。

(三)肉丸定型机

肉丸定型机(图 3-4-12)是将成型后的肉丸在热水中定型的专用设备，经定型的肉丸表面凝固，不易破碎。该机可与上述各类肉丸成型机连接成肉丸连续加工生产线。

1. 主要结构

肉丸定型机由机架、肉丸拨轮输送装置、电控箱、肉丸提升输送装置、水循环系统和加热系统等组成(图 3-4-13)。整机由优质不锈钢制造，其加热系统采用蒸汽加热或电加热，具有控制水温和循环功能。肉丸输送可根据产品定型时间要求采用机械无级或变频调速。该机还可配备水底输送系统，用于沉入水底的肉丸的输送。

图 3-4-12　肉丸定型机外形

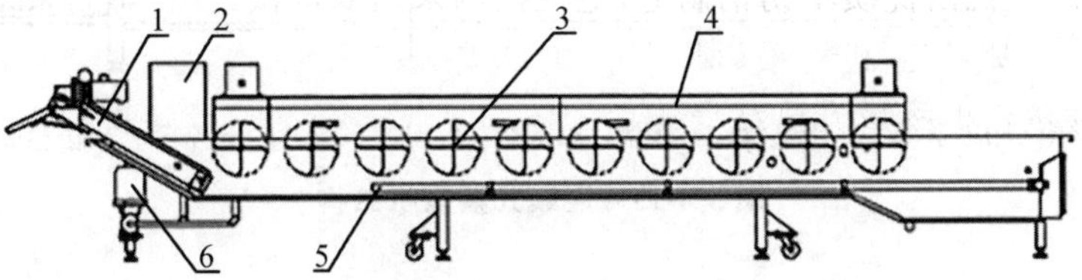

1. 肉丸提升输送装置　2. 电控箱　3. 肉丸拨轮输送装置
4. 机架　5. 加热系统　6. 水循环系统

图 3-4-13　肉丸定型机结构

2. 操作要点

工作时，将肉丸成型机靠近肉丸定型机放置，肉丸成型机的出丸口直接对准肉丸定型机的进料口。根据肉丸定型机的水槽宽度，可以放置一台或多台肉丸成型机。设定好水温和拨轮（输送机）速度，即可启动机器进入生产。肉丸掉入水中后，被安装在水底的不会粘连肉馅的聚四氟乙烯带往前输送。经过短时加热定型后，肉丸就会上浮，由水面的拨轮装置将肉丸往前输送，直至肉丸定型机前端，被肉丸输送提升装置输出。

3. 注意事项

（1）该机的运转速度和温度均可调整，只要延长煮制时间和提高煮制温度，该机还可用于肉丸的熟制加工。

（2）对于“不浮”的肉丸，在定型时需要将水底输送装置延长至定型机出口端，并与肉丸输送提升机连接，以确保肉丸沉入水底时不会积压，定型后被顺利输出。

（3）工作时禁止用手触摸机器，工作结束后及时清洗机器。

(四)连续式蒸煮机

连续式蒸煮机（图 3-4-14）用于不浮于水面的肉丸和类似食品的蒸煮，生产效率较高，能与自动生产线或相关设备连接，进行连续式蒸煮加工。该机也可用于罐头生产加工中的罐头排气操作，或小包装产品的二次灭菌。

图 3-4-14　连续式蒸煮机外形

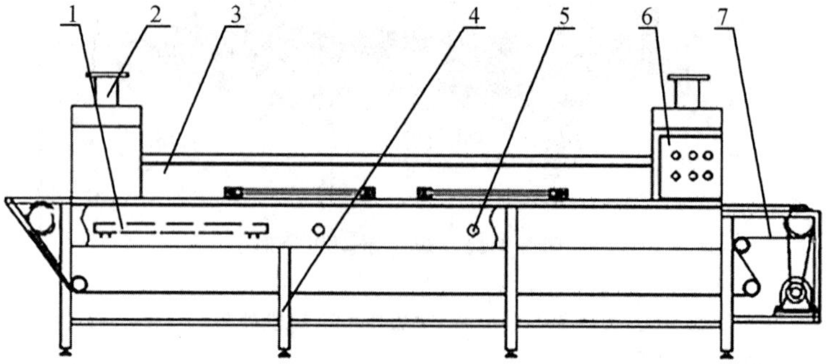

1. 蒸汽加热系统　2. 排气管　3. 箱盖　4. 箱体　5. 温控系统　6. 电控箱　7.输送机构

图 3-4-15　连续式蒸煮机结构

1. 主要结构

连续式蒸煮机由蒸汽加热系统、排气管、箱盖、箱体、温控系统、电控箱及输送机构等组成(图 3-4-15)。整机由优质不锈钢制造,为适应多种产品的蒸煮加工,该机常采用可编程控制器控制,蒸煮温度和蒸煮时间等参数可自行设定,输送速度通过无级或变频调控。蒸汽管路控制分成三段独立的进汽系统,每段采用多点比例控制式温度调节,能精确控制蒸汽量。为避免蒸汽泄漏,该机的进出口两端安装有防蒸汽泄漏装置。

2. 操作要点

工作时,根据产品加工要求设定好蒸煮温度和输送速度,送入蒸汽,在机内温度到达设定温度值后,即可用于生产。肉丸等产品可直接放在不锈钢网带上蒸煮,对于较小或发黏的产品,则需放在周转箱内蒸煮。对于待蒸煮的不同产品,可以设定加工菜单,以便后续仍能按此菜单蒸煮产品,保证同类产品的标准化加工。

3. 注意事项

(1)该机不适用于体积较大、蒸煮时间较长的产品。

(2)工作时禁止用手触摸机器。

(3)该机常与风冷式肉丸冷却机配套使用,以提高生产效率。

(4)工作结束后应立即清洗设备,特别是不锈钢网带应仔细清洗。

(五)肉丸冷却机

肉丸冷却机的用途是对经过熟制的肉丸进行预冷却,以便肉丸在进入冷冻机前就已降至较低温度,节约冷冻机能耗。

1. 水浸式肉丸冷却机

水浸式肉丸冷却机(图 3-4-16)利用低温水对成型后生产量较小的肉丸进行冷却,一般与小型肉丸定型机配套组成生产线。

(1)主要结构　水浸式肉丸冷却机由电控箱、冷却水循环系统、机架、拨轮机构、提升机构和电机等组成(图 3-4-17)。整机由优质不锈钢制造,拨轮输送和网带提升输送采用机械无级调速或变频调速控制,以便与肉丸定型机配套。冷却系统采用水泵冰水循环,只能用于浮于水面的肉丸的冷却。

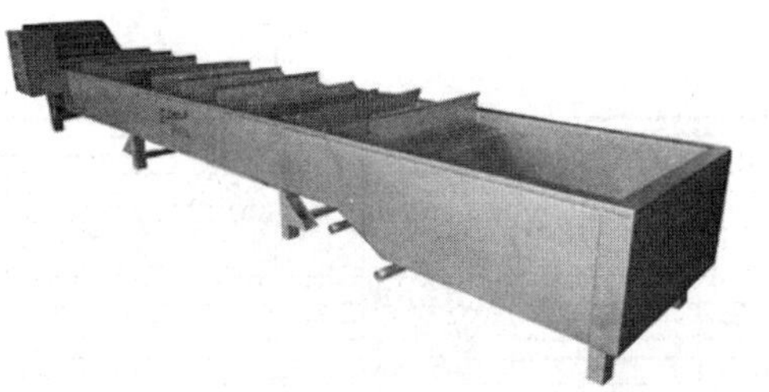

图 3-4-16　水浸式肉丸冷却机外形

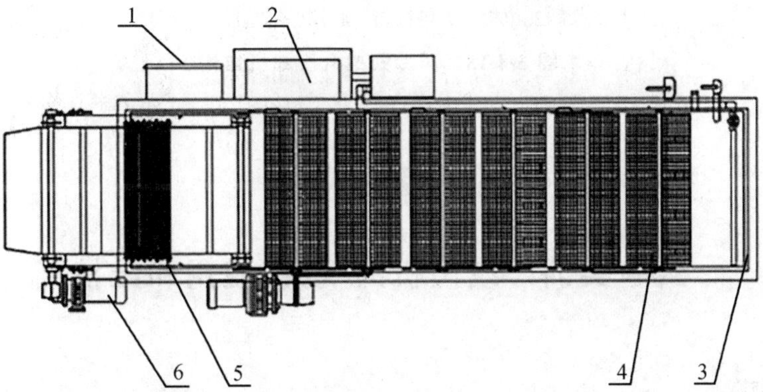

1. 电控箱　2. 冷却水循环系统　3. 机架　4. 拨轮机构　5. 提升机构　6. 电机

图 3-4-17　水浸式肉丸冷却机结构

(2)操作要点　工作时，经肉丸定型机输出的肉丸，掉入水浸式肉丸冷却机内，同样由水面的拨轮装置将肉丸往前输送，直至冷却机前端，再次由肉丸输送提升机自动输出。该机设有储冰槽，使用时需往槽内加入冰块，然后通过水泵将冷却机内的水循环，以达到降低水温的目的。

(3)注意事项

①若要将肉丸从水浸式肉丸冷却机直接送入冷冻机，则需要配置一条冷却沥水输送线，将肉丸表面的水分吹干，以保证肉丸的冻结质量。

②工作时注意及时加冰，并禁止用手触摸拨轮。

③工作结束后及时清洗机器。

2. 风冷式肉丸冷却机

风冷式肉丸冷却机是利用冷风机对成型后的肉丸进行预冷的专用设备。这种肉丸冷却机适用于大产量肉丸的冷却，通常与整条肉丸生产线设备配套，组成自动生产线。

(1)主要结构　该机由机架、电机、电控箱、输送带组件和风机等组成(图 3-4-18)。整机由优质不锈钢制造，采用机械无级调速或变频调速，以便与整条肉丸生产线速度配套。冷却机的侧面安装有多台冷风机，组成了一条风道，能均匀地将冷风吹向输送带，使肉丸在运送过程被冷却。

(2)操作要点　工作时，经连续式蒸煮机熟制后的肉丸被提升机输送至风冷式冷却机的输送带，往前运动后肉丸进入下一条输送带，如此继续，直至掉入最下层输送带，与冷冻机连接。

(3)注意事项　肉丸经过较长距离的输送及风吹，表面已无水分，所以经风冷式肉丸冷却机输送出来的肉丸可以直接进入冷冻机。

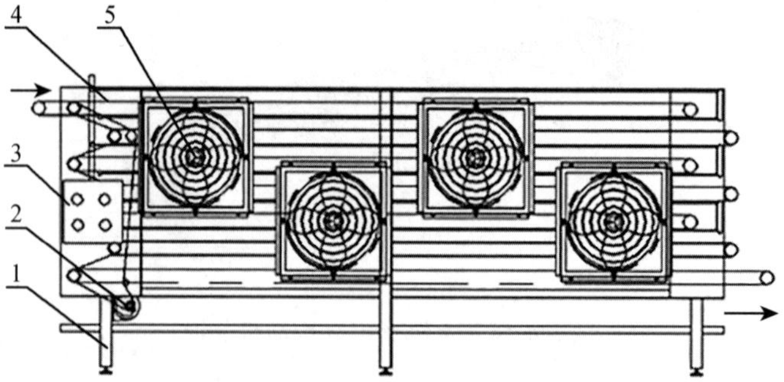

1. 机架 2. 电机 3. 电控箱 4. 输送带组件 5. 风机

图 3-4-18 风冷式肉丸冷却机结构

技术应用

实验实训 绞肉机的观察、使用和维护

一、目的要求

通过对绞肉机的观察、使用和维护，使学生进一步了解绞肉机的构造，掌握绞肉机的基本工作原理和使用方法，在生产中能够正确使用绞肉机。

二、设备与工具

绞肉机 1 台、猪肉 10 kg、电源、自来水水源。

三、实训内容和方法步骤

(1)观察绞肉机的整体结构。

(2)使用绞肉机前，应用热水对其进行清洗消毒。装配绞肉机时，先将螺杆装入螺旋筒中，然后装上切刀和隔板，最后用紧固螺母拧紧。

(3)接通绞肉机电源，并进行试运转。

(4)运转正常后，加入猪肉，进行绞肉，必要时用填料棒推送入绞肉腔内。

(5)绞肉完成后，要清洗绞肉机。按组装的相反顺序拆下隔板、切刀和螺杆，清理表面的肉末，然后用热碱水或洗涤剂清洗上述部件及进料斗和机筒等。清洗干净后，擦去表面水分，正确地将刀具分组保管。

四、实训报告要求

(1)实训报告版面布局合理整洁、叙述严谨、文理通顺、书写简洁、符号标准、图表规范。

(2)对观察到的设备进行分析描述，可用文字描述也可绘图表示。

(3)写出本次实训的心得体会，以及改进的建议。

(4)独立完成实训报告，无抄袭现象。

思政小课堂

细节决定成败

2018年6月在湖南、陕西分别用同一个配方做一种小烤肠试验，结果是不同的厂家做出的产品质量区别很大。一个产品肉感强、口感好、色泽鲜亮；一个产品淀粉感明显，肉感差、色泽不均匀，口感也不理想。

通过两次试验结果的对比，我们从原料、配料、加工工艺几方面都没有找出明显的差异，唯独两个厂家的设备差别较大，特别是绞肉机，一家是双向螺旋推进的先进绞肉机，一家是自己组装的普通绞肉机，两个绞肉机绞出的肉感官上就有明显的区别，先进的绞肉机绞出的肉颗粒分明、饱满，色泽鲜亮，肌肉组织破坏程度轻，肉粒粘连程度低。普通绞肉机绞出的肉成了肉末，色泽灰暗，肌肉组织破坏严重，肉黏度较大。经过比较分析发现，绞肉的质量对腌制效果影响较大。绞肉质量好的肉腌制后色泽鲜亮、流动性好，肉粒分明，肉感强烈，绞肉质量差的肉腌制后色泽差，黏糊，肉感较差。分析绞肉的质量对腌制效果的影响，原因主要有以下两方面：

(1)绞肉机的质量对肉的切割能力不同，主要体现在送肉的推力对肉粒的纵向大小的影响上，推力小时，绞出的肉呈片状而非粒状，肉结构破坏严重；铰刀的锋利程度对肉的切断速度和肉粒大小的影响，铰刀的锋利程度不够时，肉不能被及时切断，肉被铰刀的旋转磨成碎末，筋腱不能被切断，堵塞了绞肉机隔板，进一步影响绞肉的质量。

(2)绞肉质量对腌制效果的影响原因分析。绞肉的效果好时，肉的组织结构破坏少，在腌制时，盐水能够很好地被肉吸收，从而使盐溶蛋白溶出，肉粒通过吸水胀大，体积增加，使肉的纹理清晰可见并铺满产品的各部，显得肉感强烈，色泽鲜亮，大量的盐溶蛋白的溶出使产品的凝胶性增强，从而获得良好的结构而增加了产品的弹性和口感。绞肉效果差时，会有大量的肉的碎末，这些碎末严重影响肉粒的呈现，使肉的口感变差；同时，这些碎末在加工时因温度的升高而变性，黏度增加，形成膜状结构，从而影响盐溶蛋白的溶出，使产品的凝胶性降低，从而影响产品的弹性和口感。

这个问题在肉制品加工中很典型，但一般很难被重视，通常认为绞肉只是将肉分割成小块便于加工和灌装，而忽略了其对腌制效果的影响，事实证明，绞肉对肉制品的质量影响很大，绞肉是肉制品加工技术的重要一环。每个细节都会对产品有着不可低估的作用，所以，作为食品加工专业人员要重视细节，从小事做起，细节决定成败，一些具体的事、琐碎的事、单调的事也许过于平淡，也许鸡毛蒜皮，但这也是成就大事的不可缺少的基础，我们要秉持敬业精神，踏实工作，才能成为对社会有贡献的人。

思考与练习

1. 简述绞肉机的操作方法和注意事项。
2. 简述灌肠机的工作原理和操作方法。
3. 简述盐水注射机的优点及其工作原理和操作方法。
4. 简述滚揉机的分类和工作原理。
5. 简述烟熏的作用和操作方法。
6. 简述肉丸加工所用到的机械和设备的操作方法和注意事项。

项目4

果蔬干制品加工机械与设备

学 习 目 标

知识目标

- 了解果蔬干制品加工过程中的常用设备。
- 掌握常见干燥方法的原理和特点。
- 掌握常用干燥设备的基本构造和操作要点。

能力目标

- 能够根据产品特点正确选用干制加工设备。
- 能够熟练操作干制加工设备。
- 能正确说出不同果蔬干制品的加工方法。

素质目标

- 能够坚持科学严谨的态度与良好的职业道德。
- 具有在学习和实践的过程中开展团队合作和团队互助的意识。
- 具有一丝不苟的作风和勤学好问、善于思考的精神与一定的创新思维能力。

项目概述

果蔬干制是指脱出一定水分，而将可溶性物质的浓度提高到微生物难以利用的程度，同时保持果蔬原来风味的果蔬加工方法。果蔬的干制在我国历史悠久，源远流长。干制品水分含量少、体积小、重量轻、携带方便，较易运输贮藏。古代人们利用日晒进行自然干制，大大延长了果蔬的保藏期限。自然干制依赖于天气、干燥速度慢、容易被污染。人工干制是人工控制干燥条件下的干燥方法。它是一种既经济而又大众化的加工方法，不受季节限制，干燥速度快，干燥质量高。随着社会的进步、科技的发展，人工干制技术也有了较大的发展，从技术、设备、工艺上都日趋完善。

果蔬干制品是以水果、蔬菜为主要原料，添加或不添加辅料，经切分（或不切分）、打浆（或不打浆）、烫漂（或不烫漂）等预处理，经过干燥工艺生产的、经过调味（或不调味）的食品。习惯上，将以果品为原料的干制品称为果干，以蔬菜为原料的干制品称为干菜或脱水菜。果蔬干制品加工过程中用到的设备主要有果蔬原料清洗机械与设备、去皮切分机械与设备、干燥机械设备等。

知识导图

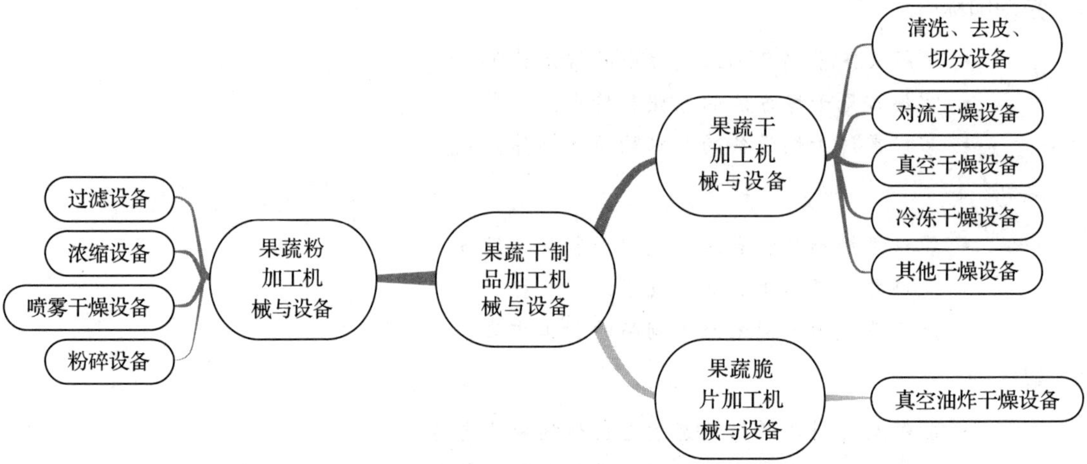

任务4-1　果蔬干加工机械与设备

技术知识

果蔬干的加工工艺:原料准备和处理→果蔬干制→包装前的处理→包装→贮存。

原料的准备和处理主要包括:原料选择、清洗、去皮、去核、切分、烫漂和熏硫。常用的设备有果蔬原料清洗机械、去皮切分机械等。

果蔬干制常用的方法有热风干燥、真空干燥、冷冻干燥、喷雾干燥等。常用的设备有真空干燥机、喷雾干燥机、隧道式干燥机、滚筒干燥机、真空冷冻干燥机、微波干燥机等。

一、果蔬原料清洗机械与设备

果蔬原料在其生长、成熟、运输及贮藏过程中,会受到尘埃、沙土、微生物及其他污物的污染。因此,加工前必须进行清洗。

(一)浮洗机

浮洗机主要用来洗涤番茄、苹果、橘子、梨、草莓、猕猴桃等各种水果,以及进行胡萝卜、土豆等根茎蔬菜和各种叶菜的气浮清洗和输送检果。该设备一般配备流进槽输送原料,目前果汁生产线上常配此设备。它主要由洗槽、滚筒输送机、机架及传动装置构成,如图4-1-1所示。

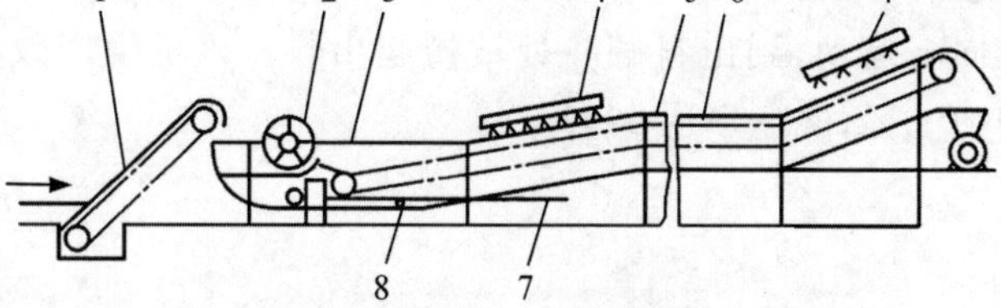

1. 提升机　2. 翻果轮　3. 洗槽　4. 喷淋水管
5. 拣选台　6. 滚筒输送机　7. 高压水管　8. 排水口

图4-1-1　浮洗机结构

工作时,水果原料经流选槽预洗后,由提升机进入洗槽的前半部浸泡,然后经翻果轮拨入洗槽的后半部分,此处装有高压水管,其上分布有许多等距离的小孔,高压水从小孔中喷出,使原料翻滚并与水摩擦,原料间也相互摩擦,从而洗净表面污物,由滚筒输送机带着离开洗槽,经喷淋水管的高压喷淋水再度冲净,进入拣选台拣出烂果和修整有缺陷的原料,再经喷淋后送入下道工序。

根据蔬果种类不同,输送机可分为滚筒式、网带式。滚筒式输送机与带式输送机结构类似,只是其输送带是在两根链条中间安装了许多直径为76 mm的圆柱滚筒,滚筒间距为10 mm左右,当驱动链轮带动链条运动时,物料便在滚筒上向前滚动。输送机分为三段,下倾斜段下部设在洗槽中,上倾斜段接入破碎机,中间水平段作为拣选段。在倾斜段各装有四根喷淋水管,每根喷淋管各有两排呈90°的喷水孔。

(二)洗果机

洗果机主要由洗槽、刷辊、喷水装置、出料翻斗及机架、传动装置等组成,如图4-1-2和图

4-1-3所示。其结构紧凑，清洗质量好，造价低，工作效率高，清洗质量好，使用方便，是目前国内中小型企业较为理想的果品清洗装置。

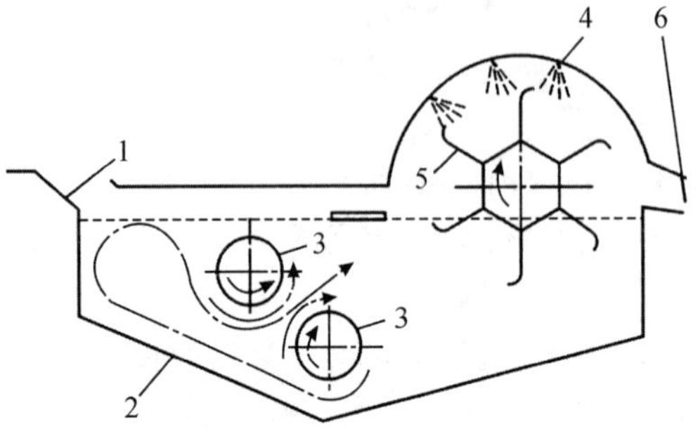

1. 进料口　2. 洗槽　3. 刷辊　4. 喷水装置
5. 出料翻斗　6. 出料口

图 4-1-2　洗果机工作原理

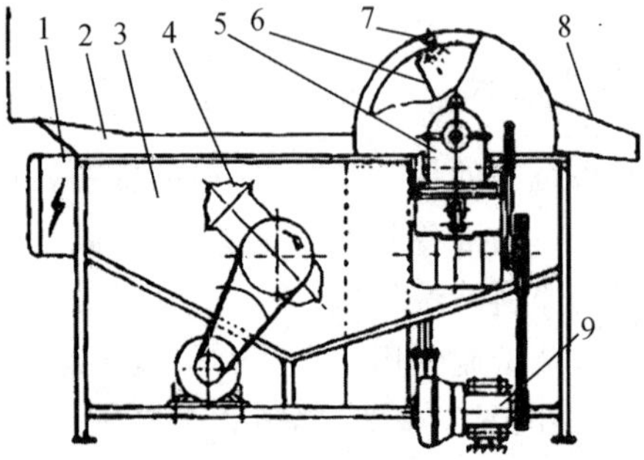

1. 电气箱　2. 进料口　3. 清洗槽　4. 刷辊传动装置　5. 减速器　6. 出料口　7. 喷水翻斗
8. 出料口　9. 微型水泵

图 4-1-3　洗果机结构

物料从进料口进入洗槽内，装在清洗槽上的两个刷辊旋转使洗槽中的水产生涡流，物料便在涡流中得到清洗。同时由于两刷辊的间隙较窄，故液流速度较高，压力降低，被清洗物料在压力差作用下通过两刷辊间隙，在刷辊摩擦作用下又经过一次刷洗。接着，物料被顺时针旋转的出料翻斗捞起，出料，在出料过程中又经高压水喷淋得以进一步清洗。

操作时，刷辊的转速需调整到能使两刷辊前后有一定的压力差，以迫使被清洗物料通过两刷辊刷洗后能继续向上运动，到出料翻斗处被捞起出料。该机生产效率高，生产能力可达2 000 kg/h，破损率小于2%，洗净率达99%。

（三）清洗机

1. 鼓风式清洗机

鼓风式清洗机适合于果蔬原料的清洗。其清洗原理是用鼓风机把空气送进洗槽中，使洗槽中的水产生剧烈的翻动，对果蔬原料进行清洗。由于利用空气进行搅拌，因而既可加速污物从原料上被洗除，又能在强烈的翻动下保护原料的完整性。

鼓风式清洗机的结构如图4-1-4所示，主要由洗槽、输送带、喷水装置、支架及电动机等组成。

洗槽的截面为长方形，送空气的吹泡管设在洗槽底部，由下向上将空气吹入洗槽中的清洗水中。原料进入洗槽，放置在输送机上。输送机的两边有链条，链条之间承载原料的输送带形式因原料而异，有采用滚筒形式的（如番茄等），有采用金属丝网的（如块茎类），有用平板上装刮板的（如水果类）等。输送机设计为两段水平输送、一段倾斜输送，第一段水平段处于洗槽的水面之下，用于浸洗原料，原料在此处被空气搅动，在水中上下翻滚，洗除泥垢；倾斜部分设置在中间，用于清水喷洗原料；第二段水平段处于洗槽之上，用于检查和修整原料。由洗槽溢出的水顺着两条斜槽排入下水道，污水从排水管排出。

2. 滚筒式清洗机

滚筒式清洗机主要用于甘薯、马铃薯、生姜、马蹄等块根类食品原料和质地较硬的水果类原料的清洗。

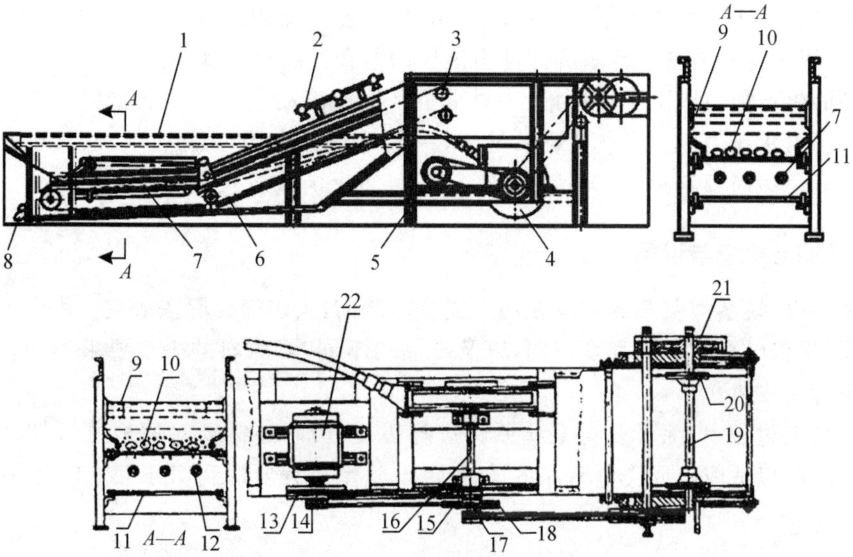

1. 洗槽　2. 喷水装置　3. 压轮　4. 鼓风机　5. 支架　6. 链条　7、12. 吹泡管
8. 排水管　9. 斜槽　10. 原料　11. 输送带　13、14、15、17、18. 皮带轮
16、19. 轴　20. 链条　21. 齿轮　22.电动机

图 4-1-4　鼓风式清洗机结构

滚筒式清洗机的清洗原理(图 4-1-5)是将原料置于清洗滚筒内,借清洗滚筒的转动,使原料在其中不断地翻转,同时用水管喷射高压水来冲洗翻转的原料,而达到清洗目的。

滚筒式清洗机的结构见图 4-1-6,主要由清洗滚筒、喷水装置、机架和传动装置等组成。传动轴用轴承支撑在机架上,其上固定有两个传动轮。滚筒式清洗机的滚筒驱动方式一般为托轮-滚圈式。即在滚筒外面装有 3～4 个滚圈,两边装有小托轮。电机经传动装置带动托轮转动,托轮靠摩擦力带动滚圈,从而使滚筒转动。这种驱动方式结构简单可靠,传动平稳。

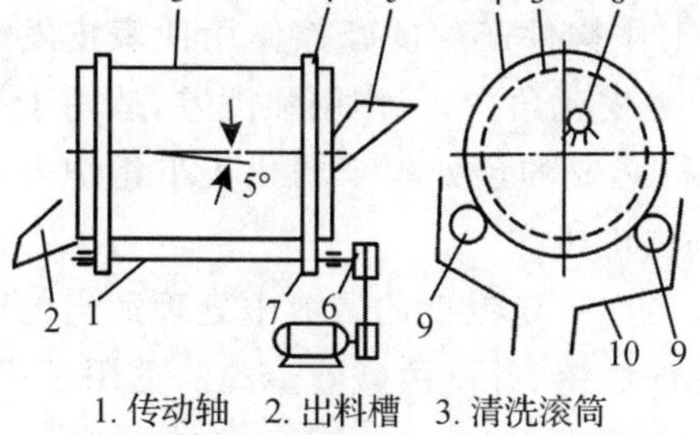

1. 传动轴　2. 出料槽　3. 清洗滚筒
4. 摩擦滚圈　5. 进料斗　6. 传动系统
7. 传动轮　8. 喷水管　9. 托轮　10. 集水斗

图 4-1-5　滚筒式清洗机原理

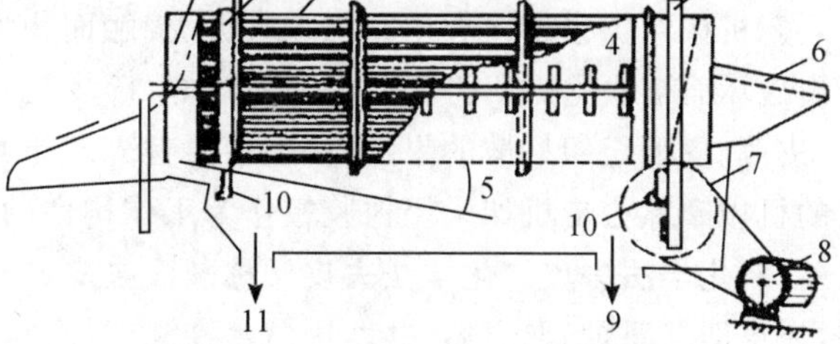

1. 物料出口　2. 滚筒支架　3. 滚筒　4. 喷头
5. 滚筒托轮　6. 进料口　7. 传动装置　8. 电动机　9、11. 洗液出口　10. 滚筒支承

图 4-1-6　滚筒式清洗机结构

清洗滚筒用钻有许多小孔的薄钢板卷制而成,或用钢条排列焊成筒形,滚筒两端焊有两个金属圆环作为摩擦滚圈。滚筒被传动轮和托轮经摩擦滚圈托起在整个机架上。工作时,电动机经传动系统使传动轴和传动轮逆时针回转,由于摩擦力作用,传动轮驱动摩擦滚圈使整个滚

筒顺时针回转。由于滚筒与水平线有5°的倾角，所以在其旋转时，物料一边翻转一边向出料口移动，并受高压水冲刷清洗。污水和泥沙由滚筒的网孔经底部集水斗排出。

该设备的生产能力取决于进料量、物料重量及滚筒滚动速度。一般物料从进口到出口需1～1.5 min。喷水压力越大，冲洗效果越好，一般喷水压力为0.15～0.25 MPa。喷头间距150～200 mm。滚筒倾斜角5°，转速8 r/min，直径1 000 mm，长度约3 500 mm。

二、去皮切分机械与设备

水果及块根、块茎类蔬菜的外皮在加工成食品之前，大多需要除去表皮。由于原料的种类不同，皮层与果肉结合的牢固程度不同，以及产品的不同，对原料的去皮要求不同。完成去皮的机械设备为去皮机。

在食品加工过程中，除了要对某些原料进行去皮处理，还需要对原料进行切片、去端、切块、切碎等处理，以适应不同类型食品的质量要求，这个过程要用到切分机械与设备。

(一)去皮机

1. 去皮原理

目前果蔬加工中常用的去皮方法有机械法和化学法。

(1)机械法去皮　机械法去皮应用较广，按去皮原理不同可分为机械切削去皮、机械磨削去皮和机械摩擦去皮。

①机械切削去皮　采用锋利的刀片削除表面皮层。去皮速度较快，但不完全，且果肉损失较多，一般需用手工加以修整，难以实现完全机械作业，适用于果大、皮薄、肉质较硬的果蔬。目前苹果、梨等的加工常用机械切削去皮，如旋皮机。在使用旋皮机时，将待去皮的水果插在能旋转的插轴上，利用刃口弯曲的刀在旋轴旋转时，从旋转的水果表面上将皮车去。旋皮机插轴的转动有手摇、脚踏和电动几种动力形式。在旋车去皮之前应有选果工序，以保持水果大小基本一致。

②机械磨削去皮　利用覆有磨料的工作面除去表面皮层。可高速作业，易于实现完全机械操作，所得碎皮细小，便于用水或气流清除，但去皮后表面较粗糙，适用于质地坚硬、皮薄、外形整齐的果蔬。如胡萝卜、马铃薯、番薯等。

③机械摩擦去皮　利用摩擦系数大、接触面积大的工作构件产生的摩擦作用使表皮发生撕裂破坏而被去除。所得产品表面质量好，碎皮尺寸大，去皮死角少，但作用强度差，适用于果大、皮薄、皮下组织松散的果蔬，一般需要首先对果蔬进行必要的预处理来弱化皮下组织。常见的机械摩擦去皮机如采用橡胶板作为工作构件的干法去皮机。

(2)化学法去皮　化学法去皮又称碱液去皮，即将果蔬在一定温度的碱液中处理适当的时间，果皮即被腐蚀，取出后，立即用清水冲洗或搓擦，外皮即脱落，并洗去碱液。此法适用于桃、李、杏、梨、苹果等去皮及橘瓣脱囊衣。

2. 典型去皮机

(1)离心擦皮机　离心擦皮机(图4-1-7)是一种小型间歇式去皮机械。依靠旋转的工作构件驱动物料旋转，使得物料在离心力的作用下在机器内上下翻滚并与机器构件产生摩擦，从而使物料的皮层被擦离。用擦皮机去皮对物料的组织有较大的损伤，而且其表面粗糙不光滑，一般不适宜整只果蔬罐头的生产，只用于加工生产切片或制酱的原料。常用擦皮机处理胡萝卜、番薯等块根类物料。

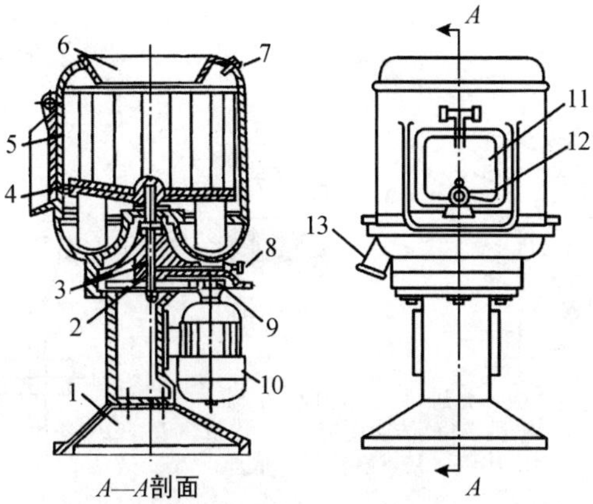

1. 机座　2、9. 齿轮　3. 转轴　4. 旋转圆盘　5. 工作圆筒
6. 加料斗　7. 喷嘴　8. 加油孔　10. 电机　11. 卸料口
12. 锁紧把手　13. 排污口

图 4-1-7　离心擦皮机结构

工作圆筒 5 内表面带有竖条状粗糙波纹。旋转圆盘 4 上表面为波纹状，波纹由圆盘中心向边缘呈辐射状。圆盘同转轴 3 固连并随轴一同旋转。旋转圆盘 4 下装有两个刮板，随圆盘一起旋转，将擦掉后落入工作圆筒 5 底部的料皮刮入排污口 13 排出。

工作时启动电机 10 通过齿轮 9 及 2 驱动转轴 3，使擦皮旋转圆盘 4 旋转。当物料从加料斗 6 加入机内落到旋转圆盘 4 波纹状表面时，物料被抛起并因离心力抛向工作圆筒 5 内壁，与粗糙的圆筒内表面摩擦，从而达到去皮的目的。擦下的皮由喷嘴 7 喷出的水冲到工作圆筒 5 底部，通过刮板从排污口 13 排出。去好皮的物料当舱口门打开时，利用本身的离心力从舱口卸出。卸料口 11 在擦皮机工作中用舱门封住。

装卸料时电机都在运转，因此，卸料前必须停止注水，以免卸料时水从舱口溅出。

(2)干法去皮机　干法去皮机用于经碱液或其他方法处理后表面松软的果蔬去皮。所谓干法，并非作业过程中不使用水，而是只使用少量的水，产生一种以果皮为主的半固体废料，稍经脱水后即可直接作为燃料，避免了污染。

图 4-1-8 为干法去皮机结构，去皮装置包括一对侧板 5，支承与摩擦传动轮 7 键合的轴 6，轴上安装许多橡胶圆盘 15，电动机通过皮带 12 使轴按图示箭头方向旋转，圆盘在转轴上方的运动方向与物料下滑方向相反，压轮保证皮带与摩擦传动轮紧贴。相邻两轴上的圆盘交错布置。圆盘用橡胶板柔软且富有弹性，易于弯曲，表面要光滑，避免损伤果肉。装在两侧板上面的是一组桥式构件，每一构件上自由悬挂一挠性挡板，用橡皮或织物制成。挡板对物料有阻滞作用，强迫物料在圆盘间通过而不是在圆盘上面通过，以提高擦皮效果。

经预处理后表面松软的果蔬从进料口进入，物料因自重而向下移动。橡胶圆盘的去皮动作如图 4-1-9 所示。在移动过程中，物料将圆盘胶皮压弯，形成足够大的接触面积，并保持一定的接触压力。因圆盘与物料间的相对运动形成搓擦，从而旋转圆盘在不损伤果肉的情况下把皮去掉。物料在下移过程中与圆盘的接触部位不断变化，可将果蔬表皮全部去除。去皮后的果蔬从排料口排出，皮渣从装置中落下并由盘或槽收集。去皮后的果蔬，可用少量水冲洗，将皮完全去除，用水量为原料量的 10%左右。

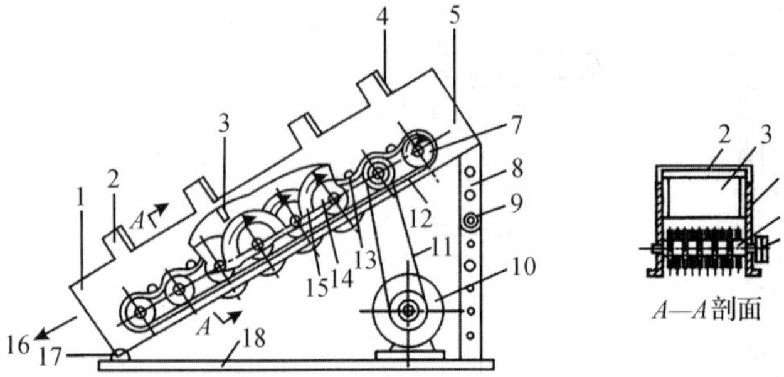

1. 去皮装置　2. 桥架装置　3. 挠性挡板　4. 进料　5. 侧板　6. 轴
7. 摩擦传动轮　8. 支柱　9. 销轴　10. 电机　11. 传动皮带　12. 皮带
13. 压轮　14. 支板　15. 橡胶圆盘　16. 出料　17. 铰链　18. 底座

图 4-1-8　干法去皮机结构

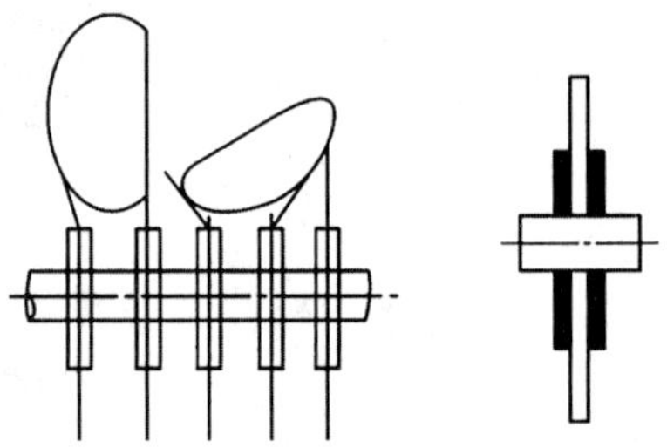

图 4-1-9　去皮动作示意图

干法去皮机具有结构简单、去皮效率高、节约用水、减少污染和果肉损伤小等优点，适用于多种果蔬的去皮。该法原料损耗率与常用的方法相当，如桃子的损耗率为 4%～5%。

(3)碱液去皮机　碱液去皮机的结构如图 4-1-10 所示，广泛应用于桃子、巴梨等水果的去皮，它是利用碱液的作用使水果的皮与肉分离，从而达到去皮的目的。其主体由回转式链带输送装置及淋碱、淋水装置等构成。碱液去皮机总体分为进料段、淋碱段、腐蚀段和冲洗段。可调速传动装置安装在机架上带动链带回转。这种淋碱机的特点是排出碱液蒸汽和隔离碱液的效果较好、去皮效率高、机构紧凑、调速方便，但需用人工放置切半的桃子等原料，碱液浓度及温度因未实现自动控制而不稳定。

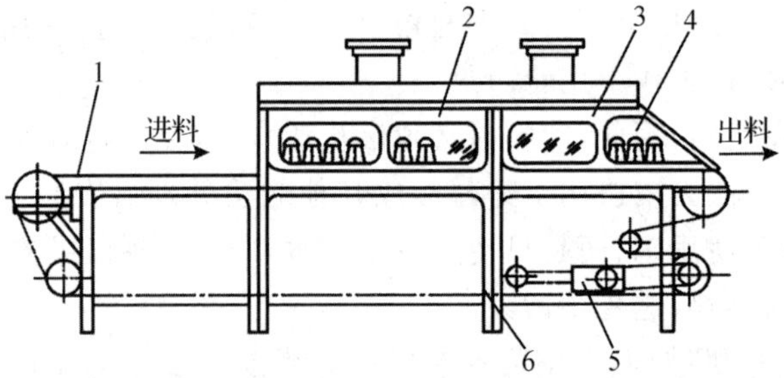

1. 输送带　2. 淋碱段　3. 腐蚀段　4. 冲洗段　5. 传动系统　6. 机架

图 4-1-10　碱液去皮机结构

把切半去核后的桃子切面朝下放在输送带上，由输送装置送它们通过各工作段，首先用热稀碱液喷淋 5～10 s，再经 15～20 s 时间让其腐蚀，然后用高压冷水喷射冷却和去皮。经碱液处理的果品必须立即投入冷水中浸洗，反复搓擦、淘洗、换水，除去果皮及黏附的碱液。调整输送链带的速度，可适应不同淋碱时间的需要。

进行碱液去皮时，碱液的浓度、温度和处理时间随果蔬种类、品种和成熟度的不同而异，必须注意掌握，要求只去掉果皮而不伤及果肉。

(4)菠萝去皮捅心机　菠萝去皮捅心机是菠萝加工多工序全自动设备，结构如图 4-1-11 所示，可完成去皮、切端、捅心及从切下的果皮上挖出果肉等工序，从而得到中空圆柱形菠萝果肉。菠萝去皮捅心机由倾斜式提升装置、切端机构、挖肉器、传动装置、机座及控制装置等构成。菠萝去皮捅心机工作时，原料经倾斜式提升机 1 升到预定位置，由安装在链条上的推手运送，经过弯轨架及定心装置，推入高速旋转的去皮刀筒 2，切下的果皮由挖肉器 3 经过两次挖肉后，皮和果肉分别从出料槽 6 和 7 溜出，圆柱形菠萝果肉则通过导引套进入间歇六孔转盘 4 内，由转盘送到工作位置切除头尾两端及捅心，最后推杆将果筒推出转盘外，经滑槽 8 溜到果筒输送带上，端料和心料从滑槽 5 送出。

学习视频 9 蘑菇定向切片机

(二)定向切片机

在生产片状蘑菇食品时一般要求进行定向切割，蘑菇定向切片机用于预煮后蘑菇的切片，可将外形小而质地柔软的蘑菇，切成厚薄均匀、切向一致的薄片，具有切片效果好、工作可靠、操作方便等特点。

蘑菇定向切片机结构如图 4-1-12 所示。主要由定向供料装置、切割装置和卸料装置等构成。

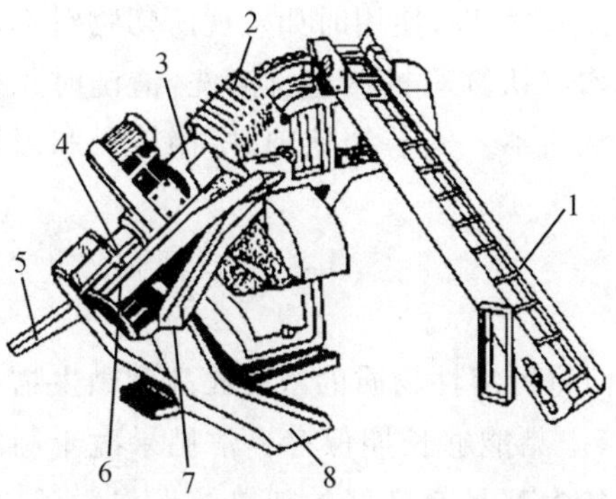

1. 倾斜式提升机　2. 去皮刀筒　3. 挖肉器
4. 六孔转盘　5、8. 滑槽　6、7. 出料槽

图 4-1-11　菠萝去皮捅心机结构

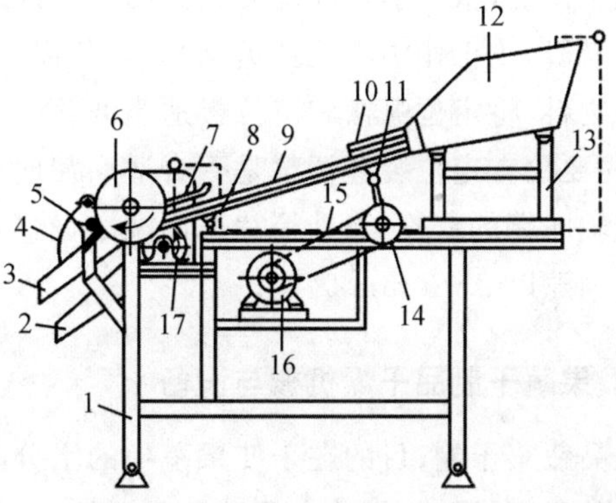

1. 支架　2. 边片出料斗　3. 正片出料斗　4. 护罩　5. 卸料挡梳
6. 圆盘切刀组　7. 下定位板　8、11. 铰链　9. 弧槽滑料板
10. 上定位板　12. 进料斗　13. 进料斗架　14. 振动装置
15. 供水管　16. 电动机　17.垫辊

图 4-1-12　蘑菇定向切片机结构

定向供料装置由弧槽滑料板、供水管和料斗等组成。振动装置使弧槽滑料板产生轻微的振动，在水流冲击和轻微振动下，使蘑菇顺利地从滑料槽板滑下并进入圆刀之间切割。

切割装置由圆盘切刀组和橡胶垫辊组成，圆盘切刀组由数片光滑刃口圆盘刀安装在一根轴上。为了调节切片厚度，每两个圆刀片之间夹有圆垫片，并用紧固螺母夹紧后用轴承支承于机架上。垫辊的作用是托住物料以便切割。

卸料装置主要是挡梳板。与圆刀组相对应的一组卸料挡梳固定安装在机架上，且梳齿插入两圆刀刀片之间。当圆刀和垫辊转动时，对蘑菇进行切片，切下的蘑菇片由挡梳齿从圆刀片间卸下，分别落入正、边片出料斗中。

圆刀、挡梳和垫辊之间的装配关系见图 4-1-13。工作时，首先开启水管阀门，向弧槽供水，然后开动机器，最后向料斗送料。送料时要求送料均匀，以减少堵塞现象。由于蘑菇的重心靠近菇盖一端，在弧槽振动、弧槽形状和水流等的共同作用下，使得蘑菇呈菇盖向下的稳定状态向下滑动，进入圆盘切刀的刀片中，将蘑菇切割成片，如图 4-1-14 所示。并将正片与边片分开，从各自的出料斗排出。

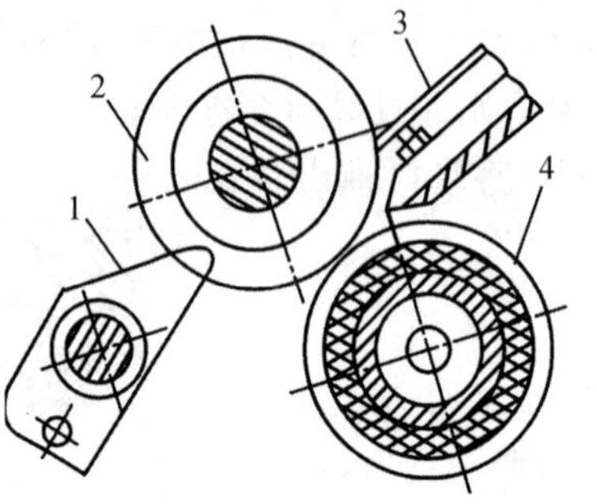

1. 卸料挡梳 2. 圆刀组 3. 下定位板 4. 垫辊

图 4-1-13 圆刀、挡梳和垫辊之间的装配关系

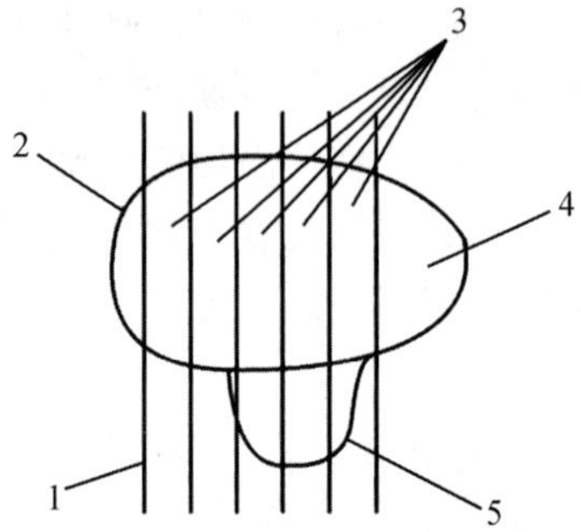

1. 刀片切割线方向 2. 菇盖 3. 正片 4. 边片 5. 菇柄

图 4-1-14 蘑菇同一方向切片示意图

在工作前，根据切片厚度调整圆刀之间的距离，以适应加工工艺要求。圆刀片间的间距小且刀片又薄，故工作中不能掉进硬物，以免损坏刀片。在使用时，要先将物料分级，然后按不同级别的物料，将定位弧槽和定位板适当调整后再进行切片。所以，使用时如发现所切物料不规则，首先要检查定位装置调整是否合适。在使用前、后均应认真对机器进行清洗，清洗时先松开挡梳轴两端的螺栓，将挡梳片退出洗净，然后用水冲洗机器。安装挡梳轴时，挡梳板和刀轴之间的间隙以 2～5 mm 为宜。

三、果蔬干制品干燥机械与设备

果品蔬菜干制，目的在于使果蔬中的水分减少，从而将可溶性物质的浓度提高到微生物不能利用的程度，同时，果蔬中所含酶的活性也受到抑制，产品能够长期保存。常见果蔬干制品干燥方法见表 4-1-1。目前，国内外许多先进的干燥设备大都具有良好的加热及保温设备，以保证干制时所需的较高且均匀的温度；有良好的通风设备以及时排出原料蒸发的水分；有良好的卫生条件及劳动条件，以避免产品污染和便于操作管理。根据热源的不同可分为热风干燥、微波干燥、远红外干燥等，根据设备对原料的热作用方式的不同，可将人工干制设备分为对流、传导、辐射和电磁感应加热四类。习惯上分为对流干燥设备、滚筒干燥设备、真空干燥设备和其他干燥设备。空气对流干燥设备根据形式不同又可分为隧道式干燥机、箱式干燥机、带式干燥机等，其他干燥设备有真空干燥设备、冷冻干燥设备、微波干燥设备等。

（一）对流干燥设备

1. 隧道式干燥机

隧道式干燥机是指干燥室为一狭长隧道的空气对流式人工干制机。原料铺放在运输设备上通过隧道而实现干燥。隧道可分为单隧道式、双隧道式及多层隧道式。干燥间一般长 12 m～18 m、宽 1.8 m、高 1.8 m～2.0 m。在单隧道式干燥间的侧面或双隧道式干燥间的中央有一加热间，其内装有加热器和吸风机，推动热空气进入干燥间，使原料水分受热蒸发。湿空气一部分自排气孔排出，一部分回流到加热间使其余热得以利用。根据原料运输设备及干燥介质的运动方向的异同，可将隧道式干燥机分为顺流式、逆流式和混合流式三种形式。

表 4-1-1　果蔬干制品干燥方法

名称			处理方式	所需设备类型	原料状态	适合产品
人工干燥	自然干制		晒干、吹干、晾干	晒场或棚或房	粒状、块片状	果蔬干
	常压	热风	对流加热	箱式、隧道式、带式	粒状、块片状、粉状	果蔬干
			传导式	滚筒式	粒状、块片状	果蔬干
		喷雾	对流给热	箱式、塔式	浆状、膏糊状	果蔬粉
		微波	电磁波内部加热	箱式、隧道式	粒状、块片状、粉状	果蔬干、果蔬粉
	减压	真空	真空中传导兼辐射加热	箱式、带式、滚筒式	粒状、块片状、粉状	果蔬干、果蔬粉
		真空冷冻	冻结后真空中传导兼辐射加热			果蔬干、果蔬粉
	加压	膨化	加热、加压膨化	螺旋式		果蔬干、果蔬脆片

(1)顺流式隧道干燥机　装原料的载车与空气运动的方向相同,即原料从高温低湿(80～85 ℃)端进入,而产品从低温高湿端(55～60 ℃)出来(图 4-1-15)。这种干制机适用于含水量较多的蔬菜和切分的果品的干制。但由于干燥后期空气温度低且湿度高,因此有时不能将干制品的水分减少到标准含量,应避免这种现象的发生。

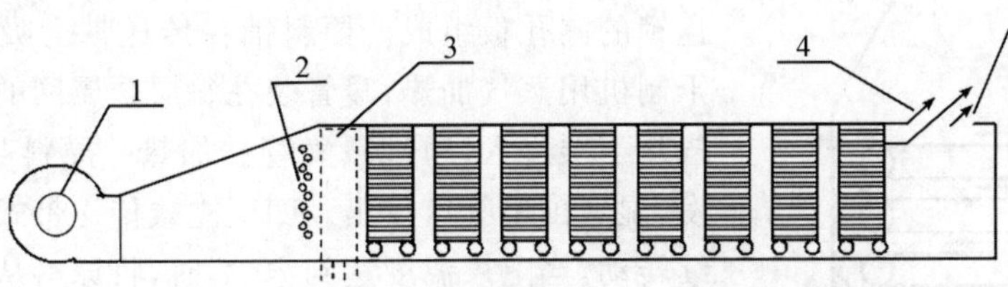

1. 鼓风机　2. 加热器　3. 湿物料入口　4. 排气口　5. 干物料出口

图 4-1-15　顺流式隧道干燥机

(2)逆流式隧道干燥机　装原料的载车与空气运动方向相对,即载车沿轨道由低温高湿端进入,由高温低湿端出来(图 4-1-16)。隧道两端温度分别为 40～50 ℃和 65～85 ℃。这种设备适用于含糖量高、汁液黏稠的果品,如桃、李、杏、葡萄等的干制。应当注意的是,干制后期的温度不宜过高,否则会使原料烤焦,如桃、李、杏、梨等干制时最高温度不宜超过 72 ℃、葡萄不宜超过 65 ℃。

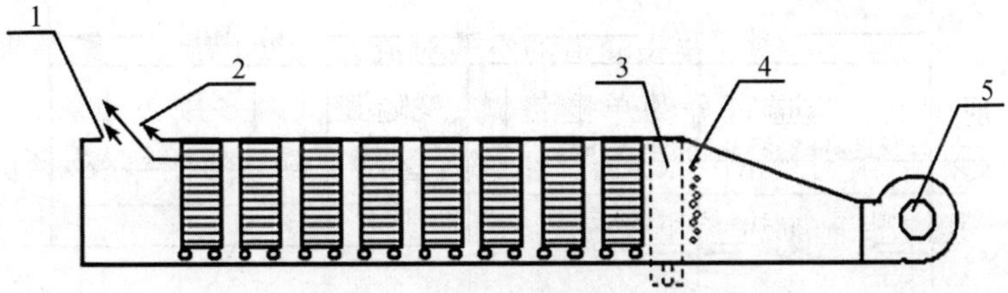

1. 湿物料入口　2. 排气口　3. 加热器　4. 干物料侧边出口　5. 鼓风机

图 4-1-16　逆流式隧道干燥机

(3)混合式隧道干燥机 该机有两个加热器和两个鼓风机,分别设在隧道的两端,热风由两端吹向中间,湿热空气从隧道中部集中排出一部分,另一部分回流利用(图 4-1-17)。混合式干燥机综合了逆流式与顺流式干燥机的优点,克服了二者的不足。果蔬原料首先进入顺流隧道,温度较高、风速较大的热风吹向原料,水分迅速蒸发。随着载车向前推进,温度渐低,湿度渐高,水分蒸发渐缓,不会使果蔬因表面过快失水而结成硬壳。原料大部分水分干燥后,被推入逆流隧道,温度渐升,湿度渐降,水分干燥较彻底。原料进入逆流隧道后,应控制好空气温度,过高的温度会使原料烤焦和变色。

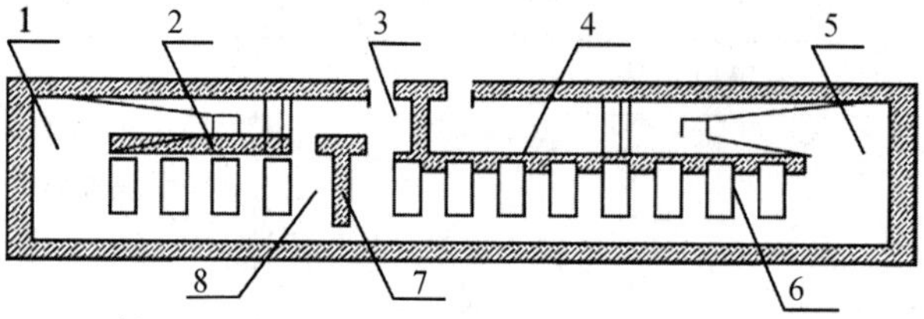

1. 湿物料入口 2. 电扇 3. 空气入口 4. 加热器 5. 干物料出口
6. 载车 7. 活动间隔 8. 空气出口

图 4-1-17 混合式隧道干燥机

2. 带式干燥机

如图 4-1-18、图 4-1-19 所示,传送带由金属网或相互连锁的漏孔板组成。原料铺在传送带上吸热干燥。这种干制机用蒸气加热,暖管装在每层金属网的中间。新鲜空气从下层进入,通过暖气管被加热。原料吸热后,水分蒸发,湿气由出气口排出。四层立式传送带式干燥机能够连续转动,当上层温度达到 70 ℃时,将原料从干燥机顶部一端定时装入,随着传送带的转动,原料从最上层渐次向下层移动,干燥完毕后,从最下层的出口送出。

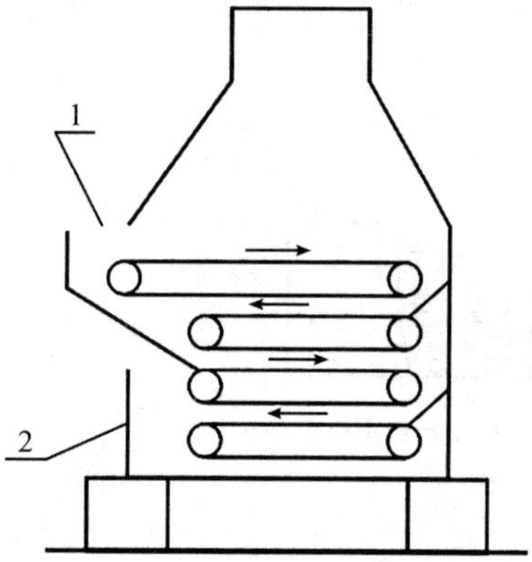

1. 湿物料入口 2. 干物料出口

图 4-1-18 四层立式传送带式干燥机

(二)真空干燥机械与设备

真空干燥箱是专为干燥热敏性、易分解和易氧化的物质而设计的,工作时可使工作室内保持一定的真空度,并能够向内部充入惰性气体,特别是一些成分复杂的物品也能进行快速干燥,采用智能型数字温度调节仪进行温度的设定、显示与控制。

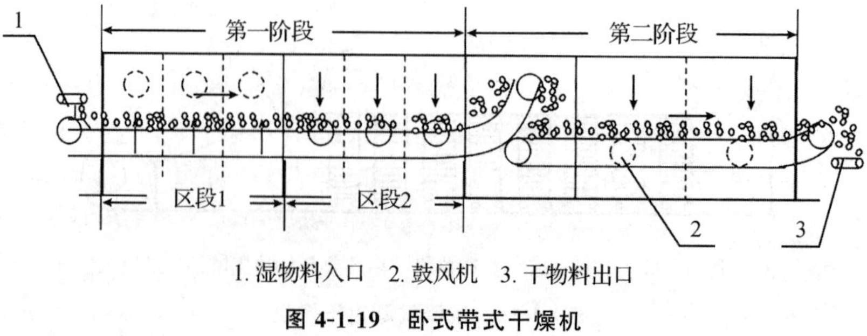

1. 湿物料入口 2. 鼓风机 3. 干物料出口

图 4-1-19 卧式带式干燥机

1. 箱式真空干燥机

箱式真空干燥机是一种在真空密封条件下进行操作的干燥器，如图 4-1-20 所示，箱式真空干燥机是在常压箱式干燥机基础上加装密封和增加真空泵，使物料在干燥箱内在一定的真空度下进行干燥。其由箱体、加热板、门、管道接口和仪表等组成。箱体是用钢板制作的，箱体内装有数块夹层加热板，内通蒸汽、热水等。箱体上端装有真空管接口与真空装置相通，还设有压力表、温度表和各种阀门，以控制操作条件。工作时，先将预处理过的物料置于烘盘内，再将烘盘放入箱内加热板上，打开抽气阀，达到一定真空度，然后打开蒸汽阀使箱内达到一定温度，再逐步降温，达干燥要求后，关闭蒸汽阀、抽气阀，开启充气阀，打开箱门，卸出产品。

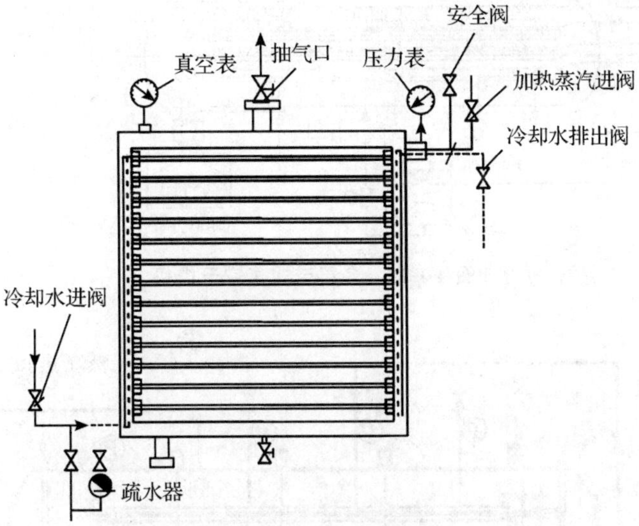

图 4-1-20　箱式真空干燥机

箱式真空干燥机是一种间歇式干燥设备，适用于固体或热敏性、氧敏性液体食品物料。这种干燥机，初期干燥速度很快，但当物料脱水收缩后，则由于物料与干燥盘的接触逐渐变差，传热速率也逐渐下降。操作过程中，加热面温度需要严格控制，以免与干燥盘接触的物料局部过热。由于是接触式传热，考虑到食品的卫生作为接触元件的料盘选择用传热系数高的铝板或不锈钢板制成。

2. 带式真空干燥机

带式真空干燥机为连续式真空干燥设备，带式真空干燥机有单层和多层两种形式，多层带式真空干燥机如图 4-1-21 所示，由干燥室、加热与冷却系统、原料供给、输送和抽气系统等部分组成。工作过程是：对原料先行预热，经供料泵均匀地置于干燥室内的输送带上，带下有加热和冷却装置，分为蒸汽加热、热水加热和冷却三个区域，加热区域又分为四或五段，第一、第二段用蒸汽加热，为恒速干燥段，第三、第四段为减速干燥段，第五段为制品均质段，后三段采用热水加热。按原料性质和干燥工艺要求，各段的加热温度均可调节。原料在输送带上边移动边蒸发水分，干燥后形成泡沫片状物品，之后通过冷却区，再进入粉碎机粉碎成颗粒状制品，最后由排出装置卸出。干燥室内的二次蒸汽用冷凝器冷凝成水排出。

带式真空干燥机的适应范围广，对于绝大多数的天然植物的提取物，都可以适用。干燥时间短，为 5～25 min，能形成多孔状制品，物料在干燥过程中能避免混入异物防止食品污染，可直接干燥高浓度、高黏度的物料，从而简化工序，节约能耗。尤其是对于黏性高、易结团、热塑性、热敏性的物料，不适宜或者无法采用喷雾干燥的物料，用带式真空干燥机干燥是最佳选择。

BVD 系列数字化带式真空干燥机组（图 4-1-22）是一种连续进料、连续出料形式的高真空度干燥设备。

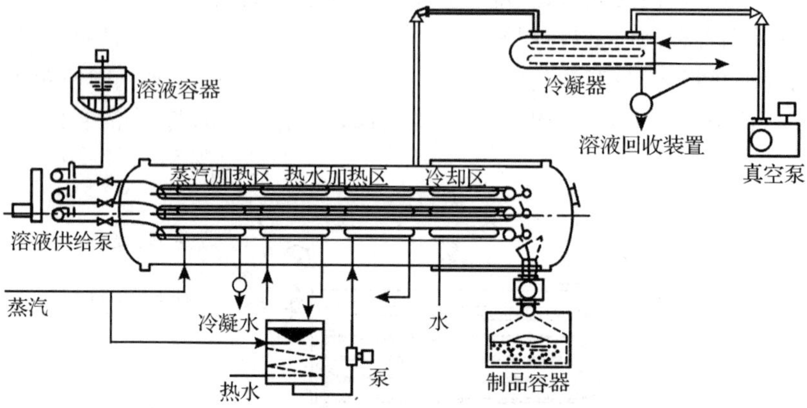

图 4-1-21 多层带式真空干燥机

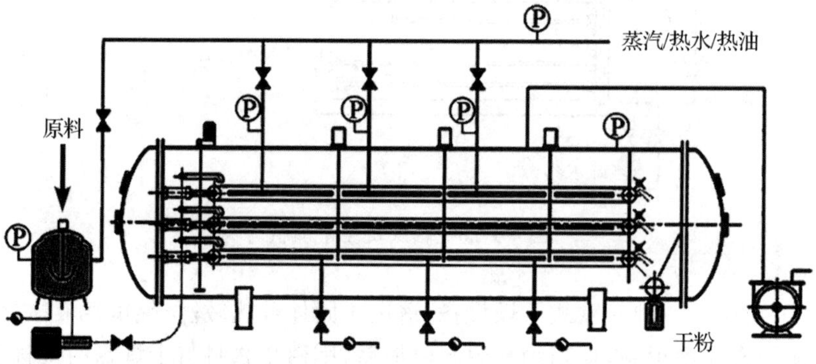

图 4-1-22 BVD 系列数字化带式真空干燥机

它是将待干燥的物料通过变频螺杆泵送入高度真空的干燥机内部，物料被连续地被涂布在缓缓移动的干燥机内的多条干燥带上，干燥带在调速电机驱动下以设定的速度向前运动，每条干燥带的下面都有三段独立的加热板和一段冷却板，干燥带与加热板、冷却板紧密接触，以接触传热的方式将干燥所需要的能量传递给带上的物料。当干燥物料从机组筒体的一端运动到另一端时，物料已经干燥并经过冷却，干燥后的物料从干燥带上剥离，然后通过一个粉碎装置粉碎后，再通过真空蝶阀出料到料桶中。

学习视频 10 圆筒搅拌型真空干燥机

3. 圆筒搅拌型真空干燥机

圆筒搅拌型真空干燥机又称耙式真空干燥器，是间歇式干燥机。如图 4-1-23 所示，由卧式圆筒、传动轴、搅拌桨（或称耙齿）及各管道接口等组成。筒壁为夹层，内通蒸汽、热水或热油。传动轴上安装有两组耙齿，一组为左旋，另一组为右旋。传动轴与圆筒壳体间采用石棉填料进行密封。

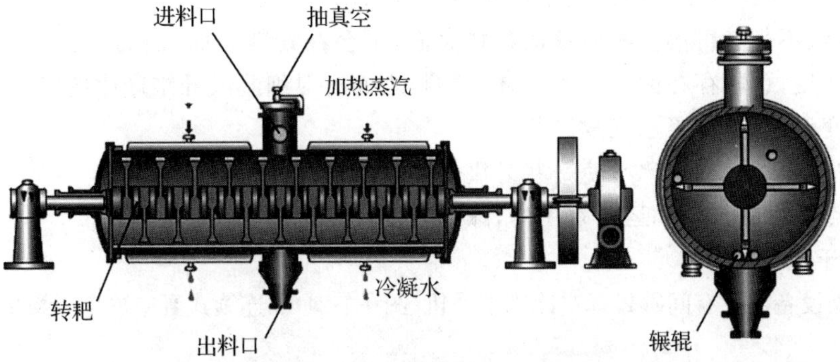

图 4-1-23　圆筒搅拌型真空干燥机

工作时，物料由圆筒上部加料口进入，传动轴间歇进行正向和反向旋转，使物料在耙齿的带动下先往两边而后又往中间移动，受到均匀搅拌，当物料与筒壁接触时进行热交换，使物料水分蒸发而干燥。此种真空干燥机主要适用于高湿的固体物料干燥。

对于淤浆状、糊状和粉状物料均能使用，也能用于含水率低的物料的进一步干燥。当干燥黏附性物料或含水率高的物料以及处理量大时，采用圆筒搅拌型较为适宜。

本机结构紧凑、操作简单、性能稳定可靠、维修周期长。经长期生产实践证明，对粉状，粉粒状，膏糊状、黏胶状乃至溶液等，都可在适当条件下进行高温或低温干燥。

（三）冷冻干燥设备

冷冻干燥，也叫升华干燥，就是将待干燥的湿物料在较低温度下（－50～－10 ℃）冻结成固态后，在高真空度（0.133～133 Pa）的环境下，将已冻结了的物料中的水分不经过冰的融化而直接从固态升华为气态，从而达到干燥的目的。

1. 冷冻干燥的基本原理

冷冻干燥首先将原料进行冻结，冻结的方法有预冻和自冻两种，预冻就是物料冷冻干燥前用一般方法将物料冻结，自冻就是利用物料表面的水分蒸发从它自身吸收热，促使物料温度下降，当物料的温度达到冻结点时，物料中的水分自行冻结，大部分预煮蔬菜可用此法冻结。采用这种方法，在水分蒸发时，物料常会出现变形或发泡等现象，因此，此法对外观和形态要求高的食品并不适宜，当然，如果真空度调整适宜，这种变化可以减轻到最低程度，此法也叫蒸发冻结，优点是能量的消耗较为合理。冷冻干燥由于处理温度低，冷冻干燥制品的色、香、味、形以及营养、物理性质等几乎保持不变，特别有利于热敏性物料。产品具有良好的复水性，是现代理想的食品干燥方法。

2. 冷冻干燥的特点

(1)最大限度地保存食品的色、香、味，如蔬菜的天然色素保持不变，各种芳香物质的损失可减少到最低限度；冷冻干燥对保存含蛋白质食品要比冷冻的好。

(2)对热敏性物质特别适合，能保存食品中的各种营养成分，尤其对维生素 C，能保存90％以上。

(3)在真空和低温下操作，微生物的生长和酶作用受到抑制。

(4)冷冻干燥法能脱去95％～99％以上的水分，脱水彻底，干制品重量轻，体积小，贮藏时占地面积少，运输方便，且产品能长期保存而不变质。

(5)复水快,食用方便。因为被干燥物料含有的水分是在冻结状态下直接蒸发的,故在干燥过程中,水汽不带动可溶性物质移向物料表面,不会在物料表面沉积盐类,即在物料表面不会形成硬质薄皮,也不存在因中心水分移向物料表面时对细胞或纤维产生的张力,不会使物料干燥后收缩变形,故极易吸水恢复原状。

(6)真空下操作,氧气极少,使一些易氧化物质(如油脂类)得到保护。

主要缺点是设备投资和运转费用高,冻干时间长,产品成本高。

3. 冷冻干燥设备

冷冻干燥设备主要有间歇式真空冷冻干燥机(图 4-1-24)和连续式真空冷冻干燥机(图 4-1-25)。

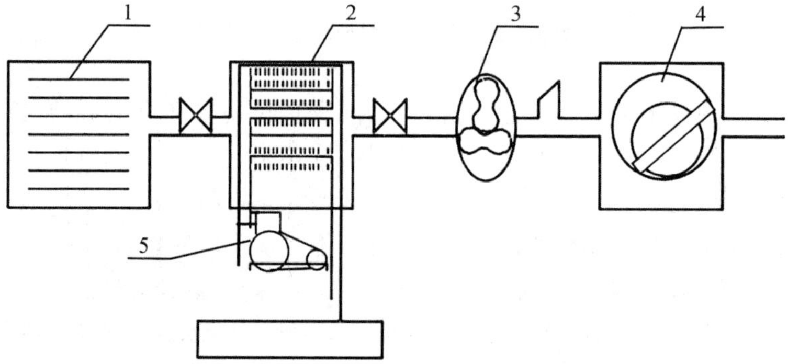

1. 干燥室 2. 机械制冷冷凝系统 3. 罗茨泵 4. 气体平衡旋翼泵 5. 制冷机

图 4-1-24 间歇式真空冷冻干燥机结构

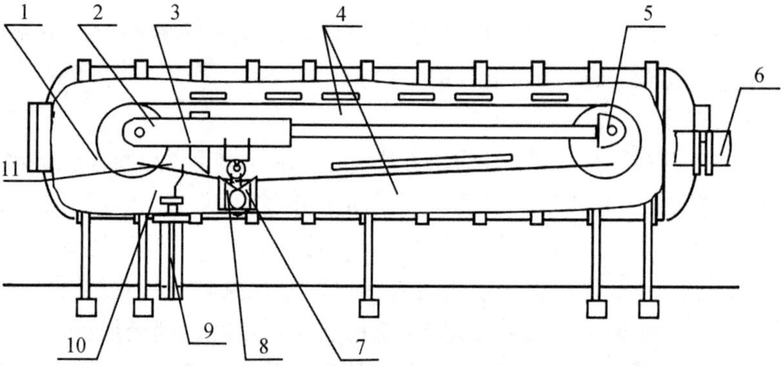

1. 冷却滚筒 2. 输送带 3. 脱气器 4. 辐射热 5. 加热滚筒 6. 接真空泵
7. 供料滚筒检修门 8. 供料滚筒和供料盘 9. 制品收集槽 10. 气封装置 11. 刮板

图 4-1-25 连续式真空冷冻干燥机结构

(四)其他干燥设备

1. 滚筒式干燥机

这种干燥机的干燥面是表面平滑的钢质滚筒。滚筒直径为 20~200 cm,中空。滚筒内部通有热蒸汽或热循环水等加热介质,滚筒表面温度可达 100 ℃以上。使用蒸汽时,表面温度可达 145 ℃左右。原料布满于滚筒表面,滚筒转动一周,原料便可干燥,然后由刮刀刮下并收集于滚筒下方的盛器中。这种干燥机适于干燥液态、浆状或泥状食品,如番茄汁、马铃薯片、果实制片等。

滚筒式干燥机常见类型有单滚筒、双滚筒和对装滚筒。单滚筒干燥机是由独自运转的单一滚筒构成的。双滚筒干燥机由对向运转和相互连接的滚筒构成,滚筒表面物料厚度可由双筒之间的距离加以控制。对装滚筒干燥机是由相距较远、转向相反、各自运转的双滚筒构成的。

2. 微波干燥

微波干燥就是利用微波加热的方法使物料中水分得以干燥。微波是指频率为300 MHz至300 GHz,波长为1～1 000 mm的高频电磁波。常用加热频率为915 MHz和2 450 MHz。

微波干燥具有以下优点:干燥速度快,加热时间短;热量直接产生在物料的内部,而不是从物料外表向内部传递,因而加热均匀,不会引起外焦内湿现象;水分吸热比干物质多,因而水分易于蒸发,物料本身吸热少,能保持原有的色、香、味及营养物质;还具有热效率高、反应灵敏等特点。

3. 远红外干燥

远红外干燥是利用远红外线辐射元件发生远红外线,由被加热物体吸收并直接转变为热能而使被加热物体得以干燥。红外线的波长在0.72～1 000 μm,一般把波长5.6～1 000 μm的红外线称为远红外线,而把波长5.6 μm以下的称为近红外线。

远红外线干燥发展很快,因为此法具有以下优点:干燥速度快、生产效率高,干燥时间一般为近红外线干燥的1/2,为热风干燥的1/10;节约能源,耗电量仅为近红外线干燥的1/2左右;设备规模小;建设费用低;产品质量好。

4. 太阳能的利用

利用热箱原理建筑太阳能干燥室,将太阳的辐射能转变成热能,用以干燥物料中的水分,这种方法称为太阳能干燥。太阳能干燥室由一个空气加热器(热箱)和干燥室组成。热箱是用木板做成的一个有盖的箱子,箱子分为内外两层,中间填充隔热材料,箱的内部涂黑,箱子上装一层或两层平板玻璃,太阳光可透过玻璃进入箱内被箱子内壁吸收,将辐射能变为热能,使箱内温度升高。箱内温度一般为50～60 ℃,最高可达100 ℃以上。热箱内设有冷空气的进口和热空气的出口,将热空气出口通入干燥室。干燥室设有排气筒,以排出湿空气。利用太阳能进行干燥,具有十分重要的意义,既可节省能源,又不会对环境造成任何污染,还不需太复杂的设备。因此,太阳能是食品干燥中的一种很有前景的新能源。

任务4-2 果蔬脆片加工机械与设备

技术知识

一、概述

果蔬脆片是以新鲜的水果、蔬菜为主要原料,以食用植物油为热介质,采用低温真空油炸等先进技术,能在极短时间内迅速脱水干燥,获取含水量很低的果蔬食品,这种食品含油率低,脆而不腻,保存了果蔬原有的形、色、香、味,并富含维生素、矿物质、纤维等多种营养成分,具有低糖、低盐、低脂、低热等特征,是一种优良的保健食品,而且它可以克服季节性短缺,便于贮存和运输。可用于制作果蔬脆片的原料主要有以下种类:

(1)水果类 苹果、香蕉、猕猴桃、菠萝、冬枣、草莓、波罗蜜等。

(2)蔬菜类 胡萝卜、萝卜、甘薯、南瓜、大蒜、洋葱、蘑菇、冬瓜、秋葵等。

制作果蔬脆片的工作过程为:物料通过前处理的限量输送带送到入料装置,通过入料门和真空密封装置进入油炸输送带,油炸输送带把物料带到油中进行油炸,同时向前输送,油炸后的物料被送到振动系统脱油,脱油后的脆片进入出料装置,脆片经出料装置进入观察输送带,然后是称重、调味和包装。其工艺流程如下:原料→筛选→清洗→切片(切段)→杀青→沥水→速冻→解冻→真空浸渍→清洗→沥水→真空油炸→真空脱油→调味→产品包装→入库。

果蔬脆片由于品种较多,具体制作细节可能千差万别,但基本工艺都是相同的,主要包括:前处理→预冻结→真空低温油炸→后处理。

二、真空低温油炸

真空低温油炸是利用在减压条件下食品中水分沸点降低,可在短时间内快速脱水的原理,实现在低温条件下对食品进行油炸的工艺。

真空低温油炸有间歇式真空低温油炸和连续式真空低温油炸两种工艺。间歇式真空低温油炸设备是早期产品,连续式真空油炸设备是新近发展起来的,美国、日本等国已有定型产品,我国近年也已研制成功。目前我国的食品厂采用的还多是间歇操作的真空油炸设备。

真空低温油炸设备开始时用于油炸马铃薯片,得到了比一般传统油炸工艺品质更好的产品,后来又有人用它干燥苹果片。20 世纪 80 年代以后,该技术的发展更快,应用的范围更广。真空低温油炸技术将油炸和脱水作用有机地结合起来,使该技术具有独特的优越性和广泛的适应性,尤其对含水量高的果蔬,效果更加理想。

1. 真空低温油炸的优点

(1)保色作用 采用真空油炸,油炸温度大大降低,而且油炸锅内的氧气浓度大幅度降低。油炸食品不易褪色、变色、褐变,可以保持原料本身的颜色。

(2)保香作用 采用真空油炸,原料在密封状态下被加热。原料中的呈味成分大多为水溶性,在油脂中并不溶出,并且随着原料的脱水,这些呈味成分进一步得到浓缩。因此采用真空油炸技术可以很好地保存原料本身具有的香味。

(3)降低油脂劣变程度 炸用油的劣化包括氧化、聚合、热分解,而以水或水蒸气与油接触产生水解为主。在真空油炸过程中,油处于负压状态下,溶于油脂中的气体很快大量逸出,产生的水蒸气压力较小,而且油炸温度低,因此,油脂的劣化程度大大降低。

近年来我国对真空低温油炸技术进行了研究开发和设备引进,市场上也有国内生产或进口的真空低温油炸食品,这种食品较好地保留了其原料的原有风味和营养成分,味道可口,品种广泛,产品附加值高,因此具有广阔的开发前景。

目前市场上出售的真空油炸食品:水果类有苹果、猕猴桃、草莓、葡萄、香蕉等;蔬菜类有胡萝卜、南瓜、西红柿、土豆、大蒜、青椒和洋葱等;还有各种干果,如花生等。

2. 真空低温油炸的设备

(1)间歇式真空低温油炸设备 间歇式真空低温油炸装置的系统简图如图 4-2-1 所示。

油炸釜为密闭器体,上部与真空泵 3 相连,为了便于脱油操作,内设离心甩油装置。甩油装置由电动机 2 带动,油炸完成后降低油液面,使油液面低于油炸产品,开动电动机进行离心甩油,甩油结束后取出产品,再进行下一周期的操作。贮油箱 4 中油的输送由真空泵控制,即由真空泵来控制油炸釜的油液面高度。过滤器 5 的作用是过滤炸油,及时去除油炸产生的渣

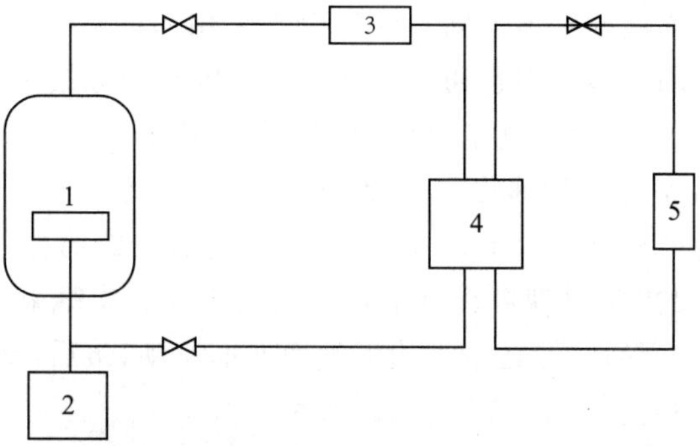

1. 油炸釜　2. 电动机　3. 真空泵　4. 贮油箱　5. 过滤器

图 4-2-1　间歇式真空低温油炸装置

滓,防止油被污染。

这种间歇式真空低温油炸设备的缺点是:①由于每次油炸过程都要破坏和重新建立真空,辅助工作多,生产效率低,产品质量不稳定。②真空油炸属间歇性操作,进料、卸料十分烦琐,劳动强度大。③分批油炸,每次投料过多,容易因积压而互相粘连,难以炸透或破碎变形。同时在油炸过程中水分蒸发由多到少,油炸室内真空度变化很大,从而影响产品质量。

(2)连续式真空低温油炸设备　连续式真空低温油炸机采用真空密封装置解决了油炸室的动态密封问题,可以在一定真空度的状态下,连续放入或取出物料。同时采用特殊机构对油炸后的食品进行连续脱油,使进料、油炸、脱油、出料等作业一机完成。由于入料均匀,物料层较薄,不会互相粘连而影响质量。在油炸过程中油炸室内始终保持稳定的真空度,食品油炸后立即在同样的真空状态下脱油,使产品质量更好,且没有停机时间,生产效率很高。采用循环油加热方式,物料受热均匀,产品质量稳定。连续式真空低温油炸机主要由以下几部分结构组成:

学习视频 11
连续式真空低温油炸设备

①入料装置　入料装置由上料斗、入料门和真空密封装置组成。上料斗下方是入料门,可以定时开合。入料门下方是真空密封装置,它是由四块叶片组成的旋转内筒连续缓慢旋转,当叶片开口转到与外筒开口对正时,入料门打开,物料进入旋转内筒两叶片之间,随叶片缓慢移动,当叶片开口到达外筒下开口时,物料进入油炸输送带,在此过程中,密封装置的内筒叶片始终有两片以上和外筒接触,因而保证了物料进出时的密封。入料装置可根据不同物料的外形特点而设计。

②油炸槽　油炸槽是物料的油炸装置,内有油炸输送带。油炸槽设计为长条形,下面有三个入油口和一个出油口,以保证油炸物料时温度的稳定。油炸输送带上面装有压板,防止物料油炸时漂出油面。

③脱油装置　脱油装置由振动装置和红外线加热器组成,红外线加热器安装在振动装置的上部,以保证产品油炸后温度不变,防止表面过多的油渗透到脆片中而影响质量。

④真空系统　真空系统由真空泵、冷凝器、阀门、输送管等组成。真空泵采用大抽吸量的水环泵,抽速快,吸量大,而且对水蒸气和残留的油雾分子不敏感。真空度保持在 0.09 MPa 左右。冷凝器与冷却塔连接实现循环用水,减少水的浪费。

连续式真空油炸机具有效率高、产品质量好、自动化程度高等特点,它克服了间歇式真空油炸机的缺点,是真空油炸机的发展方向。同时由于采用与间歇式油炸机一样的真空系统和热循环系统,成本并不增加很多。而且通过改变入料装置和部分结构,可以应用到面制品等行业,如方便面的真空油炸等,大大提高了机械的综合利用效果。

图 4-2-2 为连续式真空低温油炸设备的结构示意图,其主体为一卧式筒体。待炸坯料由闭风器 1 进入(闭风器的结构见图 4-2-3),落入具有一定油位的筒体进行油炸,坯料由输送器 2 带动向前运动,输送器 2 的运动速度根据油炸要求而定。油炸结束后,炸好的产品由输送器 2 带入无油区输送带 3、4,产品在输送带上边沥油边向前运动,最后产品由出料闭风器 5 排出。

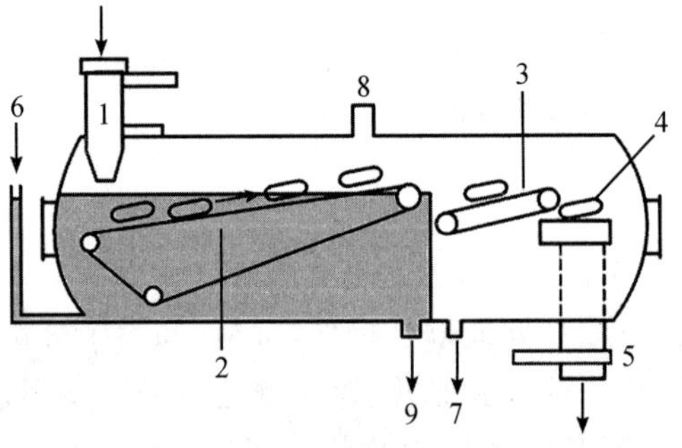

1. 闭风器 2. 输送器 3、4. 无油区输送带 5. 出料闭风器 6. 加油管 7. 残油出口 8. 真空泵接口 9.废油出口

图 4-2-2 连续式真空低温油炸设备

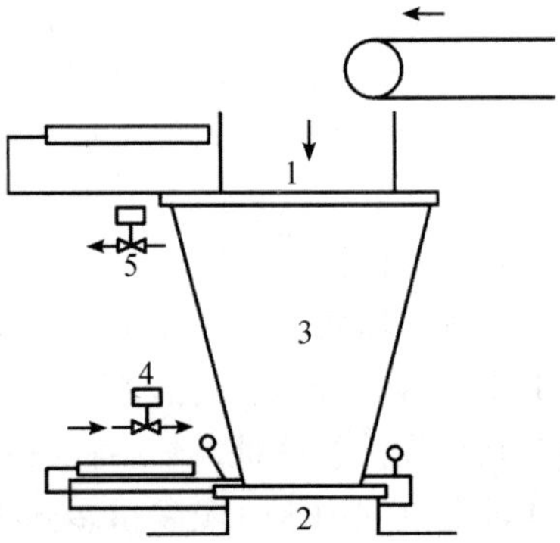

1、2. 隔板 3. 落料斗 4、5. 气动装置

图 4-2-3 闭风器结构

油从加油管 6 进入筒体,由残油出口 7 排出,过滤后循环使用。筒体通过真空泵接口 8 与真空泵连接。以实现油炸时所需的真空条件,由于入料和出料均采用了闭风器,因此设备内的真空度可以得到保证,而闭风器质量的好坏直接关系能耗的多少。

任务 4-3 果蔬粉加工机械与设备

技术知识

国内果蔬粉加工产品主要有番茄粉、枣粉、南瓜粉、藕粉、苦瓜粉、草莓粉、百合粉、木瓜粉、大蒜粉等。加工企业采用的干燥方法主要有喷雾干燥、冷冻干燥、热风干燥等。

果蔬粉的加工有湿法生产和干法生产两种。

湿法生产工艺过程:清理→打浆→过滤→浓缩→干燥→包装。

干法生产工艺过程:清理→切片→干燥→粉碎→包装。

果蔬粉加工过程中用到的设备主要有过滤设备、浓缩设备、干燥设备、粉碎设备等。

一、过滤机械与设备

(一)过滤分离原理与过程

过滤操作是分离悬浮液的一种最普通和最有效的单元操作,过滤操作的原理是利用一种能将悬浮液中固体微粒截留而液体能自由通过的多孔介质,在一定的压力差的推动下,达到分离固、液二相的目的。按固体颗粒的大小和浓度来分类,悬浮液分为粗颗粒悬浮液、细颗粒悬浮液或高浓度悬浮液、低浓度悬浮液等。悬浮液的粒度和浓度对选择过滤设备有重要意义。与沉降相比,过滤分离更迅速;与蒸发干燥等非机械分离相比,能耗低得多。

图 4-3-1 为过滤操作示意图。用来实现过滤操作的外力(p),可以是重力或惯性离心力,但应用最多的还是多孔物质上、下游两侧的压强差。

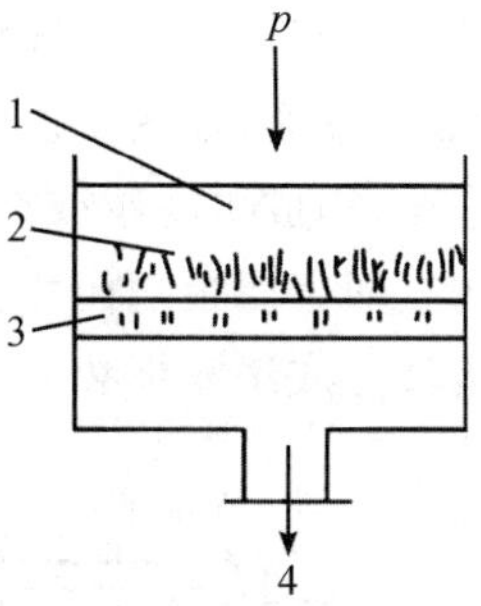

1. 滤浆　2. 滤饼　3. 过滤介质　4. 滤液

图 4-3-1　过滤操作示意图

过滤操作过程一般包括过滤、洗涤、干燥、卸料四个阶段。

(1)过滤　悬浮液在推动力作用下,克服过滤介质的阻力进行固液分离;固体颗粒被截留,逐渐形成滤饼,且不断增厚,因此,过滤阻力也随之不断增加,致使过滤速度逐渐降低。当过滤速度降低到一定程度后,必须停止过滤,转入下道工序。

(2)洗涤　停止过滤后,滤饼的毛细孔中包含有许多滤液,需用清水或其他液体洗涤,以得到纯净的固粒产品或得到尽量多的滤液。

(3)干燥　用压缩空气吹或真空抽吸,把滤饼毛细管中存留的洗涤液排走,得到含湿量较低的滤饼。

(4)卸料　把滤饼从过滤介质上卸下,并将过滤介质洗净,以备重新进行过滤。

实现此四个阶段的方式可以是间歇的,也可以是连续的。间歇式过滤,各阶段在相继的不同时间段进行,而连续式过滤,则各阶段同时在设备的不同部位上进行。

(二)过滤分离的应用

过滤分离在食品工业中广泛应用于以下三个方面。

(1)含不溶性固体的悬浮液的过滤(即含量大于 1%～2%),如饴糖液中脱去糖渣;葡萄糖、食用油脱色后滤去活性炭、漂白土的操作等。这种过滤以过滤介质上游所形成固体颗粒床层的渗滤作用为主要机理,称滤饼过滤。

(2)从液中除去少量不溶性固体的过滤,如啤酒、果汁、牛乳、色拉油的过滤等。这种过滤虽在过滤介质上游形成微薄的滤饼,但许多情况下,只是少量颗粒嵌入介质通道,一般称为深层过滤。

(3)从大量有价值的液体中除去少量极细小(小于 1 μm)物质的过滤,如从汽水、果汁中除去少量的微生物,这种过滤称为微滤。

(三)过滤设备

果蔬粉加工中常用的过滤设备有板框压滤机、转鼓真空过滤机、加压叶滤机、硅藻土过滤机(详见任务 6-1)。

1. 板框压滤机

板框压滤机是间歇式过滤机中应用最广泛的一种。利用滤板来支承过滤介质,滤浆在加压下强制进入滤板之间的空间内,并形成滤饼。

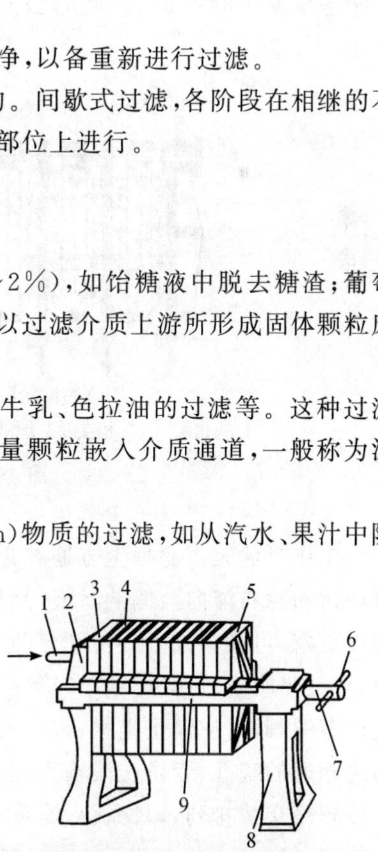

1. 悬浮液入口　2. 左支座　3. 滤板　4. 滤框
5. 活动压板　6. 手柄　7. 压紧螺杆
8. 右支架　9. 板框导轨

图 4-3-2　板框压滤机

板框压滤机结构如图 4-3-2 所示,由许多块滤板和滤框交替排列而成,板和框通过支耳架在一对横梁上,利用压紧装置压紧或拉开。滤板和滤框形状多为正方形，数目由生产能力和悬浮液的情况而定，一般有 10～60 个，如图 4-3-3 所示，边长在 1 m 以下，框的厚度为 20～75 mm。板、框的角端均开有小孔，构成供滤浆或洗水流通的孔道。框的两侧覆以滤布，空框与滤布围成了容纳滤浆及滤饼的空间。滤板的作用是支撑滤布并提供滤液流出的通道，为此，板面制成各种凸凹纹路。滤板又分成洗涤板和非洗涤板。为了辨别，常在板、框外侧铸有小钮或其他标志。

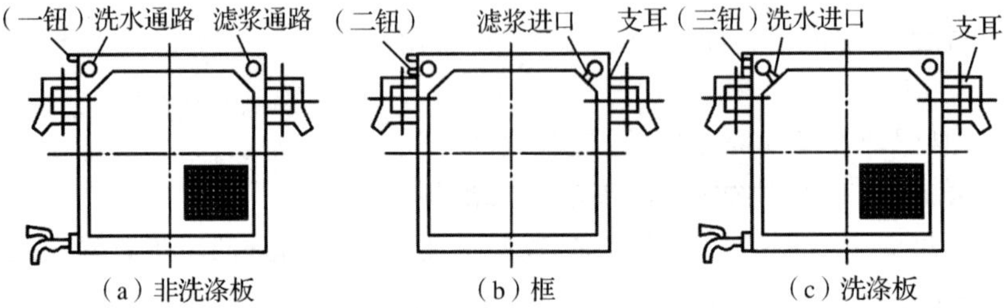

图 4-3-3　滤板和滤框

每台板框压滤机有一定的总框数，最多达 60 个，当所需框数不多时，可取一盲板插入，以切断滤浆流通的孔道，后面的板和框即失去作用。板框压滤机内液体流动路径如图 4-3-4 所示。

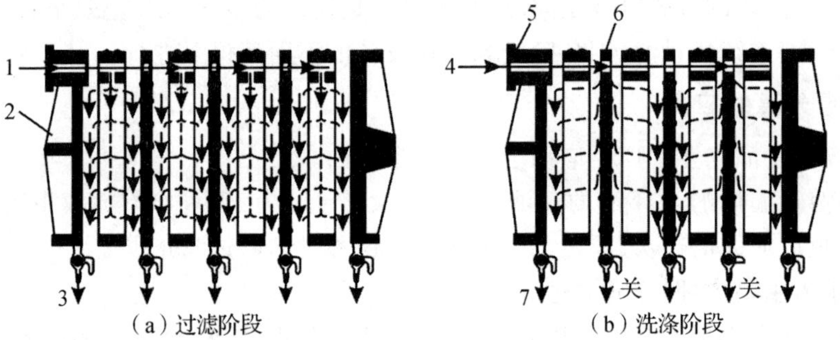

1. 滤浆入口　2. 机头　3. 滤液出口　4. 清洗水入口　5. 非洗涤板　6. 洗涤板　7.洗涤水出口

图 4-3-4　板框压滤机内液体流动路径

工作时滤浆由滤框上方通孔进入滤框空间，固粒被滤布截留，在框内形成滤饼，滤液则穿过滤饼和滤布流向两侧的滤板，然后沿滤板的沟槽向下流动，由滤板下方的通孔排出。出口处装有旋塞，可观察滤液的澄清情况。如果其中一块滤板上的滤布破裂，则流出的滤液必然混浊，可关闭旋塞，待操作结束时更换。当滤框内充满滤饼时，其过滤速率大大降低或压力超过允许范围，此时应停止进料，进行滤饼洗涤。如图 4-3-4 所示，在洗涤板的左上角的小孔有一与之相通的暗孔，专供洗液输入之用。此孔是洗涤板与过滤板的区分之处。它们在组装时必须按顺序交替排列，即滤板—滤框—洗涤板—滤框—滤板……过滤操作时，洗涤板仍起过滤板的作用，但在洗涤时，其下端出口被关闭，洗涤液穿过滤布和滤框的容腔向过滤板流动，并从过滤板下部排出。洗涤完成后除去滤饼进行清理，重新组装进入下一循环操作。洗涤速率仅为过滤终了时过滤速率的 1/4，板框压滤机的操作压力一般为 0.1～1 MPa。板框压滤机的过滤和洗涤操作如图 4-3-5 所示。

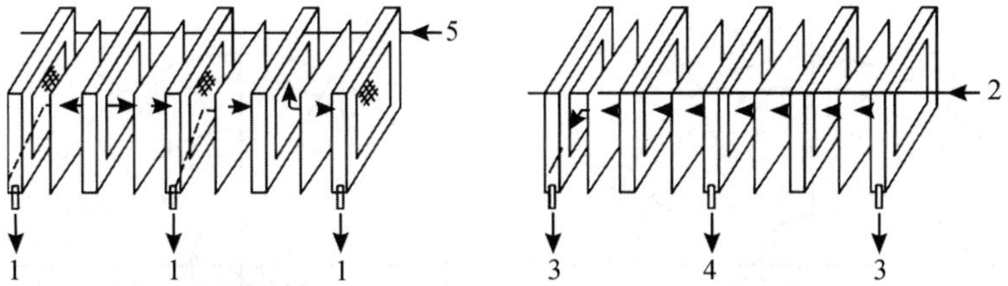

1.滤液出口　2.洗涤出口　3.洗液出口　4.洗涤时关闭　5.滤浆进口

图 4-3-5　板框压滤机的过滤和洗涤操作

板框压滤机结构简单、制造方便、造价低、过滤面积大、无运动部件、辅助设备少、动力消耗低、过滤推动力大(最大可达 1 MPa 以上，一般在 0.3～0.5 MPa)、管理方便、使用可靠、便于检查操作情况，适应各种复杂物料的过滤，特别适于黏度大、颗粒度较细、可压缩、具腐蚀性的各种物料。但装卸板框的劳动强度大、生产效率低、滤饼洗涤慢、不均匀、滤布磨损严重。

板框压滤机在食品工业上有广泛应用，如饴糖、啤酒、麻油等生产中悬浮液的分离。特别适用于低浓度悬浮液、胶体悬浮液、待分离液相黏度大或接近饱和状态的悬浮液的过滤。

2. 转鼓真空过滤机

转鼓真空过滤机是一种可以连续操作的过滤设备，过滤、脱水、洗涤、卸饼、滤布再生等操作工序同时在转鼓的不同部位进行，转鼓每回转一圈，完成一个操作循环。

转鼓真空过滤机主要由转鼓、料浆槽、搅拌器及分配头等部分构成，其操作原理如图 4-3-6 所示。

圆筒形转鼓直径一般为 0.3～4.5 m，长度为 0.3～0.6 m。转鼓外层覆盖滤布，内部被径向肋板分隔成若干彼此独立的小滤室，在每个小滤室的圆弧形外表面镶有长方形排水筛板，在筛板上覆以金属网和滤布，这样就形成了圆柱形过滤面。每个小滤室都有管路通向分配头，使小滤室与真空源或者与压缩空气源相通。搅拌器的作用是使滤浆不沉淀，保持均匀的浓度。

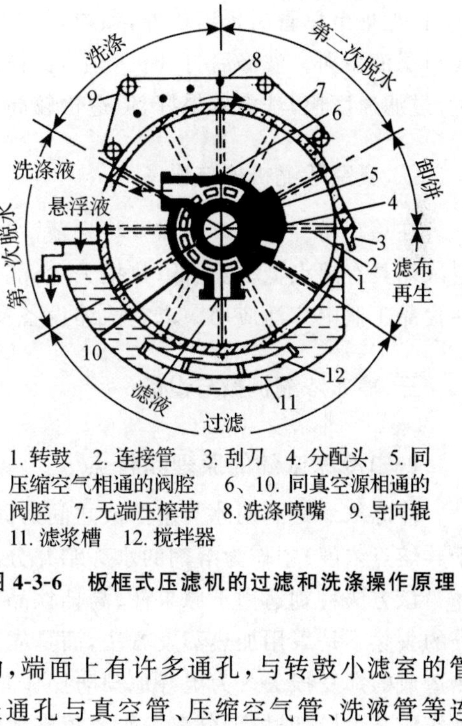

1. 转鼓　2. 连接管　3. 刮刀　4. 分配头　5. 同压缩空气相通的阀腔　6、10. 同真空源相通的阀腔　7. 无端压榨带　8. 洗涤喷嘴　9. 导向辊　11. 滤浆槽　12. 搅拌器

图 4-3-6　板框式压滤机的过滤和洗涤操作原理

分配头结构如图 4-3-7 所示。它由转动盘和固定盘组成。转动盘安装在转鼓上，与转鼓一起转动，端面上有许多通孔，与转鼓小滤室的管道相连接，固定盘固定在机架上，其端面开有一些长通孔与真空管、压缩空气管、洗液管等连接；转动盘和固定盘端面紧密接触，可以相对转动，但不得渗漏。当转鼓转动时，转动盘上的通孔依次与固定盘上的通孔对齐，与真空或压缩空气接通，从而使转鼓的某个小室依次轮流起到过滤、洗涤、干燥、卸料的作用。

转鼓真空过滤机能自动连续操作，节省人力；过滤适应性好，能处理黏性、具可压缩性滤饼及容易堵塞滤布的物料，但真空度受到热液体或挥发性液体的蒸气压的限制，推动力小，设备费较贵。

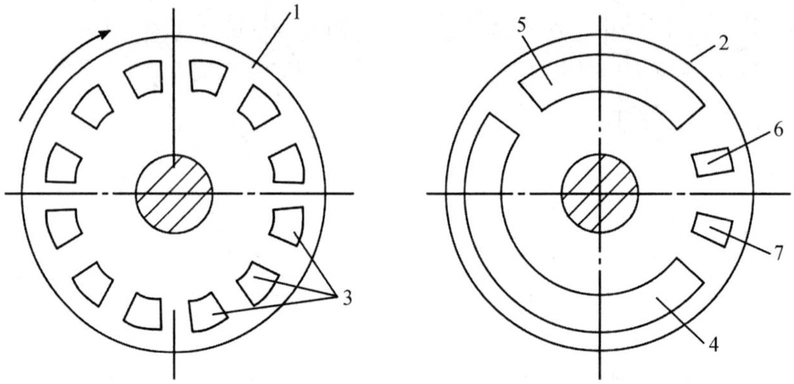

1. 转动盘 2. 固定盘 3. 转动盘上的孔 4、5. 同真空源相通的孔 6、7. 同压缩空气相通的孔

图 4-3-7 分配头

3. 加压叶滤机

加压叶滤机由许多不同宽度的长方形滤叶组合而成。滤叶由金属多孔板或金属网制造，它内有空间，外罩滤布，被安装在密闭机壳内。滤浆用泵压送到机壳内，滤液穿过滤布进入滤叶内，汇集至总管后排出机外，颗粒则被阻挡在滤布外侧形成滤饼。若要洗涤滤饼，洗水的路线与滤液相同。洗涤后打开机壳上盖，拔出滤叶清除滤饼。加压叶滤机是密闭操作的，比较卫生，过滤速度快，洗涤效果好，但造价较高，更换滤布比较麻烦。

二、真空浓缩机械与设备

在果蔬粉湿法生产中需要将果蔬汁先通过浓缩除去大部分水分，然后进行干燥操作。真空浓缩具有沸点低，能耗低，热损失少，能有效保存食品中的营养成分及色、香、味等特点，目前在食品工业中广泛应用。真空浓缩设备及其操作与维护将在项目五任务 5-2 中具体讲解。

三、冷冻浓缩机械与设备

(一)冷冻浓缩的原理和特点

冷冻浓缩是利用冰与水溶液之间的固液相平衡原理的一种浓缩方法。将稀溶液(浓度低于共熔点浓度)中作为溶剂的水冻结并分离冰晶，从而使溶剂减少，溶液的浓度增加。

该方法特别适用于原果汁、高档饮品、生物制品、调味品等热敏性食品的浓缩。溶液中水分的去除不是采用加热蒸发方法，而是靠从溶液到冰晶的相间传递，所以可避免芳香物质因加热造成的挥发损失。为更好地预防操作时形成的冰晶混有溶质，或分离时冰晶夹带溶质，结晶操作应避免局部过冷，分离操作要很好地加以控制。只有此情况下，冷冻浓缩才能充分显示独特的优越性。对于含挥发性芳香物质的食品采用冷冻浓缩，其品质明显优于蒸发浓缩和膜浓缩。

冷冻浓缩的主要缺点是：①在加工过程中，细菌和酶的活性得不到抑制，所以制品必须经热处理或冷冻保藏。②此种方法不仅受溶液浓度的限制，效果还取决于冰晶与浓缩液的可分离程度。一般来说，溶液黏度越高，分离越困难。③浓缩过程中不能避免溶质损失。④成本过高。

(二)冷冻浓缩装置系统

冷冻浓缩装置系统主要由结晶设备和分离设备两部分组成。结晶设备包括管式、板式、搅拌夹套式、刮板式等热交换器，以及真空结晶器、内冷转鼓式结晶器、带式冷却结晶器等设备。分离设备有压滤机、过滤式离心机、洗涤塔及其组成的分离装置。通常采用的压滤机有水力活塞压滤机和螺旋压滤机。考虑到溶质损失率，压滤机只适用于浓缩比接近1的情况。

冷冻浓缩用的结晶器有直接冷却式和间接冷却式两种。直接冷却式可利用水分部分蒸发的方法，也可利用辅助冷媒(如丁烷)蒸发的方法。间接冷却式是利用间壁将冷媒与被加工料液隔开的方法。食品工业上所用的间接冷却式设备又可分为内冷式和外冷式两种。

原料不同，冷冻浓缩的装置系统及操作条件也不相同，大致分两类：单级冷冻浓缩和多级冷冻浓缩。

1. 单级冷冻浓缩装置系统

图4-3-8为采用洗涤塔分离方式的单级冷冻浓缩装置。它主要由旋转刮板式结晶器、混合罐、洗涤塔、融冰装置、储罐、泵等组成。操作时，料液由泵7进入旋转刮板式结晶器1，冷却至冰晶出现并达到要求后进入带搅拌器的混合罐2，在混合罐中，冰晶可继续成长，然后大部分浓缩液作为成品从成品罐6中排出，剩余部分与来自储罐5的料液混合后再进入旋转刮板式结晶器1进行再循环，混合的目的是使进入旋转刮板式结晶器的料液浓度均匀一致。从混合罐2中出来的冰晶夹带部分浓缩液，经洗涤塔3洗涤，洗下来的一定浓度的洗液进入储罐5，与原料液混合后再进入旋转刮板式结晶器，如此循环。洗涤塔的洗涤水可利用融冰装置(通常在洗涤塔顶部)使冰晶融化后再使用，多余的水被排走。

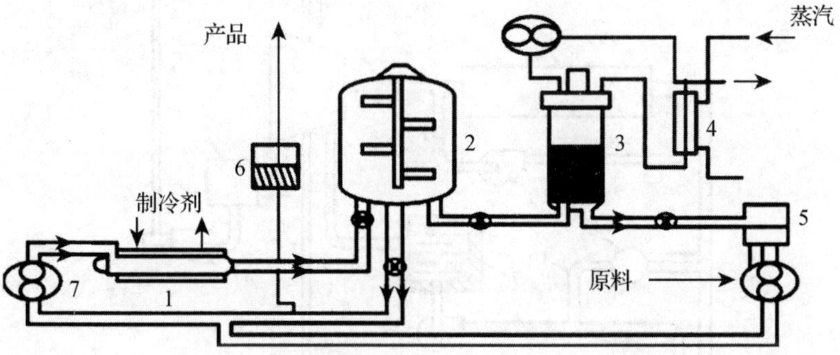

1. 旋转刮板式结晶器　2. 混合罐　3. 洗涤塔　4. 融冰装置
5. 储罐　6. 成品罐　7. 泵

图4-3-8　单级冷冻浓缩装置

采用单级冷冻浓缩装置可以将浓度为8%～14%的果汁原料浓缩成浓度为40%～60%的浓缩果汁，产品品质优良。

2. 多级冷冻浓缩装置系统

该系统是将上一级浓缩液作为下一级的原料进行再浓缩的一种冷冻浓缩操作。目前较成功地应用于速溶咖啡的生产。

图4-3-9为咖啡的二级冷冻浓缩装置。咖啡料液(浓度为26%)经进料管6进入储料罐1，被泵送至(一级)结晶器8，然后冰晶和一次浓缩液的混合液进入(一级)分离机9离心分离，浓

缩液(浓度<30%)由管进入储料罐 7,再由泵 12 送入(二级)结晶器 2,经二级结晶后的冰晶和浓缩液的混合液进入(二级)分离机 3 进行离心分离,浓缩液(浓度>37%)作为产品从成品管排出。为了减少冰晶夹带浓缩液的损失,分离机 3、9 内的冰晶需洗涤,若采用熔冰水(沿管进入)洗涤,洗涤下来的稀咖啡液分别通过管,进入储料罐 1,所以储料罐 1 中的料液浓度实际上低于最初进料液浓度(<24%)。为了控制冰晶量,结晶器 8 中的进料浓度需维持一定值(高于来自管 15 的),这可利用浓缩液分支管 16,用调节阀 13 控制流量进行调节,也可通过管 17 和泵 10 来调节。但通过管 17 与浓缩液分支管 16 的调节应该平衡控制,以使结晶器 8 中的冰晶含量在 20%~30%(质量分数)。实践表明,当冰晶含量为 26%~30%时,分离后的咖啡损失小于 1%。

(三)冷冻浓缩的应用

冷冻浓缩具有浓缩温度低、挥发性芳香物质损失少、能耗低等优点,因此是液体食品及生物制品浓缩的最佳方法之一,该方法还可与其他单元操作组合使用,现已在国内外进行了多范围的研究和初步的利用。与食品相关的应用对象主要包括啤酒浓缩、橙汁浓缩、果品糖浆、速溶咖啡、葡萄酒浓缩以及海水脱盐等,还有生化等多个领域,但目前真正发展到应用阶段的实例仍较为有限,限制因素除了设备投资大和日常操作及维护费用高以外,还与现阶段人们对冰核生成及冰晶成长机理的研究和数据积累不足有很大关系,致使其可操作性和操作的稳定性较差。随着人们对产品质量要求的提高,冷冻浓缩这一低能耗、产品产值高的技术将来定会得以发展应用。

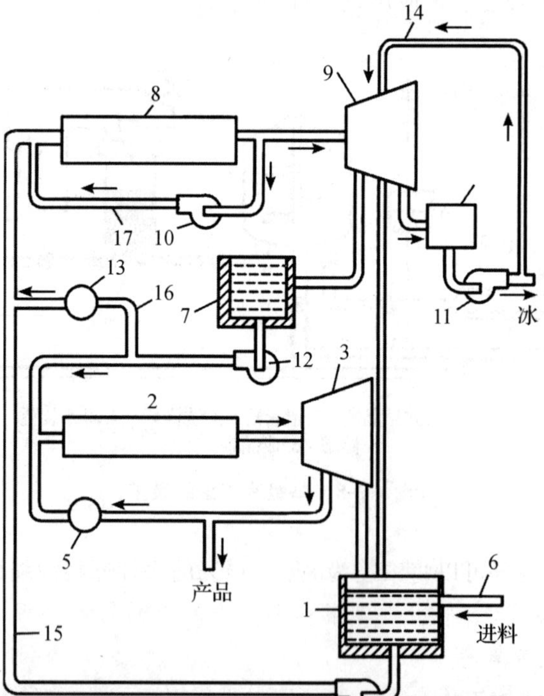

1、7. 储料罐 2、8. 结晶器 3、9. 分离机 4、10、11、12. 泵
5、13. 调节阀 6. 进料管 14. 熔冰水进料管
15、17. 管 16. 浓缩液分支管

图 4-3-9 二级冷冻浓缩装置

(四)浓缩设备常见故障

由于操作条件、使用方法等因素的变化,常导致浓缩设备不能正常工作,严重时甚至使浓缩过程中断。因此,了解浓缩设备的正常操作使用方法和常见故障产生的原因是设备操作和维护人员必须具备的基本条件。

1. 真空度过低

真空度过低使浓缩液的沸点和二次蒸汽的温度升高,降低了加热蒸汽和浓缩液之间的有效温度,既减少了传热量和蒸汽蒸发速度,又使料液加热温度升高,影响有效成分的保存。最主要的是真空度的降低影响了设备的正常生产能力。造成真空度过低的主要原因有:

(1)浓缩设备泄漏有空气渗入。空气的渗入使真空设备的工作负担加重。

(2)冷却水量不足。除了水泵的因素外,管道的堵塞和阀门的故障也会造成冷却水量不足。

(3)冷却水温度过高。冷却水的进水温度过高,浓缩加热产生的二次蒸汽不能及时得到冷凝,设备内的真空度急剧下降。这在使用水力喷射泵进行冷凝的浓缩设备中表现特别明显。

(4)使用蒸汽压力过高。蒸汽压力过高使蒸发速度迅速升高,产生大量的蒸汽降低了设备内的真空度。既影响产品的质量又降低了设备的生产能力。

(5)真空设备有故障。用于生产的真空泵故障;浓缩设备的水力喷射器喷嘴堵塞,使冷却水流量降低,使真空设备无法达到工艺要求。

2. 真空度过高

(1)浓缩设备冷却水的进水温度过低。

(2)加热蒸汽使用压力过低或蒸汽流量不足。

(3)使用汽水分离器的浓缩设备中,汽水分离器堵塞或者分离器选择不当造成冷凝水排水不畅,加热器积水严重造成真空度过高。

(4)加热器表面严重结焦,降低加热面的传热系数,使蒸发速度降低而使锅内真空度超标。

3. 冷却水倒灌入浓缩设备

(1)突然停电使锅内真空度高于真空系统。此时未能及时关闭蒸汽,锅内真空度受到破坏,真空系统内的冷却水将会倒灌进入浓缩设备。

(2)违规操作(在设备停运时先关闭真空设备后破坏锅内真空),使锅内真空度瞬时高于真空系统,冷却水倒灌。

(3)真空设备故障原因使真空系统抽气速率急剧下降,此时,如果不能及时采取破坏锅内真空的措施,冷却水将会倒灌。

4. 加热器表面结焦

(1)进料时浓缩设备内部物料量不多,加热器表面未被物料全部浸没就打开蒸汽阀门,使加热表面裸露而结焦。同时运行过程中供料突然中断以及生产过程中加热蒸汽压力突然升高,都可能导致加热面严重结焦。

(2)不按顺序停车,在停车时没有先关闭加热蒸汽阀而是先破坏真空,使物料液位下跌,使加热面结焦。

(3)在正常操作过程中,进料量小于出料量和蒸发水分之和,使正常液位不能维持,从而使加热表面结焦。

（五）浓缩设备跑料

（1）启动设备时一次进料过多，使分离器内料液液位过高，造成操作困难而跑料。

（2）正常操作时，进料量大于出料量和蒸发水分之和，使分离器内液位过高而跑料。

（3）在浓缩过程中真空度过高或真空度突然升高，产生跑料现象。

（4）间歇操作浓缩设备底部或者升降膜式浓缩设备底部泄漏，使料液跳动严重而跑料。

（5）连续式浓缩设备出料突然中断，使料液液面升高而产生跑料现象。

四、喷雾干燥机械与设备

喷雾干燥是利用喷雾器，将悬浮液和黏滞的液体喷成雾状，悬浮于热空气中，形成具有较大表面积的分散微粒同热空气发生强烈的热交换，迅速排除本身的水分，获得干燥的过程。喷雾干燥操作简单，生产效率高，干燥迅速，适合大规模工业化生产，而且生产的果粉颗粒均匀，分散性和溶解性都很好。喷雾干燥设备及其操作与维护将在项目五任务 5-2 中具体讲解。

五、粉碎机械与设备

（一）概述

食品粉碎机械是食品加工前序预处理的一种手段。其功能是用机械的方法克服固体物料内部凝聚力并将其分裂，也就是将大块物料处理成尺寸较小的物料。

1. *粉碎的概念*

根据所处理食品物料尺寸的不同，通常将粉碎分为破碎和粉磨。将大块物料处理成小块物料的过程称为破碎。其中物料被处理后的直径大于 100 mm 时称为粗碎，为 30～100 mm 时称为中碎，为 3～30 mm 时称为细碎。将小块物料加工成为细粉的过程称为粉磨。其中物料被处理后的直径为 0.1～3 mm 时称为粗磨，为 0.1～0.03 mm 时称为细磨，为 0.03 mm 以下时称为超细磨，将全部物料粉碎到微米级的粒度称为超微粉碎。

2. *粉碎的目的*

（1）有利于不同组分物料的均匀混合。

（2）便于对原料颗粒成分进行剔除或分离。

（3）提高物料的流动性，可实现流态化操作。

（4）提高物料的工艺性能。

3. *粉碎的方法*

食品原料的粉碎方法主要有 5 种，如图 4-3-10 所示。

（1）挤压　物料在两个工作构件之间受到缓慢增长的压力作用而被粉碎。

（2）撞击　物料在瞬间受到外来冲击力而被击碎。

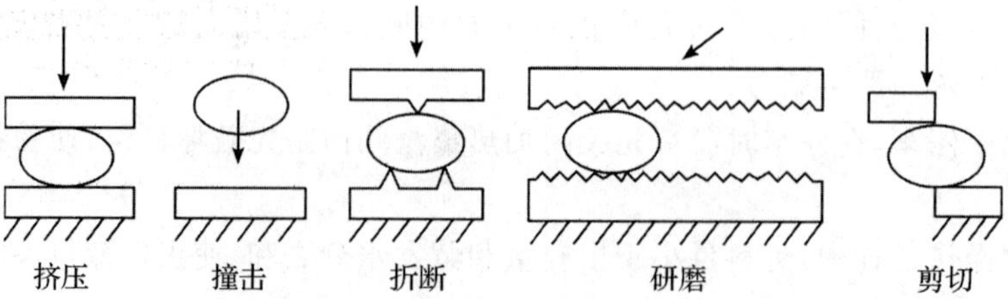

图 4-3-10　物料的粉碎方法示意图

(3)折断　物料在两个工作构件间承受弯曲应力而折断。

(4)研磨　物料在两个相对滑动的粗糙工作表面之间受到摩擦、剪切等作用而被磨削成细粒。

(5)剪切　物料受到相对运动的两个工作构件端面的作用而被切断。

4. 粉碎比

为了衡量粉碎机的粉碎效果，通常采用粉碎比这个概念。即：

$$i=\frac{D}{d}$$

式中，i—平均粉碎比；

D—物料粉碎前的平均直径，mm；

d—物料粉碎后的平均直径，mm。

对于粉碎机来说，为了简易地表示和比较这一特性，常用其允许的最大进料口尺寸与最大出料口尺寸之比作为粉碎比，称为公称粉碎比。

5. 粉碎操作

粉碎操作的工艺主要包括两个方面：

(1)粉碎的级数　当工艺要求的粉碎比较大时，由于一次粉碎比很大，常采用多级粉碎，使每一级负担一定的粉碎比。图 4-3-11 为典型的三级粉碎工艺。

实验证明，破碎时的粉碎比为 4 左右操作效率最高；而粉磨时的粉碎比则需根据粉磨机械的性能来确定。

多级粉碎的总粉碎比为：

$$i_0=i_1\cdot i_2\cdot i_3\cdot\cdots\cdot i_n$$

式中，i_0—总粉碎比；

$i_1,i_2,i_3,\cdots,i_n$—各级粉碎比。

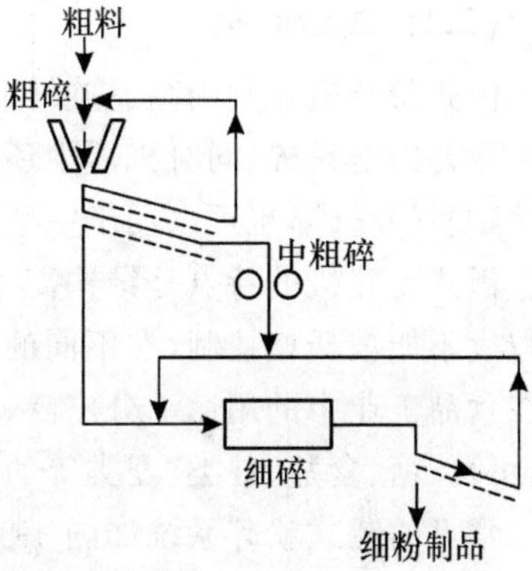

图 4-3-11　典型三级粉碎工艺

(2)粉碎的流程　粉碎工艺的流程有开路粉碎和闭路粉碎两种，如图 4-3-12 所示。

在开路粉碎流程中，一次粉碎后卸出的物料全部作为制成品。闭路粉碎流程是将粉碎后的物料进行分粒，不符合细度要求的物料再回流至粉碎机重新粉碎。图 4-3-13 的五辊式麦芽粉碎机工作流程即为典型的多级闭路粉碎流程。

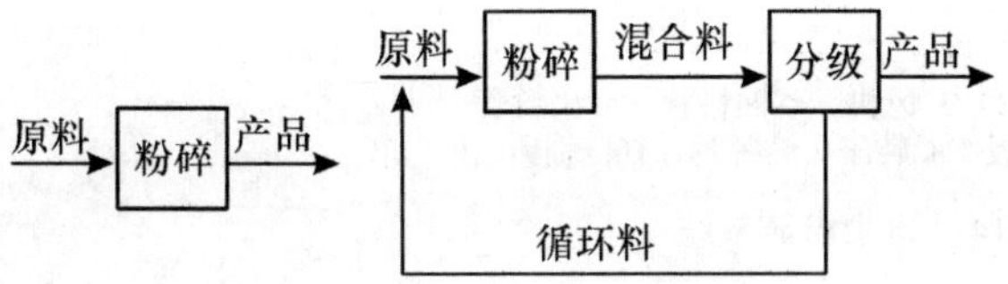

(a) 开路　(b) 闭路

图 4-3-12　粉碎流程示意图

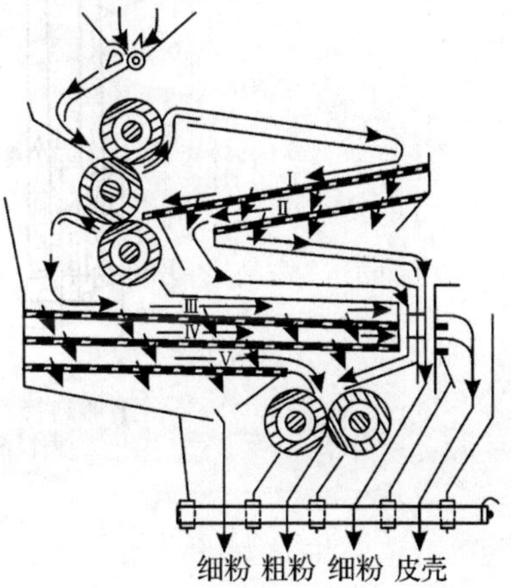

图 4-3-13　五辊式麦芽粉碎机工作流程

6. 粉碎机类型

按成品粒度分为普通粉碎机（成品粒度＜80 目）、微粉碎机（80％成品粒度＞80 目）、超微粉碎机（成品平均粒度＞200 目）。

按粉碎作用形式，最为常见的有冲击式粉碎机、研磨式粉碎机等。

7. 选择粉碎机械的要求

（1）经粉碎后的物料，颗粒大小要均匀。

（2）已被粉碎的物料，要能立即从辊轧部位排出。

（3）尽可能实现操作自动化，例如能不断地自动卸料等。

（4）可以调节和控制粉碎度。

（5）维修方便，易损件更换简单。

（6）设有安全装置，发生故障时能自动停车。

（7）节能，即每单位产量所消耗的能源要尽量小。

（二）锤式粉碎机

锤式粉碎机是利用高速旋转的锤片对物料施以强烈作用而将物料粉碎的机械。其作用原理主要是撞击粉碎，同时机器中还存在着强烈的摩擦和剪切作用，所以锤式粉碎机既可以用于脆性物料的粉碎，也可以用于一些韧性物料的粉碎，故常被称为万能粉碎机。

锤式粉碎机的特点是结构简单、操作方便、生产效率高。但由于粉碎作用机理复杂，粉碎的粒度不能被严格控制，在不同的粉碎条件下其粉碎比可以在很大的范围内变化。锤式粉碎机在食品工业中的用途十分广泛，可以用于许多食品原料和中间产品，如薯类、玉米、大豆、咖啡、可可、糖、食盐、谷类、麦类等的粉碎。

常见的锤式粉碎系统如图 4-3-14 所示。该系统主要由进料装置、机壳、转子、齿板、筛板、风机和排料装置组成。在主轴上固定着若干个由轴套分隔定位的转盘，其上连接着锤片，组成了锤式粉碎机的转子。转子由主轴驱动，在由机壳和齿板、筛板等构成的粉碎室内旋转，破碎物料。转子的下部是筛板，侧面是风机，风机的叶片固定在主轴上。

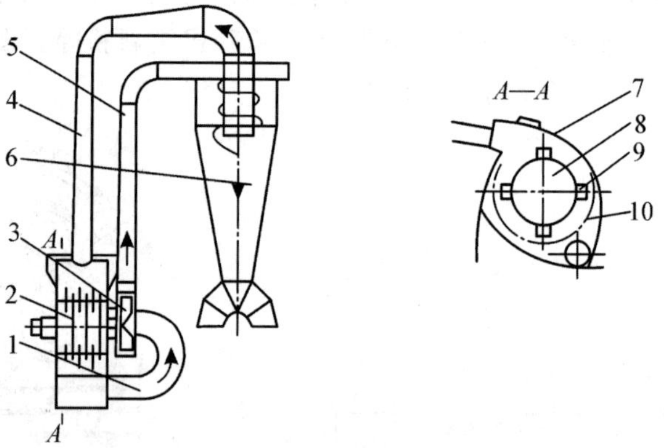

1. 吸料管　2. 锤架台　3. 风机　4. 回料管　5. 出料管
6. 集料筒　7. 齿板　8. 转子　9. 锤片　10. 筛板

图 4-3-14　锤式粉碎系统

1. 锤式粉碎机的工作过程

工作时，物料从进料口进入粉碎室，受高速旋转锤片的打击而粉碎，粉碎料以较高的速度飞向齿板，与齿板撞击而进一步破碎，随后弹回再次受到锤片的撞击作用。与此同时，物料也受到锤片端部与筛板的摩擦、剪切作用。物料被粉碎到一定程度时，小于筛孔的颗粒被排出粉碎室，大于筛孔的颗粒与新进入的物料一起继续进行粉碎。被排出粉碎室的物料由风机叶片旋转所造成的负压吸出，经由风机送入沉降设备。由风机造成的负压可以避免进料口和轴与侧壁的间隙等处粉尘的外溢，改善工作环境。

2. 锤式粉碎机的主要结构

(1)锤片　锤片是锤式粉碎机的主要工作部件。锤片的形状尺寸、排列方式对粉碎机的性能有很大影响。

锤片的基本形状有 8 种，如图 4-3-15 所示，其中以矩形锤片最为普遍。锤片形状由被破碎的物料而定，锤片棱角多，粉碎力强，耐磨性差，尖角适合粉碎纤维性物料，环形锤片磨损均匀。锤片的长度一般不超过 200 mm。

锤片在转子上的排列方式会影响转子的平衡、物料在粉碎室内的分布以及锤片磨损的均匀程度。锤片工作应遵循以下原则：锤片的运动轨迹尽可能不重复，沿粉碎室工作宽度，锤片的运动轨迹分布均匀，物料不被推向一侧，有利于转子的动平衡。

由于工作时不断地与物料撞击、摩擦，锤片的磨损很大，一般寿命为 200～500 h。锤片的材料常为 10、20 低碳钢，为了延长使用寿命，一般要做表面渗碳和渗硼处理，或在工作面上堆焊碳化钨或耐磨合金等。

锤片在制造时有严格的精度要求，因为高速旋转的转子能否处于较好的平衡状态，关键在于锤片的尺寸和质量是否一致。在锤片安装时也必须注意，要使转子轴线对称方向的锤片质量也处于对称状态，力求减小振动和噪声。

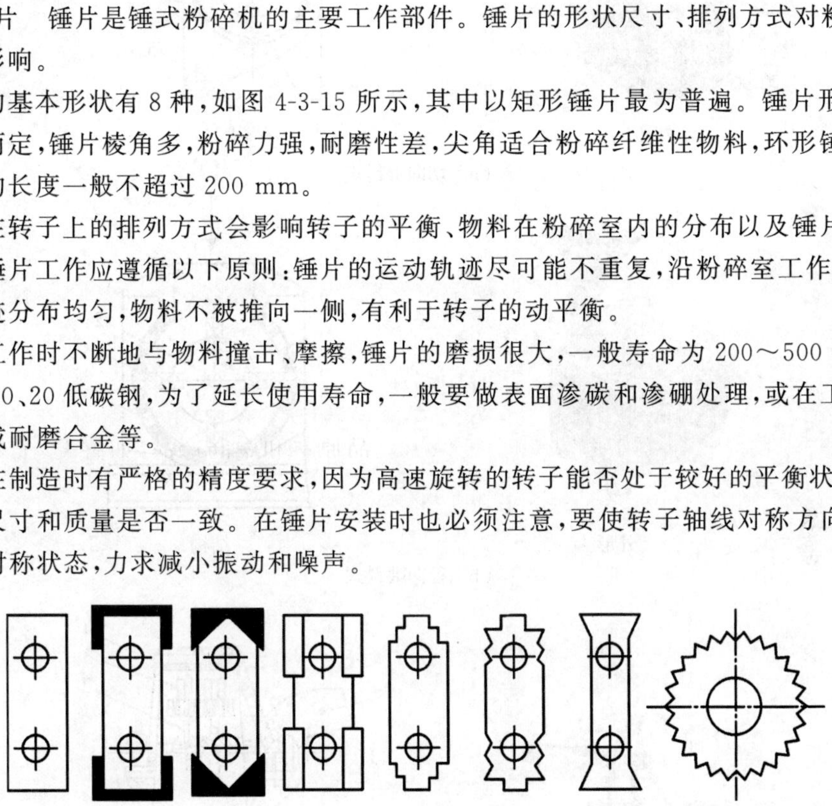

图 4-3-15　锤片的基本形状

(2)筛板　筛板是锤式粉碎机的排料装置，一般用 1～1.5 mm 厚的优质钢板冲孔制成。通常设在转子下半周的位置，为了提高粉碎机的排料能力，也可使筛板占整个粉碎室内周面积的 3/4 以上，或是将筛板置于粉碎室侧面。

粉碎后的物料经过筛板排出；比筛孔小得多的颗粒，被风机叶片旋转所造成的负压吸出；与筛孔尺寸相仿的颗粒，当其随锤片高速旋转时，在离心力的作用下紧贴筛板，在滑过筛孔时即被筛孔锐利的边缘剪切，并被挤出孔外。

筛孔的形状和尺寸是决定粉料粒度的主要因素，对机器的排料能力也有很大的影响。筛孔通常是圆孔或长孔。筛孔的直径一般分为四个等级，小孔 1～2 mm，中孔 3～4 mm，粗孔 5～6 mm，大孔 8 mm 以上。注意，筛孔的尺寸并不代表产品的粒度级别。因为在高速运动时，通过筛板的颗粒尺寸往往比孔径小得多。

3. 锤式粉碎机的形式

按粉碎机的进料口位置及进料方向，锤式粉碎机可分为三种形式：切向喂料式、径向喂料式和轴向喂料式，如图 4-3-16 所示。按转子的数目，锤式粉碎机还可以分为单转子式锤碎机和多转子式锤碎机。

学习视频 12
锤式粉碎机

外形

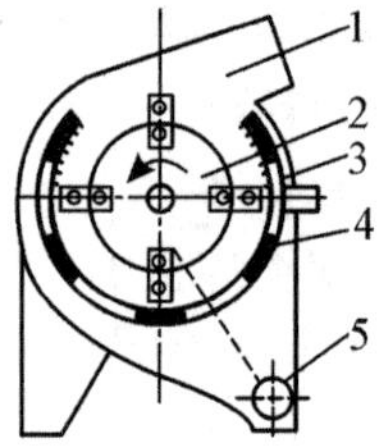

结构

（a）切向喂料式

外形

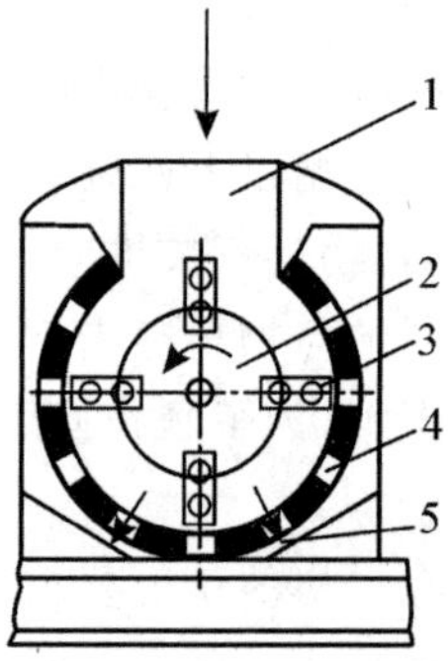

结构

（b）径向喂料式

外形

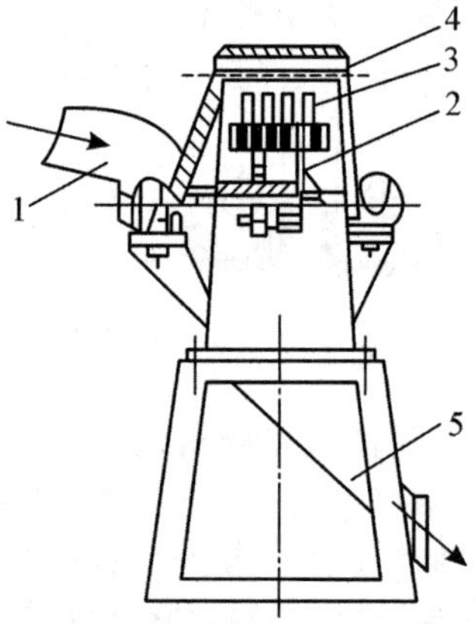

结构

（c）轴向喂料式

1.进料斗 2.转子 3.锤片 4.筛板 5.出料口

图 4-3-16 锤片粉碎机类型

4. 锤式粉碎机的主要性能参数

(1)粉碎比　锤式粉碎机有很高的粉碎比,单转子式锤碎机的粉碎比在10～15。由于产品粒度的大小主要取决于筛孔的尺寸,缩小筛孔尺寸可加大粉碎比,减小产品粒度。

(2)转子的转速　锤式粉碎机的转速取决于锤片破碎物料时所需的动能。因此,转速的大小与锤片的质量有关,质量越大,则其破碎能力越强,但旋转时的离心力也越大。

(3)生产能力　锤式粉碎机的生产能力与转子的长度、筛板的孔隙大小、锤片的质量、转速、粉碎比、加料情况及物料的性状有关。根据经验,可用下式粗略计算:

$$G=(30\sim45)DL\rho$$

式中,G—生产能力,kg/h;

D—按锤片外缘计算的转子直径,m;

L—转子长度,m;

ρ—物料粉碎前的密度,kg/m^3。

(4)功率消耗　锤式粉碎机的功率消耗一般也采用经验公式估算:

$$P=KD^2Ln$$

式中,P—粉碎机所消耗的功率,kW;

K—系数,大型机 $K=0.15\sim0.2$,中型机 $K=0.15$,小型机 $K=0.10$;

D—按锤片外缘计算的转子直径,m;

L—转子长度,m;

n—转子转速,r/min。

5. 锤式粉碎机的操作要点及注意事项

(1)操作锤式粉碎机时,应先启动机器,再投入物料。切忌在满负荷时启动。

(2)进入锤式粉碎机的物料,应通过电磁离析器去除金属杂质,以免损坏机件。

(3)要根据产品的粒度选择筛板,筛板与锤片之间的间隙要根据物料性质加以调整。

(4)筛板和锤片工作时会因强大冲击力及磨损而损坏,要经常检查,随时更换。

(5)锤式粉碎机对湿度大的物料粉碎效果较差,故进入机器的物料含水量不要大于15%。

(6)停机前,应先停止进料,待机内物料基本排空后再停机。

(三)辊式粉碎机

1. 概述

辊式磨粉机是食品工业中广泛使用的一种粉碎设备,最常见于面粉工业,在啤酒生产中的麦芽粉碎操作、油料的轧胚、方便食品的轧片操作、巧克力及糖粉的加工中也均有使用。一般由机架、成对磨辊、喂料机构、松合闸机构、辊面清理装置、传动机构及吸风装置等组成。

下面以国产液压全自动控制的MY型辊式磨粉机为例(图4-3-17、图4-3-18),介绍其基本结构和工作过程。

MY型辊式磨粉机具有两对磨辊,中间用隔板隔开。每对磨辊均呈45°角倾斜布置,具有各自的喂料机构、轧距调节机构、松合闸机构和传动机构等,形成两个独立的系统。物料由上部进料筒进入,经喂料机构使物料连续均匀地进入辊轧之间,研磨粉碎后从下部排料斗排出。

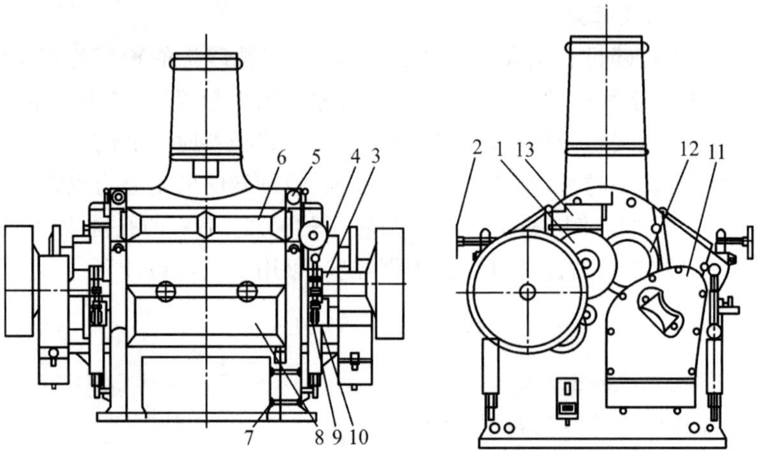

1. 喂料辊传动轮 2. 轧距总调手轮 3. 快辊轴承座 4. 轧距单边调节机 5. 指示灯
6. 上磨门 7. 机架 8. 下磨门 9. 慢辊轴承臂 10. 慢辊轴承座
11. 链轮箱 12. 油缸活塞杆端 13. 自动控制装置

图 4-3-17 MY 型辊式磨粉机结构(一)

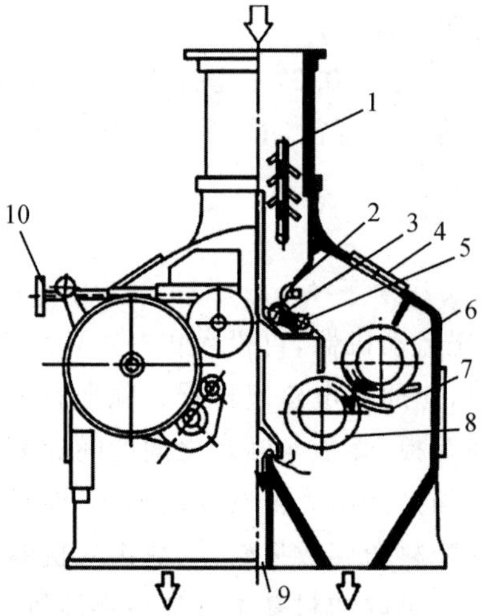

1. 枝状阀 2. 扇形活门 3. 喂料定量辊 4. 视窗 5. 喂料分流辊
6. 快磨辊 7. 刮刀 8. 慢磨辊 9. 吸风口 10. 轧距调节手轮

图 4-3-18 MY 型辊式磨粉机结构(二)

(1)机架 MY 型磨粉机的机身采用大墙板拼装式结构,整个机身由 8 块铸铁件构成,即左右侧墙板、磨顶和 4 块墙板撑挡,全部用螺栓(定位销)连接固定。机身内部使用木质衬板保温,以防在工作过程中内腔壁结露而导致粉料结块甚至霉变。

(2)磨辊 磨辊是磨粉机的主要工作构件。根据磨辊表面特性的不同,可以将磨辊分为齿辊和光辊两种,光辊外表面为经研磨加工的光滑圆柱面,主要对物料进行挤压和研磨;齿辊表面有一定斜度的齿状条纹,是在光辊表面拉出一定几何形状和参数的细槽,俗称“拉丝”。齿辊可对物料进行剪切、挤压和研磨。成对磨辊表面的线速度可以根据不同的需要进行选择。表面线速度相等时,对辊可用来进行轧片和轧坯操作;对辊用作研磨时则两辊表面线速度必须有速差，因此每对辊中的两磨辊的转速并不相同，通常称表面线速度较高的称为“快辊”，表面线速度较低的称为“慢辊”。MY 型辊式磨粉机的上磨辊为快辊，下磨辊为慢辊。一般快、慢辊的速比采用 2.5∶1。

磨辊要求有足够的强度、刚度和高的硬度、表面耐磨性和均匀性。磨辊还应进行动平衡校验和保持较高要求的形位公差。

由于研磨过程中大量的机械能转变为热能，磨辊和机腔温度升高，如热量不能及时散发出去，会导致被粉碎物料升温、变质，降低制品的质量。所以磨辊应具有较好的导热性和较大的热容量以保证磨辊在工作时的温升不超过 60 ℃，大型磨粉机一般采用水冷磨辊(尤其是快辊)，以水冷却磨辊，同时降低轴承温度，延长磨辊的使用寿命。中小型磨粉机的磨辊采用较小的空心以增大热容量。

(3)轧距调节　两磨辊辊面间的最小距离称为轧距，调节轧距可以控制被粉碎物料的粒度。当磨粉机空载时，为避免高速相向旋转的两磨辊互相摩擦、碰撞，轧距应放大，称为松闸；当磨粉机负载时，两辊间隙应回到调定的轧距，称为合闸。一般辊式磨粉机要求松、合闸和喂料机构的操作联动；有物料时，通过物料传感器使喂料机构先运转，物料进入两辊之间后再合闸；断料时，先松闸，再使喂料机构停止。这样不仅能防止两辊碰撞产生火花，引起粉尘爆炸，而且能避免齿辊表面的磨损。

轧距调节机构分总调和单调两个部分，总调是磨辊两端同时平行调节，可改变轧距；单调是调节磨辊一端的轧距，可用来调节磨辊的平行度，使磨辊在长度方向上轧距均匀。

(4)传动　MY 型辊式磨粉机在空载时，电动机通过传动带一级减速带动快辊旋转，快辊通过链轮箱带动慢辊旋转；负载时，快辊通过物料与慢辊接触，在摩擦力的作用下同速旋转，此时链轮箱限制慢辊的转速，起定速作用。快慢辊均由滑动轴承支承。快辊轴承座安装在墙板上。慢辊轴承座则安装在轴承臂上，垂直臂一端空套在机架的铰支轴上，另一端支承在轧距调节机构的拉杆上，调节拉杆的位置，可使慢辊轴承臂绕铰支轴旋转，借以调节快慢辊之间的间隙，即轧距的大小。为了调整轴承臂上慢辊轴承中心到铰支轴轴心的距离，上慢辊轴承中心到铰支轴轴心的距离，以保证快、慢辊轴线在同一平面内，在慢辊一端轴承臂的铰支轴上加了一个偏心套。MY 型辊式磨粉机快慢辊的滑动轴承均有自位性能，为补偿慢辊在轧距调节过程中可能产生的轴承偏斜，慢辊两端轴承臂的铰支轴均设计成鼓形外表面。

(5)喂料机构　喂料机构的作用是保证小麦粒连续不断地以稳定的流量进入研磨区，并且均匀地分布在磨辊的全部长度上，同时要防止物料堵塞和磨辊空磨。常用的流量调整装置有两种：一种是弧形指示器形式，它由小手轮、流量控制板等部分组成。改变流量控制板和喂料辊之间的间隙，可改变流量的大小，调节范围为 0～6 mm。另一种是流量调整机构形式，它由前滑板、壁板、流量调节板和慢辊组成。没有专设喂料辊而是以慢辊代替，由慢辊把物料喂入两辊之间，由流量调节板和慢辊之间间隙大小控制流量。

MY 型辊式磨粉机的喂料系统由上下两辊和喂料门及调节、控制系统组成。扇形料门用两个顶尖铰支在墙板上，其中一个顶尖有一可调偏心轴，用来调节料门与定量辊之间间隙的均匀度，使整个辊长方向上喂料量均匀一致。上料辊和下料辊同方向旋转，其间有一光滑导料板，使物料稳定过渡，不产生冲击。

料门调节螺杆用来调节料门与定量辊之间的间隙，即喂料量的大小。墙板上安装有挡料板，用来阻挡磨辊两端的漏粉。

(6)辊面清理　磨辊在研磨物料的过程中，辊面总会黏附一些物料，所以每个磨辊下方均设有辊面清理装置清理黏附物料。对于齿辊，一般采用硬毛刷清理，毛刷安装在可调的弹簧座上，用弹簧将毛刷压紧在辊面上；对于光辊，一般采用刮刀，刮刀安装在铰支的杠杆上，靠配重使刮刀紧贴在辊面上。当磨粉机停车时，用一根金属链将配重拉起，使刮刀离开辊面，以避免接触处的腐蚀。

(7)吸风装置　MY 型辊式磨粉机的吸风道位于磨粉机下部的中间位置，贯穿机膛全长。通风系统工作时，机膛始终处于负压状态，空气从上磨门的两条进风缝隙进入机膛内，绕过上磨辊与上撑挡之间的空间，穿过磨下物进入吸风道，起到吸收粉尘、降低粉温和辊温、排出湿气的作用。

(8)液压自动控制系统　MY 型辊式磨粉机的进料、台闸、松闸、卸料等动作由液压控制系统完成。液压系统固定在墙板上，各种动作由进料筒的枝形浮子传感器和杠杆系统控制。

2. 辊式磨粉机的特点及主要形式

(1)辊式磨粉机的特点

①适合热敏性物料的粉碎　辊式磨粉机对辊的轴线相互平行，同时磨辊的线速度较高，两辊间所形成的粉碎区很短，因而物料通过粉碎区的时间短，避免了粉碎过程中物料温度过高而导致蛋白质热变性，故特别适合热敏性物料的粉碎。

②可控制物料粉碎的粒度　辊式磨粉机能够通过调整轧距来控制物料粒度，避免过度粉碎，节省能源，保证粉碎质量。

③能够进行选择性粉碎　通过快慢辊速差的选择、磨辊表面几何形状和参数的选择、一次粉碎比的选择，辊式磨粉机能够实现对物料的选择性粉碎。

④粉碎过程稳定，便于控制　由于对辊表面上每一点的几何参数和运动参数均相同，整个粉碎区的工作条件一致，故而粉碎过程稳定，也便于控制并实现自动化生产。

(2)辊式磨粉机的形式

①等速旋转的光辊　以挤压的方法粉碎物料或使物料挤压成片状。典型设备是轧麦片机、轧米片机等。

②差速旋转的光辊　以挤压和研磨的方法粉碎物料。典型设备是面粉生产的心磨系统中使用的光辊磨粉机和巧克力精磨机等。

③差速旋转的齿辊　以剪切、挤压和研磨的方法粉碎物料。典型设备是面粉生产中的皮磨、渣磨及尾磨系统中使用的齿辊磨粉机。

3. 辊式磨粉机的主要性能参数

(1)磨辊速比和研磨长度　快慢辊线速度的比值称为速比，用 i 表示，两磨辊直径相等时有：

$$i=\frac{v_k}{v_m}=\frac{n_k}{n_m}$$

式中，v_k、v_m—快、慢辊的线速度，m/s；

n_k、n_m—快、慢辊的转速，r/min。

研磨长度是指在粉碎区内快辊面相对于物料的滑动距离，用 s 表示：

$$s=\frac{v_k-v_m}{v_m}l=l(i-1)$$

式中，l—粉碎区长度，m。

从上式可看出，速比 i 决定物料的研磨长度 s，速比 i 越大，磨辊辊齿对物料的剪切次数越多，一次粉碎比就越大。因此，辊式粉碎机需要有一个适当的速比 i。目前国内所用的磨粉机，快慢辊的速比 i 常为 1∶(1.12～2.5)，国外粉碎玉米的磨辊速比有的高达 1∶3.5。

(2)生产能力　辊式磨粉机的生产能力可由下式得到：

$$G=120\pi DnLB\rho\Psi$$

式中，G—生产能力，kg/h；

D—磨辊直径，m；

n—磨辊转速，r/min；

L—磨辊长度，m；

B—轧距，m；

ρ—物料的密度，kg/m^3；

Ψ—填充系数。

(3)功率　辊式磨粉机用于磨粉时，其功率可按如下经验公式计算：

$$P=\frac{0.735kQ}{dn}$$

式中，P—功率，kW；

k—系数，取 $k=100～110$；

Q—磨粉机生产能力，t/h；

d—被粉碎物料粒度，cm；

n—磨辊转速，r/min。

4. 辊式磨粉机的操作要点及注意事项

(1)要根据产品要求的不同粒度调整磨辊轧距。

(2)磨辊的转速应根据物料的性质状态来选择，被粉碎物料的粒度越大、硬度越大，则转速应越低。

(3)工作时喂料门开启程度需能阻止一定大小的异物通过，同时严防金属和硬杂物进入磨辊之间，以免造成机器的损坏。

(4)手动磨粉机开机时要先给料后合闸，停机时要先松闸后断料。

(5)磨辊的磨齿在长时间工作后会磨损变钝，降低磨粉效率，应将磨辊卸下重新拉丝，以保证磨粉机始终处于良好的工作状态。

(四)其他粉碎机简介

在食品工业生产中，对固态物料进行粉碎的设备还有气流粉碎机、振动磨、冷冻粉碎机等。

(1)气流粉碎机　该类机器利用空气、蒸汽或者其他气体通过一定压力的喷嘴喷射产生高速的湍流和能量转换流，物料颗粒在这种高能气流作用下悬浮输送，相互发生剧烈的冲击、碰撞和摩擦，加上高速喷射气流对颗粒的剪切冲击作用，使得物料颗粒间得到充分的研磨而粉碎成细小粒子，如图 4-3-19 所示。

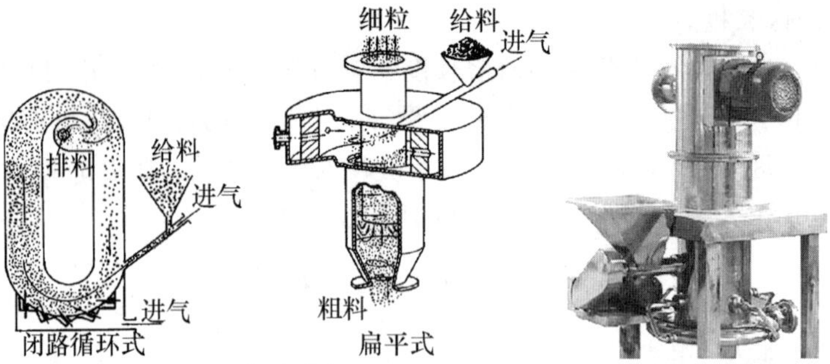

(a) 工作原理图 (b) 外形图

图 4-3-19 气流粉碎机

（2）振动磨　振动磨（图 4-3-20）工作时，筒体内装填着粒度较小的被粉碎物料和球状或圆柱状的研磨体，磨机系统作高频振动，利用筒体内的研磨体对物料的高频撞击和研磨将物料粉碎至超细。振动磨粉碎效率高、适应性强，可用于任何物料的超细磨，干磨、湿磨均可。

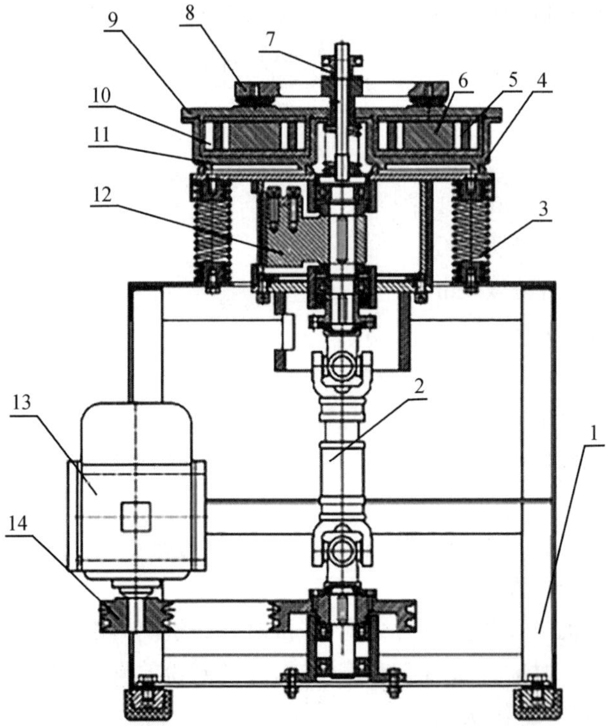

1. 机架　2. 传动轴　3. 主振弹簧　4. 料钵底板　5. 研磨环　6. 研磨块　7. 压紧机构
8. 压紧盖板　9. 料钵盖板　10. 填料仓　11. 料钵　12. 偏心机构　13. 电动机　14. 带传动机构

图 4-3-20 振动磨结构

（3）冷冻粉碎机　有些物料在常温下具有热塑性或者非常强韧，粉碎起来非常困难。冷冻粉碎机可将物料冷冻，使物料成为脆性材料然后再粉碎（图 4-3-21）。

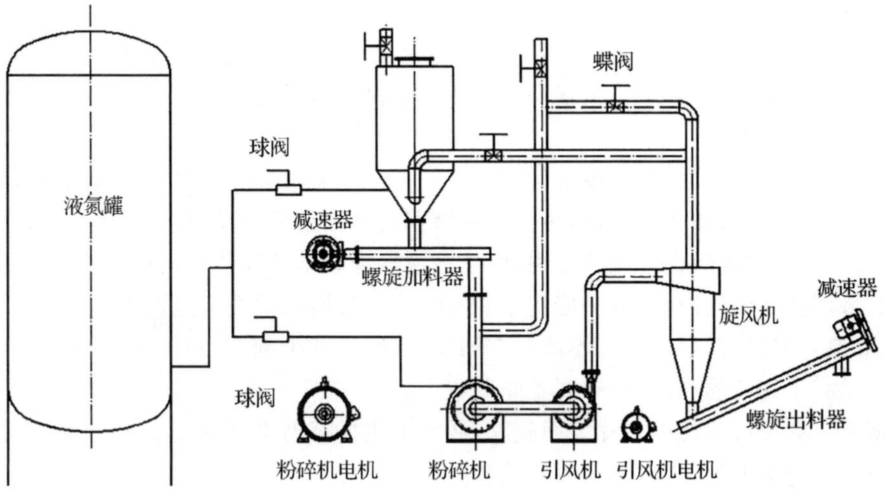

图 4-3-21　冷冻粉碎设备流程图

技术应用

萝卜脆片的生产

一、原料

胡萝卜。

二、设备与工具

真空低温油炸机。

三、操作方法

1. 胡萝卜脆片生产工艺流程

原料→清洗→去皮→切片→杀青→冷却→沥干→含浸→沥干→预冻结→真空低温油炸→调味→冷却→半成品分拣→包装。

2. 胡萝卜脆片生产操作要点

(1)原料　要求新鲜，粗老适中，无虫蛀病害，无霉料烂及机械损伤。

(2)清洗　用流动水漂洗，洗去表面的泥沙。

(3)去皮　可用人工去皮或磨皮机去皮，磨皮机去皮可提高 2～3 个百分点的得率，一般不宜选用碱式去皮，因为碱式去皮后残留的酸或碱对油脂的品质有严重影响，去皮时应剔除不合格的部分。

(4)切片　通常切成厚度在 2.8～3.0 mm 的薄片，切片以切成圆片或微椭圆片为准，也可切成波纹片。

(5)杀青　在 1.0%～2.0%的 NaCl 溶液中，95～98 ℃杀青到胡萝卜变色为止，杀青时间

30 s～2 mim。

(6)冷却　用流动清水冷却或用 7 ℃的循环冷却水冷却至 15 ℃以下即可。

(7)沥干　冷却后的胡萝卜，振荡沥干或用离心机脱水，振荡沥干时间 3 min 以上，效果较差，离心机脱水时间 20 s～2 min。

(8)含浸　采用常压含浸时，糖液浓度 30%～40%，糖液量至少须浸没胡萝卜，时间不少于 2 h，待胡萝卜中心有甜味时即可，用过的糖液仍含有大量葡萄糖，适应添加少量高浓度糖浆后浓度恢复至起始浓度后仍可继续使用，由于糖液本身就是良好的细菌培养基，极易引起酵母菌的繁殖，采用此法的糖液，一般只能用 2～3 次，待糖液酸化时便不能再用。

采用真空含浸时，真空度最高不超过 3 kPa，时间可减少到 30 min，其他情况与常压含浸一样，此法提高了糖液的利用率，有利于降低成本。

(9)沥干　含浸后的胡萝卜片表面较黏，通常采用振荡沥水 3 min，分摊速冻，厚度不超过 8 cm，最好用塑料袋套好，以防止蒸发影响传热。

(10)预冻结　一般在速冻库中进行，快速冷冻至物料中心温度达－18 ℃及以下，冷藏备用，大规模生产也有用中、小型流态床单体冻结的，效果更佳。

(11)真空低温油炸　该工序是生产果蔬脆片的关键工序，在真空低温油炸机中进行(该设备俗称主机)。首先将油温预热至 110 ℃，设定补偿加热温度为 75 ℃，打开主机门，将物料迅速装入吊框中，迅速关门，与此同时，主机操作人员打开冷却水进水阀，启动冷却塔风机、循环水泵、真空泵，待真空室内压力降至 5 kPa 时，启动油炸开关，开始油炸脱水，注意观察油炸时的情况变化，由于脱水时间短至 15 min 左右，稍有不慎即可造成产品报废，保证终温不超过 78 ℃。油炸结束，提起吊框，准备脱油，对能在主机内真空脱油的设备，启动脱油电机即可；对常压脱油的设备，则需破坏真空，取出物料后在离心机内脱油，其分离因素一般不应超过 250 g(重力加速度)，否则碎片太多，甚至全部变成碎片。

油炸作业一天(20 h)后，须将掉入油脂中的微粒除去，常用方法有 200 目筛网过滤、超速离心等，以防止这些微粒反复油炸变焦，致使油脂变质，不能使用，而导致生产成本增高，事实上，油脂的再生与抗氧化已成为降低果蔬脆片生产成本的关键所在。

由于油炸脱水时间短，变化快，人为控制已经很难保证品质的均一，自动控制已成为该技术设备中不可缺少的标准配置。

(12)冷却　脱油后的产品立即通过传递通路进入包装间，一般用冷风机吹出的 7 ℃的干空气冷却，待胡萝卜脆片冷却到常温时，即可进行分拣。

(13)半成品分拣　依据外观和规格要求分拣半成品，剔除夹杂物，分级包装。

(14)包装　大包装采用双层 PE 袋，小包装大部分选用彩色复合铝铂袋作包装材料。

四、实训建议

1. 实训时间与分组安排

本实训任务宜安排 6～8 学时的集中时间，在企业技术员和教师的指导下，由学生独立完成或由 3～5 人一组合作进行。

2. 实践操作内容的安排

(1)实践操作前组织学生应接受食品安全卫生操作知识和职业道德培训，熟悉车间卫生管理制度与相关操作规程。

(2)建议在生产实训前,组织学生按照分组任务要求,观摩由企业生产技术员完成的至少一批次的生产全程。回校后组织讨论,解决学生对生产过程中仍不清楚的关键问题。

(3)实训中真空低温油炸机的温度设置和把控是关键工序,在企业技术员和教师的指导下,尽可能由学生自己完成操作,以培养和提高学生的独立工作能力。

思政小课堂

“干制”破解果蔬“滞销”难题

蔬菜和水果中含有丰富的碳水化合物、有机酸、维生素及无机盐,是人类重要的营养来源,也是人类生活中必不可少的食物。季节性生产和周年性供应是蔬菜和水果的重要特征,也是造成市场供求矛盾的主因。每年收获季节大量水果和蔬菜上市,许多地方市场供大于求,“菜贱伤农”情况时有发生。

新鲜水果和蔬菜含水量高(大部分果蔬含水量在 90%以上)、产后呼吸代谢旺盛、极易腐烂的特质,给农产品的贮藏、运输、流通等产业环节带来相当的困难,据调查,我国水果产后平均损失率为 15%～20%,蔬菜产后平均损失率为 25%～30%,每年水果和蔬菜的损失量超过 1.6 亿 t,产后巨大的损失已成为增产增收的一大阻力。为了减少果蔬产后损失,除了广泛采用预冷、保鲜等方法外,果蔬干制也是调节供求、消化季节性剩余、减少产后腐烂损失的一个有效途径,是新鲜蔬菜的有效补充;同时,果蔬干制能有效提高产品的附加值,延长产业链,已成为提高农民收入、推动当地经济发展的有效途径之一。

农产品的保鲜和加工是农业生产的继续,是农业再生产过程中的“二产经济”,除了保鲜和加工带来的高附加值,仅减少现有果蔬的损失,就可以为社会带来近千亿元的效益。作为新时代的中国青年,同学们应牢固树立“三农”意识,砥砺品质、提升能力,积极投身中国式现代化建设,在科技创新、乡村振兴、绿色发展工作中展现青春朝气。

思考与练习

1. 干燥的概念、目的和方法是什么?
2. 如何根据食品物料的特性选择干燥设备?
3. 什么是冷冻干燥? 冷冻干燥的原理是什么?
4. 真空干燥的特点有哪些?
5. 高黏度浆状物料可用哪些类型的设备干燥?
6. 水分含量高的浆状物料可选用哪种干燥设备?
7. 真空低温油炸的优点是什么?
8. 简述真空低温油炸设备的构造及工作原理。

项目5

乳制品加工机械与设备

学习目标

知识目标

- 了解典型乳制品加工工艺流程及生产现状。
- 掌握液态乳制品加工机械与设备的结构、工作原理、操作方法和在生产中的作用。
- 掌握乳粉加工机械与设备的结构、工作原理、操作方法和在生产中的作用。
- 掌握酸乳、冰激凌加工及乳制品包装机械与设备的结构、工作原理、操作方法和在生产中的作用。
- 了解乳制品加工技术的应用及发展方向。

能力目标

- 能在操作规程的指导下完成原料乳的分离净化、均质、杀菌、冷却、浓缩、喷雾干燥、发酵、凝冻及成品包装等生产操作。
- 能正确操作和维护乳制品加工机械与设备。
- 能够独立或协作分析乳制品机械出现的问题并解决问题。

素质目标

- 具备诚实守信、吃苦耐劳、团结协作、科学严谨、规范操作、勇于创新的精神。
- 具有较强的企业安全生产意识。

项目概述

本项目主要介绍典型乳制品加工工艺流程，乳制品加工机械与设备的结构、工作原理、操作方法及维护保养，乳制品包装设备的结构、工作原理、操作方法及维护保养，并介绍一些常见乳制品加工与包装设备，以及乳制品加工机械与设备在生产中的应用。

乳是哺乳动物分娩后由其乳腺分泌的一种白色或略带黄色的不透明液体，味微甜，具有特有的香气。牛乳含有丰富的蛋白质、维生素、脂肪、糖类、矿物质等营养物质，被誉为“白色血液”，也被称为全价食品，是我国乳制品加工业的主要原料。随着经济的发展和人们生活水平的提高，人们对牛乳的需求也越来越多，牛乳消费量快速上升。另外，在国家政策的大力扶持下，我国乳制品行业有了突飞猛进的发展，涌现出一批具有相当规模和技术水平的乳制品企业，如蒙牛、伊利已发展为国际知名品牌。

我国的乳制品种类较多，主要有液态乳制品类、乳粉类、酸乳类、冷冻乳制品类等。常用的乳制品加工机械与设备有净化分离设备、均质机、杀菌设备、浓缩设备、干燥设备、发酵罐、凝冻机及包装设备等。乳制品的品种不同，所需要的工艺也不一样，加工设备各异。

知识导图

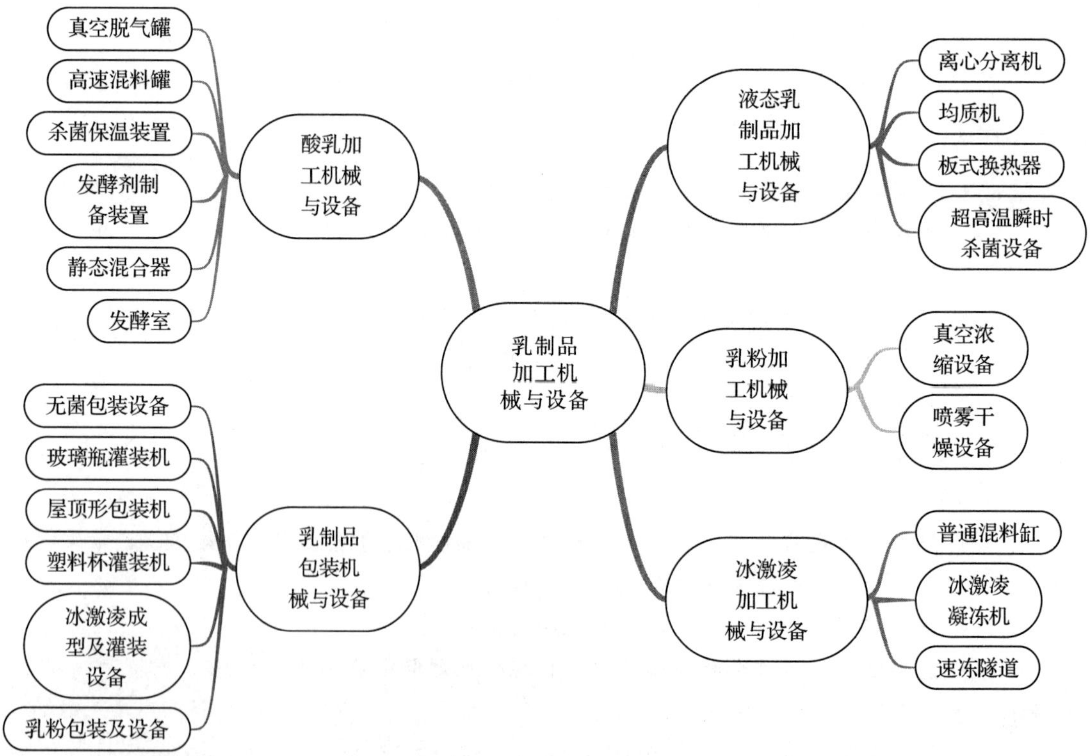

任务5-1　液态乳制品加工机械与设备

技术知识

一、液态乳制品加工工艺

液态乳制品是以鲜乳为原料，经过净化、标准化、均质、杀菌、冷却、无菌包装后直接供应消费者饮用的商品乳，基本保持了鲜乳原有的风味和营养价值。根据产品在生产过程中采用的热处理方式不同，可分为巴氏杀菌乳和超高温灭菌乳。

（一）巴氏杀菌乳

巴氏杀菌乳又称消毒乳，是指以新鲜牛乳为原料，经净化、标准化、均质、杀菌、冷却、包装后，直接供应消费者饮用的商品乳。根据脂肪含量可以分为全脂乳、高脂乳、低脂乳和脱脂乳；根据风味可以分为巧克力、草莓、香蕉、橙子和调酸等风味产品。

1. 工艺流程

原料乳验收→预处理（过滤、净化、脱气）→标准化→均质→杀菌→冷却→灌装→检验→冷藏。

2. 工艺要求

（1）原料乳验收　原料乳的质量影响产品的质量，必须选择优良质量的原料乳。

（2）预处理　利用过滤法、离心净乳法，采用双筒过滤器、双联过滤器、离心净乳机进行乳的过滤、净化，去除乳中的机械杂质，减少微生物数量。采用真空脱气罐进行乳的脱气，在牛乳处理的不同阶段进行脱气，提高牛乳计量的准确度，加强分离效果。脱气后，牛乳在60 ℃条件下进入下一道工序。

（3）标准化　乳品中脂肪与无脂干物质含量要求保持一定比例，使产品符合加工的要求。常用的标准化方法有：预标准化（在杀菌前进行标准化）、后标准化（在巴氏杀菌后进行标准化）、直接标准化（将全脂乳加热至55～65 ℃，然后按预先设定好的含脂率，分离出脱脂乳和稀奶油，把来自分离机的定量稀奶油立即在管道系统内重新与脱脂乳定量混合，得到所需含脂率的标准乳）三种。直接标准化具有快速、稳定、精确、能与分离机联合运作、单位时间处理量大的特点。

（4）均质　在机械作用力下（16.7～20.6 MPa），将乳中大脂肪球破碎成小脂肪球，使其均匀一致地分散在乳中，防止脂肪球上浮、聚结成团块，形成新鲜牛乳的芳香气味。

（5）杀菌　巴氏杀菌的主要目的是杀死原料乳中病原微生物，确保产品安全性，同时使乳的营养成分破坏程度最低，确保乳的新鲜口感和高营养价值。杀菌的方法有低温长时杀菌法（LTLT法，62～65 ℃、30 min）和高温短时杀菌法（HTST法，72～75 ℃、15 s，或55～65 ℃、15～20 s）。HTST法适用于连续、大规模生产，目前被广泛使用。

（6）冷却　杀菌后的牛乳应尽快迅速冷却至4 ℃，以抑制残存细菌的生长繁殖，延长保质期。

（7）灌装　有利于销售，从而防止外界杂质混入成品中，防止微生物再污染，保存风味，防止吸收外界气味而产生异味，防止维生素等成分的损失。

(8)冷藏　保持冷链的连续性,避免运输过程及产品在商店储存过程中影响保质期的薄弱环节。

3. 生产线

最简单的全脂巴氏杀菌乳生产线应配备巴氏杀菌机、缓冲罐和包装机等主要设备,而复杂的生产线可同时生产全脂乳、脱脂乳、部分脱脂乳。图 5-1-1 为巴氏杀菌乳生产工艺流程。原料乳先通过平衡槽 1,然后经物料泵 2 送至板式巴氏杀菌机(板式换热器 4)。预热后,通过流量控制器 3 至离心分离机 5,从而生产脱脂乳和稀奶油。其中稀奶油的脂肪含量可通过流量传感器 7、密度传感器 8 和调节阀 9 来确定并保持稳定。从图 5-1-1 可看出,稀奶油一是通过阀 10、11 进入均质机 12,而生产脂肪含量不同的巴氏杀菌乳;二是多余的稀奶油进入稀奶油生产线。随后均质的稀奶油与脱脂乳混合,并送至板式换热器 4 和保温管 14 进行杀菌。当杀菌温度低于设定值时,回流阀(转向阀 15)使物料回到平衡槽。巴氏杀菌后,杀菌乳通过杀菌机热交换段与平衡槽流入的乳进行热交换,使其本身被降温,然后乳继续到冷却段,用冰水冷却,冷却后的乳进入缓冲罐,待灌装。

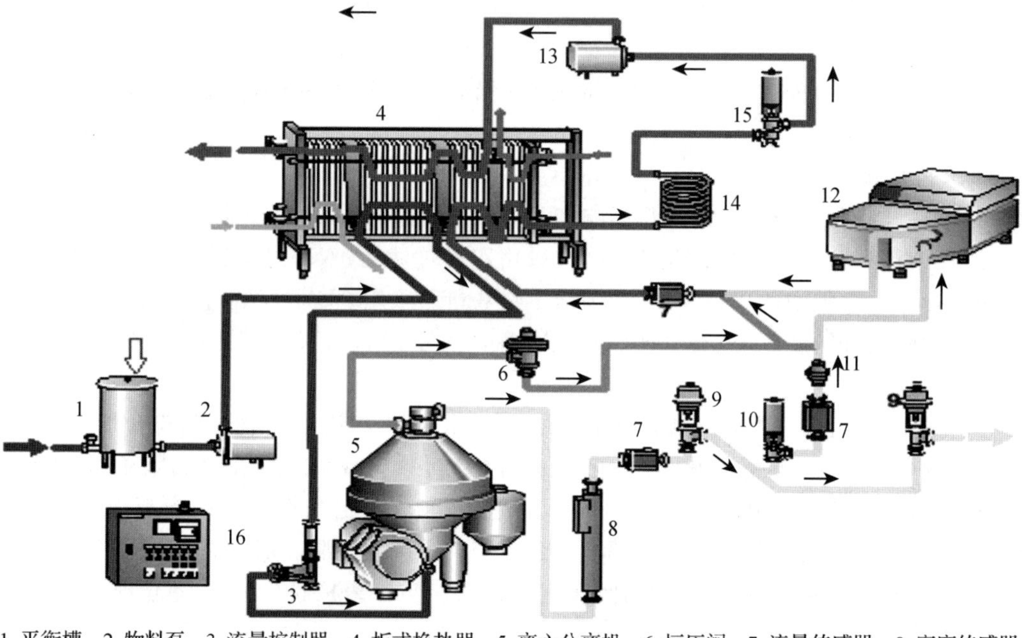

1. 平衡槽　2. 物料泵　3. 流量控制器　4. 板式换热器　5. 离心分离机　6. 恒压阀　7. 流量传感器　8. 密度传感器　9. 调节阀　10. 逆止阀　11. 检测阀　12. 均质机　13. 增压泵　14. 保温管　15. 转向阀　16. 控制盘

图 5-1-1　巴氏杀菌乳生产工艺流程

(二)超高温灭菌乳

灭菌乳指杀死牛乳中微生物,使牛乳保持商业无菌。商业无菌就是牛乳经过适度杀菌后,不含有致病性微生物,也不含有在常温下能在产品中繁殖的非致病性微生物。

按照加工工艺,灭菌乳可分为两大类,即保持灭菌乳和超高温灭菌乳(UHT 乳)。保持灭菌乳也称二段灭菌乳,采用传统的灭菌方式,就是先将牛乳经过超高温瞬时处理,进行灌装、封合后再进行 105～120 ℃、10～70 min 保持灭菌。随着加工技术的发展、通过升高灭菌温度和缩短保持时间也能达到相同的灭菌效果,这种灭菌方式称为超高温灭菌(UHT)。UHT 乳是指物料在连续流动的状态下通过热交换器加热到 135～150 ℃，保温时间为 2～8 s，以达到商业无菌要求，然后在无菌状态下，灌装到无菌包装容器中的产品。超高温灭菌方式的出现大大改善了灭菌乳的特性，不仅从颜色和风味上有所改善，而且提高了产品的营养价值。

1. 工艺流程

原料乳验收→预处理→超高温瞬时灭菌→冷却→无菌灌装→检验→储存。

2. 工艺要求

(1)超高温瞬时灭菌　有直接加热法和间接加热法两种。直接加热法：利用蒸汽直接喷入产品的直接喷射式，或将产品注入蒸汽中的直接混注式。间接加热法：利用热量从加热介质中通过板片或管壁传送至产品使其加热，有板式加热、管式加热、刮板加热。目前，间接加热法应用较普遍。

(2)无菌灌装　采用无菌罐、无菌灌装机确保产品在无菌环境下灌入无菌容器中，并密封。

3. 生产线

超高温灭菌系统的加热介质为蒸汽或热水，有两种加热系统可用于牛乳的连续型超高温灭菌，即直接加热系统和间接加热系统。其中，在直接加热系统中，原料乳首先通过间接式换热器被加热到 80～85 ℃，然后与过热蒸汽直接混合，立刻升温至灭菌温度(140～150 ℃)。在间接加热系统中，产品与加热介质由不锈钢导热面隔开，产品与加热介质没有直接接触，根据换热器的不同，可分为板式热交换系统、管式热交换系统和刮板式热交换系统。其工艺流程如图 5-1-2 所示。

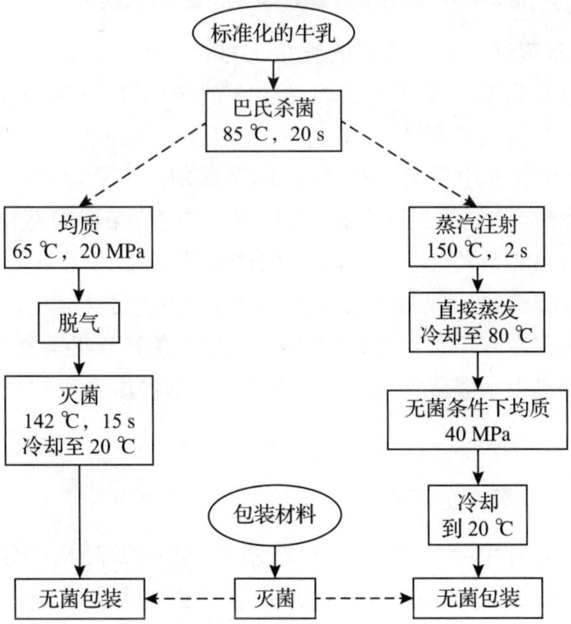

图 5-1-2　超高温灭菌乳工艺流程

(1)以板式换热器为基础的间接 UHT 设备　如图 5-1-3 所示，约 4 ℃的牛乳由贮存缸泵送至 UHT 系统的平衡槽 1，由此经供料泵 2 送至板式换热器的热回收段。在此段中，牛乳被已经 UHT 处理过的乳预热至约 75 ℃，同时，杀菌过后的乳被冷却。预热后的牛乳随即在 18～

25 MPa 的压力下均质。预热均质的产品继续到板式换热器的加热段被加热至 137 ℃,加热介质为一封闭的热水循环,通过蒸汽喷射头 5 将蒸汽喷入循环水中控制温度。加热后,产品流经保温管 6,保温 4 s。最后冷却分成两段进行热回收,首先牛乳与循环热水换热,随后与进入系统的冷牛乳换热,离开热回收段后,产品直接连续流至无菌包装机或流至一个无菌罐进行中间贮存。

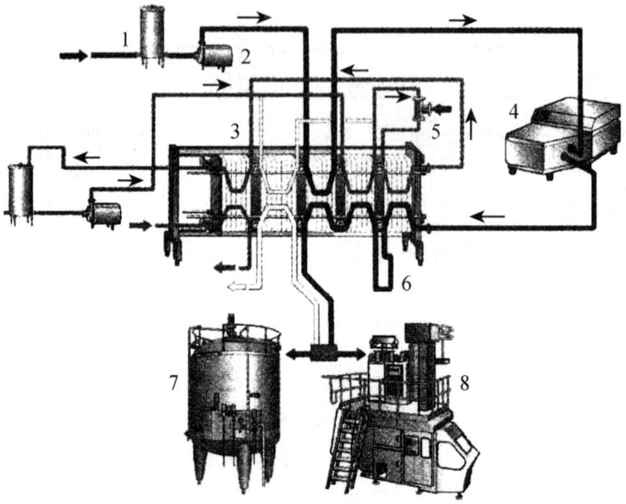

1. 平衡槽 2. 供料泵 3. 板式换热器 4. 均质机 5. 蒸汽喷射头 6. 保温管 7. 无菌罐 8. 无菌灌装

图 5-1-3 间接加热 UHT 乳生产线(板式换热器)

(2)以板式换热器和蒸汽注射为基础的直接 UHT 设备　如图 5-1-4 所示,由平衡槽提供的大约 4 ℃的产品通过供料泵 2 流至板式换热器 3 的预热段,在预热至 80 ℃时,产品经正位移泵 4 加压后继续流动至蒸汽喷射头 5,蒸汽注入产品中,迅速将产品温度提升至 140 ℃。产品在 UHT 温度下于保持管 6 中保温几秒,随后闪蒸冷却。闪蒸冷却在装有冷凝器的蒸发室 7 中进行,由真空泵 8 保持蒸发室部分真空状态,控制真空度,保证闪蒸出的蒸汽量等于蒸汽最早注入产品的量。一台离心泵将 UHT 处理后的产品送入二段无菌均质机 10 中。由板式换热器 3 均质后的产品冷却至约 20 ℃,并直接连续送至无菌灌装机灌装或一个无菌罐进行中间贮存以待包装。冷凝所需冷水循环由平衡槽 1b 提供,并在离开蒸发室 7 后再经过蒸汽加热器加热后预热介质。在预热中水温降至约 11 ℃,这样,此水可用作冷却介质,冷却从均质机流回的产品。

学习视频 13 碟片式离心分离机结构及工作原理

二、离心分离机

牛乳中除了含有蛋白质、脂肪、乳糖等营养成分外,还有一定的杂质、上皮细胞、白细胞等,而且在收集过程中也会混杂一些其他杂质,因此,在乳制品的生产过程中必须对原料乳进行净化处理和标准化处理。离心分离机是乳品厂最精密的专用设备之一,主要用于牛乳的净化、奶油的分离与均质等。

(一)工作原理

乳的离心分离原理是根据乳脂肪、非脂乳固体和各种固体杂质之间的

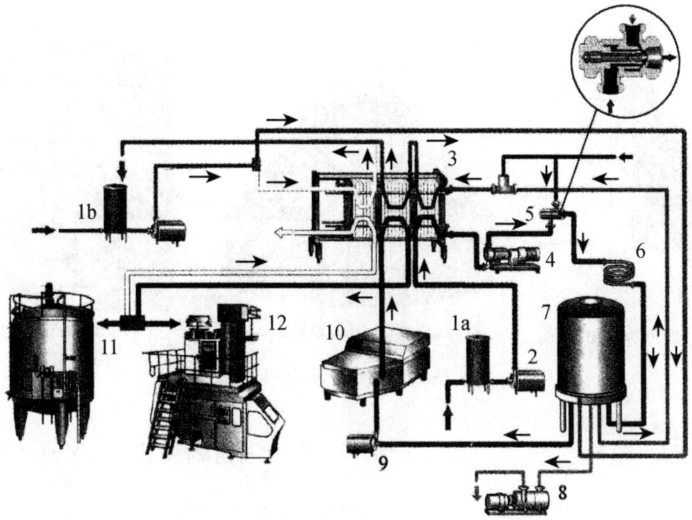

1a. 牛乳平衡槽　1b. 水平衡槽　2. 供料泵　3. 板式换热器　4. 正位移泵
5. 蒸汽喷射头　6. 保持管　7. 蒸发室　8. 真空泵　9. 离心泵
10. 无菌均质机　11. 无菌罐　12. 无菌灌装

图 5-1-4　直接蒸汽喷射加热的 UHT 生产线(板式换热器)

密度不同,利用离心分离时所产生的离心力不同,将密度不同的物质分离开来。

碟片式离心机如图 5-1-5 所示,每只碟片在离开轴线一定距离的圆周上开有几个对称分布的圆孔,当若干个碟片叠置起来后,对应的圆孔就形成垂直的孔道。分离机工作时分离钵高速旋转,原料乳进入分离钵内,而后经碟片组上的垂直通孔从下而上上升充满各碟片之间。当分离钵高速旋转时,带动碟片间的乳液旋转,在离心力作用下,使进入碟片中的乳液在碟片之间形成一层薄膜。如图 5-1-6(a)所示,牛乳中的颗粒和脂肪球根据它们相对于连续介质(即脱脂乳)的密度不同而开始在分离通道中径向朝里或朝外运动。碟片间密度小的脂肪球沿着下碟片的上表面向中心流动,由轻液口排出;密度大的脱脂乳则沿着上碟片的下表面向四周流动,经重液口排出;而固体杂质则沉淀在分离钵周围的壁上,定期排出。分离机从而顺利地将稀奶油和脱脂乳分离开来。

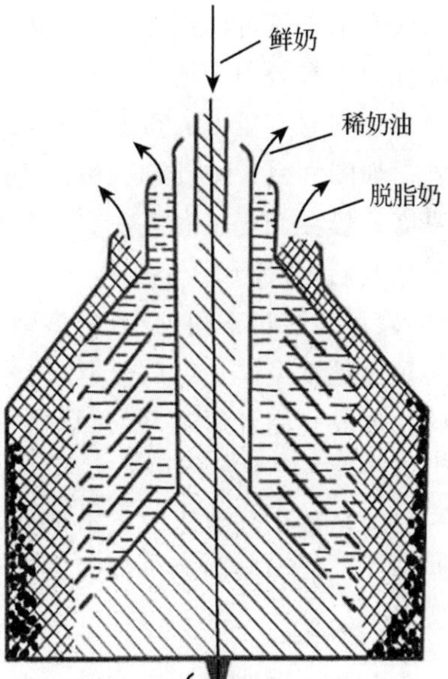

图 5-1-5　离心分离机工作原理

(二)结构

分离机的类型虽然不同,但其分离原理和构造基本是相同的,由传动装置、分离钵、容器及机架等组成。

1. 传动装置

传动装置的功用是将电动机的动力传递给分离钵。分离机的传动装置由两级增速装置组

（a）牛乳分离原理示意图　（b）碟片组示意图　（c）碟片组实物图

图 5-1-6　离心分离机碟片

成。第一级为皮带，将电动机的动力传递给蜗轮，第二级为蜗轮蜗杆，把动力传递给分离钵，使分离钵高速旋转。

2. 分离钵

分离钵是分离机的主要工作部件，将乳分离成稀奶油和脱脂乳。如图 5-1-7 所示，分离钵主要包括分离钵底座、支柱、碟片和顶罩等。

分离钵底座是整个分离钵的支承部分，让原料乳沿中心管进入分离碟片中。分离机的支柱与底座中心管可以连在一起，也可分开。碟片支柱主要起到支承和固定分离碟片的作用，其外圆柱面带有数条沟槽，套在中心管的外面。

碟片是离心机中的重要部件，其作用就是带动乳液高速旋转，并将乳液分离成稀奶油和脱脂乳。如图 5-1-6(b)、图 5-1-6(c)所示为分离机碟片组，碟片的顶角一般为 60°～80°，碟片本身厚度一般在 0.5 mm 左右。在每个碟片上均固定有一定厚度的小凸台，可使碟片和碟片之间不致紧贴，形成 0.3～0.8 mm 的间距。每个碟片上都有小孔，可使稀奶油通过。不同的分离机，碟片的数目不同，数目越多则分离效果越好，分离能力也越大。

顶罩是整个碟片组的外罩，使分离钵成为锥形整体，主要起到密封分离碟片的作用，并与上碟片形成脱脂乳通道，使脱脂乳顺顶罩的内侧向上流动，沿脱脂乳出口排出分离钵。

3. 机架

机架是整个分离机的支承部分，所有机件及受乳器都安装在它的上面。机架有卧式和立式两种。一般大型分离机都采用立式机架。

（三）分类

牛乳分离机按照结构可以分为开放式、半封闭式和封闭式分离机三种类型。根据不同用途，可分为用于分离乳中的脂肪球的普通牛乳分离机和既能脱脂又能净化和标准化的多用分离机。这里重点介绍封闭式分离机和半封闭式分离机。

1. 封闭式分离机

封闭式分离机如图 5-1-7 所示。封闭式分离机原料乳的进口、脱脂乳和稀奶油的出口都是封闭的，密闭式分离机的分离钵体在操作过程中被牛乳完全充满，中心处没有空气，也就没有空气进入脱脂乳和稀奶油中，因此产品具有无泡沫的特点。分离机工作时，牛乳进入分配器后，被加速到与分离钵的旋转速度相同，然后上行进入碟片组间的分离通道，由于离心力的作用，牛乳向外甩出形成环状的圆柱形内表面。牛乳压力随着旋转半径的增加而逐渐增加，钵的

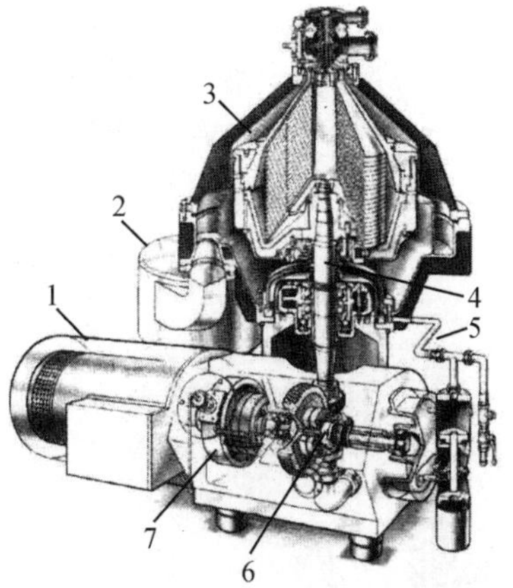

（a）封闭式分离机的剖面图

（b）分离机实物图

1. 电机　2. 沉渣器　3. 机盖　4. 空心钵轴　5. 操作水系统　6. 齿轮　7. 制动

图 5-1-7　封闭式分离机

内边缘处压力最高。较重的固体颗粒被分离出来并沉积于沉降空间内，原料乳经分离后得到的脱脂乳及稀奶油分别排出。

分离钵的沉降空间里收集的固体杂质有稻草、毛发、乳房细胞、白细胞、红细胞及细菌等，一般牛乳中的沉渣总量约为 1 kg/10 000 L。若使用的是残渣存留型的牛乳分离机，必须经常把钵体拆开，定期人工清洗沉渣空间，这需要耗费大量的劳动。现代化的自净型或残渣排出型的分离机配备了自动排渣设备，如图 5-1-8(b)所示，可将沉积物按预定的时间间隔自动排出。分离机不再需要人工清洗，在牛乳分离的过程中，同体杂质的排出通常每 30～60 min 进行一次，每次的排渣时间也很短。

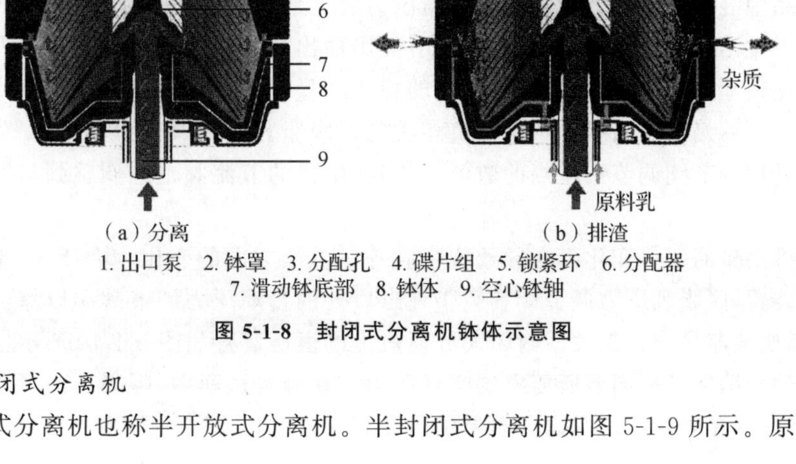

（a）分离　　　　（b）排渣

1. 出口泵　2. 钵罩　3. 分配孔　4. 碟片组　5. 锁紧环　6. 分配器
7. 滑动钵底部　8. 钵体　9. 空心钵轴

图 5-1-8　封闭式分离机钵体示意图

2. 半封闭式分离机

半封闭式分离机也称半开放式分离机。半封闭式分离机如图 5-1-9 所示。原料乳进口是开放式的，原料乳通过顶部的进口管依靠重力进料，脱脂乳在离心机产生的压力下封闭出料。稀奶油出口有开放式的，也有封闭式的。牛乳进入分配器后，被加速到与分离钵的旋转速度相同，然后进入碟片组间的分离通道，稀奶油向转轴方向移动，并通过稀奶油的压力盘排出通道。脱脂乳从碟片组的外边缘离开，穿过顶钵片与分离钵顶罩之间的通道，通过脱脂乳压力盘排出。

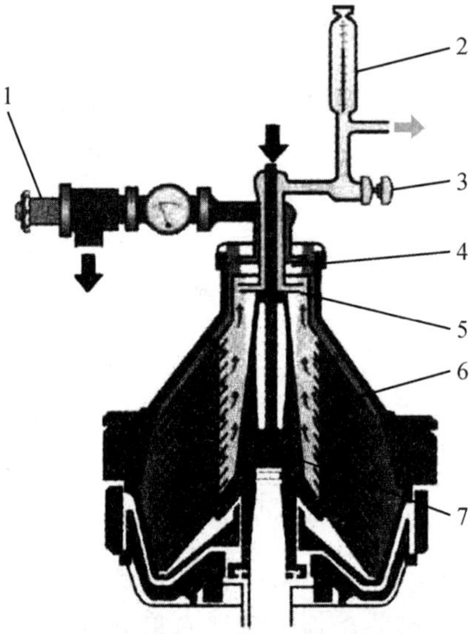

1. 压力调节阀　2. 稀奶油流量计　3. 稀奶油节流阀　4. 脱脂乳压力盘
5. 稀奶油压力盘　6. 碟片组　7. 分配器

图 5-1-9　手动控制的半封闭式(压力盘式)分离机

半封闭式分离机在脱脂乳和稀奶油排出口安装有压力盘，乳在分离钵内高速旋转运动，并通过压力盘把旋转动能转换为压力，使脱脂乳能在压力作用下从分离钵中排出，所以排出的产品几乎没有泡沫。

在半封闭式的分离机中，稀奶油和脱脂乳的出口处都有一个特殊的出口装置——压力盘(图 5-1-11)，故半封闭式分离机通常也被称为压力盘式分离机。静置的压力盘边缘浸入装有液体的转动柱内，从中连续地排出一定量的液体，旋转液体的动能在压力盘中转换成静压能。为了阻止产品中混入空气，产生泡沫，必须使压力盘上始终覆盖充足的液体。

分离机中排出的稀奶油的含脂率可以用稀奶油出口处的节流阀调节，如图 5-1-9 所示。如果该阀门逐渐地打开，从稀奶油出口排出的稀奶油量逐渐增加，而其脂肪含量逐渐减少，稀奶油的排出量与稀奶油的脂肪含量是呈负相关的。脱脂乳的出口压力，应根据分离机的类型和牛乳的流量用调节阀调节到适当的数值，稀奶油出口的节流阀也应调整到与所需脂肪含量一致的流量。

稀奶油排出量的任何变化都会导致脱脂乳等量但反方向的变化。因此，脱脂乳的出口处安装了恒压装置，脱脂乳压力调节阀和脱脂乳出口处的自动压力调节阀用以保持出口的背压恒定，而与稀奶油流量变化无关。封闭式分离机上的恒压装置如图 5-1-10 所示，阀是隔膜阀，通过隔膜上的压缩空气来调节所要求的产品压力。在分离过程中，隔膜上面承受恒压空气的压力，隔膜下面承受脱脂乳的压力。如果脱脂乳的压力降低. 那么预定的空气压力将推动隔膜下移，与隔膜固定在一起的阀杆也跟着向下移动，通道变窄。这种截流作用使脱脂乳出口压力增至设定的值。当脱脂乳压力继续增加，阀杆反向运动，预定的压力又得以恢复，从而使脱脂乳出口的背压维持恒定。

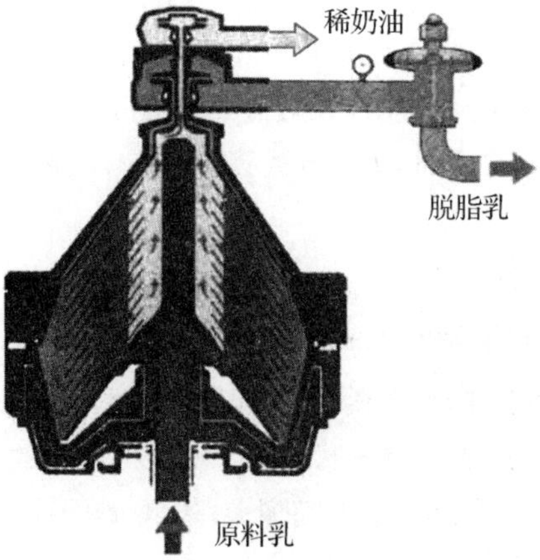

图 5-1-10 带自动恒压装置的密闭式分离机

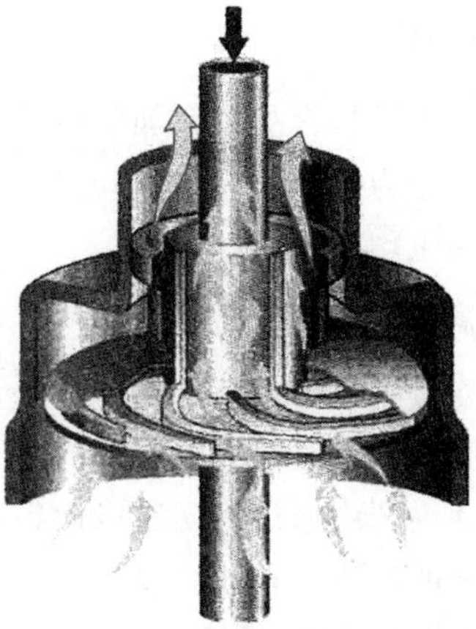

图 5-1-11 压力盘示意图

3. 开放式分离机

开放式分离机与前面介绍的两种不同，其原料乳的进口和脱脂乳及稀奶油的出口都没有遮盖，但是分离机的结构基本相似。

(四)操作与维护

1. 分离机的操作

(1)分离机安装　由于分离机工作时高速旋转，因此地基要坚实，其基础螺栓应深入地面以下 10～30 cm。转动主轴要垂直于水平面，各部件安装精确，在地脚处配置起缓冲作用的橡皮垫，并定期清除转动部分油污，防止杂质混入。

(2)工作前检查　开机前，必须检查传动机构及紧固件是否松动，传动方向是否正确，不允许反转，以防损坏机件。齿轮箱润滑油应保持在齿轮箱油位计刻度区间内。先以清水试车，不能开空车，检查高速运转时是否产生震动、有无异响，检查是否有漏水现象。试车合格后方可投入使用。

(3)分离机的使用　启动后，在分离机转速正常后，方可打开进乳口进行分离。运行时，检查是否产生震动、有无异响；工作电流有无超过电动机的额定值。工作结束，首先关闭分离机，然后关闭进料阀，最后等待分离机完全停止后再关闭出料阀。

2. 分离机的维护

(1)分离机是高速旋转的设备，具有很高的危险性，启动前一定要检查分离机是否正常，在操作时，操作人员必须坚守岗位，及时发现问题，出现问题马上停车。

(2)封闭压送式分离机启动和停车时均要用水代替牛乳，在启动后 2～3 min 取样鉴定分离情况。

(3)关注并时常检查泵与吸料管间的垫圈以及泵的轴封等处是否严密，防止空气混入。

(4)分离钵清洗后的安装及分离钵的拆装工作应谨慎细心。拆洗后必须把分离钵的机件由底部向上按顺序逐一安装，切勿装错。

（5）操作结束后，对直接与乳液接触的部件，应立即拆卸并用 0.5% 的碱水清洗，然后用 90 ℃以上的热水清洗消毒，最后擦干，以备下次使用。

（6）工作完毕，把沉渣铲除干净，并清洗机器、加注润滑油。

三、均质机

食品均质机是食品的精加工机械，它常与物料混合、搅拌及乳化机械配套使用。食品均质机按构造可分为高压均质机、离心均质机、超声波均质机和胶体磨等。目前，乳品加工中应用广泛的是高压均质机和胶体磨。

（一）高压均质机

高压均质机是一种特殊的高压泵，其通过高压的作用，在机械力的作用下使乳中脂肪球破碎至直径小于 2 μm。牛乳经过均质后可减少脂肪上浮现象，并能促进人体对脂肪的消化吸收。在果汁生产中通过均质后能使料液中残存的果渣小微粒破碎，制成液相均匀的混合物，减少成品沉淀的产生。在冰激凌生产中，则能使料液中的牛乳表面张力降低，增加黏度，得到均匀一致的胶黏混合物，提高产品质量。

一般牛乳中直径为 2.5～5 μm 的脂肪球约占 75%，其他的直径为 0.1～2.2 μm，平均为 3 μm，通过均质后，脂肪球平均直径小于 2 μm，如图 5-1-12 所示。

学习视频 14
高压均质机

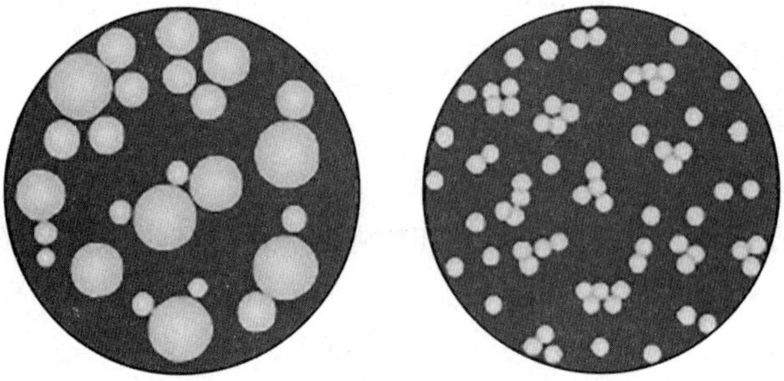

图 5-1-12 牛乳脂肪球均质前后体积的变化

1. 工作原理

高压均质机的基本原理是通过机械作用或流体力学效应造成高压、挤压冲击、失压等，使物料在高压下被挤压、强冲击下发生剪切、失压下膨胀，在这三重作用下达到细化和混合均质的目的。如图 5-1-13 所示，乳制品以高速通过柱塞与阀座之间的环形窄缝，使液滴变形、粉碎，然后经过高压柱塞泵加压进入均质阀，最后通过环形缝隙冲击在均质环上得到进一步细化。

2. 结构

高压均质机主要由柱塞泵、均质装置等组成，如图 5-1-14 所示，柱塞泵由三个互不相连的工作室以及柱塞、进料阀和出料阀组成，通过曲柄连杆机构和变速箱将电动机高速旋转运动转变为低速往复直线运动。活塞带动柱塞，在泵体内往复运动，完成吸料、加压过程，然后进入集流管。进料管和排料管相通，在料液的排出口装有安全阀，防止料液回流到进料口。均质阀安装在排出口，高压料液由集流管输送至均质阀，使料液颗粒度降低、分布均匀。可采用前后排

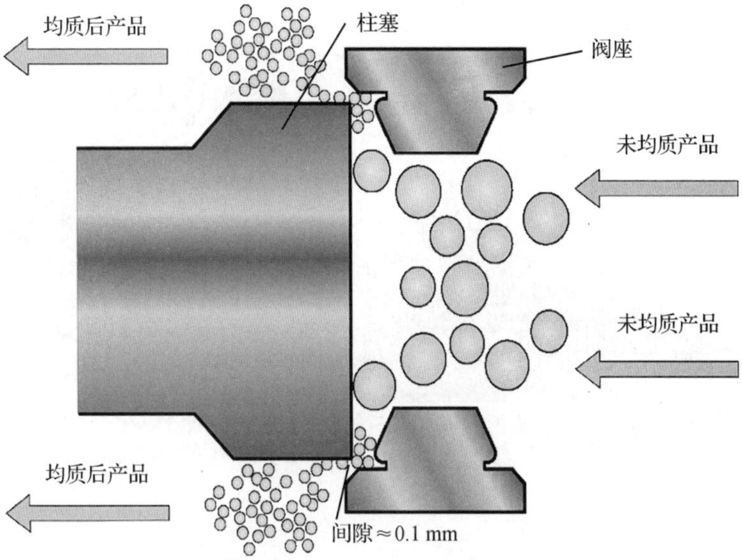

图 5-1-13　均质阀工作原理

1. 主驱动轴　2. "V"形传动带　3. 压力显示　4. 曲轴箱　5. 柱塞　6. 柱塞密封座
7. 固体不锈钢泵体　8. 阀　9. 均质装置　10. 液压设置系统

图 5-1-14　高压均质机结构

列的两个均质阀，图 5-1-15 为一级均质阀结构，图 5-1-16 为二级均质阀结构，二级均质的效果更好。经过一级均质和二级均质后脂肪球的情况如图 5-1-17 所示，一级均质后被破碎的小脂肪球有聚集的倾向，而二级均质让物料连续通过两个均质阀，将黏在一起的小脂肪球打开，分散均匀。

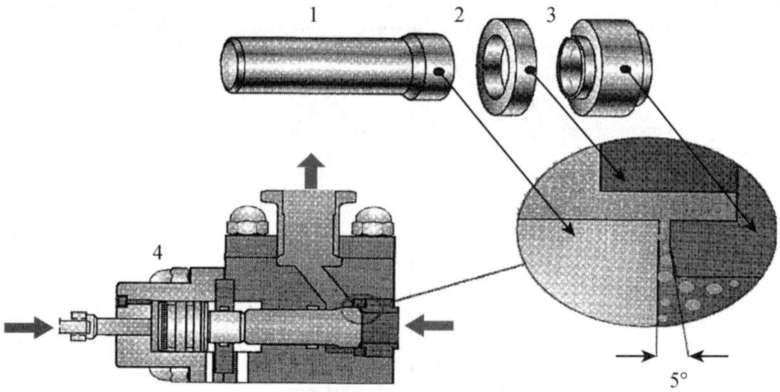

1. 均质头 2. 均质环 3. 阀座 4. 液压传动装置

图 5-1-15 一级均质阀结构

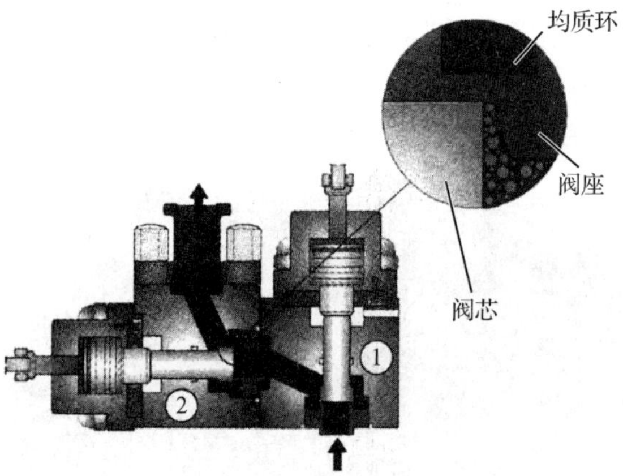

1. 一级均质 2. 二级均质

图 5-1-16 二级均质阀结构

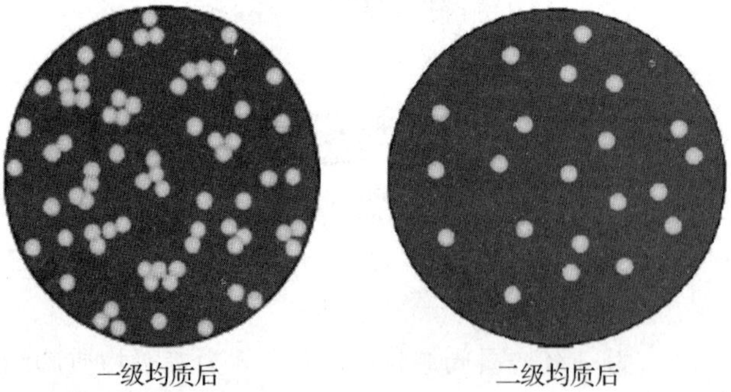

一级均质后　　二级均质后

图 5-1-17 牛乳脂肪球均质后的变化

3. 操作与维护

(1)均质机的操作

①开机前，检查电动机转动方向和传动箱内润滑油油位。开启冷却水，保证调压手柄处于旋松、完全无压力状态(放松手柄1～2圈)，打开进料阀和出料阀。

②开机启动主电动机，在无负荷的情况下运转几分钟，使设备各部件能充分润滑，同时可将泵体内空气排尽。待出料口出料正常后，旋动调压手柄。先缓慢调节二级调压手柄，再调节一级调压手柄，缓慢将压力调至使用压力。

③关机时，首先缓慢放松一级调压手柄；然后缓慢放松二级调压手柄卸压；当压力为零时，再关闭主电动机，最后关闭冷却水。

(2)均质机的维护

①定期检查油位，确保润滑油充足。定期在机体连接轴处加注润滑油，以免因缺油损坏机器。

②启动设备前应检查各紧固件及管路等是否紧固。启动前，应先接通冷却水，保证柱塞往复运动时能充分冷却。

③禁止带载启动，严禁工作中断料，设备不得空转。

④调压时，必须缓慢地加压或卸压。

⑤停机前，用净水洗去工作腔内残液。

⑥不能用高浓度、高黏度的料液来均质。禁止粗硬杂质进入泵体。

(二)胶体磨

1. 工作原理及特点

胶体磨是一种依靠剪切力作用，使流体物料得到精细粉碎的微粒处理设备。由一可高速旋转的磨盘(转动件或转子)与一固定的磨面(固定件或定子)组成，两表面间有可调节的微小间隙，被加工物料通过本身的质量或外部压力加压产生向下的螺旋冲击力，透过定、转齿之间的间隙，从而使物料受到强烈的剪切摩擦和湍动影响，产生微粒化、分散化作用。使物料达到超细粉碎及乳化的效果。

胶体磨结构简单，设备保养维护方便，与高压均质机不同，胶体磨适用于较高黏度以及较大颗粒的物料。但是其定、转子与物料间高速摩擦，易摩擦生热，使被处理物料温度升高，有可能发生变性；表面较易磨损，而磨损后，会使粉碎效果显著下降。

2. 基本结构

胶体磨的形式有卧式和立式两种，分别如图5-1-18和图5-1-19所示。卧式胶体磨转动件随水平轴旋转，固定件与转动件之间的间隙可通过调节转动件的水平位移来调节，间隙通常为50～150 μm。料液在重力作用下经旋转中心处流入，经过两磨的间隙后，由磨盘外侧排出。胶体磨的磨面通常为不锈钢光面，也有金刚砂毛面，以此可完成对固体粒子的磨碎。卧式胶体磨适于均质低黏度的物料。立式胶体磨的转动件随垂直轴旋转，其特点是卸料与清洗都比较方便，尤其适合处理黏度较高的物料。

胶体磨在工作的过程中会产生大量的热，为了控制料温不至于在均质过程中过度升高，胶体磨外壳通常制有夹层，可通冷水入夹层，起到冷却的作用，以保持料温的稳定。

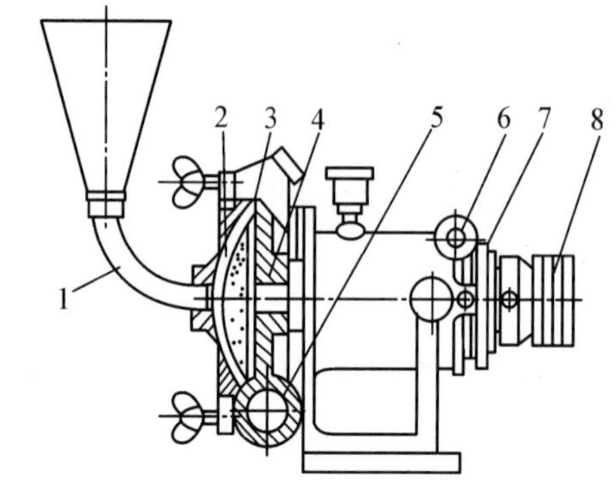

1. 进料斗　2. 工作面　3. 转动磨体　4. 固定磨体
5. 卸料口　6. 锁紧装置　7. 调整环　8. 带轮

图 5-1-18　卧式胶体磨结构示意图

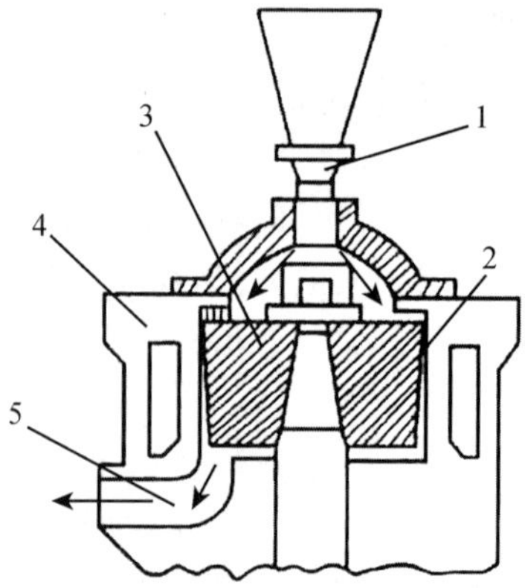

1. 进料口　2. 工作面　3. 传动件
4. 固定件　5. 卸料口

图 5-1-19　立式胶体磨结构示意图

3. 操作与维护

(1)胶体磨的操作

①使用前,用手转动胶体磨,检查胶体磨是否灵活,及时更换或补充润滑油。

②胶体磨空转时间不可超过 5 s,开机前拧下胶体磨泵体的引水螺塞灌注引水。

③同时开启冷却水阀门。

④点动电动机,观察电动机转向是否正确。

⑤开动电动机,调整定、转子的加工间隙,调整环顺时针旋转,定、转子间隙变小,物料粒度变细;调整环逆时针旋转,定、转子间隙变大,物料粒度变粗。根据加工物料的粒度和产量要求,选择最佳定、转子间隙。

⑥胶体磨使用后,应彻底清洗机体内部,勿使物料残留在机体内,以免机械密封及其他部件黏结而损坏。

(2)维护

①加工的物料绝不允许有石英、碎玻璃、金属屑等硬物混入其中,否则会损伤定、转子。

②在使用过程中,如发现胶体磨有异常声音应立即停车检查原因。

③胶体磨为高精度机械,运转速度快,线速度高达 20 m/s,磨片间隙极小,检修后装回必须用百分表校正壳体内表面与主轴的同轴度,使误差≤0.5 mm。

④修理机械时,在拆开、装回调整过程中,决不允许用铁锤直接敲击,应用木槌或垫上木块轻轻敲击,以免损坏零件。定、转子均有拆卸专用工具。

⑤胶体磨在运行过程中,轴承温度不能超过环境温度 35 ℃以上,最高温度不得超过 80 ℃。

⑥胶体磨长期停用,需将泵全部拆开,擦干水,将转动部位及接合处涂以油脂并装好,妥善保管。

四、板式换热器

板式换热器是通过间接加热的方法来传递热量的,在乳品加工中板式换热器广泛应用于牛乳的预热、杀菌、冷却和浓缩等,以实现热交换操作。

(一)工作原理

板式换热器使乳品通过通道两侧的加热或冷却介质实现热交换。如图 5-1-20 所示,板式热交换器由许多具有波纹状的热交换片依次重叠在框架上压紧而成,该框架可以包括几个独立的板组,即不同的处理阶段,如预热、杀菌、冷却等均可在此进行。加热(或冷却)介质与料液在相邻两片间流动,通过金属片进行热交换。金属片面积大,流动的流层就薄,热交换效果也就好。

图 5-1-20 板式换热器中流体流动和热传递原理

学习视频 15
板式换热器
工作原理

(二)结构

1. 板式换热器的结构

如图 5-1-21 所示,换热片由 1 mm 厚的不锈钢板用水压机冲压成型,依次悬挂于导杆上,前端有固定板,后端有压紧板。旋转支架上的压紧螺杆,可使压紧板与各热交换片叠合在一起。片与片之间在四周用板框橡胶垫圈密封,并使两片间有一定间隙,改变垫圈的厚度,就可以调整两片之间流体通道的大小。每片的四角各开有 1 个孔,依靠垫圈密封作用,4 孔中只有 2 个孔可与金属片一侧的流道相通,另 2 个孔则与金属片另一侧的流道相通。产品通过一个角孔进入第一个通道,然后垂直流过该通道,再由另一端一个单独的有垫圈的角孔通道流出。角孔通道使产品绕过下一通道进入第 3 通道。角孔通道使产品交替地流过一个板组。介质在该区段的另一端引入,同样地交替流过板内通道,这样,每一产品的通道两侧都有加热或冷却介质通过。冷热两流体在薄片的两边交替流动而进行热交换。拆卸时,只需转动压紧螺杆,使压紧板和换热片沿着导杆滑动松开即可。对其进行清洗、拆装均很方便。

换热片之间的通道应尽可能窄,这样可以提高换热效率,但大量的产品流过这些窄通道,流速和压力差将会很大。为了避免这种情况,产品通过换热器可以分成若干支平行的液流。如图 5-1-22 所示,冷流体被分成两支平行的液流,在这一阶段中,改变了 4 次方向。而加热介质的通道被分成 4 支平行液流,改变了 2 次方向。

板式换热器广泛应用于高温短时和超高温杀菌装置中,有着较多的优点。首先,板式换热

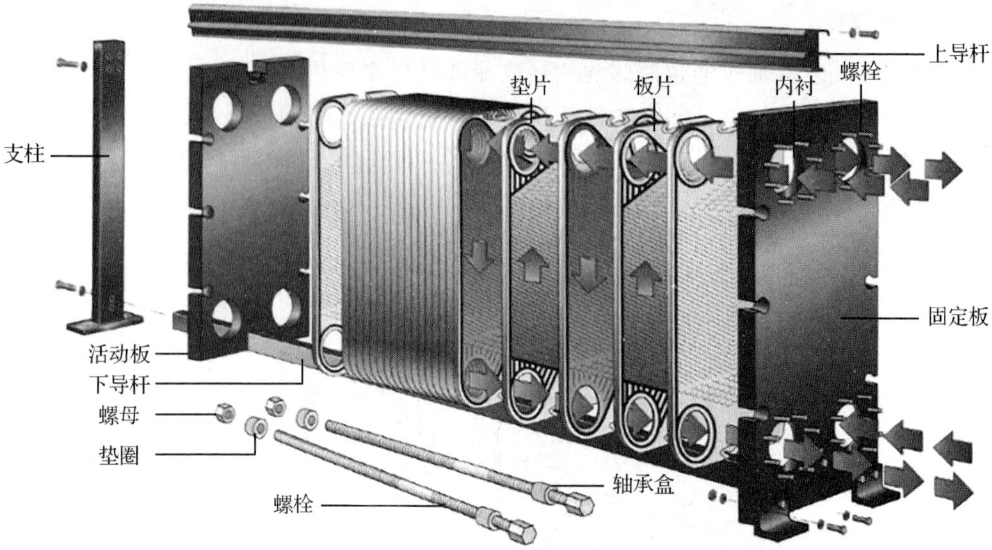

图 5-1-21 板式换热器结构

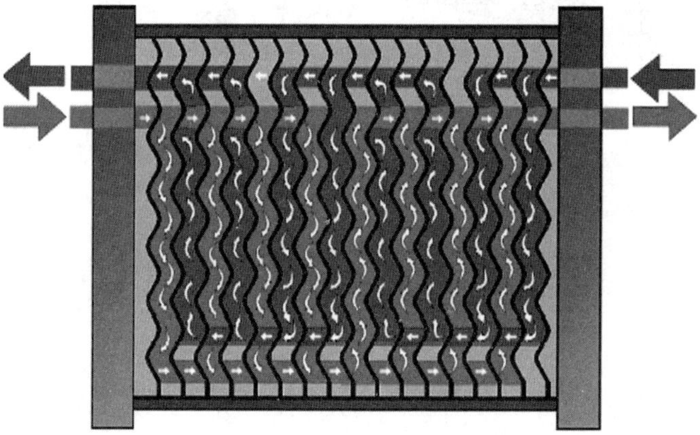

图 5-1-22 板式换热器冷热流体流动示意图

器传热效率较高，热量利用率高，便于热量的回收，结构紧凑，占地面积小，这是板式换热器最突出的优点之一。其次，有较大的适应性，可通过增减换热片的片数、改变换热片的组合方式等适应不同的生产要求，同时，适宜于处理热敏感物料。最后，设备各部件拆卸安装简单，便于拆开清洗和维修。但板式换热器最大的缺点是橡胶垫圈易老化，尤其是工作温度高时，易出现垫圈变长，从换热片上脱落的现象。在正常生产情况下，一般 3 个月更换一次垫圈。

2. 换热片的结构

换热片是换热器的主要构件，其间壁通常为波纹状，以产生更剧烈的紊流，紊流有助于提高传热效果。图 5-1-23 是三种不同类型波纹的换热片，间壁的厚度也影响传热效果，间壁越薄传热效果越好，但要保证有足够的强度以承受液体压力。

现以平直波纹片为例介绍换热片的结构，它是用水压机将 1 mm 厚的不锈钢表面冲压出与流体流向垂直的波纹，使液体在水平方向成条状薄膜，在垂直方向呈波纹状流动。当液体通过换热片时，液流的流向和速度会经过多次变化，并使它逐步扩大到整个液流中去，从而破坏了紧靠金属表面的滞流层，进而提高了金属片与液流间的传热系数。同时在金属片的两边，液流压力通常是不同的，为了防止薄片变形，在金属片的表面纵向装置了间隔突缘，它们形成了片与片间的多支点支承，增加了金属片刚度；并保证了两金属片间所需的距离（一般为 3～6 mm）。

图 5-1-23　不同波纹状的换热片

换热片的宽度与长度的比值直接关系流体在进口处扩张、在出口处收缩的情况，以及流体通过整个传热表面的均匀性。为使流体沿片面均匀流动消除死角，流体进入后能够迅速扩展到整个金属片上，片长与片宽之比为(3～4)∶1 较为合适。

（三）操作与维护

(1)定期检查各换热片是否清洁，是否有沉淀物、结焦、水锈层等结垢，及时清洗附着物。

(2)安装换热片时，应先在压紧螺母和导杆上加润滑油脂进行润滑，并将换热片按编号顺序安装。每次重新压紧换热片时，需要注意上一次压紧位置，切勿使橡胶垫圈受压过度，以免减少垫圈使用寿命。

(3)定期检查各换热片与橡胶垫圈的黏合是否紧密、橡胶垫圈本身是否完好，以免垫圈脱胶或损坏而引起泄漏。

(4)更换换热片橡胶垫圈时，需要将该段全部更新，以免各片间隙不均，影响传热效果。

(5)当更换橡胶垫圈时，将换热片取下，把旧垫圈拆下，将换热片凹槽的胶水痕迹用细砂纸擦干净，用四氯化碳或三氯乙烯等溶剂把凹槽内的油迹擦干净，再把新橡胶垫圈的背部用细砂纸擦毛，同样用上述两种溶剂把油迹擦干净。然后在凹槽和橡胶垫圈背面均薄薄敷上一层胶水，稍干，不黏手指为度，将橡胶垫圈嵌入槽内，四周压平后再敷上一层滑石粉，然后将换热片装在设备机架上轻轻夹紧，待粘牢后即可使用。

(6)使用前，可先用清水循环试验，可能有轻微泄漏，当温度升到杀菌温度时，泄漏将自行消失。若泄漏仍不停止，可将压紧装置稍微压紧。如果压紧后仍然有泄漏，则需要将换热片拆卸，检查橡胶密封圈。

(7)使用中应保持蒸汽压力稳定，以保证产品的质量，杀菌结束后，应用热水对杀菌装置进行清洗。

(8)停车时，首先关闭蒸汽总阀及热水泵，再关闭物料泵，最后关闭电源总开关。

五、超高温瞬时杀菌设备

习惯上把加热温度为135～150 ℃、加热时间为2～8 s，加热后产品达到商业无菌的过程称为超高温(UHT)瞬时杀菌。

(一)板式超高温杀菌系统

板式超高温杀菌系统是对板式巴氏杀菌系统的发展，区别在于板式超高温杀菌系统能承受较高的内压。为承受高温和高压，超高温系统中的垫圈必须能耐高温和高压，其造价远比低温板式换热器系统昂贵。垫圈材料与不锈钢板的黏合性越小越好，这样可防止垫圈与板片之间发生黏合，便于拆卸和更换。

热交换器系统内的高压可导致不锈钢板片的变形和弯曲，为此，不同的厂家设计出了不同的板片及波纹形状，以加强料液流动的湍动性。在实际制造过程中，每个传热面上被加上多个突起的接触点，起到板片间的相互机械支撑作用，同时形成流体的流道，并增强流体的湍动性和整个片组的强度。

如图5-1-24所示，料液由液位控制平衡槽1经离心泵(供料泵2)进入板式热交换器的预热段3，在这里未经灭菌的料液与灭菌后的料液进行热交换而达到适宜的均质温度65～80 ℃，然后料液进入均质机4。均质机是往复式泵，它提高了料液在热交换器内流动的压力。经均质后的料液进入加热段5，由加压的热水加热至所需的灭菌温度，然后经过保温管进入水冷却段6，最终经过热回收段3冷却至储存的灌装温度。料液在离开板式热交换器时，温度略高于进料的温度。这种系统热回收率为60%～65%，相对较低，也就是说加热至灭菌温度所需热量的60%得到回收，而其余40%的热量则必须由蒸汽来补充。料液在离开热交换器后，经过背压阀7，以保持系统内的压力，避免料液沸腾和气体逸出而产生一些不利影响。

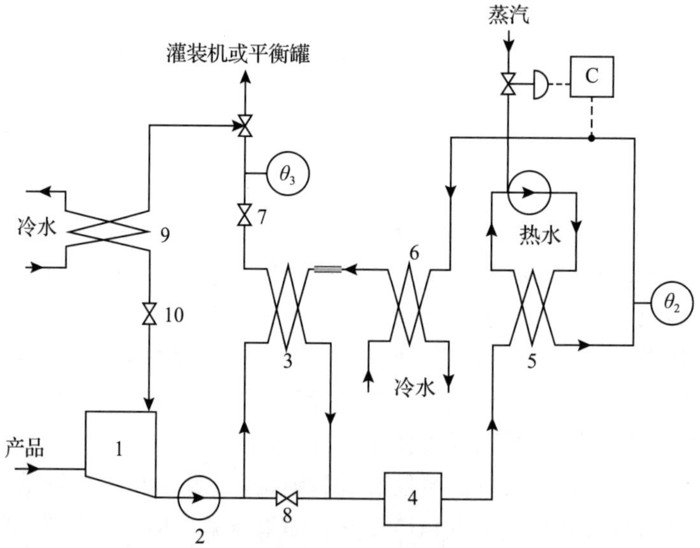

1. 平衡槽 2. 供料泵 3. 板式热交换器（预热段及热回收段） 4. 均质机 5. 板式热交换器（加热段） 6、9. 板式热交换器（冷却段） 7、10. 背压阀 8. 阀门

图5-1-24 超高温板式热交换系统平面示意图

（二）管式超高温灭菌系统

超高温系统的管式热交换器包括两种类型，即中心套管式热交换器和壳管式热交换器，这里着重介绍中心套管式热交换器。

中心套管式热交换器是由2个或3个不锈钢管以同心的形式套在一起的，管壁之间留有一定的空隙。通常情况下，套管以螺旋形式绕起来安装于圆柱形的套筒内，这样有利于保持卫生和形成机械保护。如图5-1-25所示，双管式系统用来进行加热和冷却。生产时，料液在中心管内流动，而加热或冷却介质在管壁间流动。在热量回收时，料液也在管壁间流动。三管式系统用来将料液加热至灭菌温度。这时料液在内环内流动，加热介质在中心管和外环间流动，这样可使传热面积增大2倍，同时提高了传热效率。三管式系统也可用于最终冷却段，特别是对于黏性高的料液的灭菌，高黏度会降低传热效果。此系统可弥补这一不足。

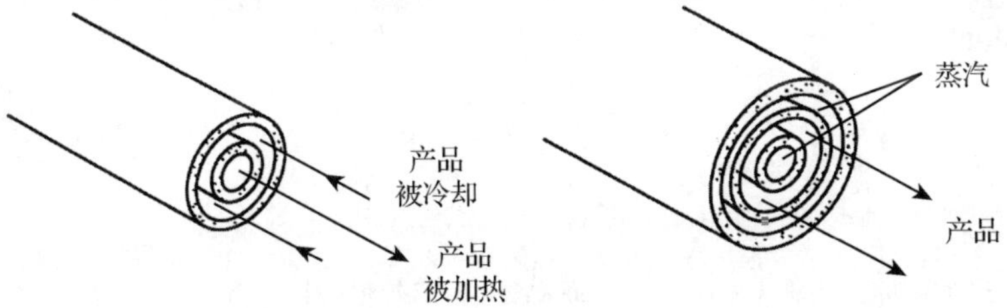

（a）双管式热回收　　（b）三管式热回收

图5-1-25　中心套管式超高温组件

图5-1-26所示为典型的中心套管式间接超高温加热系统流程。料液由平衡槽1泵入第一预热段3a加热，若第一预热段加热达不到均质温度，可连接第二预热段3b加热至均质温度，然后料液进入灭菌段（加热段3c）进行137～144 ℃超高温灭菌并在保温管5中保温数秒。图中3d和3e分别为热回收冷却段和最终水冷却段（启动冷却段）。热回收是通过水循环在3a、3b、3d处进行料液预热和灭菌后的料液冷却来实现的。

（三）直接加热超高温灭菌系统

直接加热系统是指料液在最后的灭菌阶段与蒸汽在一定的压力下混合，在混合过程中，蒸汽释放出潜热将料液快速加热至灭菌温度。直接加热系统加热料液的速度比其他任何间接加热系统都要快。

为了达到与加热速度相同的冷却速度，灭菌后，料液经膨胀蒸发冷凝器去除水分，水分蒸发时吸收相同的潜热使料液瞬间被冷却。如图5-1-27所示，直接加热超高温灭菌系统分为注入式和喷射式两种，喷射式是把蒸汽喷射到物料流体里，注入式则是把物料注入蒸汽环境中。

注入式的基本原理是加压容器内充满了达到灭菌温度的蒸气，牛乳从顶部喷入，通过蒸汽层得到加热，蒸汽随之冷凝，到底部时牛乳达到灭菌温度，如图5-1-27(a)所示。生产时乳滴尺寸必须均匀，以保证换热均匀。

喷射式就是将高于产品压力的蒸汽通过喷嘴喷入产品中，蒸汽冷凝放热，产品吸热而温度升高至所需温度，如图5-1-27(b)所示。

蒸汽喷射器是蒸汽喷射式系统的核心器件，蒸汽喷射器需满足以下3点要求：首先，能使蒸汽快速冷凝，并防止不冷凝蒸汽气泡进入保温管，导致传热效率降低。其次，应尽量降低料

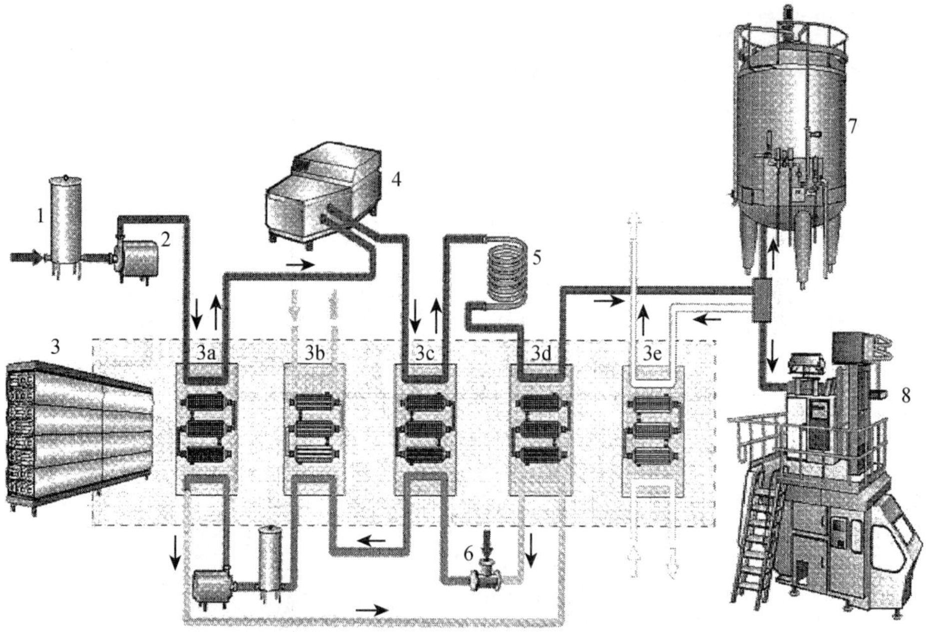

1. 平衡槽 2. 供料泵 3. 管式换热器 3a. 第一预热段 3b. 第二预热段 3c. 加热段 3d. 热回收冷却段 3e. 启动冷却段 4. 非无菌均质机 5. 保温管 6. 蒸汽喷射器 7. 无菌缸 8. 无菌灌装机

图 5-1-26 中心套管式间接超高温加热系统流程

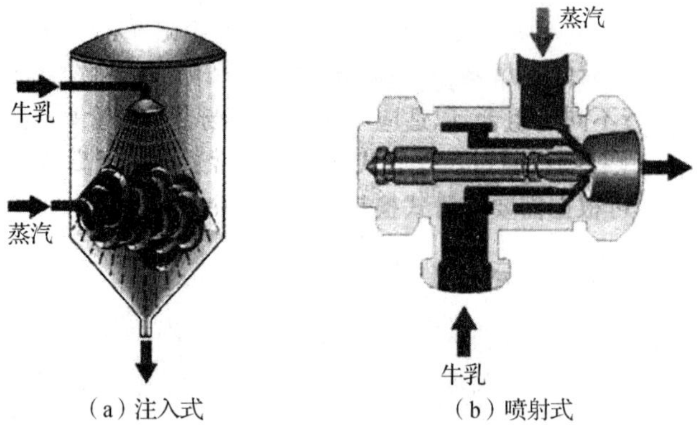

(a) 注入式 (b) 喷射式

图 5-1-27 注入式和喷射式加热系统

液与蒸汽间的压力差;最后,蒸汽喷射器的设计必须尽量减少料液与蒸汽间的间接传热。

如图 5-1-28 所示,大约 4 ℃的料液由牛奶平衡槽 1a 通过离心泵(进料泵 2)进入板式换热器 3 的预热段,在预热至 80 ℃左右时,料液经正位移泵 4 加压至约 0.4 MPa(目的是预防料液在灭菌段沸腾),然后流动至环形喷嘴蒸汽喷射器 5,蒸汽注入料液中,并迅速将料液温度提升至 135～150 ℃。料液在此高温下在保温管 6 中保持几秒,随后在装有冷凝器的蒸发室 7 中闪蒸冷却。真空泵 8 控制真空度,以保持闪蒸出的蒸汽量等于蒸汽最早注入料液的量。再由离心泵 9 把灭菌后的料液送入无菌均质机 10 中均质,然后再进入板式换热器冷却段将料液冷却至约 20 ℃,并直接连续送入无菌灌装机灌装或无菌罐进行中间储存待包装。冷凝所需冷水循环由水平衡槽 1b 提供,并在离开蒸发室 7 后经蒸汽加热器加热作料液预热介质。在预热段水

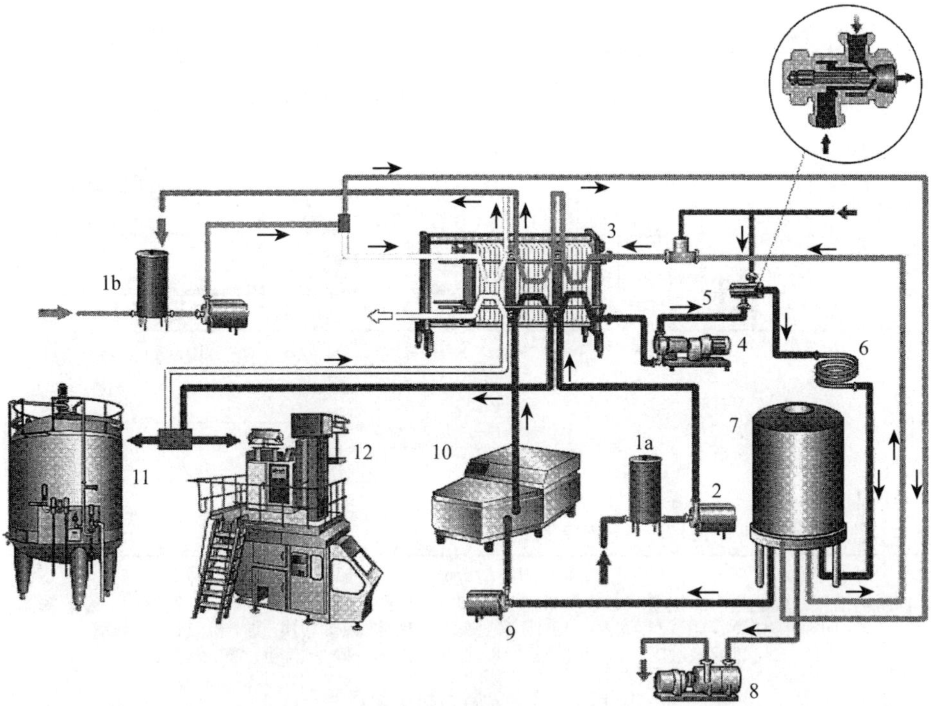

1a. 牛奶平衡槽 1b. 水平衡槽 2. 进料泵 3. 板式换热器 4. 正位移泵 5. 蒸汽喷射器 6. 保温管
7. 蒸发室 8. 真空泵 9. 离心泵 10. 无菌均质机 11. 无菌缸 12. 无菌灌装机

图 5-1-28 板式热交换器直接加热系统

温降至约11 ℃,这样,此水可另用作冷却介质,冷却从均质机流回的料液。

任务5-2 乳粉加工机械与设备

技术知识

一般意义上,乳粉(俗称奶粉)是指仅以原料乳为原料,经净化、杀菌、浓缩、干燥制成的粉末状产品。但是从更广泛的意义上讲,乳粉是指以生鲜乳或乳粉为原料,添加或不添加食品添加剂和食品营养强化剂等辅料,经脱脂或不脱脂、杀菌、浓缩、干燥或干法工艺制成的粉末状产品。具有耐保藏、使用方便的特点。

图5-2-1为全脂乳粉生产工艺流程,用于生产乳粉的原料乳首先要经过预处理,包括原料乳验收、净乳、冷藏、标准化、均质及热处理等,所使用到的设备与发酵乳制品的一般预处理生产线相似。用于生产乳粉的牛乳需进行浓缩,即除去牛乳中的一部分水分,使牛乳的干物质含量提高。在全脂乳粉生产中,牛乳必须浓缩成含乳固形物为48%~50%的浓牛乳才能进行喷雾干燥。如图5-2-2所示,经喷雾干燥处理后得到的就是乳粉,随后还需进行冷却、筛粉等处理。然后将乳粉进行包装即可得到成品。

一、真空浓缩设备

浓缩是从溶液中除去部分溶剂(通常是水)的单元操作,应用于浓缩果蔬汁、炼乳和乳粉等

原料乳验收 → 净乳 → 冷藏 → 标准化 → 均质 → 热处理 → 浓缩 → 喷雾干燥 → 冷却 → 筛粉 → 称量包装 → 装箱入库 → 检验合格出厂

图 5-2-1 全脂乳粉生产工艺流程

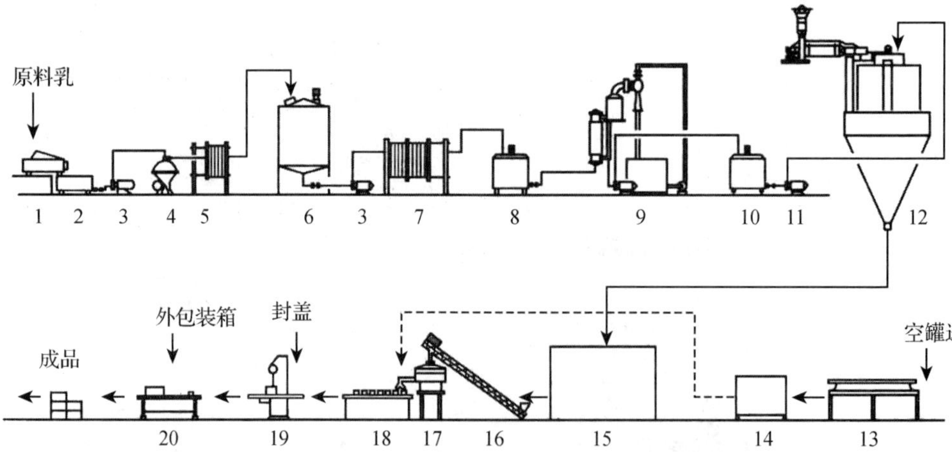

1. 磅奶槽 2. 受奶槽 3. 奶泵 4. 静乳机 5. 冷却器 6. 贮奶罐 7. 预热器 8. 暂存罐 9. 蒸发器
10. 浓缩奶暂存罐 11. 奶泵 12. 喷雾干燥塔 13. 洗罐机 14. 烘干机 15. 冷却室
16. 螺旋输送机 17. 筛粉机 18. 定量包装台 19. 封盖机 20. 外包装

图 5-2-2 全脂乳粉设备流程

食品加工中。真空浓缩是指在负压下物料的沸点降低，在低温下将部分水分迅速蒸发除去，从而提高产品的浓度的过程。浓缩的目的是去除食品中大量的水分，减少食品包装、储藏和运输的费用；提高制品的浓度，延长制品的保质期；可满足后续加工的需要。浓缩经常作为干燥或完全脱水的预处理，特别适合原液含大量水分的物料，用浓缩的方法排除大部分水分比干燥更节能。

(一)真空浓缩设备工作原理、特点及分类

1. 真空浓缩设备的工作原理

物料通入浓缩锅，在 8～18 kPa 的低压环境下，用蒸汽间接对料液进行加热，使其在很低的温度下沸腾，物料中的水分不断汽化，并将汽化时产生的二次蒸汽不断排出，从而使物料的浓度不断提高，直至达到所需要的浓度。

2. 真空浓缩设备的特点

(1)优点

①在真空状态下料液的沸点降低，加速水分蒸发，避免使加热蒸汽与沸腾液体之间的温度差增大，可相应减少蒸发器的传热面积。

②可以采用低压蒸汽作为加热蒸汽，采用多效蒸发，提高热能利用效率。

③由于蒸发温度较低，有利于保存食品中的营养成分及色、香、味，特别适用于热敏性及易氧化料液的浓缩。

④由于溶液沸点较低，浓缩设备的热损失减少。

⑤对料液起加热杀菌的作用，有利于食品的保藏。

(2)缺点

①真空浓缩必须有抽真空系统，增加了附属机械设备与动力。

②由于蒸发潜热随沸点降低而增大，所以热能消耗大。

3. 真空浓缩设备的分类

真空浓缩设备种类较多，按照加热器的结构可分为盘管式、直管式和板式浓缩设备三种；按蒸发过程中二次蒸汽是否利用可分为单效、多效和带有热泵的浓缩设备。目前，乳品厂多采用多效真空蒸发器进行乳的蒸发浓缩。

(二)真空浓缩设备工作流程

1. 单效真空浓缩设备

单效蒸发是指物料在蒸发室内蒸发，产生的二次蒸汽不再加以利用直接送入冷凝器。如图 5-2-3 所示，料液经预热后进入蒸发器，蒸发器的下部为加热室，由许多加热管组成，加热蒸汽对管内料液进行传热，并使之沸腾，水分不断蒸发，浓缩液从蒸发器底部排出。蒸发室在蒸发器的上部，产生的蒸汽在蒸发室和顶部的除沫器中将其夹带的液沫进行分离，然后送往冷凝器被冷凝除去。

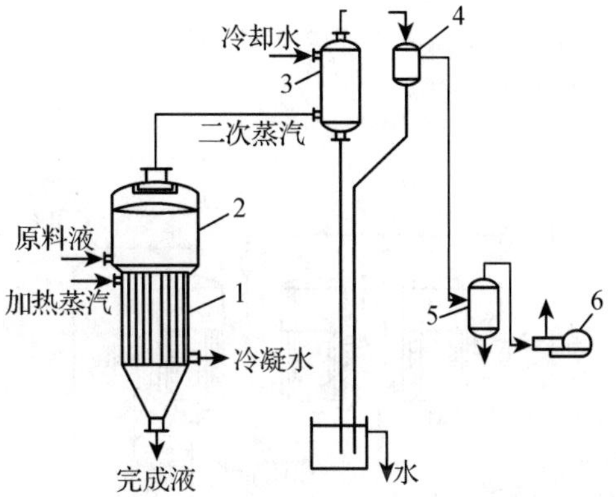

1. 加热室　2. 分离室　3. 混合冷凝器
4. 分离器　5. 缓冲罐　6. 真空泵

图 5-2-3　单效真空浓缩设备工作流程

2. 多效真空浓缩设备

浓缩操作的效数是指二次蒸汽被利用的次数。多效蒸发是将多个蒸发器串联起来的系统，后效的操作压力和沸点均较前效低，仅在压力最高的首效使用一次蒸汽作为加热蒸汽，产生的二次蒸汽作为后效的加热蒸汽，即后效的加热室成为前效二次蒸汽的冷凝器，只有末效二次蒸汽才用冷凝介质冷凝。可见，多效蒸发明显减少了加热蒸汽消耗量，节约了热能，也明显减少了冷却水的消耗量。按加料方式的不同，常用的流程有顺流法(并流法)、逆流法、平流法和混流法四种。

(1)顺流法　如图 5-2-4 所示，顺流法是指料液与加热蒸汽流动的方向相同，均由第一效顺序流至末效。由于后效溶液浓度较前效大，且温度低，使传热系数降低，因此不适合成品黏度大的物料。

(2)逆流法　如图 5-2-5 所示，逆流法是指料液与蒸汽进入浓缩装置的流动方向相反，即原料液由末效进入，依次由泵输送进入前效，最终成品由第一效排出，蒸汽由第一效顺序送入末效，最后进入冷凝器。与顺流法蒸发相比，水分蒸发量稍减，适合于处理黏度随温度和浓度变化较大的溶液，但不宜处理热敏性物料。

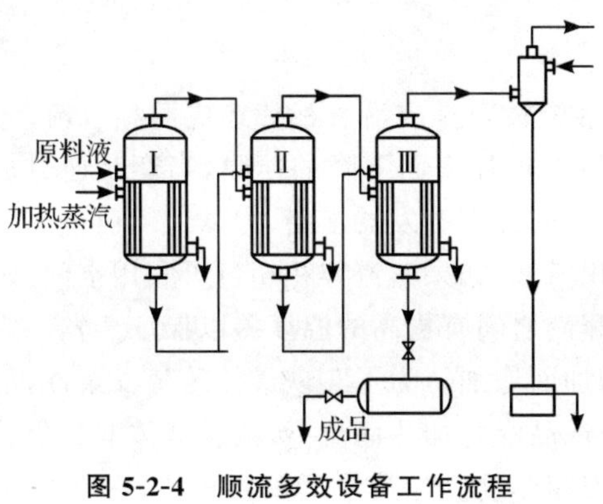

图 5-2-4　顺流多效设备工作流程

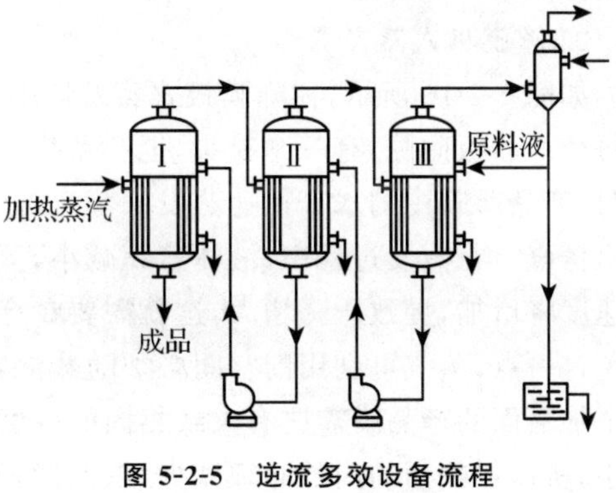

图 5-2-5　逆流多效设备流程

(3)平流法　如图 5-2-6 所示,平流法是指将原料液同时加入每一效,而浓缩液也从每一效各自排出,加热蒸汽的流向仍是由第一效顺序流动至末效。该流程适合于在蒸发过程中伴有结晶析出的溶液,如食盐溶液的浓缩。

(4)混流法　如图 5-2-7 所示,主要适用于黏度相当高的料液,对于效数多的蒸发也有顺流和逆流并用的,有些效间用顺流,有些效间用逆流。在料液黏度随浓度而显著增加的情况下,可采用混流。

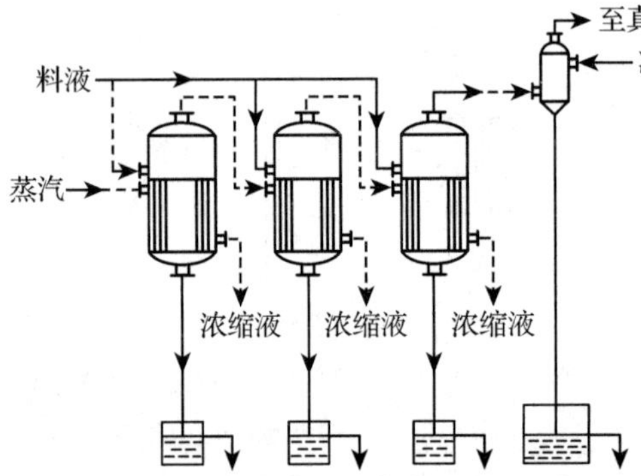

图 5-2-6　平流多效设备流程

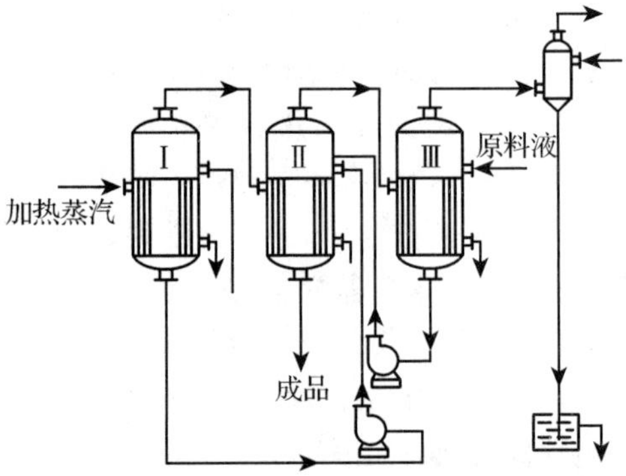

图 5-2-7　混流多效设备流程

(三)真空浓缩设备举例

降膜式蒸发器是乳品工业最常用的一种类型。在降膜式蒸发器中,牛乳首先预热到等于或略高于蒸发温度的温度,从顶部进入,垂直沿加热表面向下流,形成薄膜,加热面由不锈钢管或不锈钢板片组成,当采用降膜管式蒸发器时,在管内壁中乳形成薄膜,外壁围绕着蒸汽;当采用降膜板式蒸发器时,不锈钢板片叠加在一起形成一个组件,板的一侧是产品,另一侧是蒸汽。

1. 降膜管式蒸发器

如图 5-2-8 所示,降膜管式蒸发器的管束很长,有 6～12 m,管径 25～50 mm,它具有很大的传热面,料液送入管束后经蒸汽加热很快强烈沸腾,使得料液单程通过就几乎达到浓缩要求。使蒸发器能良好运作的一个关键设计是料液要在加热表面均匀分散,实现这一点通常需使用料液分布板。图 5-2-9 是一种常用的分布板,生产时用一特殊形状的喷头,将预热后的料液喷淋分散在分布板上,当它离开分布板进入加热管时,部分水分立即汽化并膨胀,生成的蒸汽迫使浓缩液沿着管内面向下运动,流至分离器。浓缩液沉至分离器底部从出口流出,二次蒸汽从分离器顶部溢出。

2. 降膜板式蒸发器

如图 5-2-10 所示,在降膜板式蒸发器中,分配系统被安排成沿着板片组成两根管流动,对于每个产品板间隙,有一个喷头,把产品喷成一层沿着板片表面下降的薄膜,当产品通过加热面时,产品薄膜中的水分迅速蒸发。蒸汽旋转分离器安装在蒸发器出口,它从浓缩后产品中分离出蒸汽。在蒸发过程中,液体容积减小,蒸汽容积增大,如果蒸汽容积超过可利用空间,蒸汽的速度将增加,导致压降增大,这就需要在产品和蒸汽之间有更高的温度差以保证蒸发。为了避免这一点,蒸汽可利用的空间必须随蒸汽容积增加而增加。为了实现最佳的蒸发条件,沿着整个加热面的产品膜需要有大致相同的厚度,由于产品沿着加热面流下,蒸发液体的容积越来越小,所以加热面的周长必须减少,以保持相同的液膜厚度。与其他蒸发器相比,在降膜板式

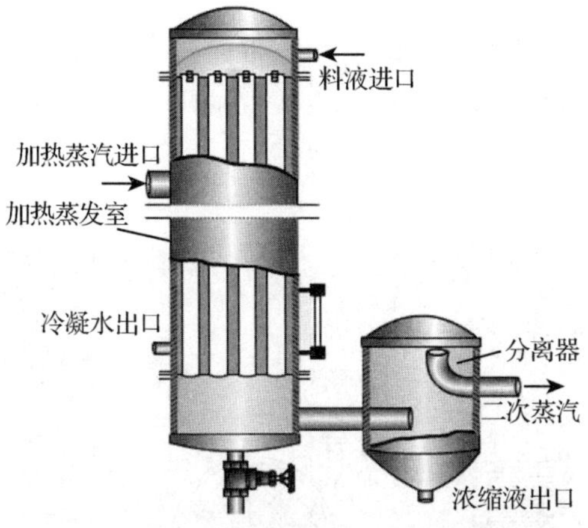

图 5-2-8　降膜管式蒸发器

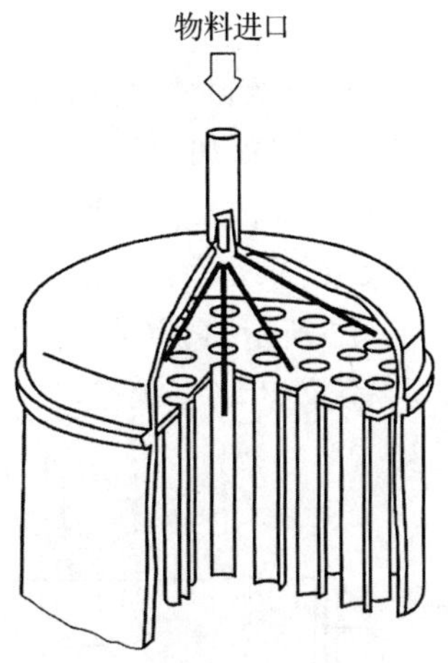

图 5-2-9　降膜管式蒸发器的料液分配

蒸发器中，产品停留的时间较短。

（四）真空浓缩附属设备

真空浓缩装置的附属设备主要有气液分离器（捕集器、捕沫器、除沫器）、冷凝器和真空装置。

1. 汽液分离器

蒸汽操作时产生的二次蒸汽夹带大量液滴，尤其是处理易产生泡沫的液体时，夹带更为严重。为了防止产品损失或冷却水被污染，常设置汽液分离器。如图 5-2-11 所示，汽液分离器一般安装在浓缩装置的顶部或侧部，能将蒸发浓缩过程中夹带的细微液滴与二次蒸汽分离，减少料液的损失，同时防止管道及其他浓缩器加热面污染。

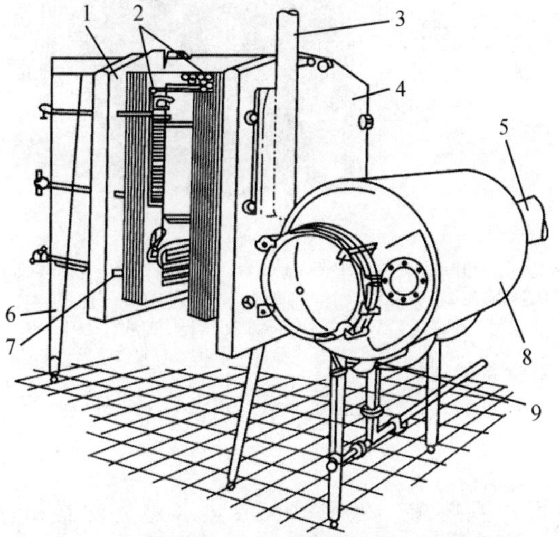

1. 随动板　2. 传热板　3. 蒸汽进口集气管　4. 端面板
5. 二次蒸汽出口　6. 后端支架　7. 紧固螺丝
8. 汽液分离器　9. 浓缩液汇集槽及出口

图 5-2-10　降膜板式蒸发器

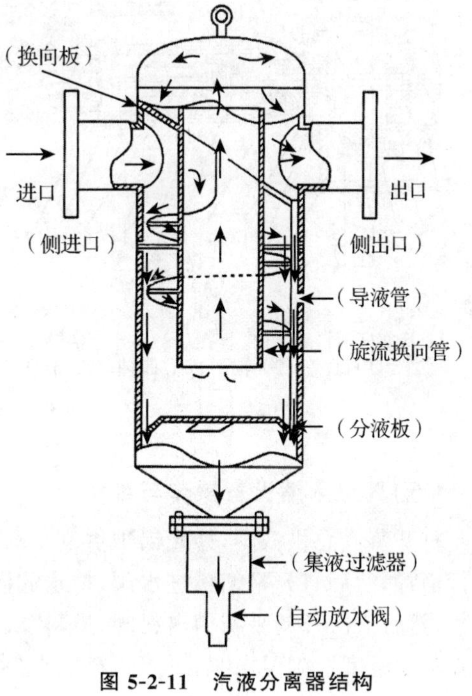

图 5-2-11　汽液分离器结构

2. 冷凝器

图 5-2-12 所示为卧式壳管式冷凝器,其作用是将真空浓缩所产生的二次蒸汽进行冷凝,并将其中的不凝气体(如空气、二氧化碳等)进行分离,便于抽真空装置抽出,以减轻抽真空系统的容积负荷,并保证工作所需的真空度。

3. 真空装置

如图 5-2-13 所示,真空装置的作用是抽取系统内的不凝结气体,降低浓缩锅内的压力,保证整个浓缩系统处于真空状态。

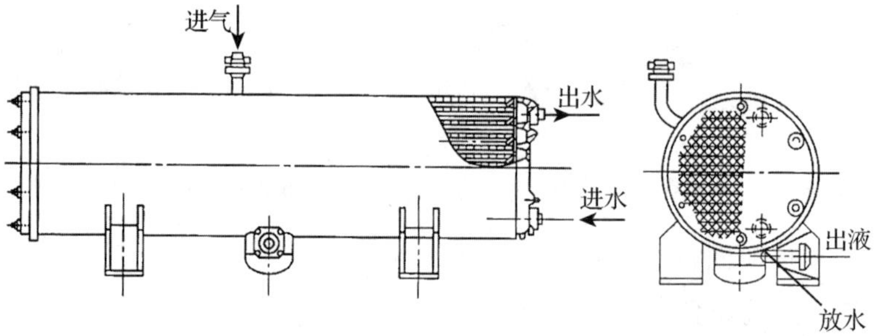

图 5-2-12 卧式壳管式冷凝器结构

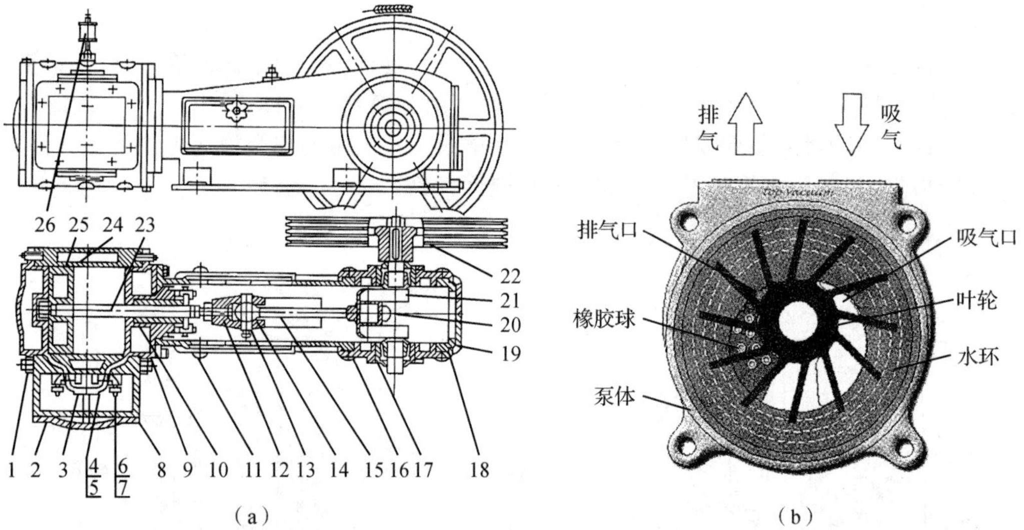

1、8. 气缸 2. 气阀盖 3. 气阀 4. 进气阀片 5. 进气弹簧 6. 排气阀片 7. 排气弹簧 9.气缸颈 10. 活塞杆轴衬 11. 活塞杆填料塞 12. 十字头 13. 十字头销子 14. 连杆铜套 15. 连杆 16. 轴承壳 17. 轴承盖 18. 机身 19. 后盖 20. 轴瓦 21. 曲轴 22. 带轮 23. 活塞杆 24. 活塞 25. 活塞环 26. 针阀式油杯

图 5-2-13 真空装置结构

(五)真空浓缩设备操作与维护

打开蒸汽总供汽阀,检查锅炉供汽压力是否达到要求。先用氯水或热水对蒸发器和管道进行消毒,然后打开平衡槽进水阀,把水放满。首先打开冷却水泵的给水阀,调水压至规定的参数;然后依次开动平衡槽出料阀、进料泵、出料泵和真空装置,以水代物运行。当杀菌温度和各效蒸发温度达到要求时,再用物料把水换出,同时关闭出料阀,使物料浓缩后先回入平衡槽,

进行大循环，并调节进料量和各工艺参数。当物料达到浓度要求时，关闭回流阀，打开出料阀，然后连续进料运行。当一个班次结束或一批原料处理完毕时，首先关闭蒸汽阀，破坏真空；然后关闭进、出料泵，冷却水阀和真空装置，抽出设备的浓缩液；最后进行一次清洗。

二、喷雾干燥设备

干燥也是食品除去水分的一种工艺过程，是物料内部水分借助于分子扩散作用从固相物料中相对完全除去的过程。干燥后的物料水分含量一般可在3%～11%。干燥的目的是：减少物料的重量，便于物料的运输；水分含量较低，有效地抑制微生物的繁殖，以保证物料的品质，使物料得以长期保藏；满足其他工艺和产品的需要。食品中常用的干燥方法主要有喷雾干燥、流化床干燥、滚筒干燥、气流干燥、真空干燥、冷冻升华干燥、红外干燥、高频干燥、微波干燥等。目前乳品工业中常用的是喷雾干燥。

学习视频16
喷雾干燥流程及原理

（一）喷雾干燥设备工作原理

1. 喷雾干燥基本原理

喷雾干燥前，物料应进行浓缩处理。如图5-2-14所示，喷雾干燥是将物料（溶液、悬浮液、乳浊液等）在机械力（压力或离心力）的作用下，通过雾化器的作用，雾化成直径为10～100 μm的雾滴，从而增大制品的表面积（每升乳液经雾化后，其表面积可达100～600 mm^2），并与干燥介质（热气流）接触，使物料瞬间（0.01～0.04 s）进行强烈的热交换，从而迅速脱水干燥，经15～30 s，就可得到符合要求的粉状、颗粒状干制品的一种干燥方法，特别适用于不能通过结晶方法得到固体产品的情况。

喷雾干燥过程一般分为三个阶段：将物料分散成细小的雾滴；雾滴与干燥介质（热空气等）良好接触；将干燥后的物料与干燥介质分离。

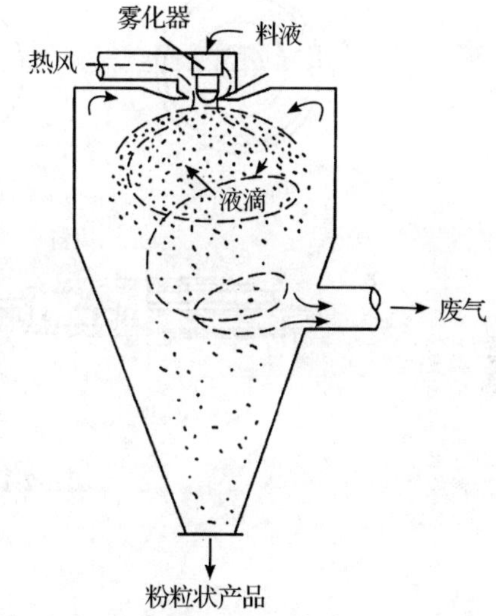

图5-2-14 喷雾干燥原理

实际生产中，由于物料的多样性及其性质的复杂性，有时用单一形式的干燥器来干燥物料时，往往达不到最终产品的质量要求，如果把两种或两种以上的干燥器组合起来，就可以达到单一干燥所不能达到的目的。这种干燥方式称为组合干燥。食品喷雾干燥通常采用喷雾-流化床组合干燥技术以提高生产效率及产品质量。

2. 喷雾干燥设备物料雾化方法

喷雾干燥时，物料微粒化形成雾滴的大小与均匀程度直接影响产品的质量和技术指标。雾滴表面积越大，干燥速度就越快。所以，为增大被干燥物料的表面积，必须将物料微粒化（雾化）。因此，物料微粒化所采用的雾化器是喷雾干燥设备的主要部件。食品物料微粒化方法依据雾化器的形式主要有两类，即离心喷雾法和压力喷雾法。

（1）离心喷雾法　离心喷雾法是利用高速旋转的转盘或喷枪使物料产生离心力，以高速甩出，形成薄膜、细丝或液滴，同时与干燥塔内的干燥介质（热气流）相互接触、摩擦并产生撕裂等作用而形成雾滴，如图5-2-15所示。

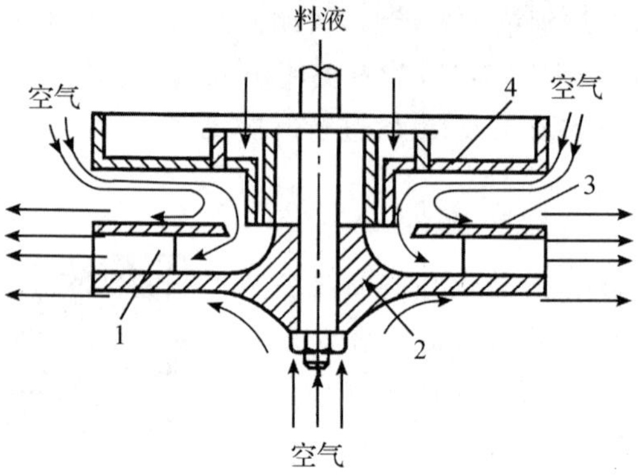

1. 叶片 2. 盘壳体 3. 盘顶盖 4. 罩

图 5-2-15 离心雾化器工作原理

离心式雾化器的形式很多，其具体的形式及雾化方式如图 5-2-16、图 5-2-17 所示，常见的有平板形、皿形、碗形、多叶形、多层形、喷枪形、锥形和圆帽形等。

离心式喷雾干燥设备动力消耗介于压力式与气流式之间，适用于高黏度或带固体的料液，雾化操作弹性较宽，可在设计生产能力±25%范围内调节。缺点是机械加工要求高，制造费用大，因雾滴较粗、喷距较大，所以其干燥塔直径也大。

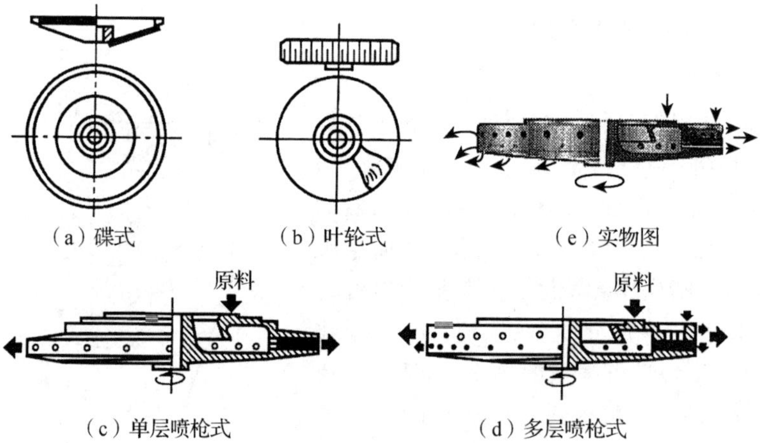

图 5-2-16 各种形式的离心转盘

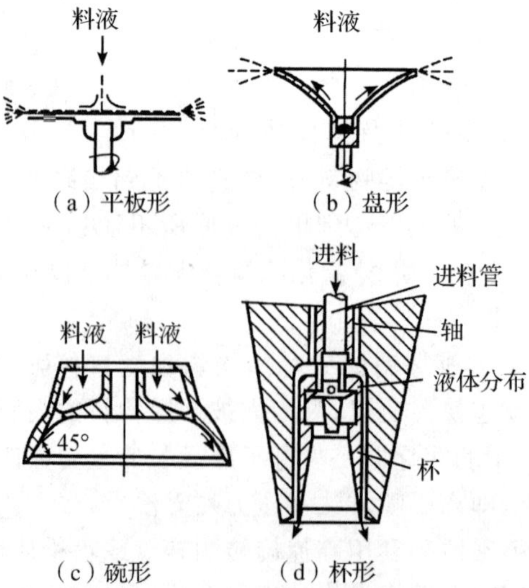

图 5-2-17 各种离心盘雾化方式

(2)压力喷雾法　压力式喷雾法是利用高压泵使物料获得较高的压力(8～20 MPa),从特制的喷嘴(直径 0.5～2 mm)喷出,克服料液的表面张力而雾化成直径在 10～20 μm 的雾状微粒,再喷入干燥室,如图 5-2-18 所示。一般喷雾压力越高、喷孔孔径越小,则喷出的雾滴越小,反之则雾滴越大。雾滴的分散度与料液的性质(如表面张力、黏度等)及喷孔直径成正比,与流量成反比,并与喷嘴的内部结构有关。

压力式雾化器的结构形式很多,常见的主要有漩涡式压力喷雾器和离心式压力喷雾器。国内应用比较广泛的压力喷雾器有 M 型和 S 型两种,如图 5-2-19 所示。两种雾化器因内部结构不同,所以料液在雾化器内所产生的旋转方向也不相同,使得产生的雾滴的状况也不相同,以达到满足不同生产需要的目的。

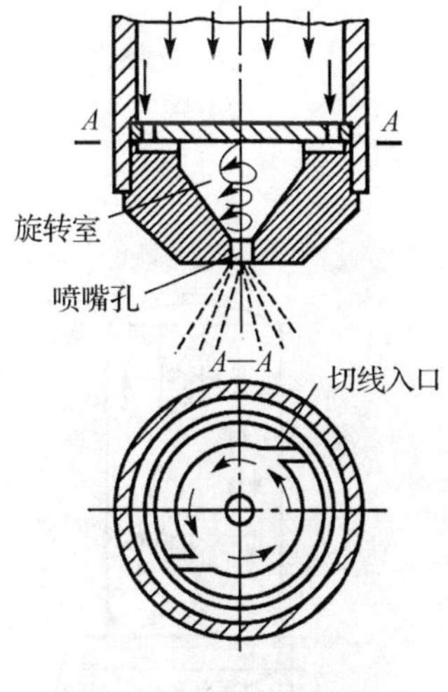

图 5-2-18　料液在压力式雾化器内的流动

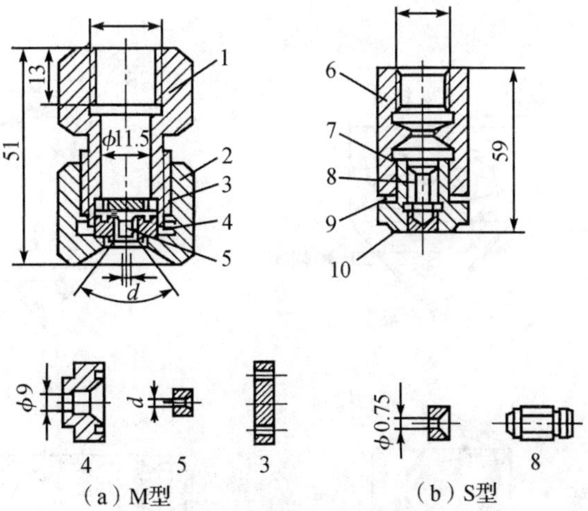

1、6. 管接头　2. 螺帽　3. 孔板　4、7. 喷头座　5、10. 喷头　8. 芯子　9. 垫片

图 5-2-19　压力式喷嘴结构示意图(单位:mm)

(二)喷雾干燥设备工艺流程

喷雾干燥工艺流程如图 5-2-20 所示。空气经过滤后进入加热器,然后被送入喷雾塔的干燥室内。浓缩乳由泵进入干燥室,经雾化器雾化后与同时进入的热风进行热交换,水分瞬间蒸发,由排风设备排出,而颗粒则落入塔底的锥形部分排出干燥塔。按照物料与干燥介质在干燥塔内运动的方向不同,喷雾干燥可分为并流、逆流和混合流三种方法。

1. 并流干燥法

如图 5-2-21 所示,并流干燥法的特点是料液雾滴与进入干燥室内的干燥介质的运动方向一致。因入口处的料液含水量高,尽管与高温的热风相接触,也不会使被干燥物料出现焦化而影响产品质量。较适宜于食品中的热敏性物料。乳品、发酵粉等食品生产中常采用此法。

2. 逆流干燥法

如图 5-2-22 所示,逆流干燥法与并流干燥法相反,其特点是料液雾滴与干燥介质的运动方向相反。物料从上往下喷,热风由下往上吹,使将完成干燥的物料的水分含量进一步降低。较适宜含水量较高的物料。缺点是物料长时间在干燥塔内与高温热风接触,容易使产品过热焦化,所以不适宜热敏性物料,在乳品工业中应用较少。

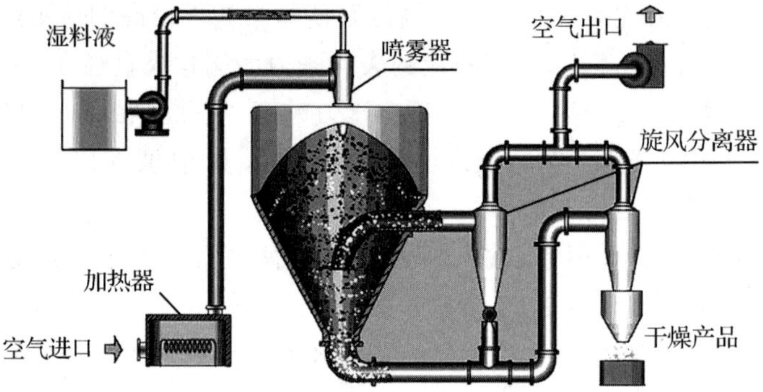

图 5-2-20　喷雾干燥工艺流程

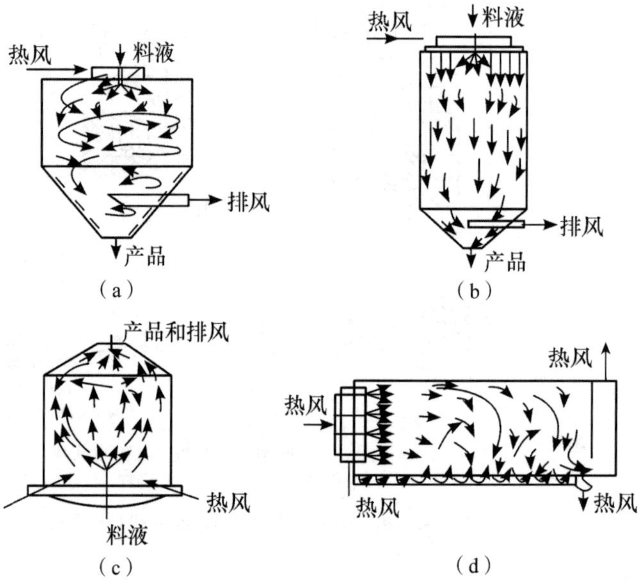

(a)、(b)垂直下降并流型　(c)垂直上升并流型　(d)水平并流型

图 5-2-21　并流喷雾干燥器

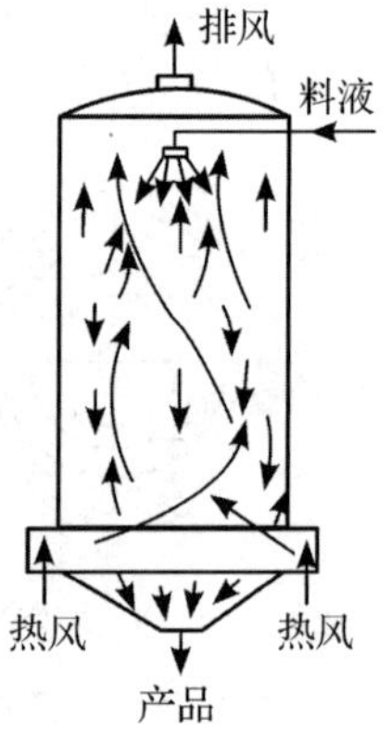

图 5-2-22　逆流喷雾干燥器

3. 混合流干燥法

如图 5-2-23 所示，混合流干燥法的特点是料液雾滴与热风的运动方向不规则，二者的运动轨迹呈紊乱状态。雾滴与热风充分接触，干燥效率较高，但若控制不好，干燥塔内会产生涡流现象，造成产品黏壁从而影响其质量。

(三)喷雾干燥设备结构

如图 5-2-24 所示，喷雾干燥设备由雾化器、送风系统、干燥室、产品收集系统、废气排放及微粉回收系统、系统控制装置及废热回收装置组成。雾化器能将料液稳定地喷洒成细小且均匀的雾滴，并使其均匀地分布于干燥室的有效部分，与热空气保持良好的接触。干燥室是热空气与被干燥的料液进行热交换的场所，要求具有足够的空间，确保空气及物料在干燥室内停留的时间能使制品的含水量达到生产工艺的要求，又不至于受热过度或产生黏壁等现象。

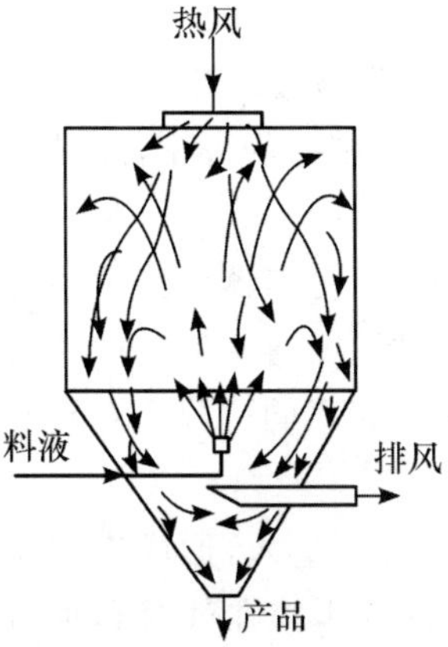

图 5-2-23　混合流喷雾干燥器

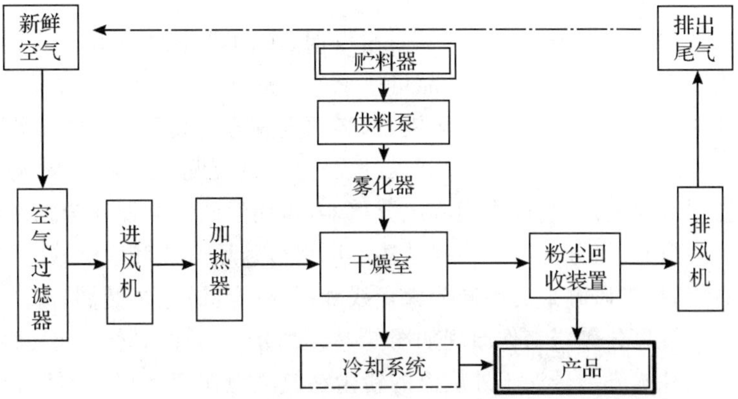

图 5-2-24　典型喷雾干燥系统

(四)喷雾干燥附属设备

喷雾干燥的附属设备主要包括空气过滤器、空气加热器、粉尘分离设备、敲粉装置、进出料装置、进风机、排风机等。这里着重介绍空气过滤器、空气加热器、进风机、排风机和粉尘分离装置。

1. 空气过滤器

食品生产喷雾干燥设备中用于热交换的空气必须是洁净空气,室外空气中主要有二氧化硫、一氧化碳等有害气体与煤烟、粉尘等。尤其是粉状食品,若混入尘埃对最终成品会造成极大的危害。空气过滤器种类很多,要求高洁净的可用以中效纤维、烧结材料等为基材的过滤器,简单的可采用油浸式滤层。如图 5-2-25 所示。

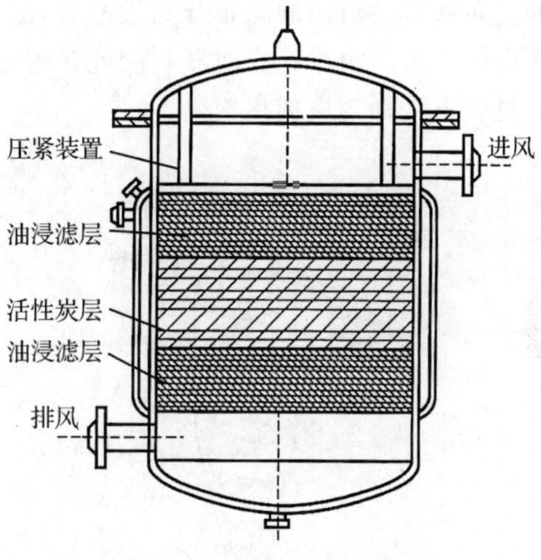

图 5-2-25　油浸式空气过滤器结构

2. 空气加热器

空气加热器用于对来自空气过滤器的洁净空气进行加热,使其达到喷雾干燥所需要的温度。常用的空气加热器主要是蒸汽加热器,它是由多块蒸汽散热排管组成的,排管用紫铜管或钢管制成,管外套以增加传热效果的翅片,翅片与管有良好的接触,安装时应使空气从翅片深处穿过。

3. 进风机和排风机

喷雾干燥中的干燥介质(即热空气)需要在整个系统中流动,它是靠风机来完成的。大多数的喷雾干燥设备需要用两台风机来操作,一台是进风用的鼓风机,另一台设在分离器后面作排风用,塔内负压在 100～200 Pa 较合理。同时在用冷风冷却或是物料风送等工序中均要使用风机。在喷雾干燥系统中采用的风机多为离心式通风机。

4. 粉尘分离装置

当干燥塔内风速大于 0.5 m/s 时，细的粉粒约有 40％难以沉降，且易被废气带走。一般由粉尘回收装置分离的产品可达总产量的 25％～40％。无论是为了提高制品的得率，还是为净化环境空气，防止大气污染，都必须设置分离装置以回收细粉。

常用回收装置有袋滤器、旋风分离器以及湿式除尘器等，通常采用旋风分离器再经过袋滤器二级净制回收；或先用旋风分离器，再用湿法除尘器作为二级净制装置。

(1)旋风分离器　根据结构不同可分为压气式和吸气式；根据安装位置不同可分为左旋和右旋；按进风方式的不同分为切线和蜗壳(全圆周、半圆周)进风。

旋风分离器工作原理如图 5-2-26 所示。含尘气体从进气管沿切线方向进入，形成旋转向下的外旋流。悬浮于外旋流的粉尘在离心力作用下移向器壁，到达外壁的尘粒在气流和重力的共同作用下，沿壁面随外旋流移动到除尘器下部，再由排料孔排出。净化后的气体形成上升的内旋流并经过排气管排出。

(2)袋滤器　如图 5-2-27 所示，袋式除尘器通过由棉、毛、人造纤维等加工成的滤料来进行过滤，主要依靠滤料表面形成的粉尘初层和集尘层进行过滤。也就是说，其截留机理不是简单的滤布截留。清洁的滤布开始过滤时，由于细颗粒的黏附或吸附作用，而在织物的网络上形成所谓的一次黏附层。袋滤器利用此黏附层的过滤作用使气体净化，而滤布只起支架的作用。它通过以下几种效应捕集粉尘。

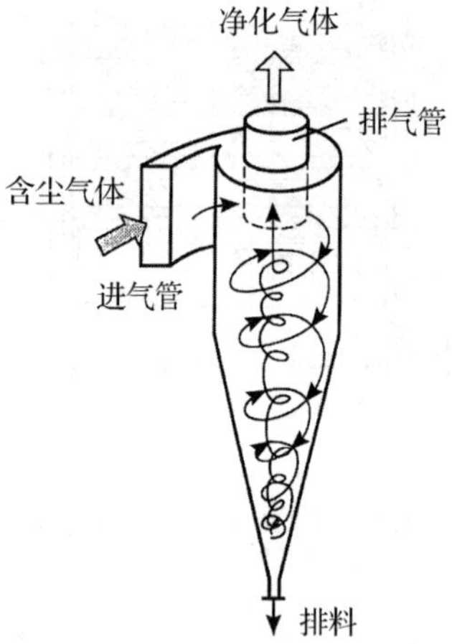

图 5-2-26　旋风分离器工作原理

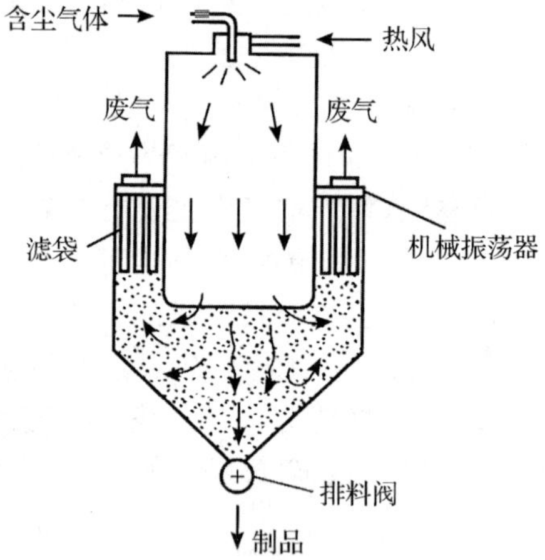

图 5-2-27　干燥塔内袋滤器结构

①筛滤效应　当粉尘的粒径比滤料空隙或滤料上的粉尘初层孔隙大时，粉尘便被捕集下来。

②惯性碰撞效应　含尘气体流过滤料时，尘粒在惯性力作用下与滤料碰撞而被捕集。

③扩散效应　微细粉尘由于布朗运动与滤料接触而被捕集。

(五)喷雾干燥设备操作和维护

1. 喷雾干燥设备的操作

安装时，首先应清理及清洗一遍所有管道及干燥塔，检查各连接处是否装好密封材料；检查门和观察窗是否关上，防止漏气。检查旋风分离器底部的授粉筒是否密封、清洁、干燥；检查进料阀的连接管道是否接好，检查电动机与泵的旋转方向是否正确。检查干燥室顶部安放喷雾头处是否安装好，防止漏气。开启离心风机及加热器，检查是否漏气，如正常即可进行预热；预热时，干燥室顶部和旋风分离器下料口处必须密封，以免冷风进入干燥室；当干燥室进口温度达到设定温度时，开启离心喷头，当喷雾头达到最高转速时，开启进料泵，加入清水喷雾10 min后更换成料液，进料量应由小至大，避免产生黏壁现象，直至调节到适当；干燥成品的温度和湿度取决于排风温度，如产品温度太高，可减少加料量，以提高出口温度；收集在旋风分离器下部的授粉器内干燥后的成品。若干燥的成品具有吸湿性，旋风分离器及其管道、收粉器的部位均应用绝热材料包扎，避免成品的回潮吸湿。关闭电加热器和蒸汽加热器；关闭压料罐进气电磁阀，同时卸压，停止喷料；清扫塔壁时，打开人孔进行清扫；关闭风机及控制台总开关；卸下收集桶，把干料粉装进密封性能好的容器内存放，或至下一道工序使用。

2. 喷雾干燥设备的维护

清洗设备，确保干燥塔体及其管道和所有与成品接触的部件清洁，不能使用氯及其化合物来洗涤设备。使用完毕后，应将喷雾盘拆下，浸入水中，将残留物质用水清洗干净。

任务5-3 酸乳加工机械与设备

技术知识

酸乳又称酸奶，广为流行，已成为我国发展最快的乳制品之一。酸乳按成品的组织状态可分为两类：凝固型酸乳，其发酵过程在包装容器中进行，从而使成品因发酵而保留其凝乳状态；搅拌型酸乳，成品先发酵后灌装而得，发酵后的凝乳已在灌装前和灌装过程中搅碎而呈黏稠状，因此得名。

酸乳以牛乳为主要原料，经过标准化、接种乳酸菌发酵剂、培养发酵而制成。其工艺流程如图5-3-1所示。无论是做凝固型酸乳还是搅拌型酸乳，牛乳的预处理基本是一样的，都包括标准化、均质、杀菌和冷却。

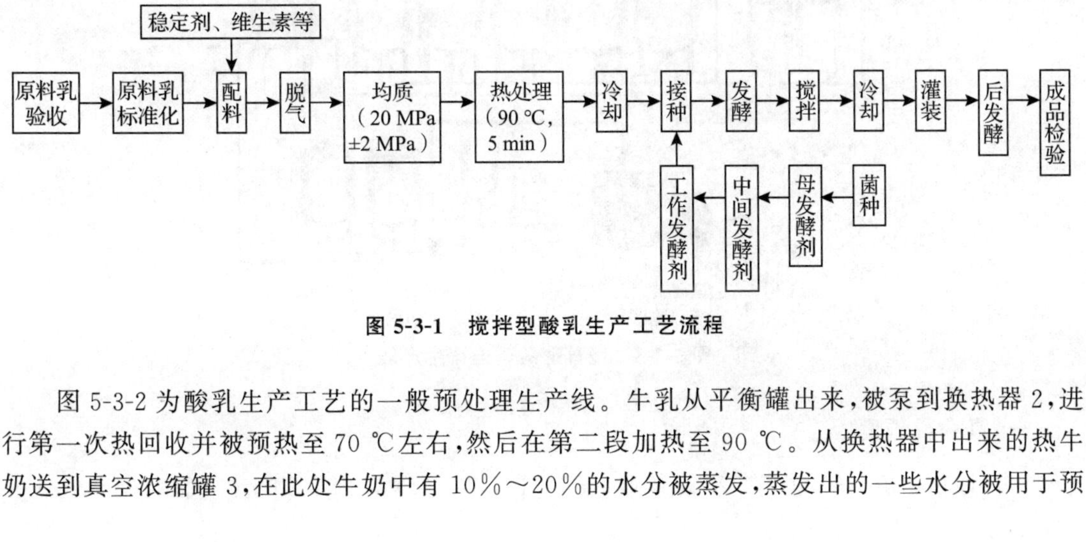

图5-3-1 搅拌型酸乳生产工艺流程

图5-3-2为酸乳生产工艺的一般预处理生产线。牛乳从平衡罐出来，被泵到换热器2，进行第一次热回收并被预热至70 ℃左右，然后在第二段加热至90 ℃。从换热器中出来的热牛奶送到真空浓缩罐3，在此处牛奶中有10%～20%的水分被蒸发，蒸发出的一些水分被用于预

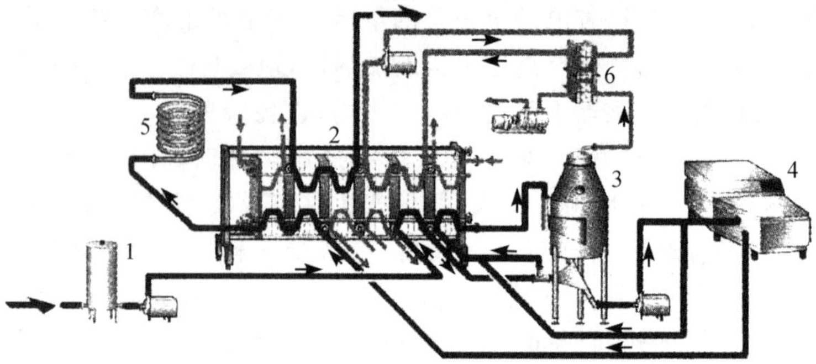

1. 平衡罐 2. 换热器 3. 真空浓缩罐 4. 均质机 5. 保温管

图 5-3-2 发酵乳制品的预处理生产线

热。在蒸发阶段，牛乳温度从 85～90 ℃下降到 70 ℃左右。蒸发后，牛乳被送到均质机 4 进行均质，经均质的牛乳回流到换热器 2 热回收段，再加热到 90～95 ℃，然后牛乳进入保持段，保温 5 min。巴氏杀菌后的牛乳要进行冷却。首先是在热回收段，然后用水冷却至所需接种温度，典型的是 40～45 ℃。

图 5-3-3 为搅拌型酸乳典型的连续生产线。预处理后的牛乳冷却到培养温度，然后进行接种，牛乳连续地与所需体积的生产发酵剂一并泵入发酵罐 2，典型的搅拌型酸乳生产的培养时间为 2.5～3 h，温度为 42～43 ℃，在培养的最后阶段，已达到所需的酸度时（pH 4.2～4.5），酸乳必须迅速降温至 15～22 ℃，冷却在具有特殊板片的板式换热器 3 中进行，这样可以保证产品不受强烈的机械扰动。一般冷却到 15～22 ℃的酸乳先打入缓冲罐 4 中，再进入包装机 7 进行包装。若需要生产调味酸乳，可在酸乳从缓冲罐到包装机的输送过程中加入果料和香料。

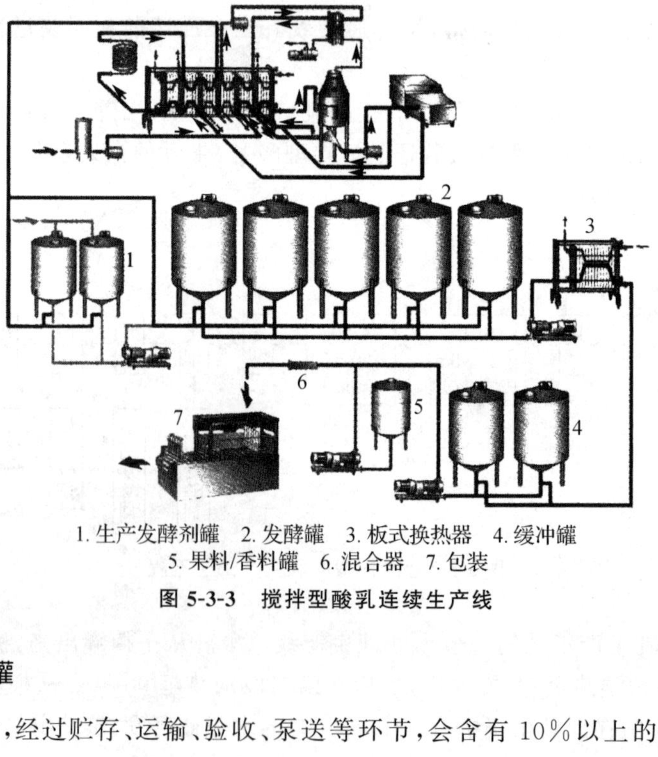

1. 生产发酵剂罐 2. 发酵罐 3. 板式换热器 4. 缓冲罐
5. 果料/香料罐 6. 混合器 7. 包装

图 5-3-3 搅拌型酸乳连续生产线

一、真空脱气罐

牛乳被挤出后，经过贮存、运输、验收、泵送等环节，会含有 10%以上的气体，这些气体的存在会影响牛乳流量计的准确度，使杀菌设备易结垢，会促使均质后的牛乳脂肪球聚合，还会影响牛乳标准化准确度。因而应使用真空脱气罐除去牛乳中的气体、细小分散气泡和溶解氧。图5-3-4为真空脱气罐，其工作过程为：牛乳经板式换热器预热到一定温度，一般为68 ℃，进入具有一定真空度的真空罐内，预先将真空缸内调节到相当于沸腾温度为60 ℃的真空度。68 ℃的物料沿切线方向进入真空罐，由于是超沸点进料，物料会立即沸腾，且低压下释放出牛乳中的空气，物料中的空气连同一定量牛乳中的水分一起蒸发（汽化），牛乳中的空气及异味同蒸汽一起上升。蒸汽通过安装在罐内上部的冷凝器被冷凝，再回到乳中，空气连同异味通过真空泵被排出罐外。

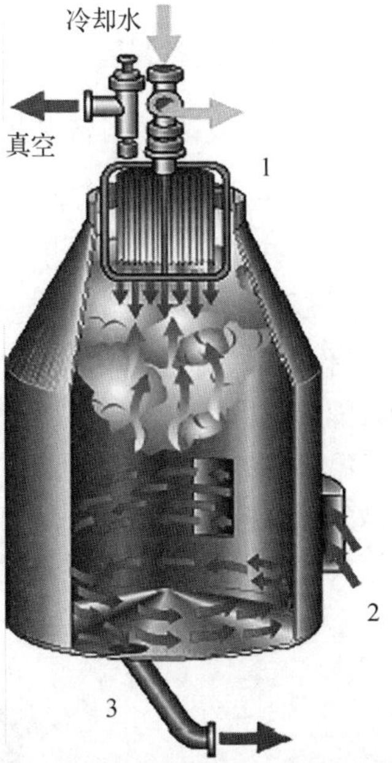

1. 冷凝器　2. 牛乳进口　3. 牛乳出口

图5-3-4　真空脱气罐

二、高速混料罐

如图5-3-5所示，高速混料罐能独立完成乳化、均化、悬浮、溶解、混合等功能，使固体颗粒在液体中迅速粉碎，可代替胶体磨、球磨机、砂磨机、均质机、高压均浆泵等设备，使颗粒粒度达0.5 μm。酸乳生产中可溶入白砂糖、稳定剂、增稠剂等。

图5-3-5　高速混料罐

三、杀菌保温装置

酸乳料液杀菌温度为95 ℃，并保温5 min。料液温度变化过程是10 ℃→75 ℃→95 ℃→42 ℃，只要在杀菌机中输入相应工艺参数便可完成，但对于5 min左右较长时间的保温常用螺旋形或“Z”形管路。螺旋形保温管由封闭在隔热的垂直罐中的数根不锈钢管呈螺旋状排列组成；“Z”形保温管由数根不锈钢管呈“Z”形排列。螺旋形保温管见图5-3-6，“Z”形保温管见图5-3-7。

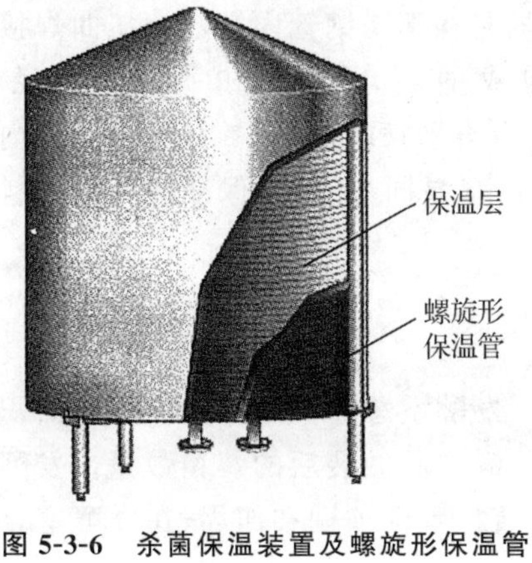

图5-3-6　杀菌保温装置及螺旋形保温管

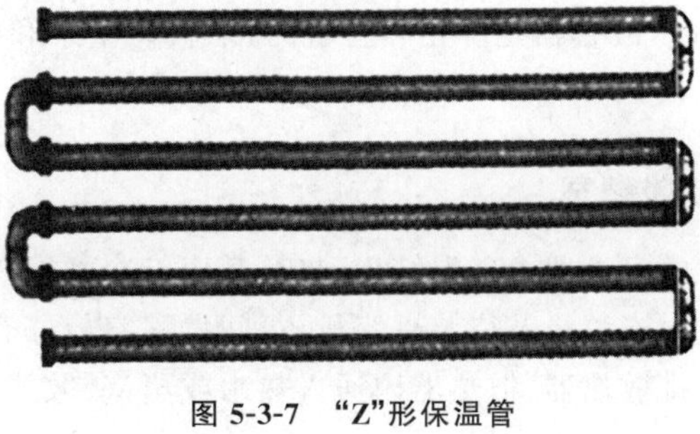

图5-3-7　“Z”形保温管

四、发酵剂制备装置

(一)中间发酵剂制备装置

如图 5-3-8 所示,四个不锈钢小罐盛装牛奶,电加热装置和冷却水可使不锈钢小罐中的牛奶升温、杀菌、冷却、保温发酵、预冷却。

(二)工作发酵剂制备罐

工作发酵剂制备罐如图 5-3-9 所示,罐体带有夹层,夹层内有螺旋形盘管,夹层内通入自来水,螺旋形盘管内可分别通入蒸汽和冰水,既可以加热又可以降温和冷却,料液的加热、杀菌、降温、保温发酵、冷却、冷藏均在此罐完成。罐体上方的人孔、搅拌机轴封、发酵剂加入孔密封良好,罐顶的空气出入孔装有无菌过滤器(每次生产完要彻底杀菌),在料液的加热与冷却时,空气进出发酵罐时都要通过无菌过滤的出入孔。

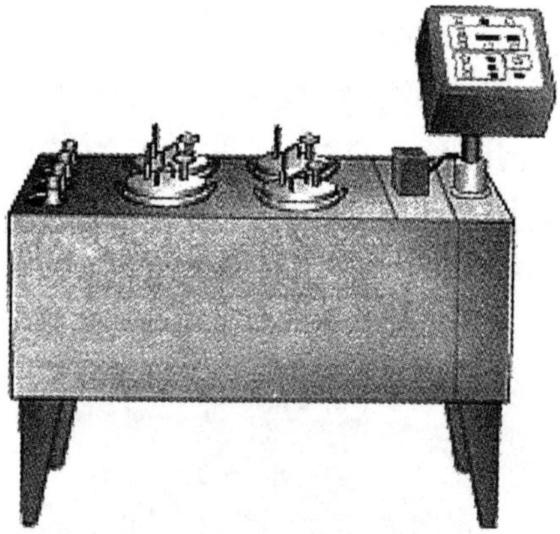

图 5-3-8 中间发酵剂制备装置

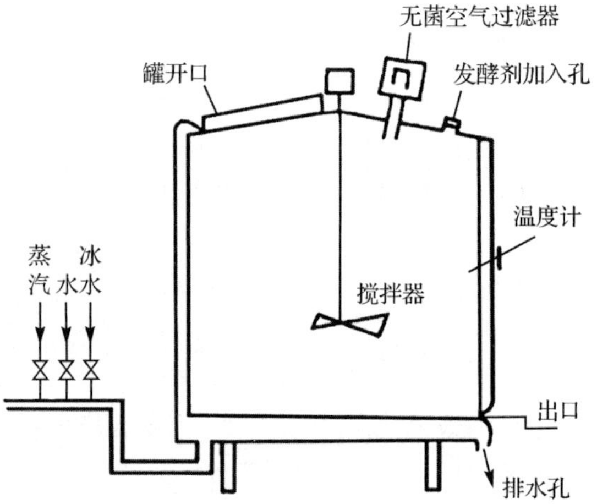

图 5-3-9 工作发酵剂制备罐

五、静态混合器

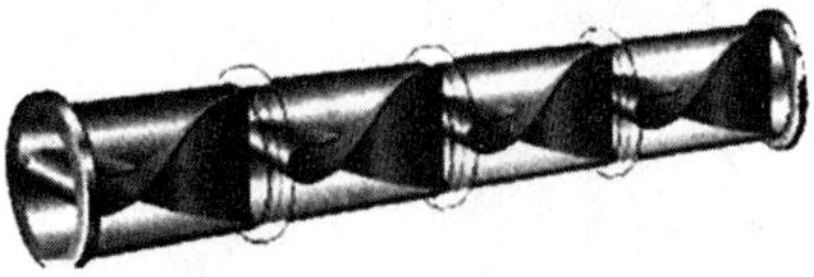

图 5-3-10 静态混合器

静态混合器主要用于搅拌型果料酸乳生产,这种混合器是在不锈钢管内由数个扭曲焊接的螺旋叶片构成的,如图 5-3-10 所示,管径可达 63.5 mm,混合器长度 750～1 150 mm,管内叶片数为 10。混合器是静止和卫生的,果料计量泵和酸乳给料泵同步运转,保证酸乳和果料均匀混合。

六、发酵室

发酵室一般由砖混结构建成,其应与冷藏库邻近。发酵室总面积及每间发酵室面积应考虑每天生产总量及待装罐容量,每间发酵室最好容纳一罐产品灌装后的装箱数量。发酵室内装有数排散热器,散热器内通入热水或蒸汽,散热器安装位置在顶棚和四周,在发酵室合适位置装有风扇和温控设备,以使发酵室温度均匀。灌装好的产品装入塑料周转箱中,放到托盘上,托盘之间留有空隙,使发酵室内热空气能到达每一个容器。包装箱堆放的高度根据生产实际考虑,在准确控制发酵温度的基础上,能够保证产品质量均匀一致。

任务5-4　冰激凌加工机械与设备

技术知识

冰激凌是以饮用水、乳制品、蛋制品、甜味料、香味料、食用油脂等为主要原料,加入适量香料、稳定剂、乳化剂、着色剂等食品添加剂,经混合、灭菌、均质、老化、凝冻等工艺或再经成型、硬化等工艺制成的体积膨胀、松软可口的冷冻产品。冰激凌具有丰富的营养、可口的滋味、清凉的口感,是人们在夏季消暑、降温、解渴、补充能量的常用饮品之一。

图5-4-1为一种典型的冰激凌生产线,A为原料贮存区,B为原料混合溶解区,C为均质、巴氏杀菌区,D为冰激凌罐区。

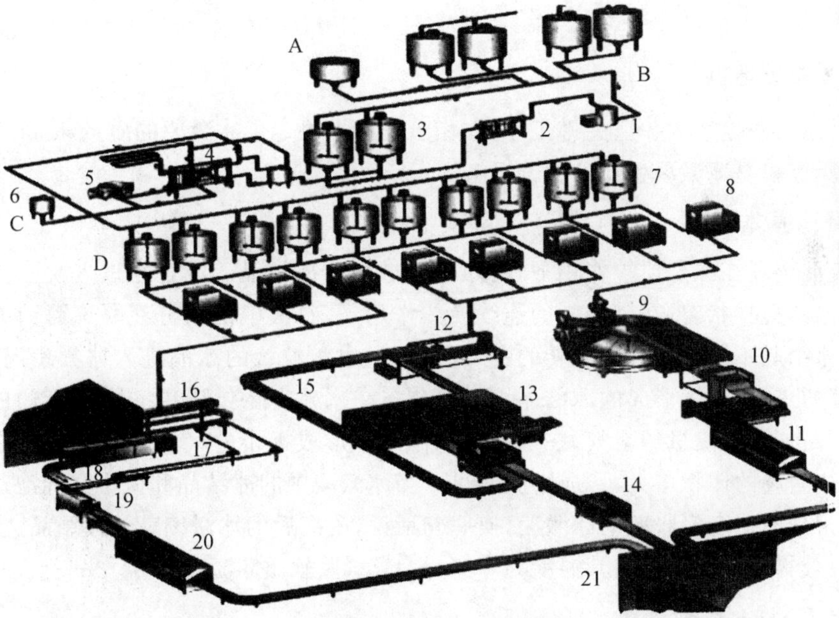

1. 混合　2、4. 板式换热器　3. 混料罐　5. 均质　6. 奶油罐　7. 老化罐　8. 连续凝冻机
9. 雪糕分装及凝冻　10、19. 包装　11、14、20. 纸箱包装　12. 杯或蛋卷分装
13. 速冻隧道　15. 空盘返回　16. 挤压成型　17. 巧克力涂层　18. 冷却　21. 冷库

图5-4-1　冰激凌生产线设备系统装置

一、普通混料缸

如图5-4-2所示,此混料缸为单层不锈钢容器,配有行星减速搅拌机构,在缸中装有蒸汽加热盘管,用于在冰激凌生产中溶化糖、棕榈油等原辅料,还可对料液进行加温,缩短混料、杀菌时间。

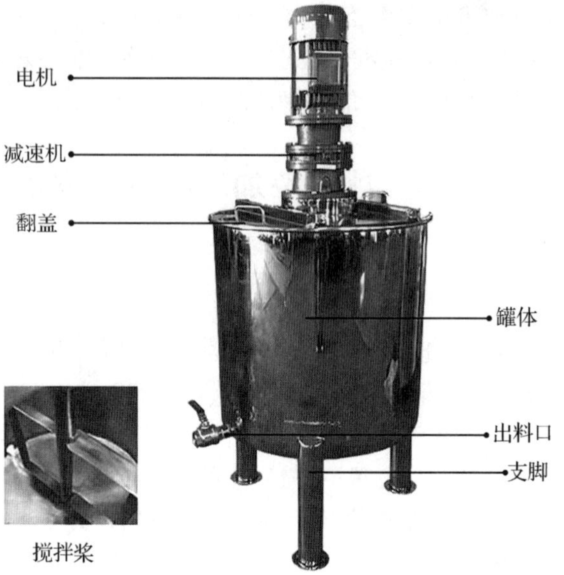

图 5-4-2 普通混料缸

二、冰激凌凝冻机

凝冻是冰激凌生产的一道关键工序，在相当程度上决定了冰激凌的质量，凝冻主要靠凝冻机来实现，凝冻机是冰激凌生产的关键设备。

（一）凝冻基本原理

冰激凌混合料在强烈搅拌作用下，通入空气进行冷冻结晶。混合料进入凝冻筒后处于一种剧烈、不停的搅拌状态，在制冷剂的连续换热作用下，料液中的水分在凝冻筒壁冻结成细微的冰结晶，冰结晶不断地被匀速旋转的刮刀刮下，形成微粒状的冰晶进入冰激凌混合料中，随着凝冻过程的进行，连续形成的冰结晶均匀地分布在冰激凌混合料中。同时，专门的空气输入装置连续不断地加入定量的空气，在刮刀搅拌作用下形成极小的气泡均匀地分布在冰激凌混合料中，使冰激凌的体积增大，形成膨胀效果。当冰激凌中的冰结晶和微小空气泡达到一定比例时，就成为具有一定膨胀率的冰激凌，换一句话说，凝冻后的冰激凌就是冰结晶、空气泡和浆料的均匀混合物，呈膏体状态，其温度为－6～－4 ℃，属软质冰激凌。

（二）凝冻机的分类

按其结构形式不同可分为间歇式凝冻机和连续式凝冻机；按所使用的冷却介质不同可分为盐水凝冻机、氨液凝冻机和氟利昂凝冻机；按冷凝筒安装形式不同可分为立式凝冻机和卧式凝冻机。

1. 间歇式凝冻机

如图 5-4-3 所示，间歇式凝冻机的基本组成部分有机座、带夹套的外包隔热层的圆形凝冻筒、装有刮刀的搅拌器、传动装置以及混合原料的储槽等。

开启凝冻机的制冷阀（氨、盐水阀）后，制冷剂不断进入凝冻筒的夹套中进行循环，凝冻筒夹套内的制冷剂蒸发使凝冻圆筒内壁起霜。筒内的混合原料由搅拌器外轴支架上的两把刮刀与搅拌器中轴上的“Y”形搅拌器共同作用。刮刀与搅拌器是逆向旋转的，刮刀将冻结的原料刮下并防止原料在内壁上结成大的冰屑，而搅拌器是将空气均匀混合在原料中，使料液体积膨胀，变成疏松的冰激凌，同时料液温度从 2～4 ℃冷冻至－6～－3 ℃。

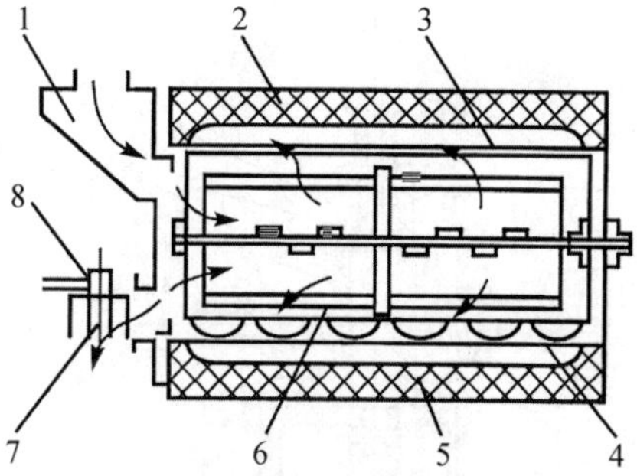

1. 料液 2. 外壳 3. 内壁 4. 蒸发器 5. 隔热层 6. 搅拌器 7. 冰激凌出口 8. 出料阀

图 5-4-3 间歇式冰激凌凝冻机结构

2. 连续式凝冻机

如图 5-4-4 所示，连续式凝冻机主要由冷凝筒、空气混合泵、进料泵、制冷系统、驱动装置和电气控制系统等装置组成。

制冷系统将液体制冷剂输入凝冻筒的夹套内，料液经由空气混合泵混入空气后进入凝冻筒，凝冻过程非常迅速。如图 5-4-5 所示。

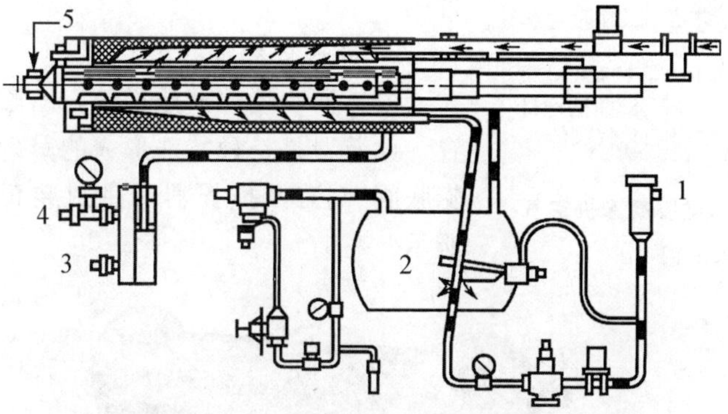

1. 制冷剂 2. 制冷系统 3. 料液入口 4. 空气入口 5. 冰激凌出口

图 5-4-4 连续式冰激凌凝冻机结构

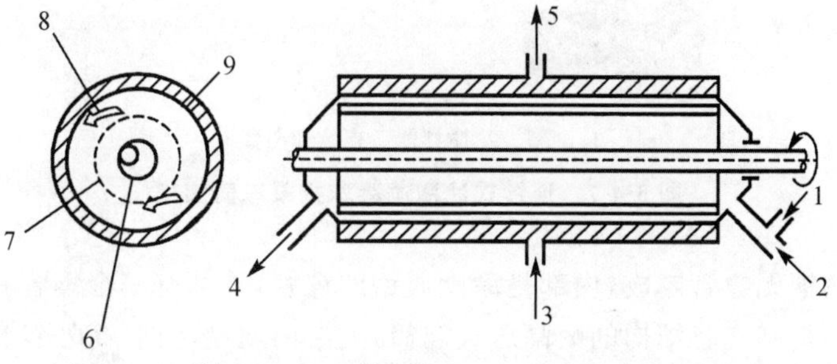

1. 空气入口 2. 料液入口 3. 制冷剂入口 4、7. 部分已凝冻的混合原料
5. 制冷剂出口 6. 偏心混合机筒 8. 刮刀 9.冷却夹套

图 5-4-5 连续式冰激凌凝冻机工作原理

电动机经皮带降速后，通过联轴器带动刮刀轴套旋转，刮刀轴上的刮刀在离心力的作用下紧贴凝冻筒的内壁作回转运动。由进料口输入的混合原料经冷冻冻结在筒体内壁上，连续被刮刀削下。同时新的料液又附在内壁上被凝结，随即又被刮刀削下，以此循环工作。刮削下来的冰激凌半成品，经刮刀轴套上的许多圆孔进入轴套内，在偏心混合机筒的作用下，使冰激凌搅拌混合。混合后冰激凌在压力差的作用下，不断挤向上端，并克服膨胀阀弹簧的压力，打开

膨胀阀阀门，排出冰激凌成品（进入灌装头）。冰激凌经膨胀阀减压后，体积膨胀、质地疏松。

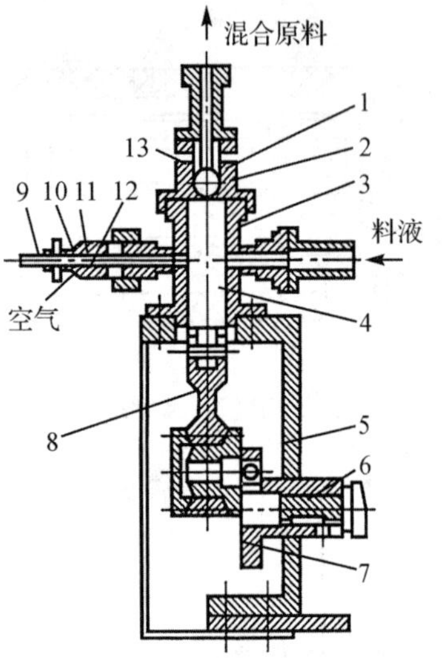

1. 钢球 2. 阀门 3. 泵体 4. 柱塞 5. 泵底座 6. 驱动轴 7. 偏心轴 8. 曲柄连杆机构 9、10、13. 弹簧 11. 气阀体 12. 气阀芯

图 5-4-6 连续式冰激凌凝冻机空气混合泵结构

(三)凝冻机的主要结构

1. 空气混合泵

料箱中的料液在柱塞泵的作用下进入柱塞泵体内，其结构如图 5-4-6 所示。当柱塞向下运动时，钢球将阀门关闭，使泵体内形成真空状态。料液与空气分别从泵的两侧同时进入，开始气液混合。当曲柄连杆机构将柱塞向上移动到一定位置时，柱塞会将两侧通道封闭，并将混合后的原料送入凝冻筒及搅拌装置。空气入口处的弹簧是为了控制空气进入量而设置的。

2. 凝冻筒和搅拌器

凝冻筒和搅拌器是连续式冰激凌凝冻机的关键装置。此装置是一种特殊形式的蒸发器，主要由凝冻筒、膨胀阀、刮刀及搅拌器和密封装置等组成，如图 5-4-7 所示。

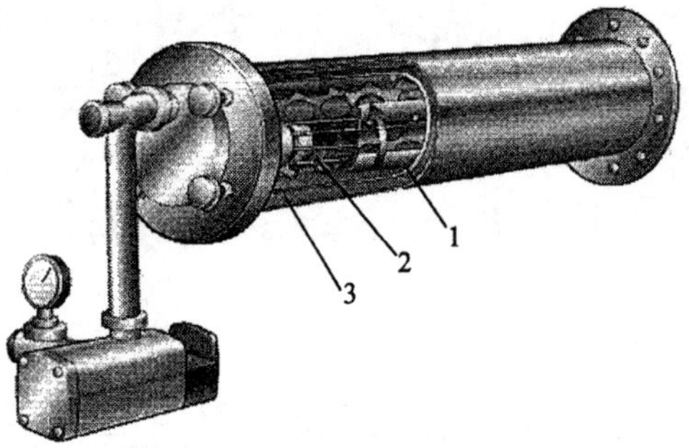

1. 刮刀 2. 搅拌器 3. 冷却夹套

图 5-4-7 连续式冰激凌凝冻机凝冻筒结构

凝冻筒由不锈钢无缝管制成，内部是涂硬质铬的镍管，外部有一个钢管和两只法兰。其是经特殊加工制成的具有夹套结构的耐高压金属筒，夹层内通制冷剂，筒外包裹有隔热层。筒内装有搅拌器，它由刮刀和刮刀轴组成。刮刀轴是一空心长轴，轴上开有许多圆孔，不仅可使混合原料充分地进行热交换，也是混合原料的通道。刮刀轴的相对位置安装有两把刮刀，它紧贴筒壁，当混合原料在内壁上凝冻成冰霜后，可被刮刀迅速削下。

凝冻筒上部安装有膨胀阀，起调节冰激凌膨胀率的作用。它是由一个可以在出料管内轴向移动的滑块以堵塞部分出料通道来调节膨胀率的。滑块所产生的压力由弹簧控制，而弹簧压力又是由控制手柄调整的。

因混合原料被空气混合泵不断压入，凝冻筒内搅拌后的混合原料在压力的作用下，不断克服膨胀阀的弹簧阻力，直至膨胀阀门打开。此时，因压力骤降，混合原料内的空气迅速膨胀，使产品变得疏松，从而生产出品质优良的冰激凌产品。

3. 融霜装置

当发生停电、机器故障等情况时，由于主轴停转，凝冻筒内的余冷使得筒内混合原料凝冻成冰块，且将刮刀和多孔轴凝冻。如果强行开机，会造成电机烧毁、凝冻筒内部件损坏等事故。旧式凝冻机一般采用热水冲洗、蒸汽喷射或长时间等待自然融化等方式来融解凝冻筒内混合原料所结成的凝冻块。这不仅浪费原料及时间，同时对设备也有损害。

连续式冰激凌凝冻机采用热制冷剂除霜的方式，可在几分钟内将凝冻筒内原料凝冻块融化，取出空心轴及刮刀，迅速排除故障。除霜原理是将经制冷压缩机压缩后的高压、高温制冷剂气体通过电磁截止阀引入凝冻筒夹套层，使凝冻冰块融化，从而排除故障。

(四)凝冻与搅拌过程中注意事项

(1)料液的加入量要固定，不得任意多加或少加，只有当冰激凌的膨胀率过高时才多加，过低时少加。

(2)凝冻的速度越快越好(间歇式除外)，这样才能保证冰结晶体的体积小。要想提高凝冻速度就必须有足够的制冷量，通常凝冻机的供冷系统氨蒸发温度以－35～－25 ℃为佳。

(3)搅拌速度越快，混入的空气量也才能越大，因此，必须具有良好的搅拌器。搅拌器上的刮刀与筒内壁的距离要小，刮刀与搅拌器的旋转方向相反，起削去筒壁上凝冻料液的作用。所以，要求刀口锋利并要对其经常检查与定期检修。

(4)冰激凌的出料温度一般为－6～－4 ℃，最佳为－5 ℃，最低为－6 ℃，否则将难以放出。放料时，如认为冰激凌已达到膨胀率要求，应尽量将料放净，目的是提高班次产量，防止冰激凌受冷过度而影响质量。

(5)采用双柱塞送料泵，可彻底解决注模困难和“冻缸”现象，并且能成倍地提高产量。

(五)凝冻机的安装、操作与维护

1. 安装

要求地基平坦、坚实，应略高于地平面 5 cm。环境温度应低于 25 ℃，超过此温度需安装空调设备。冷却水温度要低于 25 ℃，超过此温度需对冷却水进行预冷。进料管与老化罐的连接选用食品级尼龙管，以减少凝冻机工作时的震动对老化罐的影响。

2. 操作

(1)准备工作

①启动前，需要检查设备各部件是否有卡阻和松动现象，检查设备电器开关、除霜开关等控制器件是否在工作位置。

②正常生产时，需要提前 0.5 h 通电，使曲轴箱内电热丝加热。连接好所有管路，接通冷却水。

③开启电源总开关，启动压缩机制冷系统。

(2)开机

①使用空气混合泵将溶有中性洗涤剂的热水压入凝冻机内，启动搅拌器清洗，再用食用水清洗。然后将清洗水排干净。

②检查料液供应是否正常，出料管是否畅通。打开进料管阀门，开启空气混合泵向凝冻筒送料。当凝冻筒上部出料口有料液溢出时，关闭空气混合泵，开启搅拌器。

③开启主电机，主电机启动后开启制冷系统。

④调整空气混合泵进料速度、膨胀率、蒸发压力直至生产的冰激凌符合工作要求。

⑤调整混合原料黏度和膨胀率时要考虑设备的反应时间。一般最高为 4 min 左右；最低为 20 min 左右。

⑥开始凝冻搅拌时，第一次加入料液量为凝冻筒容积的 51%～54%，以后每次 47%～50%。如果制造水果或巧克力冰激凌，其料液加入量要适当减去水果和巧克力的加入量，如果要加入其他辅料(如香料)，则需待料液成为半固态时加入，效果比较理想。

⑦从料液成为冰激凌的整个凝冻过程需 8～12 min。在此期间须经常观察窥视孔，注意从料液转化为冰激凌的情况，当发现窥视孔上面冰激凌堆积成浓厚的固态云带形状时，即可开始排料。

⑧一般棒类产品制冷剂的蒸发温度在－25～－15 ℃；杯类产品制冷剂蒸发温度在－30～－20 ℃。

(3)生产结束

①先关闭制冷系统。

②减慢进料速度，可将水泵入料箱以代替料液输入凝冻机。直至出料口的混合原料由稠变稀、质量变差(可最大限度地节省原料)，再关闭冷却水，待搅拌器运行数分钟后，再关闭搅拌器，最后关闭空气混合泵及主电机。

③放空进料管、凝冻筒的余料，准备清洗。

(4)清洗凝冻机

①用碱水、温水循环清洗，再用 90～95 ℃的热水由空气混合泵泵入，循环消毒 10 min，放空余水。

②有的设备是在料箱内注入清水，使用设备的自动清洗和就地清洗程序完成清洗工作的。

③凝冻机的整体清洗和消毒要将设备上的刮刀、搅拌器及与料液接触的所有部件、管道等全部拆下，先用清水洗净残留物，再用 55 ℃左右的热碱水($Na_3PO_4 : Na_2CO_3 = 1 : 2$)清洗，然后用清水冲洗干净、安装好，再用 90 ℃以上的热水由空气混合泵泵入，循环消毒 10 min，排出积水。

3. 注意事项

(1)开机、关机顺序不能颠倒。

(2)生产过程中不能中断冷却水。

(3)注意设备及仪表的运行情况，如有异常应立即停车检查。

(4)经常检查刮刀磨损情况，及时更换。切忌设备空车运行，以免损坏刮刀等部件。

(5)如遇停电或操作上的原因引起凝冻机内原料冻结，要立即启动除霜程序。

(6)长期停车再次使用时，需预热设备数小时后才能进行生产。

三、速冻隧道

冰激凌离开灌装机时，温度约为－5 ℃，也就是凝冻机的出口温度，配料中只有 45%的水分被冻结，必须把产品进一步冷却到－25 ℃，在这一温度下，有 90%～95%的水分被冻结。冰激凌在进入冷库前必须硬化好，这种硬化必须在速冻隧道中进行。速冻隧道由一个环形传送带系统组成，内部装有能力强大的冷冻蒸发器，这些蒸发器配备有高速鼓风机，空气温度可达－35～－40 ℃，如图 5-4-8 所示。

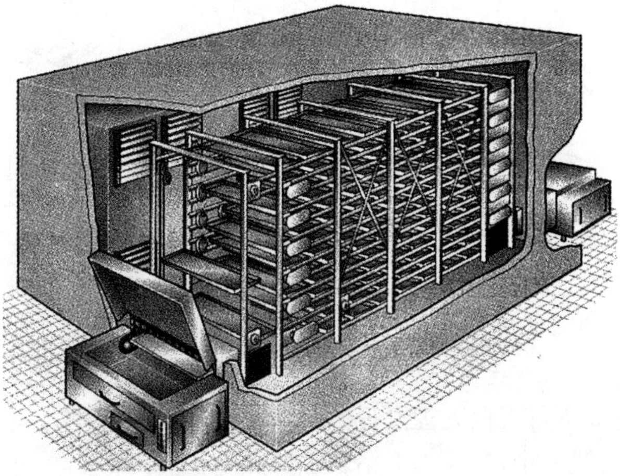

图 5-4-8 速冻隧道外形结构

任务5-5 乳制品包装机械与设备

技术知识

包装的目的主要是便于分送销售、便于消费者食用,以及防止污染、保持乳制品良好的滋味和气味、防止吸收外界异味、减少维生素等成分的损失。科学的包装不仅能增强产品的商品特性,也能延长产品的货架期。乳制品常用的包装设备有无菌包装设备、玻璃瓶灌装机、屋顶形包装机、塑料杯灌装机、冰激凌罐装设备、乳粉包装设备等。

一、无菌包装设备

无菌包装是指将流质或半流质食品物料经过超高温瞬时杀菌(UHT)或高温短时杀菌(HTST),再迅速冷却至30～40 ℃,在无菌环境下将物料充入已灭菌的包装容器内密封的一种包装技术,从而使包装的产品在常温下能长时间保持不变质。

无菌包装的食品一般为液态或半液态流动性食品,其特点为流动性好、可进行高温短时杀菌(HTST)或超高温瞬时杀菌(UHT),在保证无菌的前提条件下,产品色、香、味和营养成分的损失小。处在无菌条件下的被包装食品,无须冷藏或添加任何化学防腐剂就可以在常温下长时间保存;在保证无菌的前提条件下,食品原有的色、香、味及营养成分能最大限度地被保留;无菌包装生产的自动化程度高,单位成品能耗低,简化了包装工艺,降低了工艺成本;无菌包装材料主要为纸、塑料、铝箔等,具有轻质、廉价、便于运输的特点。

无菌包装技术关键是保证无菌:一是食品物料的预杀菌;二是包装容器的灭菌;三是充填密封环境的无菌。这是食品无菌包装的三大要素。图5-5-1为无菌包装流程。一条完整的无菌包装生产线包括物料杀菌系统、无菌包装系统、包装材料的杀菌系统、自动清洗系统、无菌环境的保证系统、自动控制系统等。由于无菌包装技术的关键是要保证无菌,因此,其基本原理是以一定方式杀死微生物,并防止微生物再污染。

无菌包装的基础材料一般有金属、纸板、塑料和玻璃四种。无菌包装用的材料,一般要求

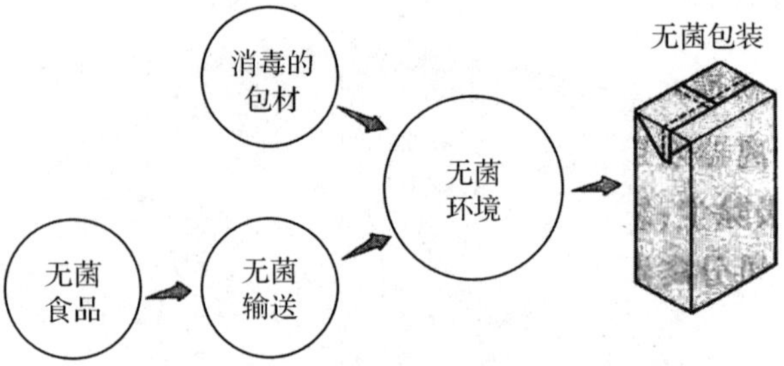

图 5-5-1 无菌包装流程简图

具备以下性能：①热稳定性，在无菌热处理期间不产生化学变化或物理变化；②抗化学性、耐紫外性，用化学剂或紫外线进行无菌处理过程中，材料的有机结构不改变；③热成型稳定性，在无菌处理或干制的热处理过程中，容器外形不发生明显改变；④阻气性，一方面能阻隔外部空气中的氧气渗入，另一方面能保持充入容器的惰性气体不外渗；⑤防潮性，阻止水分的穿透，以保持产品应有的含湿量；⑥具有合适的韧性和刚性，便于机械化充填、封口；⑦具有避光性，能阻隔光线的穿入；⑧材料应无毒、符合食品卫生标准，且易杀菌；⑨经济性，包装材料来源丰富，成本低。

从完全阻隔分子扩散而言，金属和玻璃是理想的材料，其良好的保藏性能取决于容器的密封性及牢固性，但包装成本较高。复合纸无菌材料和复合塑料膜无菌材料可大大降低包装成本，因此，这二者是目前无菌包装系统中最常用的包装材料。图 5-5-2 为屋顶盒、玻璃瓶、百利包、爱克林包等各类乳制品的包装。

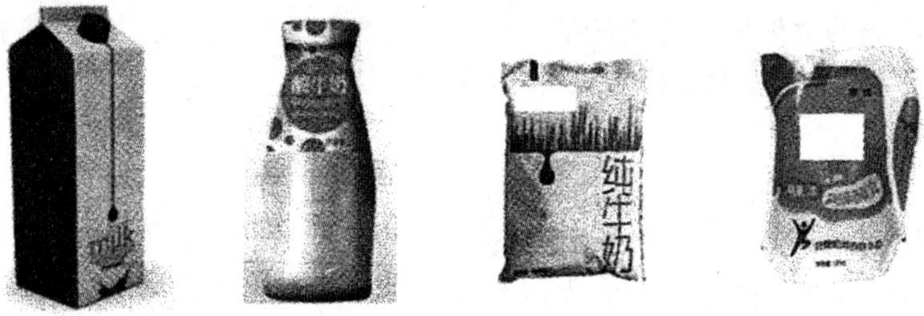

(a) 屋顶盒 (b) 玻璃瓶 (c) 百利包 (d) 爱克林包

图 5-5-2 各类包装

常用无菌包装材料有利乐包包装材料，康美盒包装材料，芬包塑料袋包装材料、塑料瓶包装材料，埃卡(NAS)塑料杯包装材料、大袋包装材料。其中，利乐包主要有利乐砖(TB)、利乐无菌砖(TAB)、利乐无菌钻(TPA)、利乐威无菌包(TWA)、利乐枕无菌包(TFA)等包装形式，如图 5-5-3 所示。

目前，我国普遍引进的是利乐砖。利乐包所用的材料是由纸基与铝箔及塑料复合层压制成的，厚约 0.35 mm，包装材料以纸板为基材(占 80%)，纸板复合了几层塑料和一层铝箔包装材料，不包括印刷的油墨层，共 6 层，如图 5-5-4 所示。每层各具有不同的功能，从外向内：第 1 层是聚乙烯，主要功能是防水并阻止部分微生物的透过；第 2 层是纸板，主要功能是赋予包装盒良好的形状和强度；第 3 层是聚乙烯，主要功能是黏合纸层与铝箔；第 4 层是铝箔，主要功能是阻止氧气、风味物质和光线的透过，同时铝箔在横封过程中经“电感加热”，熔化内层高密度

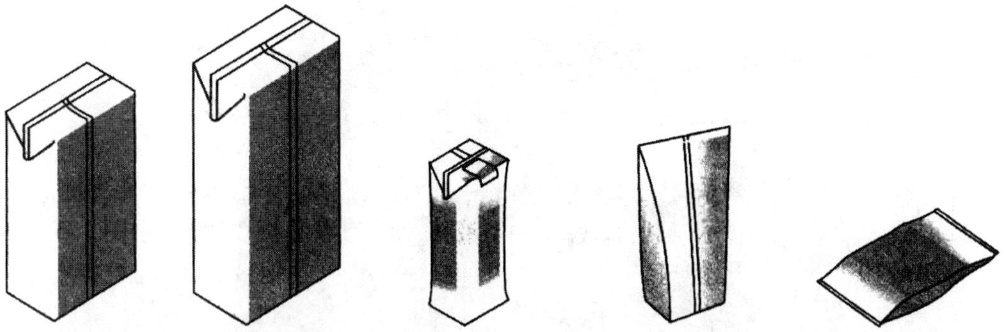

（a）利乐砖　（b）利乐无菌砖　（c）利乐无菌钻　（d）利乐威无菌包　（e）利乐枕无菌包

图 5-5-3　各种利乐包装形式

聚乙烯，在一定压力的作用下完成横封；第 5 层是高密度聚乙烯，主要功能是防止印刷层油墨分子向内扩散，同时防止产品内风味物质向外渗透，尤其在生产高酸性食品时，这层能有效地防止酸性物质的腐蚀；第 6 层是聚乙烯，主要功能是防止液体的透过。利乐枕无菌包和利乐无菌砖包装工艺一样，只是包装的形状不同，其所用材料也一样。

根据包装材料的不同，无菌包装系统主要分为两大类，即复合纸无菌包装系统和复合塑料膜无菌包装系统。无菌包装系统有敞开式和封闭式两种，封闭式无菌包装系统比敞开式无菌包装系统多了无菌室，包装材料要在无菌室内杀菌、成型、灌装。由于无菌室一直通入无菌气体以保持其正压，因此，无菌室能有效地防止微生物的污染，在生产中应用广泛。

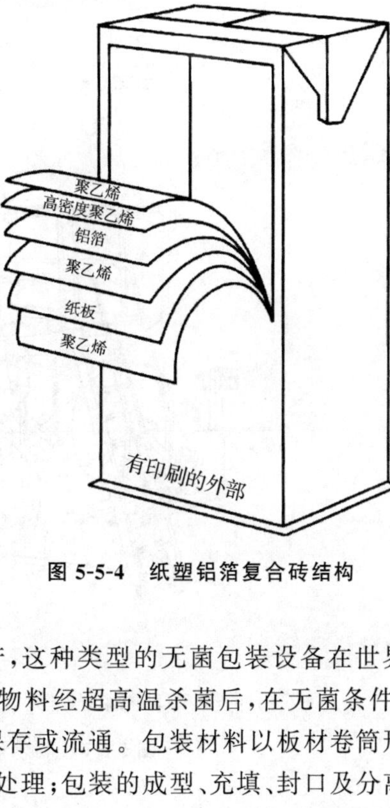

图 5-5-4　纸塑铝箔复合砖结构

(一)利乐纸盒无菌包装系统

利乐纸盒无菌包装设备由瑞典 Tetra Pak 公司生产，这种类型的无菌包装设备在世界上广泛使用，适用于乳品、奶油、果汁等饮料的无菌包装。物料经超高温杀菌后，在无菌条件下，用已消毒的复合材料制成砖形，无须冷藏，可在常温下保存或流通。包装材料以板材卷筒形式引入；所有与料液接触的部位及设备的无菌腔均经无菌处理；包装的成型、充填、封口及分离均在一台机器上完成。

1. 设备结构

该设备由机体、传动系统、包装材料输送系统、消毒系统、打印贴条系统及封口灌装装置等组成。图 5-5-5 为利乐 TBA/19 型液体乳无菌灌装机外形，图 5-5-6 为利乐 TBA/19 型液体乳无菌灌装机结构。包装材料以卷轴进料，所需贮存空间小、生产效率高。TBA/19 中装有两个 LS 封条附贴器 2，可在包装材料的一边利用热封贴上聚乙烯带，以加强中缝的强度。充填器 3 能稳定地控制料液的流速和压力。双出料的夹槽 6 能使包装后的产品稳定地送到链条式输送带上。TBA/19 采用了一个压缩器，能大大降低耗水量。而压缩器、分离器和擦洗器都被安装在一个伺服单元 7 内。

图 5-5-5　利乐砖 TBA/19 型液体乳无菌灌装机外形

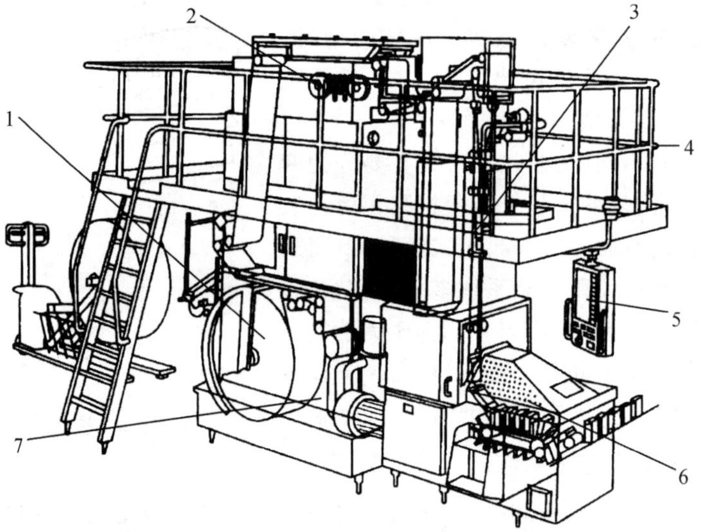

1. 卷轴　2. LS封条附贴器　3. 充填器　4. 平台　5. 控制台　6. 夹槽　7. 伺服单元

图 5-5-6　利乐砖 TBA/19 型液体乳无菌灌装机结构

2. 工作原理

利乐无菌包装设备有利乐砖、利乐钻、利乐威、利乐枕等包装形式。目前，我国普遍引进的是砖形盒包装机，其工作原理如图 5-5-7 所示。辊筒 3、5、11 使包装材料产生折痕，以便为盒子成形提供方便。复合纸带经过打印装置时，在打印装置处打印号码后，经过记号储存器，并由封条敷贴装置贴上纵封贴条，封条粘贴装置可在包装材料的一边利用热封贴上宽 10～15 mm 的纵封贴条，以便在成形时与另一边接合，加强中缝的强度。然后进入过氧化氢溶液浴槽涂上过氧化氢溶液消毒，并由挤压滚筒挤掉多余的过氧化氢溶液。贴好纵封贴条(LS 贴条)的包装材料经过氧化氢溶液槽 8 和挤压滚筒 9 后被送入纸管成型系统，纸管成型系统由 6 个辊轮组成，它们分别在 6 个不同的工位，对包装材料进行弯折、弯曲，形成筒状，经纵接缝热封器 13 和导轮 14 形成纸筒，并经过电热蛇管 15 加热消毒。在纵接缝热封器处对纵接缝进行加热，通过环套被热压封口，形成纵接缝。此后包装材料便形成筒状。随后进行无菌灌装，灌装完料液的纸盒由横封器横封。随后切割爪在横封区域内将包装纸包切割分离，形成单个包装，对于砖形包装盒，在包装盒被割离的同时，还必须经过折角、折翼、黏角、黏翼和整形才能最后成型。横封、割离和整形的全部动作都是由液压传动系统配合机械手来完成的，随后送往终端排包系统。

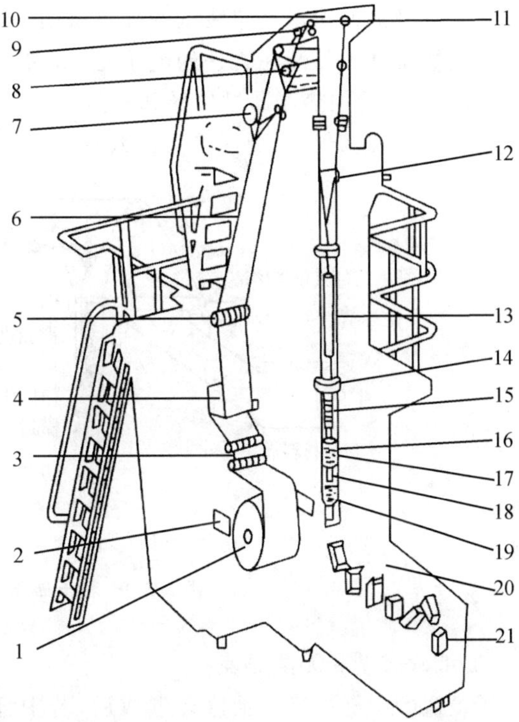

1. 卷筒纸　2. 光电管　3、5、11. 辊筒　4. 打印装置　6. 记号储存　7. 封条敷贴　8. H_2O_2浴槽　9. 挤压滚筒　10. 顶盖　12. 进料套管　13. 纵接缝热封器　14. 导轮　15. 电热蛇管　16. 液位　17. 浮球　18. 进料口　19. 横封器　20. 检验　21. 成品

图 5-5-7　无菌复合纸盒包装机

(1)机器灭菌　在无菌包装开始之前，所有直接或间接与无菌料液相接触的机器部位都要进行无菌处理。可采用先喷入 35%过氧化氢溶液，然后用无菌热空气使之干燥。为了提高机器的灭菌效率，机器经过 3 次预热后，再将压缩后的过氧化氢溶液喷入无菌室，以达到封闭无菌环境的目的，喷雾过程总共持续 40 s。雾化后带有一定压力的过氧化氢热空气通过空气进入阀分为两路：一路由无菌空气阀至中心灌注管口，进入包装纸管；另一路通过气刀室喷雾的同时，由纵封加热器和纵封暂停加热器至中心灌注管的上灌注口，进入包装纸管。至此，完成了对无菌室和包装纸管的灭菌过程。为了确保最佳杀菌效果，喷雾之后，无菌灌装机要在正压条件下静置 60 s，然后用无菌热空气干燥。

(2)包装材料灭菌　在利乐包装机中，包装材料向上传送时，其内表面的聚乙烯层会产生静电荷，从而使来自周围环境的带有电荷的微生物被吸附在包装材料上，包装材料的灭菌分为涂过氧化氢溶液和加热杀菌两个过程。包装材料先在有 35%过氧化氢溶液的浴槽内浸润消毒，如图 5-5-8 所示。涂上过氧化氢溶液的包装纸经挤压滚筒除去多余的过氧化氢溶液，此后包装材料向下经导轮、进料套管等便形成筒状，向下延伸并进行纵向密封，一直到达管加热器和横封区域进行加热杀菌。如图 5-5-9 所示，无菌空气从制品液面处吹入，经过纸筒连续向上吹，以防再度被微生物污染。

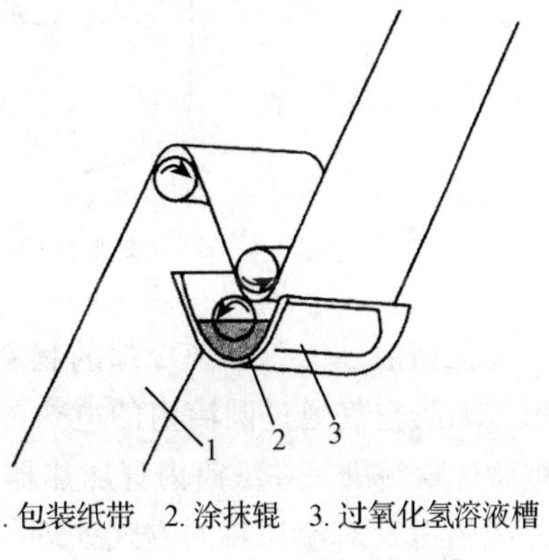

1. 包装纸带　2. 涂抹辊　3. 过氧化氢溶液槽

图 5-5-8　过氧化氢溶液浴槽

对过氧化氢溶液加热处理可以提高过氧化氢溶液的杀菌效果。过氧化氢溶液被加热蒸发分解为臭氧(O_3)和水蒸气，这不仅增强了杀菌作用，也减少了

过氧化氢溶液的残留量。包装纸的加热杀菌是通过管加热器对过氧化氢溶液加热实现的，管加热器是缠绕在产品灌注管外的电子元件，它一直延伸至纸筒的中部，管加热器的温度一般为450～650 ℃。管加热器通过传导和辐射加热将包装纸内表面温度加热至110～115 ℃，过氧化氢溶液被蒸发为气体，提高了灭菌效率。

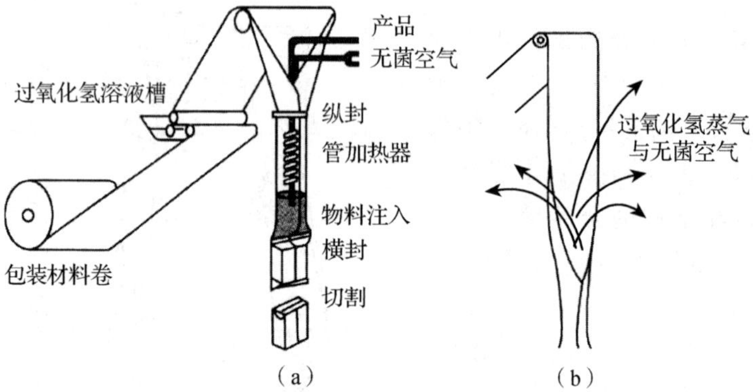

图 5-5-9　利乐砖无菌灌装机工作原理

(3)纸盒成型和无菌灌装

①纸盒的中缝搭接　纸盒在形成后，若中缝不经处理，其中的液体会渗入而且密封性降低，即不能保证纸筒的强度，故中缝搭接处在灌装前要进行纵向密封的特殊处理。包装材料经一系列辊轮装置上升到包装机顶部时，纵封贴条也由纵封贴送系统送到包装纸的一侧。贴条系统将纵封贴条和包装材料热合并粘牢。纵封贴条主要有两个作用：一是加强纵封的接合强度；二是防止产品渗入包装材料的纸板，其封合形式如图 5-5-10 所示。根据包装材料和被包装物料的不同，所使用的纵封贴条的材料也不同。

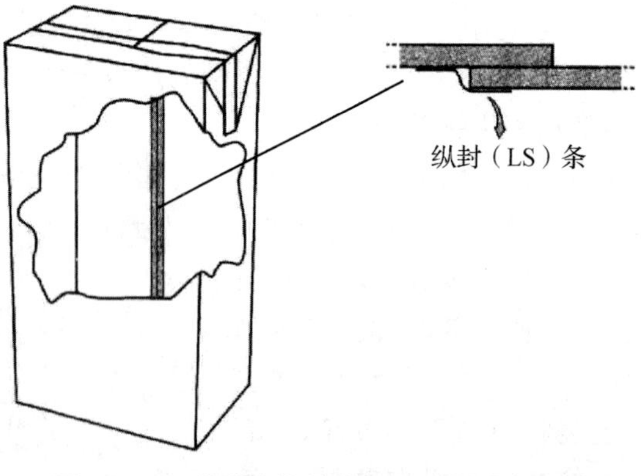

图 5-5-10　利乐砖纵封贴条(LS)的封合形式

②无菌灌装　已杀菌冷却的物料由套管进入，中心走物料，夹套内走无菌空气，如图 5-5-9 所示。无菌空气通过圆筒内的电热蛇管底部后，转向朝上流动，经过纸筒连续向上吹，以防再度被微生物污染。在纸筒内管加热器可根据包装容器的大小调节温度(450 ℃或 650 ℃)，利用红外线辐射及对流加热的方式处理与料液接触的包装材料表面，使其在加热器终端部位可被加热到 110～115 ℃，以维持液面上部为无菌区域，并使包装材料三面黏附的过氧化氢分解和

蒸发。在生产过程中，为防止微生物污染，一方面通过管加热器区域蒸发的过氧化氢气体上升杀菌，另一方面通过向纸筒内不断通入无菌空气的方式保证环境无菌，这样在包装纸表面形成了一道无菌空气屏障。

利乐无菌灌装机是利用等压原理进行灌装的，即灌装时使中心灌注管的压力与包装纸管内液态物料相同液位高度上的液面压力相等，这样可以保证在灌注时包装材料纸管内的液态物料不会发生搅动，实现稳定、温和灌装，且灌注口在纸管液位以下，使包装盒内不会混入气体、产生泡沫。另外，在液位和中心灌注口以下横封还可以实现自动计量，保证盒内容量的恒定。

③纵封与横封　纸筒被灭菌后开始灌入料液，由浮球控制进入料液的液面，并保持进料口始终在液面下。灌装完料液的纸盒由横封器横封。横封是通过黏合和切割两步来完成的。灌装机横封采用的是高频加热原理，有效地敷合需要高温和适当的压力。封合时的温度是电感加热产生的，高频发生器产生高频电流，感应器（铜条）相当于线圈产生磁场，并通过铝箔产生感应电流，电流通过铝箔层传导热使内层聚乙烯层熔化，在夹爪压力的作用下聚乙烯迅速冷却，使熔化的聚乙烯固化，从而完成封合。在横封的同时夹爪夹住圆柱形的纸筒，从而使纸筒变成长方形。封合后夹爪内的切刀在封合区内将包装盒切割开，最后经过终端成型器将顶部和底部的边角分别弯曲、折叠而成型。不合格产品在检验时被剔除，合格品由输送带送出。

④无菌空气循环　如图5-5-11所示，水环式压缩机吸入回流空气，并洗去残留的过氧化氢。送出的空气经过气水分离器分离除去其中水分，然后空气进入主加热器被加热到350 ℃。从加热器出来的高温空气，一部分由管道送至包装材料纵向贴条粘贴处和纵封器，用于贴塑胶带和纵封热封；另一部分热空气流向空气冷却器被冷却至80 ℃左右，冷却后的无菌空气从纸筒上部供气管进入密封纸筒液面以上空间，使充填区空间无菌。无菌空气在电热蛇管处折流向上，残余蒸发的过氧化氢也随气流往上流动，经过空气收集罩的管道流回水环式压缩机重新循环使用。

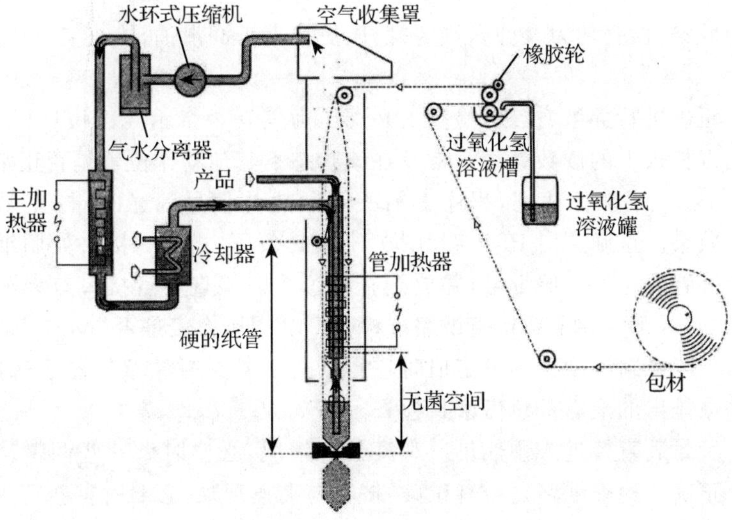

图5-5-11　无菌气流循环系统

3. 利乐包无菌包装机的操作

利乐包无菌包装机的操作流程如图 5-5-12 所示。

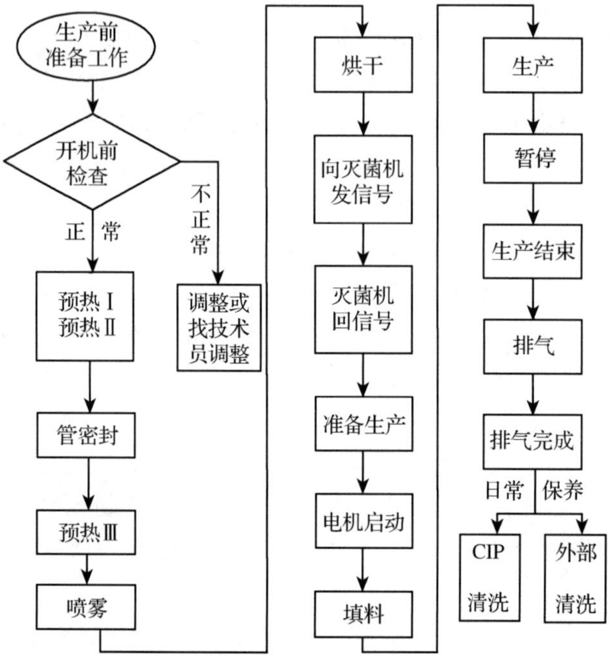

图 5-5-12 利乐包无菌包装机的作业流程

(1)开机前的准备

①确认开机所需的各种原物料是否准备就绪。

②下灌注管及小白轮、弹簧片,无菌室过滤网清理与消毒,日期打印装置用酒精清理。

③检查润滑油、液压油油位,检查 H_2O_2 浓度是否为 30%~35%以及包材辊轮是否灵活,检查纸路是否正常。

④检查压力胶条,检查切刀及弹簧锁定螺杆,更换夹爪润滑油,检查夹爪冷却水有无堵塞。

(2)升温

①预热Ⅰ 正确进行穿纸、拉纸,检查 I/P 阀压力表是否指示 0.1 bar(1 bar=100 kPa)。检查各压力表与温控仪上的读数是否正常及在该状态下其他动作位置是否正常。

②预热Ⅱ H_2O_2 罐液位达到,程序上箭头及预热Ⅱ信号闪光时,打开无菌室手动喷洒 H_2O_2,加强消毒效果。正确穿引 PPP 条,并放下 PPP 条压力辊轮,接头处用纸胶带黏合。更换当天打印日期装置及生产开始批号,并放到打印位置。检查各管接口有无漏气的地方。检查温度、压力变化是否正常。重新检查纸路。检查 I/P 阀压力表是否指示 2 bar。

③纸管密封 当纵封温度达到设定值时进行管封。管封时注意机器运转情况,是否有异常响声。管封结束排出的最后一包做密封检查。

④预热Ⅲ 管封后直接进入预热Ⅲ。观察封合情况,必要时做一些调整。检查打印日期及批号是否清晰正确。检查纸路是否有拉破、挤压与夹痕现象,必要时重新管封。检查温度是否正常。重新检查纸路,如折痕位置是否正确、纸路有无太大偏移。将无菌室的门关严。按动几下雾化器探针(复位键按下后),确保无安全门报警,否则马达不转动,设备消毒效果不好。

⑤喷雾　当预热Ⅲ预消毒温度达到 270 ℃，喷雾及程序上箭头闪光，按上箭头，开始喷雾。观察无菌室前后玻璃上有无布满 H_2O_2 雾。喷雾过程中检查管路、管接口、纸管（尤其夹爪拉耳处）、无菌室门，两密封唇等处有无泄漏的现象，必要时重新升温喷雾。过氧化物发生器气压是否正确，喷雾时纸管有无吹圆。

⑥烘干　喷雾后直接进入烘干。检查底角加热器是否有热水吹出，并检查压力是否在规定范围内。观察 H_2O_2 温度，判断 H_2O_2 是否泄漏，从而避免包材泡断。用酒精棉球擦干净电眼，保证电眼保护器压力正确，过滤器显示正确打开电柜门，观察开关是否有跳闸现象。做进一步机器检查，纸路 SA 部分、无菌系统、H_2O_2 系统、液压油、润滑油系统、包材拼接装置。观察各装置运动情况，位置是否正确。准备开机使用的工具，19 min 后 B 阀关闭，使无菌系统有一个降温的过程。

⑦给 UHT 发出信号。

⑧接收信号。

(3)开始生产

①按下“OK”键，程序上及电机信号闪光。

②按程序，9.8 s 灌注 H_2O_2，10 s 后马达开始转动（高速），观察拉纸状态，纵封板及纵封加热器、压力轮等的动作情况及状态，夹爪终端部分运动状态。

③迅速剪包，以减少不必要的损失。

④生产时检查横、纵封，剪包要连续两包，观察启机排包，是否有拉破喷料现象。

⑤包装盒上线，用手摇连续两包，听有无响包。

⑥检测成品容量是否在要求范围内，必要时进行调节，检查管路是否有漏料现象，做渗漏试验。

⑦严格执行质量标准文件，对其成品包外观要求及料液的理化指标，感官指标的控制。

(4)生产后　生产结束停机时要关闭填充开关，及时把贴条、纵封加热器拉出，以免烫伤复合纸及密封条。使程序升到 CIP 步骤，杀菌、灌装同时清洗，灌装需打开蒸汽障。内外部清洗要求到位，相应周边卫生要做到干净。

4. 利乐包无菌包装机的维护

①机器安放车间应保持清洁干燥，防止潮湿，以免影响电器及机器的使用寿命。

②工作时应注意观察运行机构有无异常噪声，如不应有的抖动、振动及松动等。

③定期检查冷却水磁性过滤器，夹爪冷却水过滤器，H_2O_2 罐过滤器，喷雾杯 H_2O_2 过滤器等。

④主压缩空气过滤器无水、油残留，排放管要畅通。

⑤定期检查洗擦器过滤网，必要时清理；定期外部清洗循环，排放过滤器，集水盘液位探头；每周清洗油墨装置（酒精，吹干），清洗上灌注管及小白轮、两个“O”形圈、小白轮轴销。

⑥定期检查清理包材及带材辊轮、纸库及 SA 装置卫生。打开 H_2O_2 槽底及顶部，检查辊轮转动及活动间隙等。清理纵封加热器及底角加热器，死角无污垢。

⑦定期检查各油位是否在范围内，且是否变质需更换；定期更换压力胶条，检查切刀及弹簧锁定螺杆，清理感应加热器，更换夹爪润滑油。

(二)康美盒无菌灌装机

1. 基本结构

康美盒无菌灌装机与利乐无菌灌装机一样,都是乳制品、饮料等食品灌装常用的典型的无菌包装设备。其基本结构如图 5-5-13 所示,它主要包括驱动装置、冷却单元、纸盒仓、成型轮、盒筒的抽吸及送进器、传送站、无菌区、灌装站、排包器等。

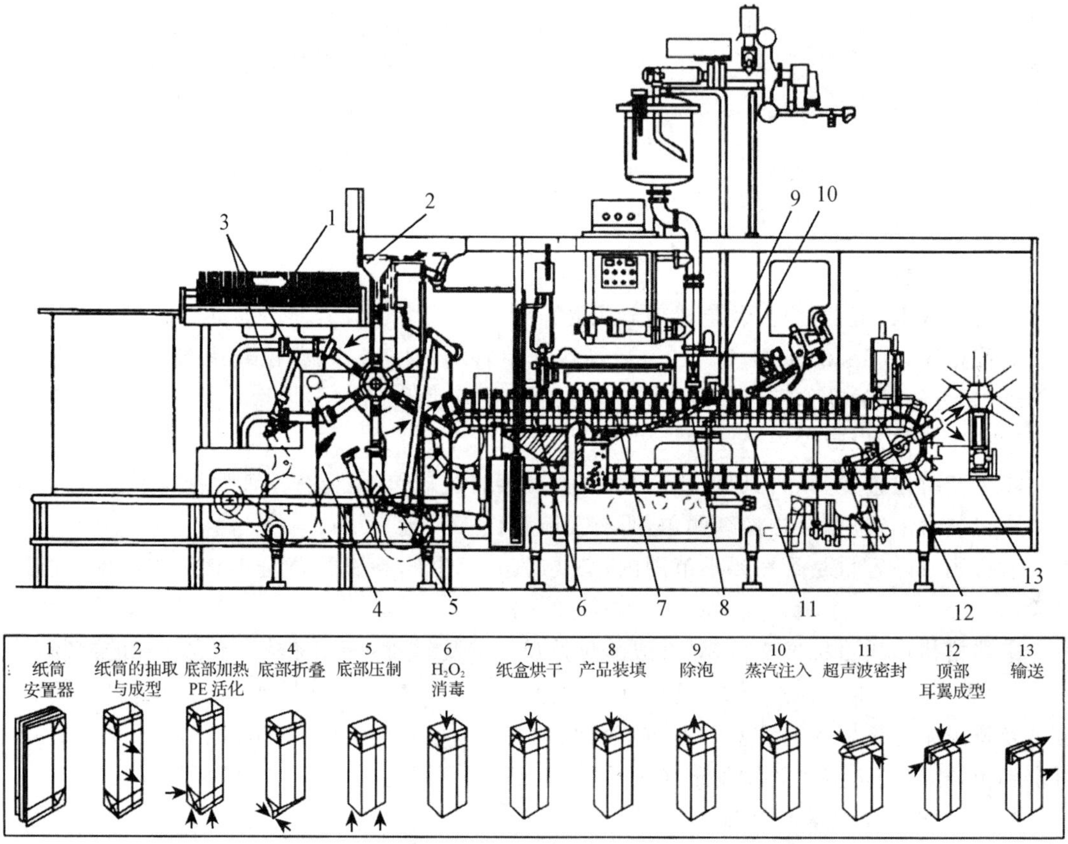

图 5-5-13 康美盒无菌灌装工艺流程

2. 工作原理

康美盒无菌灌装机无菌灌装基本过程如下:

(1)康美盒的包装材料 康美盒的包装材料是已经印刷好的且其中缝已经黏结好的复合材料,即预制的纸盒。纸盒在成型后,若中缝不经处理,其中的液体会渗入,密封性降低,不能保证纸筒的强度,因此,中缝搭接处在灌装前要进行纵向密封的特殊处理。康美盒的中缝搭接是将包材的一边先折叠起来,然后再搭接在一起。

经过印刷的复合纸板卷材通过切割、折痕、纵向密封形成纸筒,纸筒是开口的,呈扁平片状装箱。

(2)机器的灭菌 在机器开启前,无菌区采用 H_2O_2 蒸气和热空气的混合气体进行灭菌。在机器正常运转时,无菌部分应尽可能使大部分的空气流动呈层流状态,并在该区段保持正压以防止外部空气渗入,因此,无菌空气的分布是特殊设计的,与空气净化系统相连接。

(3)纸盒的成型

①纸盒的打开　如图 5-5-14 所示,纸盒被抽吸杯抽出纸盒仓并打开成方框形,张开的盒筒被抓持在打开扇块与盒筒夹件之间,然后被推上成型杆。真空泵提供抽取器抽吸力。在盒筒张开的过程中,抽吸轨使其沿着逆时针旋转 90°。

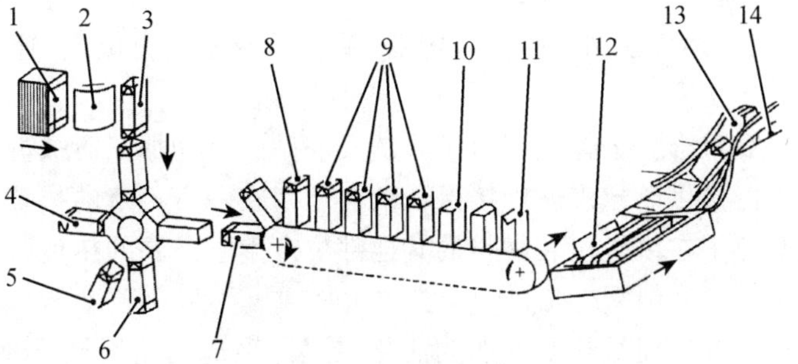

1. 纸盒的送进　2. 纸盒筒打开并送进　3. 推纸盒入成型杆　4. 底部活化　5. 底部折叠　6. 底部加压密封　7. 传输区　8. 顶部预折叠　9. 灭菌、干燥、灌装　10. 顶部密封　11. 顶部成型　12. 排包　13. 传送到输出传送带,纸盒竖立　14. 输出传送带

图 5-5-14　纸盒走向流程

②纸盒的送进　打开的纸盒筒在成型杆处于静止的瞬间被推到成型杆上,一个光扫描器在与纸盒不接触的情况下进行检查,看盒筒是否已被推上成型杆。如果有不正确的情况,盒筒的送进(抽吸阶段及送进器)就自动切断,但灌装机仍然在继续运转。

③底部加热　4 个热空气头插进纸盒以加热活化盒筒,特别是加热其焊接区。所需的空气来自机器的灭菌空气发生器,由 4 个电阻加热器加热。热空气的温度由一个温度控制系统保持稳定。其功能监视通过温度和气压检测执行。在机器处于停止状态时,热空气的温度应降低(停止状态),活化头移出盒筒。

④底部折叠

a. 横向折叠:旋转的横向折叠器对纸盒的侧面三角区进行预折叠。折叠工序在成型杆转动的同时进行。每个轨道的两个折叠指装在一个轴上。由凸轮驱动折叠指来进行折叠工序。在折叠进行时折叠指与纸盒的接触点就在折痕的交点处。

b. 纵向折叠:纵向底部折叠器完成底部折叠工序。纸盒筒逆着底砧的斜角边在朝着底部加压的运行过程中被推进,同时折叠板向内折叠,插进盒筒尾部。

⑤底部压制　底部压制是将已活化并折叠的底部封合起来。底砧的特殊形状及成型杆的校验板形成向内凹的空洞形的纸盒底部,使纸盒具有稳定的形状。安装在底砧上的横向的限制模板保证纸盒底部尺寸准确。纸盒底部在成型轮区加工完成。

⑥纸盒传输　在完成纸盒筒底部加压封口后,纸盒经过传输区被推进套链。纸盒的横向顶部边缘被推出器掀起,并推下成型杆。套链负责运输底部已封合好的纸盒依次通过各个工作区,直至最后被从套链上推出。

(4)无菌区　用 H_2O_2 溶液和热空气混合冲洗,再用无菌空气使之干燥。无菌区负责纸盒的灭菌及纸盒封口区所需的无菌条件的维持。为了在无菌条件下将产品灌装进纸盒并封口,包括充填系统在内,在生产开始前无菌区必须灭菌,无菌区包括灭菌过滤器室、预热及干燥区、灌装室及顶部密封站。

(5)灌装　产品在灌装站分两个阶段灌进盒子,每个灌装站完成半量的灌装。灌装过程由一个感应式流量测量系统控制。这样能确保灌装的高精确度。定量系统据流量感应测量原则进行工作,流过定量站的产品量被连续地检测并记录下来。达到缺省值时,排放阀就关闭。随着排放阀的打开,产品由于质量而从产品桶经过定量系统流进纸盒。特定的灌装程序可用于存储不同的产品。在操作单元可对灌装容量进行检测及调节。充填装置包括缓冲槽,槽内设置搅拌器,供料使用正位移泵强制产品注入容器,单管供液体的充填,双管可供带颗粒液体的充填。

(6)顶端密封、耳翼封合　纸盒顶部由于套链及底砧的移动加工而被折叠起来。焊接工序的能量由超声波发生器提供。超声波焊接保证纸盒顶部在一个很窄的长条上焊接起来而不影响其中的产品。这避免了在纸盒包装材料的其他部位产生不必要的热负荷。封口所需的压力来自压缩空气气缸。

纸盒的顶部三角区及侧面被热空气加热活化,然后,顶部三角区被导轨引导着,由折杆将其对着侧壁黏合。

(三)无菌袋无菌包装机

1. 无菌袋包装特点

塑料袋无菌包装设备以加拿大 DuPotn 公司的百利包和芬兰 Elecster 公司的芬包为代表,两者都为立式制袋充填包装机。百利包采用线性低浓度聚乙烯为主要材料,芬包采用外层白色、内层黑色的低密度聚乙烯共挤黑白膜,也可用铝箔复合膜。这种塑料膜的包装成本远低于利乐包装材料,但是塑料耐热性较差。因此,在实际生产中,更多的是采用低浓度 H_2O_2 溶液与紫外线、无菌热空气相结合的技术,一方面使灭菌效果更加彻底有效,另一方面又克服了 H_2O_2 浓度过高对人体有伤害的问题。

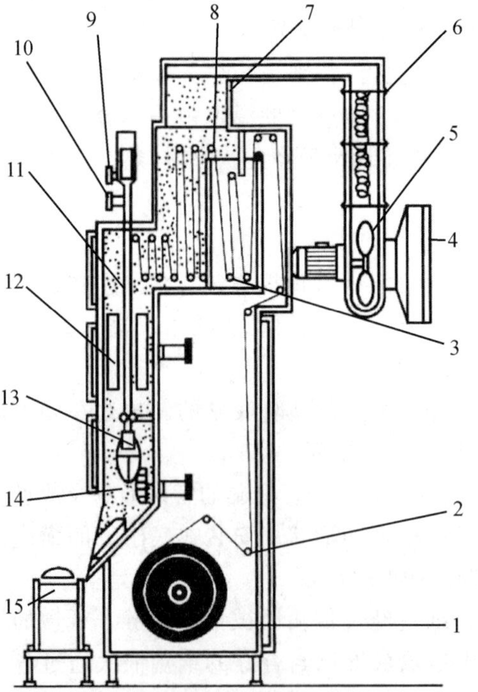

1. 薄膜卷筒　2. 张紧装置　3. H_2O_2溶液浴池　4. 初级空气过滤器　5. 吸风机　6. 电加热器　7. 超微细菌过滤器　8. 刮板　9. 进料　10. 回流管　11. 塑袋成型器　12. 热封纵缝的电热钳　13. 注液管　14. 横向封口和切断　15. 成品输送带

图 5-5-15　复合塑料袋无菌灌装机结构与工作流程

2. 无菌袋无菌包装机结构原理

复合塑料袋无菌灌装机结构与工作流程如图 5-5-15 所示。它主要包括包装材料供送装置、H_2O_2 溶液槽、空气过滤器、塑料袋成型器、纵封与横封装置等。进料口在机器消毒时用作高温水入口,生产时作为料液入口,洗涤时为洗涤液入口,装有回流装置。卷筒上的薄膜展开后,通过 H_2O_2 溶液浴池进行 18～45 s 浸渍消毒,用刮板消除残留过氧化氢,用无菌热空气烘干表面。由内成型器将薄膜一折为二,电热纵封装置将薄膜热合成一圆筒,包膜下行经电热横封切断,牛乳落入塑料袋,塑料袋下行一个工位,横封将塑料袋密封、切断,同时又完成了下一个塑料袋的封底。

塑料袋无菌包装无菌环境的建立是通过

H_2O_2 溶液对无菌仓的喷雾灭菌、对液体内容物通径的蒸汽灭菌，以及对灌装机构的中心外管、灌装头进行 H_2O_2 溶液的喷淋、浸泡灭菌等程控系统自动完成的。机器的整个无菌密封室内充满无菌热空气，保持正压，使灌装、密封在无菌状态下进行。

无菌仓的灭菌，使用浓度在 30%左右的 H_2O_2 溶液在泵和雾化器的作用下雾化喷入无菌仓内，充填弥漫无菌仓的各个角落，对仓内的各零部件的外表面进行杀菌。

液体内容物通路杀菌，在通路中通入 2.7 bar 蒸气，温度 140 ℃左右，时间不低于 30 min，中心外管及灌装头杀菌：中心管的内管由蒸气进行杀菌，其外管由自上而下喷淋的 H_2O_2 溶液接触杀菌，而灌装头则是由喷淋流入底部的 H_2O_2 溶液浸泡杀菌。

无菌环境的维持是通过无菌空气制取系统来保证的。该系统是由空气过滤器、进风机、电加热器、无菌过滤器及抽气风机等组成。经过无菌过滤的空气其洁净度大于 99.9%，充入无菌仓内，保证无菌仓在正常生产情况下的正压，维持系统的无菌状态，多余的气体由抽风机抽出，经过另置的管路排到车间的外部。

二、玻璃瓶灌装机

玻璃瓶自输送带经拨轮进入灌装机后绕主轴做旋转运动灌装，当乳瓶旋转接近一周时，牛乳已经灌满，然后由拨轮送至下一工序进行铝箔封盖，如图 5-5-16 所示。

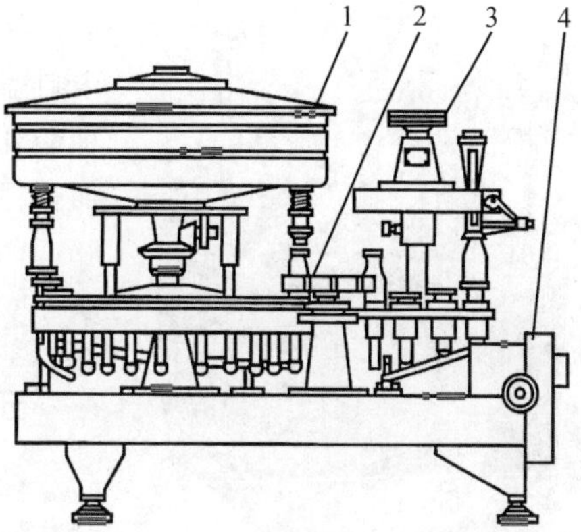

1. 灌乳　2. 拨瓶　3. 打盖　4. 传动与调速装置

图 5-5-16　玻璃瓶灌装机

三、屋顶形包装机

双线全自动机器，用于新鲜屋顶形纸盒的成型、灌装和封合，灌装纸盒的规格有 1 L、0.5 L、0.25 L。所有规格纸盒的灌装最高速度均为每分钟 100 盒，产品的灌装温度为 2～6 ℃，设备外形如图 5-5-17 所示，工作过程如下。

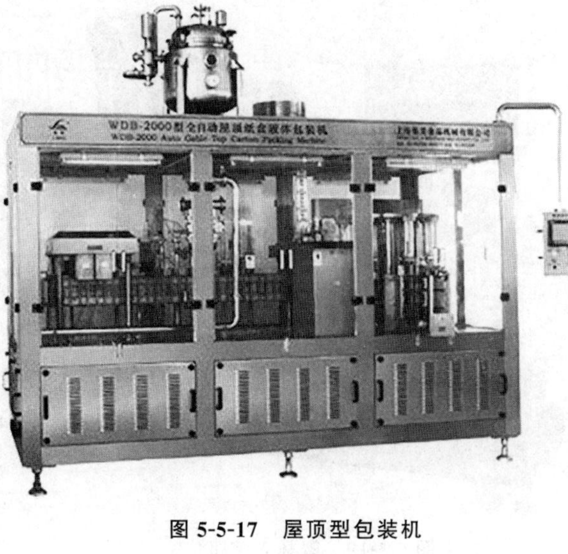

图 5-5-17　屋顶型包装机

(一)纸盒成型

纸盒用真空吸盘自仓匣吸出张开,纸盒底部经过温度控制的电气火炉加热,将热气引导至纸盒封合的部位,使 PE(聚乙烯)层受热活化,经气动式压板加压冷却封合,然后纸盒自成型心盘上被真空吸盘吸出,送入不锈钢传动链条内。

(二)纸盒填充

每一生产线有一个活塞排量式充填阀充填物料,底部上升灌装,灌装量的大小可用螺旋测微器式微调装置微调。电子开关选择器用于确定灌装时纸盒大小的改变及纸盒提升量大小。

(三)顶部封合及纸盒排出

纸盒顶部使用可调式电炉加热,引导热气流向纸盒加热封合部位使 PE 受热活化,并用水冷式颚夹加压两次冷却封合。纸盒均自机器末端直线排出,由滑板引导到输送带上。

图 5-5-18 塑杯灌装机(一)

四、塑料杯灌装机

塑料杯灌装机装有塑料杯自动装载器,盖口可使用热封卡口盖,同时可灌装不同容积的产品。这类灌装机可用于各种酸乳、牛乳与果汁饮料的塑杯灌装与封口,其落杯、灌装、加盖、封口、出杯均自动完成,生产能力分别为 1 500 杯/h、3 000 杯/h、8 000 杯/h。两种型号的塑杯灌装机分别如图 5-5-18 和图 5-5-19 所示。

五、冰激凌成型及灌装设备

经过凝冻机后的软质冰激凌具有一定的流动性,还要经过装杯(装盒或其他成型措施),送入低温环境中硬化处理,再进入冷库或进入商业销售。成型及灌装设备主要有浇模成型设备、挤压成型设备和各种灌装设备。

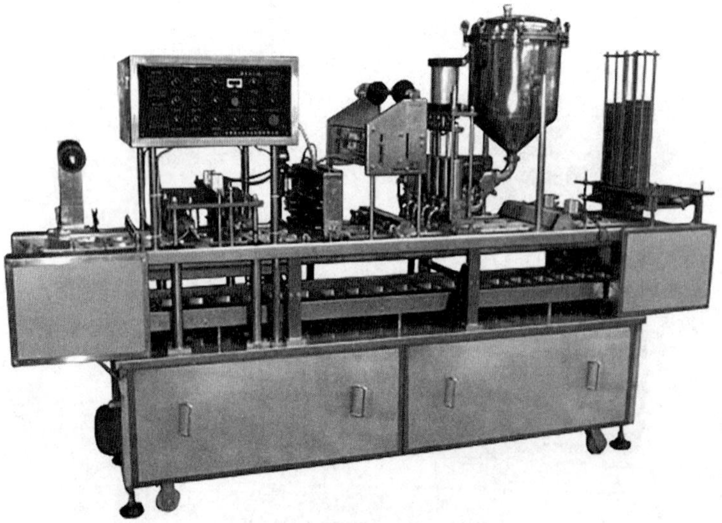

图 5-5-19 塑杯灌装机(二)

(一)浇模类成型设备

主要用于生产各式各样的雪糕类产品,分长槽形浇模机和圆缸形浇模机。冰激凌注入特制的模具成型,随同模具进入低温盐水槽(温度低于−28 ℃,载冷剂通常为氯化钙)速冻硬化,自动化程度高的浇模机有定量灌装、自动插棒、灌注果酱、夹注干果粒、表面巧克力浸渍、表面干果粒喷洒等各种功能,并通过各种功能组合,生产出多种多样的花色雪糕。新型浇模机采用电脑控制,还具备 A、B 模具交换功能。

1. 长槽形浇模冻结槽

全套包括浇浆台、冻结槽、插棒台、空模输送带、烫模槽、拔棒包装台、液压油泵箱七部分,冰模传送采用液压装置,如图 5-5-20 所示。

2. 圆缸形浇模设备

模具内有冷冻盐水,模具在第一次灌料机构处进行第一次灌浆,随着圆盘转动,在模具中的浆料从接触模具的表面开始冻结;在抽心机构处,抽吸管向下插入模具,在真空条件下将模具中没有冻结的浆料抽出;当模具旋转至第二次灌料机构处,由二次灌料机构灌注夹心心料(内料),运动至自动插棒机构处,自动插入雪糕棒;随着模具旋转,雪糕全部硬化;经自动拔棒机构将雪糕拔出并向前运动,涂挂巧克力,形成具有夹心外涂巧克力的花色雪糕。圆缸形浇模设备如图 5-5-21 所示。

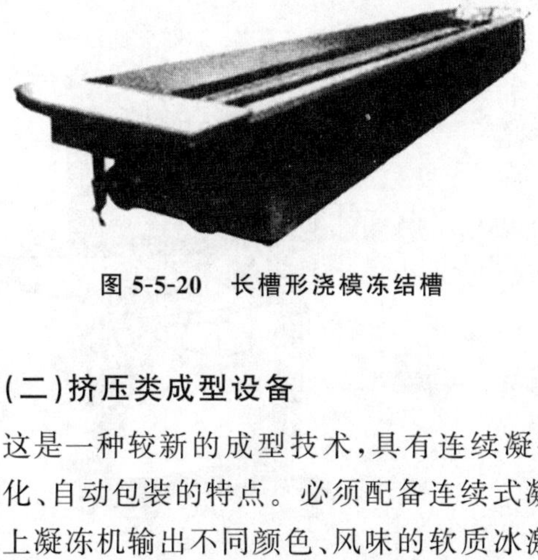

图 5-5-20　长槽形浇模冻结槽

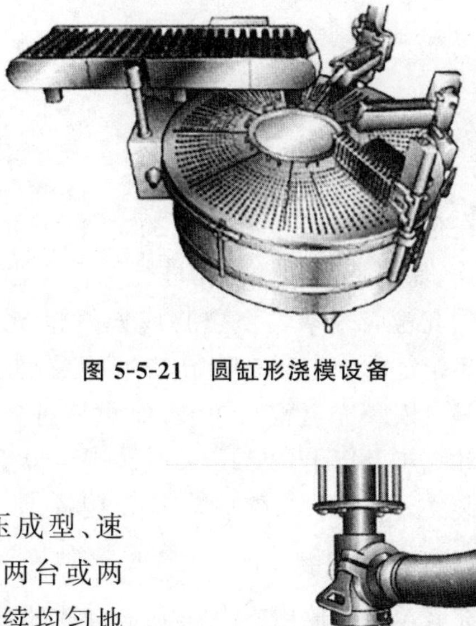

图 5-5-21　圆缸形浇模设备

(二)挤压类成型设备

这是一种较新的成型技术,具有连续凝冻、挤压成型、速冻硬化、自动包装的特点。必须配备连续式凝冻机,两台或两台以上凝冻机输出不同颜色、风味的软质冰激凌,连续均匀地通过模具挤压成特定形状的条装坯料,再用插棒机插入木棒,经切割装置切成冰激凌片后,落入输送托板进入速冻隧道进行速冻硬化。速冻隧道中装有功率强大的风冷式蒸发器,输出低于−35 ℃的冷空气流进行强迫换热,经过约 20 min 的运行后,出隧道时产品的温度可达−22 ℃,根据需要也可进行巧克力浸渍、喷洒干果粒、拉花、裱花、灌装等。挤压盘如图 5-5-22 所示。

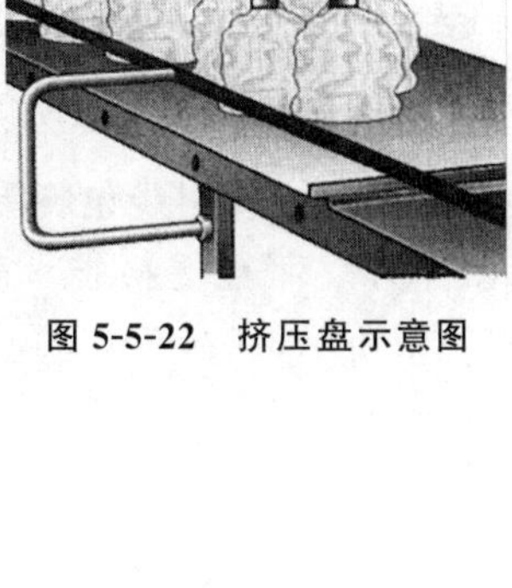

图 5-5-22　挤压盘示意图

(三)灌装设备

灌装设备有多功能灌装机、双排灌装机、平板式灌装机、甜筒灌装机、圆杯灌装机。如图5-5-23所示，多功能灌装机可一次完成落杯、巧克力喷涂、冰激凌灌注、添加干果、包装等工序，能适应各种形状杯类的灌装。首先完成落杯定位，然后进行巧克力喷淋、灌注冰激凌、表面巧克力装饰、加盖、压盖，最后送杯完成整个灌装过程。图5-5-24为三明治冰激凌自动成型机，采用压缩空气作动力，用于生产华夫三明治冰激凌，可生产多规格、多味、多色的产品。

图 5-5-23 多功能冰激凌灌装机

六、乳粉包装及设备

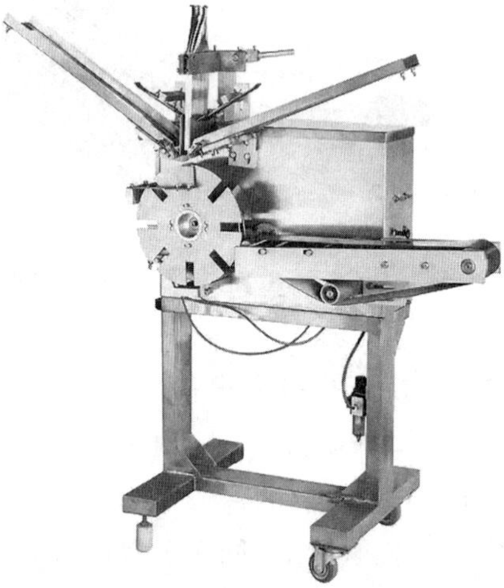

图 5-5-24 三明治冰激凌自动成型机

在包装材料和包装方式的选择上，可根据产品的用途、保藏期限和性价比进行综合考虑：需要长期保藏的乳粉应采取真空包装或充氮包装；直接面向消费者销售的小包装全脂乳粉最好采用454 g镀铝袋或马口铁罐充氮密封包装，保藏期可分别达到18个月和3年及以上；25 kg大包装则可以采用纸塑复合包装袋，常压封口，保质期可达12个月。

(一)充氮包装

充氮包装是使用半自动或全自动的真空充氮封罐(口)机，如图5-5-25、图5-5-26所示，在装填计量之后，抽成真空排出乳粉及罐内的空气，然后立即充以纯度为99%以上的氮气并密封。这是目前小包装全脂乳粉最好的包装方法之一。

(二)镀铝袋、塑料袋包装

采用454 g塑料袋包装要比同规格罐装成本低，劳动强度低，但保藏时间较短，一般只有6～12个月。而且塑料袋易破损，容易造成产品损失。用高频感应电流加热焊接封口，如图5-5-27所示，基本可以避免光线、水分和气体的渗入。镀铝袋目前广泛应用于乳粉包装，虽然

图 5-5-25　全自动充氮罐(听)装充填机

图 5-5-26　全自动立式充氮袋装包装机

成本较塑料袋高,但包装效果美观大方,保质期较长,可达 18 个月以上,是很有发展前景的包装材料。

(三)25 kg 大包装

大包装产品一般供应特需用户,如食品厂用于制作糖果、面包、冰激凌等工业原料。内袋采用单面厚度 6 μm 聚乙烯膜,外袋采用纸塑复合包装袋。内袋热封,外袋用缝包机封口。产品保质期 12 个月。大剂量自动称量充填机如图 5-5-28 所示。

图 5-5-27　半自动螺杆充填机

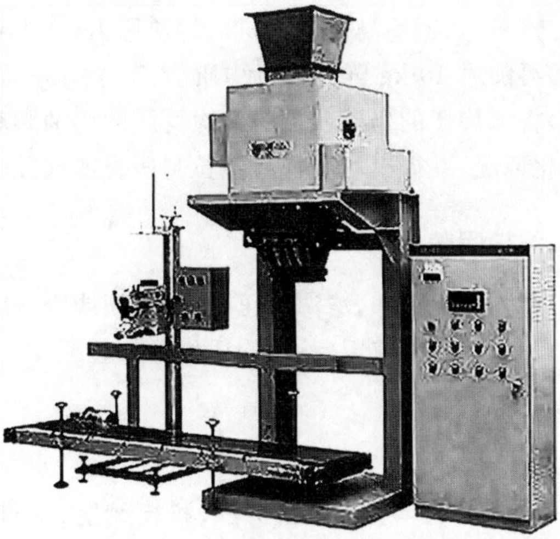

图 5-5-28　大剂量自动称量充填机

技术应用

实验实训　均质机的使用、调整与维护

一、目的要求

通过实验实训，使学生熟悉均质机的构造，掌握均质机的正确使用和维护方法，并能正确调整均质机。

二、设备与工具

(1)高压均质机或胶体磨 2 台；
(2)专用工具 2 套；
(3)鲜牛奶 40 kg；
(4)显微镜 2 台。

三、实训内容和方法步骤

(1)清洗均质机，并进行消毒处理。

(2)接通均质机电源，连接好均质机水冷却管。开机进行试运转，检查各运动部件运转是否正常。

(3)运转正常后，加入 10 kg 鲜乳，进行均质。在显微镜下观察均质后的奶油颗粒与均质前的奶油颗粒变化情况。

(4)停机后，调整高压均质机的均质压力(变大或变小)或胶体磨的定、动磨盘间的间隙。

(5)再加入 10 kg 鲜乳进行均质。

(6)将未均质的奶油颗粒与两次均质的奶油颗粒在显微镜下对比，观察三种状态下奶油颗粒的变化情况，并得出均质物料颗粒与压力或间隙之间的关系。

四、维护保养

(1)将均质机拆卸，清洗高压泵、均质阀或定、动磨盘及其他部件，并擦拭干净。

(2)待各零部件晾干后，将均质机重新装配。

思政小课堂

创新引领、科技赋能，助推行业高质量发展

我国是乳制品生产及消费大国，随着人民生活水平的提升，对乳制品的质量、数量、营养价值、消毒灭菌等提出了更高的要求。同时，在绿色消费理念的支撑下，公众更倾向于购买资源节约型、环境友好型乳制品，这就要求乳制品加工中需要积极引入新技术、新工艺与新设备，在保证乳制品质量及营养价值的前提下尽量避免使用添加剂、防腐剂等，并减少加工过程中的资源消耗，降低加工生产对生态环境的负面影响。

在现代科学技术的支撑下，机械化设备、大数据、人工智能、移动网络等前沿颠覆性技术进入乳制品加工生产的各个环节中。如在线监测技术以物联网技术为基础，将乳制品加工各环节所需设备连入统一的网络中，并利用传感器实时、准确地获取温度、压力、浓度等乳制品加工参数，继而及时发现乳制品加工问题；膜分离技术可实现对乳制品各成分之间的分离，在提高蛋白质等物质浓度的同时，还可以将分离出来的盐类、乳糖等物质进行回收利用，达到浓缩与提纯的效果；溶解二氧化碳技术能够抑制原料乳中细菌、微生物的活性，酶类活性，有效延长乳制品的货架期。在此过程中，乳制品加工新技术是其发展的驱动力，各乳制品企业要想获得长期可持续发展，还需要以科技创新为引领，加大新技术、新工艺、新方法的引进力度，致力于提高乳制品的质量、产量与营养价值，继而实现高效化加工生产。

唯创新者进，唯创新者强，唯创新者胜。作为食品专业的学子，我们必须坚持“科技是第一生产力、人才是第一资源、创新是第一动力”，认真学习，积极探索，勇于创新，为推动科技创新、促进行业发展做出自己的贡献。

思考与练习

1. 离心分离机的工作原理是什么？
2. 高压均质机的工作原理是什么？
3. 对比讨论高压均质机与胶体磨的特点及适用对象。
4. 板式换热器有什么特点？
5. 板式换热器使用时有哪些注意事项和维护保养要点？
6. 简述真空浓缩设备的工作原理及特点。
7. 简述降膜管式蒸发器的结构及工作原理。
8. 简述冰激凌机凝冻的基本原理。
9. 试比较分析卷材式与预制盒式无菌包装设备特点。
10. 试述常见无菌包装机中保证包装产品无菌的条件有哪些，无菌包装设备哪些关键区域与系统需要无菌化。
11. 设计一个可同时生产巴氏杀菌乳、酸乳、乳粉等产品的生产车间设备流程。
12. 生产奶粉时出现焦粉现象可能是什么原因导致的？应如何处理？

项目6
饮料加工机械与设备

学习目标

知识目标

- 掌握包装饮用水加工机械与设备的结构、工作原理、操作方法和在生产中的作用。
- 掌握果汁饮料加工机械与设备的结构、工作原理、操作方法和在生产中的作用。
- 掌握碳酸饮料加工机械与设备的结构、工作原理、操作方法和在生产中的作用。
- 了解饮料制品加工技术的应用及发展方向。

能力目标

- 能在操作规程的指导下完成原料预处理、过滤、灭菌、灌装等生产操作。
- 能正确操作和维护饮料制品加工机械与设备。
- 能够独立或协作完成饮料工艺手册的编制。
- 能够独立或协作分析饮料制品机械出现的问题并解决问题。

素质目标

- 具备信息搜集、整理、汇聚的能力。
- 具备严谨高效的执行力和随机应变能力。
- 具有较强的成本意识和质量意识。

项目概述

近年来，奶茶、咖啡的新品牌、新店面层出不穷、遍地开花，碳酸饮料、功能饮料、茶饮料、乳饮料新口味、新包装琳琅满目、花样百出。如今，饮料已经不仅仅是人们用于解渴、补充能量的食物，更是在不知不觉间成了人们生活的调剂品。

饮料即饮品，是经过定量包装的，供直接饮用或按一定比例用水冲调或冲泡饮用的，乙醇含量(质量分数)不超过 0.5%的制品，也可为饮料浓浆或固体形态。

GB 10789—2015《饮料通则》中指出，按原料或产品的性状将饮料分为包装饮用水、果蔬汁类及其饮料、蛋白饮料、碳酸饮料(汽水)、特殊用途饮料、风味饮料、茶(类)饮料、咖啡(类)饮料、植物饮料、固体饮料、其他类饮料 11 大类。本项目对 11 种饮料的生产工艺进行对比、汇总，围绕包装饮用水、果蔬汁(浆)类及其饮料、碳酸饮料三种典型饮料的生产工艺和技术要点，详述加工过程中使用的机械与设备，使学生掌握设备类型、机械原理与维护技巧。

项目导图

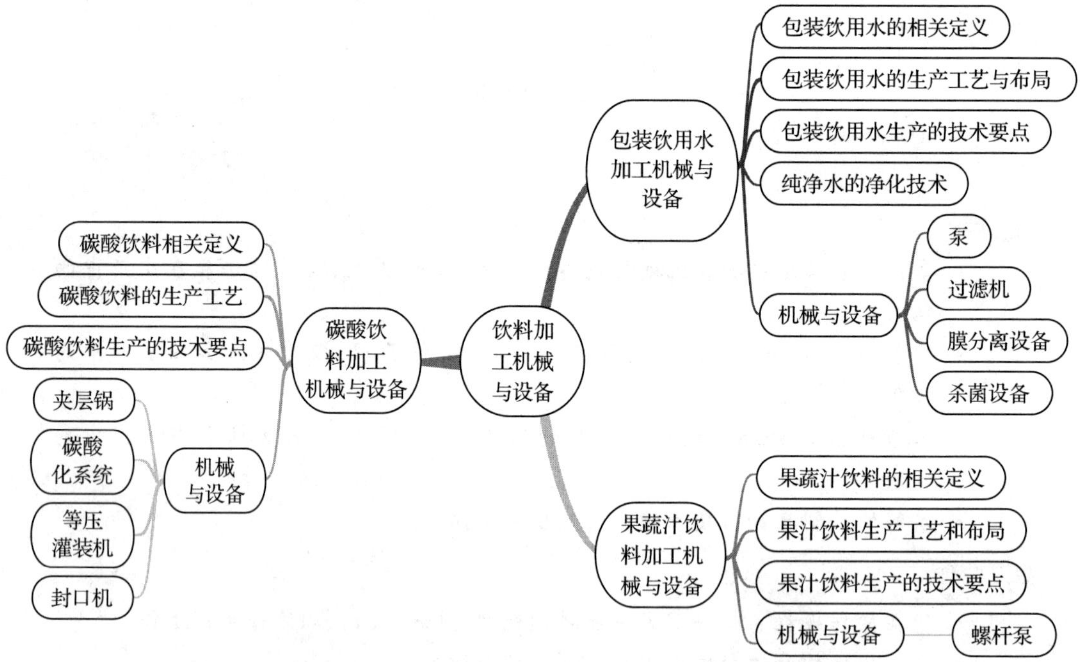

任务 6-1　包装饮用水加工机械与设备

技术知识

一、包装饮用水的相关定义

包装饮用水是指以直接来源于地表、地下或公共供水系统的水为水源，经加工制成的密封于容器中可直接饮用的水。它主要分为饮用天然矿泉水、饮用纯净水和其他类饮用水。

(一)饮用天然矿泉水

饮用天然矿泉水是指从地下深处自然涌出的或经钻井采集的，含有一定量的矿物质、微量元素或其他成分，在一定区域未受污染并采取预防措施避免污染的水。在通常情况下，其化学成分、流量、水温等动态指标在天然周期波动范围内相对稳定。

(二)饮用纯净水

饮用纯净水是指以直接来源于地表、地下或公共供水系统的水为水源，经适当的水净化加工方法制成的制品。

二、包装饮用水的生产工艺与布局

(一)饮用天然矿泉水生产工艺与布局

饮用天然矿泉水应在原水细菌学指标安全的条件下开采和灌装。应在不改变饮用天然矿泉水的特征和主要成分的条件下进行曝气、过滤、灭菌、灌装。饮用天然矿泉水生产工艺见图 6-1-1、生产线整体布局见图 6-1-2。

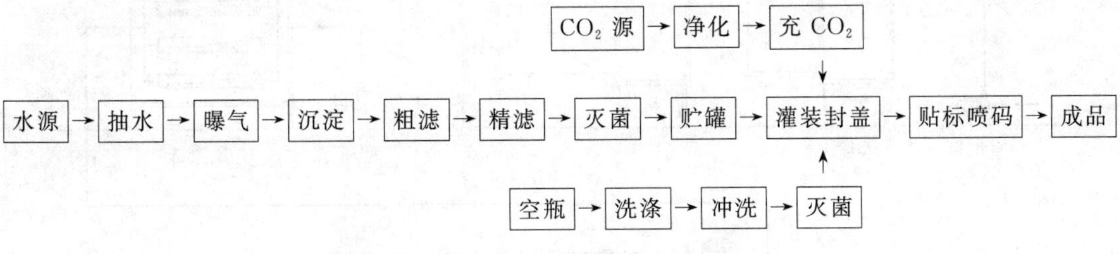

图 6-1-1　饮用天然矿泉水生产工艺流程

(二)饮用纯净水生产工艺与布局

GB 19298—2014《食品安全国家标准　包装饮用水》中指出，饮用纯净水的净化加工方法为以符合 GB 5749—2022《生活饮用水卫生标准》的水为生产用源水，采用蒸馏法、电渗析法、离子交换法、反渗透法或其他适当的水净化工艺，基于此，瓶(桶)装饮用水的生产工艺流程见图 6-1-3，饮用纯净水生产线整体布局见图 6-1-4。

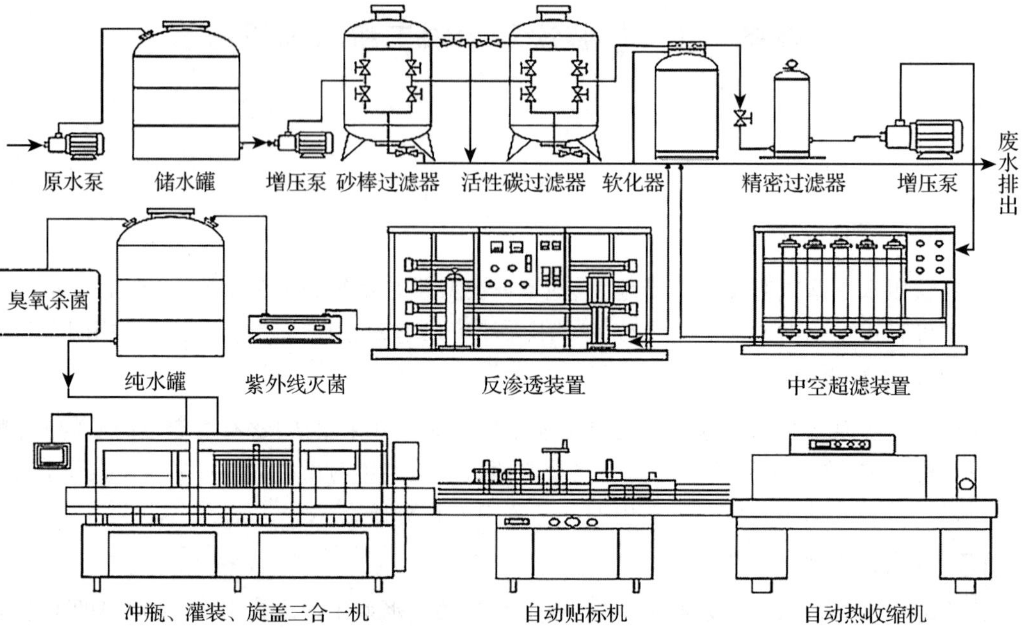

图 6-1-2 饮用天然矿泉水生产线整体布局

原水 → 机械过滤 → 活性炭过滤 → 电渗析 → 反渗透 → 超滤 → 臭氧灭菌 → 灌装封盖 → 成品

图 6-1-3 瓶(桶)装饮用纯净水生产工艺流程

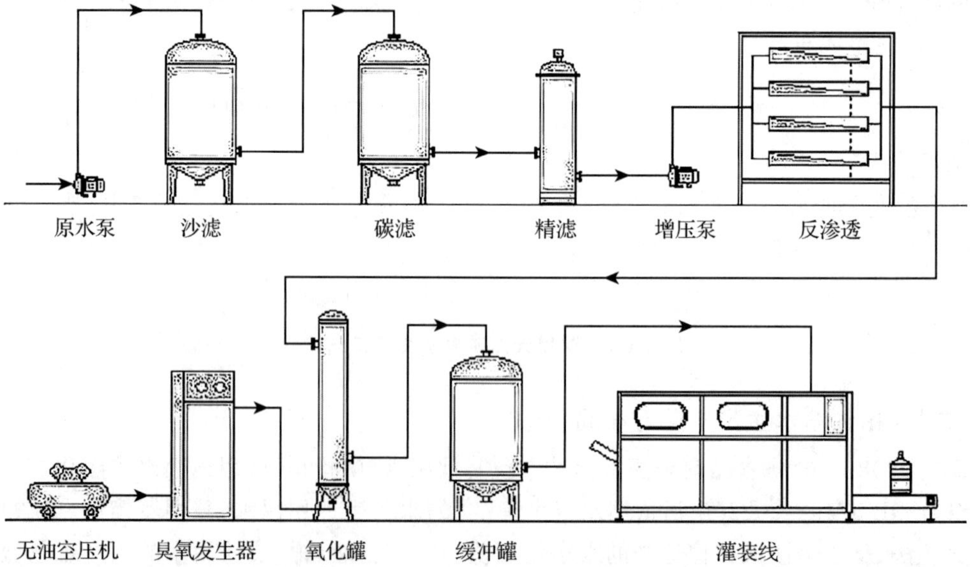

图 6-1-4 饮用纯净水生产线整体布局

三、包装饮用水生产的技术要点

(1)引水　水源一般分为地下部分和地表部分。地下部分主要引自矿泉水的天然输出处，为避免地表水的混入，实现对矿泉水源的隔离，多采用打井引水法。地表部分是指矿泉水自涌至地表，为防止水温变化和水中气体的散失，以及周围地表水的渗入和空气的污染及氧化作用，防止污染引起的矿泉水变质，应构建相当的建筑对出水口实施保护和隔离。

(2)过滤　由于矿泉水流出时通常会夹带泥沙、细菌、霉菌、藻类等杂物，需要采用过滤将其除去。矿泉水的过滤工艺一般包括粗滤、精滤、超滤。粗滤一般采用砂罐(由不同大小的鹅卵石、沙子层构成)逐层过滤，滤去水中的大颗粒的矿物盐类结晶、细砂、泥土等；精滤用砂滤棒或微孔烧结管，滤掉悬浮物和一些较大个体的微生物；超滤一般使用截留相对分子质量为 6 000～10 000，孔径 5～100 nm 的超滤膜，确保能将细菌、微小悬浮物及大多数病毒截留。

(3)曝气　当矿泉水中含有 CO_2、H_2S 等多种气体时，水呈酸性，可溶解大量金属离子。矿泉水从地下抽出后，对水而言压力有所下降，水与空气接触，水中的 CO_2 大量释放出来，溶解的金属盐类沉淀，水的 pH 升高。水中含有的 H_2S 等气体和铁等金属盐类，装瓶后会产生异味及氢氧化物沉淀，影响产品感官指标。因此，通过曝气使水与空气充分接触，可以脱除各种气体，除去不良气味，气体脱除后，水由原来的酸性变为碱性，促使金属盐类形成沉淀，从而降低了水的硬度，提高矿泉水的品质。多数情况下，含有有益的二氧化碳，曝气工艺脱掉有害气体的同时，也会造成天然矿泉水中二氧化碳的损失，通常需要补充二氧化碳，达到饮用矿泉水水质标准。

曝气主要有自动曝气和强制曝气两种方式。自动曝气是将原水通过喷头从高处向下进行喷淋，使水与空气充分接触，到达曝气的目的。强制曝气可采用叶轮，也可在泉水喷淋时，用鼓风机的强大气流强化曝气，以增强曝气的效果。

(4)灭菌　天然矿泉水在地下和地表的流动过程中因冲刷和夹带含有一些微生物。处理过程中，大部分微生物已被过滤去除，但即使是采用微滤、超滤等方法也不可能保证水中的微生物被 100% 去除，况且，生产过程中还会造成二次污染，因此有必要对矿泉水进行杀菌处理。杀菌方法除普通的加热杀菌外，还有氯杀菌、紫外线杀菌、臭氧杀菌等方式。其中，臭氧已广泛应用于水的消毒、除去水臭、除去水色、除去铁和锰的生产工艺中。其机理在于利用臭氧强烈的氧化作用，在氧化塔中与水充分接触、混合，从而起到消毒的作用。

(5)充 CO_2　天然矿泉水中含有含量不等的二氧化碳。曝气、过滤等操作会造成二氧化碳损失。对于二氧化碳含量较少的水源，在灌装前可以利用气液混合机予以补充；对于含大量二氧化碳的天然矿泉水，则需将二氧化碳气经过加压进入贮气罐，在气液混合机与处理后的矿泉水混合，最后经灌装、封口成为成品。也可用此工序生产含气饮用矿泉水。

(6)灌装封盖　考虑到饮用天然矿泉水的特殊性，灌装封盖或瓶装封盖操作应该在空气净化后的环境中进行。

四、纯净水的净化技术

相较于矿泉水的生产工艺，饮用纯净水工艺中最核心的技术就是去除原水中的盐类物质，该操作主要是通过离子交换、电渗析、反渗透、蒸馏等方法，使产品达到饮用水的标准。

(1)离子交换法　离子交换法主要利用离子交换剂将水中人们不需要的离子暂时结合，再将之释放到再生液中，使水得到软化。离子交换剂通常是一种不溶性高分子化合物，如树脂、纤维素、葡聚糖等，它的分子中含有可解离的基团，这些基团在水溶液中能与其他阳离子或阴离子起交换作用。

水处理中常用的离子交换剂主要是离子交换树脂。离子交换树脂是一种球形网状固体的高分子共聚物，不溶于水、酸和碱，吸水后会膨胀。按所带功能基团的性质，离子交换树脂可分为阳离子交换树脂和阴离子交换树脂，通过离子交换树脂解离出的阴、阳离子交换水中的钙、镁等阳离子和硫酸根、氯离子等阴离子，水通过树脂层时，水中的阴、阳离子被吸附，离子交换树脂中的 H^+ 和 OH^- 进入水中，达到水质软化的目的。

(2)反渗透法　反渗透法是20世纪60年代发展起来的一项纯水处理技术，现广泛用于海水和苦咸水淡化，电子、医药用纯水，饮用纯水等方面，它具有脱盐率高、水利用率高、自动化程度高、能耗低等优点。

反渗透也称渗逆透(RO)，是用足够大的压力把原水中的纯水通过反渗透膜(半透膜)分离出来，从而达到脱盐的目的，因与自然渗透方向相反，故称反渗透。根据各种物料的不同渗透压，就可以用大于渗透压的反渗透法达到分离、提取、纯化和浓缩的目的。反渗透器中装有由有机材料制成的反渗透膜，其孔径很小，水在一定压力下透过反渗透膜，方可去除水中微小颗粒、无机盐和分子量很小的有机物，而后进行灭菌即可。为了适应不同水质的要求，减少净化设备的投资，在实际生产中可将离子交换与反渗透结合起来进行纯净水的生产。

(3)电渗析　电渗析是根据同性相斥、异性相吸的原理，在外加直流电场的作用下，使水中的阴、阳离子在阴、阳离子交换膜中定向移动，水中的一部分离子迁移到另一部分水中，排出浓度高的水，引出需要的淡水，即可得到净化水。渗析器中插入阴、阳离子交换膜各一个，由于离子交换膜具有选择透过性，即阳离子交换膜只允许阳离子自由通过，阴离子交换膜只允许阴离子通过，随着离子的定向迁移，离子迁移至靠近电极的阴、阳离子的浓缩室，使中间的淡化室内盐的浓度降低，从而达到脱盐的目的。

(4)蒸馏法　蒸馏是将原水加热蒸发，使其变成水蒸气，而后将水蒸气冷却凝结，即可得到蒸馏水。瓶装饮用蒸馏水的核心工艺即蒸馏纯化。为保证产品水的纯度要求，至少采取两次蒸馏处理，即二次蒸馏或三次蒸馏，可有效地除去水中残留的微粒杂质和溶解性无机物，同时对水也起到极好的杀菌作用。缺点是能耗大、成本高。

五、用于包装饮用水生产的机械与设备

(一)泵

通常把输送液体的机械称为泵。把输送气体的机械按各种不同的工作状况分别称为通风机、鼓风机、压缩机(气泵)和真空泵。食品生产中需输送的液体有牛奶、果汁、糖浆等原料液体，也有水、冷却剂、溶剂、化学药剂等辅助物料。由于料液的性质千差万别，加上液体食品应重视的卫生问题和特定的生产工艺条件，食品生产中选用的泵往往是多种多样的。

输送机械和管路凡与食品接触的部分都采用无毒、耐腐蚀材料，结构上要有完善的密封措施，而且要便于清洗。除此之外，还要考虑液体的黏度及流动特性。因此，对液体输送机械的设计提出了较高的要求。

离心泵是适用范围最为广泛的输送液体机械之一，不但可以输送简单的低、中黏度溶液，

也可以输送含悬浮物或有腐蚀性的溶液。

1. 离心泵的工作原理

离心泵的工作原理如图 6-1-5 所示，泵轴 1 上装有叶轮，叶轮上有若干弯曲的叶片 2，泵轴受外力作用，带动叶轮在泵壳 3 内旋转，液体由入口 4 沿轴向垂直进入叶轮中央，并在叶片之间通过而进入泵壳，最后从泵的液体出口 5 沿切线排出。

学习视频 17
离心泵

离心泵多由电机带动，开动前泵内要先灌满所输送的液体或水，开动后，叶轮旋转，产生离心力。液体在离心力的作用下，从叶轮中心被抛向叶轮外周，以很高的速度（15～20 m/s）流入泵壳，并在壳内减速，经过能量转换，达到较高的压力，然后从排出口进入管路。叶轮内的液体被抛出后，叶轮中心形成真空。泵的吸入管一端与叶轮中心相通，另一端浸没在被输送的液体内，在液面压力与泵内压力的压差作用下，液体经吸入管进入泵内，填补了被排出液体的位置。只要叶轮转动不停，离心泵便不断地吸入和排出液体。

2. 离心泵的结构

离心泵的结构如图 6-1-6 所示，主要由泵前体 1 和泵后体 3、叶轮 2、轴封装置 4 和电机 5 等部分组成。泵体由活动部分（泵前体 1）和固定部分（泵后体 3）组成，两者通过一个不锈钢快拆箍连接在一起，以方便拆卸和清洗。在泵体内的主轴 10 上装有若干弯曲的叶片，形成叶轮 2。

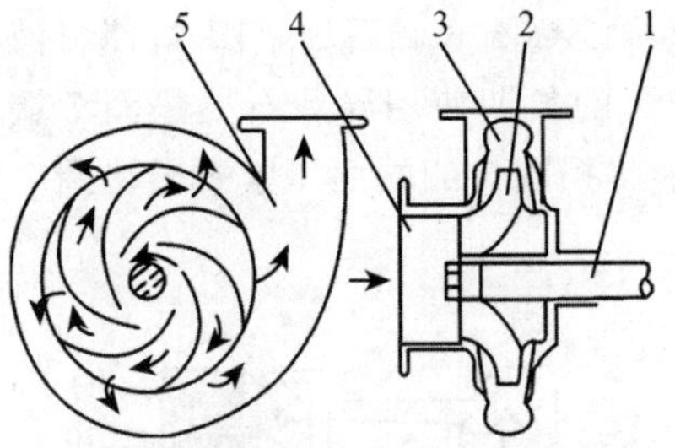

1. 泵轴 2. 叶片 3. 泵壳 4. 液体入口 5. 液体出口

图 6-1-5 离心泵工作原理

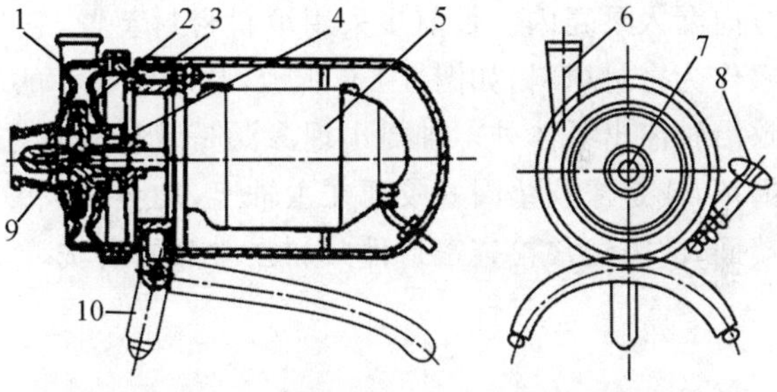

1. 泵前体 2. 叶轮 3. 泵后体 4. 轴封装置 5. 电机 6. 出料口 7. 吸料口 8. 泵体锁紧装置 9. 支架 10. 主轴

图 6-1-6 离心泵的结构

（1）叶轮　叶轮是将发动机的机械能传送给液体的部件，提高液体的静压和动能，如图 6-1-7 所示，离心泵叶轮内常装有 6～12 片叶片 1。叶轮通常有 4 种类型：第一种为闭式叶轮，如图 6-1-7(a)所示，叶片两侧带有前盖板 2 和后盖板 3，液体从叶轮中央的入口进入后，经两盖板与叶片之间的流道流向叶轮外缘。这种叶轮效率较高，应用最广，但只适用于输送清洁液体。第二种为半闭式叶轮，如图 6-1-7(b)所示，吸入口侧无前盖板。第三种为开式叶轮，如图 6-1-7(c)所示，叶轮不装前后盖板。半闭式与开式叶轮适用于输送浆料或含有固体悬浮物的液体，因叶轮不装盖板，液体在叶片间运动时易产生倒流，故效率较低。第四种为双吸式叶轮，如图 6-1-7(d)所示，适用于大流量泵，其抗气蚀性较好。

（2）泵壳　离心泵的外壳多做成蜗壳形，其中有一个截面逐渐扩大的蜗壳形通道，如图 6-1-8 所示。叶轮在泵壳内顺蜗形通道逐渐扩大的方向旋转，由于通道逐渐扩大，以高速从叶轮四周抛出的液体便逐渐降低流速，减少了能量损失，并使部分动能有效地转化为静压。所以，泵壳不仅是一个汇集由叶轮抛出的液体的部分，而且是一个能量转换装置。

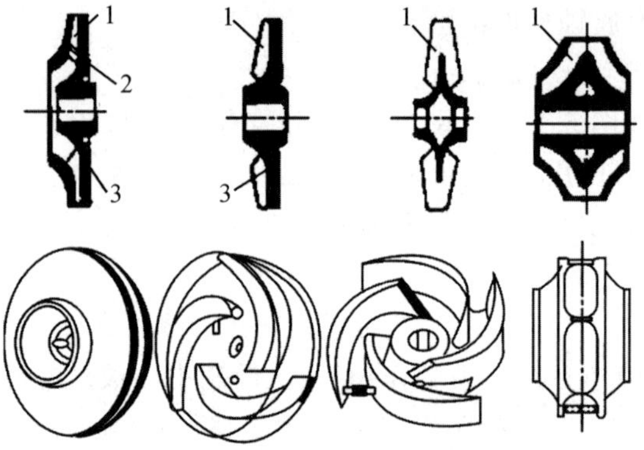

1. 叶片 2. 前盖板 3. 后盖板

图 6-1-7 离心泵的叶轮

有的离心泵为了减少液体进入蜗壳时的碰撞，在叶轮和泵壳之间安装了固定的导轮，由于导轮具有很多转向的扩散流道，故能使高速流过的液体均匀而缓和地将动能转换为静压，从而减少能量损失。

(3)轴封装置 轴封的作用是防止高压液体从泵壳内沿轴的四周漏出，或外界空气从相反方向漏入泵壳内。目前多采用填料密封装置，它是一个密封函，又称盘根箱，多采用不透性石墨作为密封填料，如图 6-1-9 所示，利用弹簧 4 的压力压紧橡胶垫圈 6 和石墨垫圈 7，使料液不致沿轴渗出泵体外。轴封出现渗漏是常见故障之一，由于泵的长期使用导致石墨垫圈 7 端面损坏，或是橡胶垫圈 6 咬死在主轴上，均会造成弹簧 4 不能将挡圈 5 的端面压紧石墨垫圈 7 的端面，故需经常检查密封件并加强对泵的清洗。

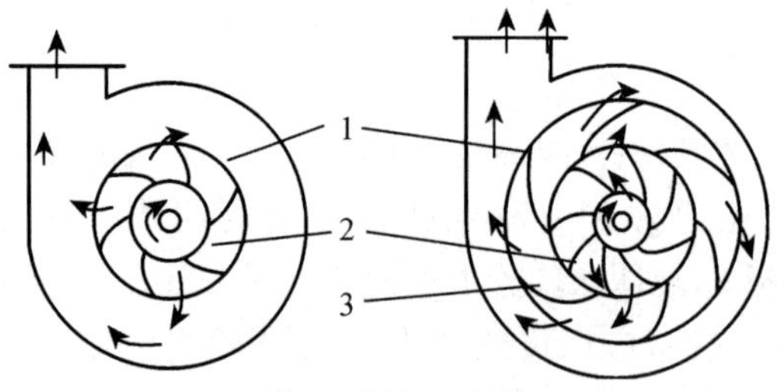

1.泵壳 2.叶轮 3.导轮

图 6-1-8 泵壳与导轮

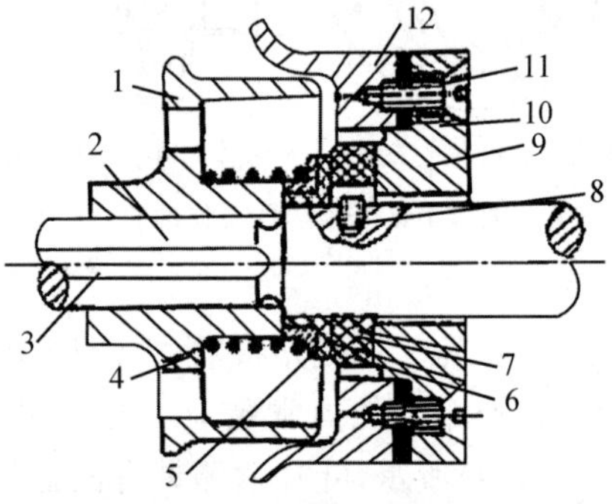

1. 叶轮 2. 主轴 3. 键 4. 弹簧 5. 挡圈
6. 橡胶垫圈 7. 石墨垫圈 8. 柱头螺丝
9. 压紧盖 10. 橡胶垫 11. 螺钉 12. 泵体

图 6-1-9 轴封装置结构

3. 操作注意事项

离心泵启动时，如果泵壳与吸入管路内没有充满液体而是充满空气，由于空气的密度远小于液体的密度，不可能产生较大的离心力，致使叶轮中心处形成的真空不足以将液体吸入泵内，此时，虽启动离心泵，但不能输送液体，此种现象称为气缚。为了使泵内充满液体，在吸入管底部要安装带有吸滤网的底阀(止逆阀)，同时，在启动前，要向泵内灌满液体。

(二)过滤机械与设备

饮用水生产中常用的过滤设备有砂棒过滤器、硅藻土过滤机、中空纤维超滤设备和膜分离设备。

1. 砂棒过滤器

砂棒过滤器，又名砂芯过滤器，由钢板制成的密封容器和陶质砂滤棒组合配套而成，过滤器分上下两层，中间放置一块隔水板，棒身具有许多细微孔，是过滤器发挥过滤作用的主体部分，通过砂滤棒的过滤能有效地阻菌和除去水中悬浮物质，提高滤液体和水的澄明度，不需烧煮即可达到符合国家标准的水质。隔水板又称盘板、篦子，即固定滤棒的装置，又起液体（包括水）过滤前后分界作用。砂棒过滤器如图 6-1-10 所示，砂棒过滤芯如图 6-1-11 所示，砂棒过滤器内部结构如图 6-1-12 所示。

图 6-1-10　砂棒过滤器

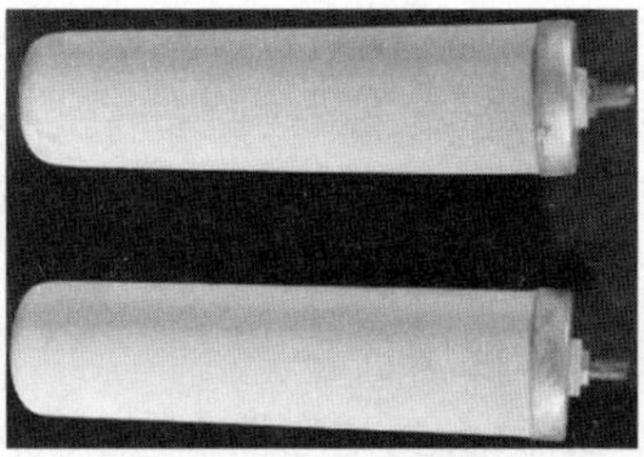
图 6-1-11　砂棒过滤芯

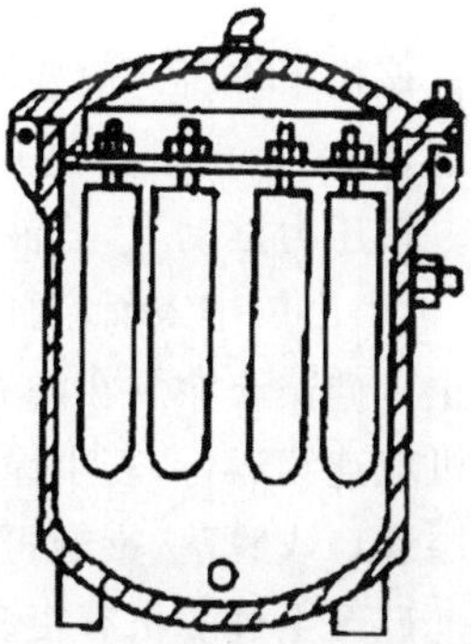
图 6-1-12　砂棒过滤器内部结构

2. 硅藻土过滤机

硅藻土是由海中硅藻类的遗骸沉积下来，经粉碎加工而成的一种松散粉粒状微粒。它的主要成分是二氧化硅，形状极不规则，过滤时形成的滤饼孔隙率大，具有不可压缩性，加之在酸、碱条件下性能稳定，是优良的过滤介质，也是优良的助滤剂。硅藻土过滤机是一种利用织物介质与硅藻土粒状介质构成的复合介质进行过滤操作的设备，机器实物如图 6-1-13 所示，过滤片如图 6-1-14 所示，结构如图 6-1-15 所示。

图 6-1-13　硅藻土过滤机

图 6-1-14　过滤片

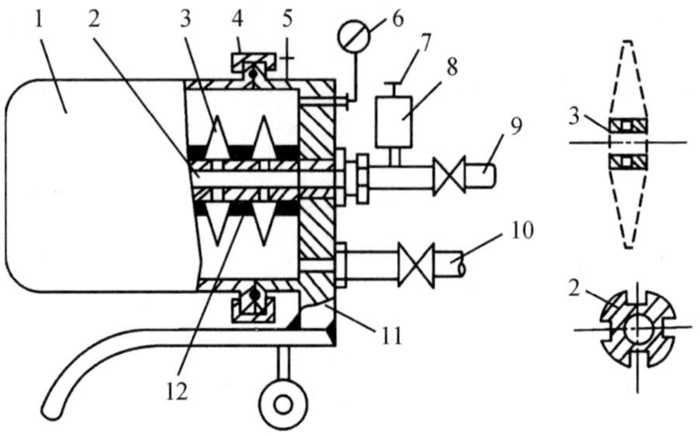

1. 壳体 2. 空心轴 3. 过滤网盘 4. 卡箍 5、7. 排气阀 6. 压力表
8. 玻璃视筒 9. 滤液出口 10. 原液进口 11. 支座 12. 密封胶圈

图 6-1-15 硅藻土过滤机

该机工作时一般要配一个回流缸。在回流缸中按滤盘总过滤面积向原液中加入硅藻土助滤剂,搅匀后由进口进入过滤机,同时打开排气阀,排气完毕立即关掉排气阀,使机内充满液体。在压力推动下,滤液穿过滤布、滤网盘,随后进入空心轴的长槽中,通过槽中的孔进入空心轴,再由出口排入回流缸。一直循环到硅藻土均匀涂布在滤布上为止(从视筒中观察滤液清澈为止),硅藻土涂层在滤布上形成后,杂质便被截留,滤液从其微细孔道经过,达到过滤目的。该机应连续运行,若中途临时停机应先关出口阀再关入口阀,保持机内正向压力,以防硅藻土涂层裂口或脱落,影响再次启动后的滤液质量。

硅藻土过滤机有很多优点,如性能稳定、适应性强,能用于很多液体的过滤;经过滤后物料的风味不变;无悬浮物和沉淀物,液汁澄清透明,滤清度高,液体损失少;清洗方便,占地面积小,轻巧灵活,移动方便。

(三)膜分离设备

1. 膜分离原理

用天然的或人工合成的高分子薄膜或其他具有类似功能的材料,以外界能量或化学位差为推动力,对双组分或多组分的溶质和溶剂进行分离、分级、提纯和富集的方法,统称为膜分离法。膜分离技术能够使食物风味和香味成分不易失散,有利于保持食品的某些功效(如蛋白的泡沫稳定性等),不存在相变过程,能够节约能量,且由于工艺适应性强,处理规模可大可小,操作维护方便,易于实现自动化控制。

膜大体可按来源、材料、化学组成等多种方法来划分。

(1)按膜的来源 天然膜和合成膜。

(2)按膜的材料 树脂膜、陶瓷膜及金属膜。

(3)按膜的化学组成 纤维素酶类膜、非纤维素酶类膜。

(4)按膜断面的物理形态或结构 对称膜、不对称膜(指膜的断面不对称)、复合膜(通常是用两种不同的膜材料,分别制成表面性层和多孔支撑层)。

(5)按膜的形状 平板膜、管式膜和中空纤维膜等。

目前乙酸纤维素膜和聚酰胺膜应用较为广泛。陶瓷膜和金属膜以其特有的性能和强度,在果蔬汁加工方面成为主导部件,但这些产品的价格相对高分子聚合物膜高得多。

膜组件为以某种形式将膜组装形成的一个单元,它直接完成分离。工业上用的膜组件有平板式、管式、毛细管式、中空纤维式、螺旋卷式等。

2. 膜组件中空纤维超滤设备

中空纤维膜组件结构如图6-1-16所示，具有24～42 μm内空直径的中空纤维膜束集装在一个管内即为中空纤维膜组件，配合三级预处理过滤清除自来水中的杂质；超滤微孔小于0.01 μm，能彻底滤除水中的细菌、铁锈、胶体等有害物质，保留水中对人体有益的微量元素和矿物质。超滤膜过滤使大分子溶质不能透过，留在膜的一边，从而使大分子物质得到了部分的纯化。中空纤维超滤设备一般用于矿泉水生产线中（小瓶水、大桶水），使用过程简单，不需加热，能源节约，低压运行，装置占地面积小。

3. 膜分离方法

（1）电渗析　通常所称的电渗析是指使用具有选择透过性能的离子交换膜，在直流电场作用下，溶液中的离子有选择地透过离子交换膜所进行的定向迁移过程，如图6-1-17所示。离子交换膜是由高分子物质构成的薄膜，可以理解为薄膜状的离子交换树脂。离子交换膜按解离离子的电荷性质，可分成阳离子交换膜（简称阳膜）和阴离子交换膜（简称阴膜）两种。在电解质溶液中，阳膜允许阳离子透过而排斥阻挡阴离子，阴膜允许阴离子透过而排斥阻挡阳离子，这就是离子交换膜的选择透过性。

学习视频18
电渗析工作原理

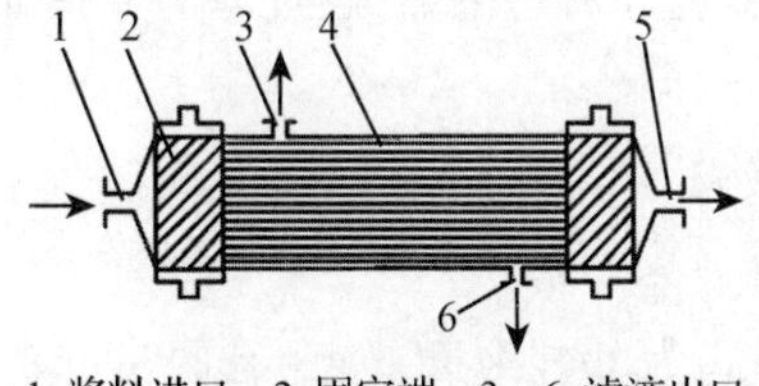

1. 浆料进口　2. 固定端　3、6. 滤液出口
4. 中空纤维　5. 浓缩液出口

图6-1-16　中空纤维式膜组件

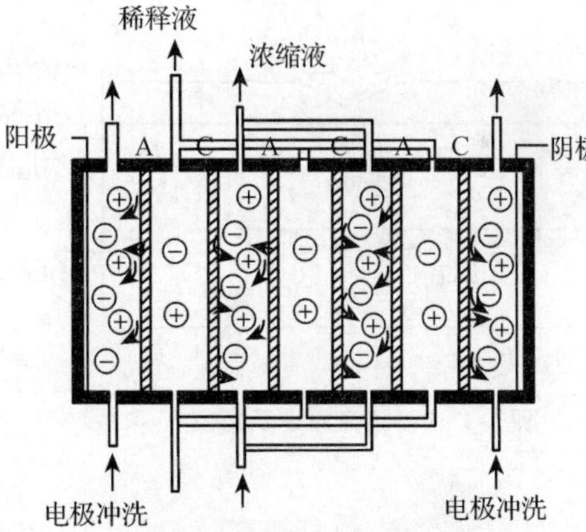

A. 阴离子交换膜　C. 阳离子交换膜

图6-1-17　电渗析基本原理

在电渗析操作单元中，在阳电极和阴电极之间，阳膜和阴膜交替排列，在相邻的阳膜和阴膜之间形成隔室。通直流电之后，水溶液中离子定向迁移。溶液中阴离子可以在小隔室穿过阴膜，向阳极移动；阳离子穿过阳膜，向阴极移动。这样，在相邻的两个隔室里分别进行浓缩和稀释，分别冲洗电极就可避免产生气体。如果膜是致密的，电中性物质仍然留在原来小隔室的溶液中。

电渗析主要用于咸水淡化，此外，电渗析其他方面的应用也很多，如将牛乳除盐以接近人乳；从海带浸泡液中回收甘露醇；糖液精制、葡萄糖精制、酒及果汁的精制；氨基酸的分离与精制及溶菌酶、淀粉酶、肽、维生素C、甘油、血清的提纯等。

（2）反渗透（RO）　利用反渗透膜选择性透过溶剂（通常是水）的性质，对溶液施加压力以克服溶液的渗透压，使溶剂通过反渗透膜而从溶液中分离出来的过程，其原理如图6-1-18所示。

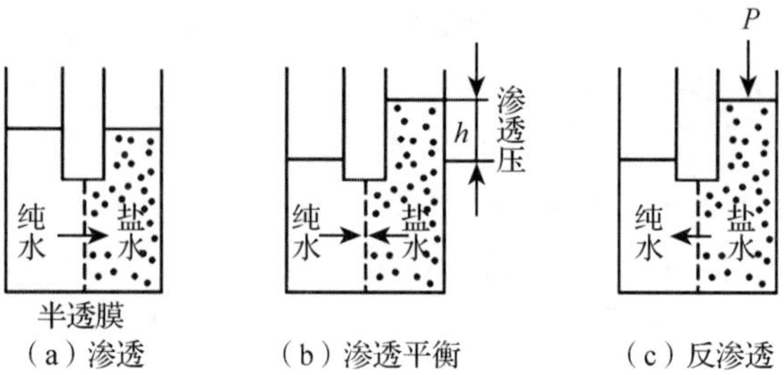

图 6-1-18 反渗透工作原理

当纯水与溶液用一张能透过水的半透膜隔开时，纯水将自发地向溶液侧扩散。这种现象称为渗透。渗透要一直进行到溶液侧的压力高到足以使水分子不再流动为止。平衡时，此压力即为渗透压。

如果往溶液侧加压，使溶液侧与纯水侧的压差大于渗透压，则溶液中的水将通过半透膜流向纯水侧，此即反渗透过程。但在反渗透过程中，由于半透膜不可能对溶质具有100%的脱除特性，一般而言，透过液并非纯水，而是含有溶质的稀溶液。

反渗透的最大特点就是能截留绝大部分和溶剂分子大小在同一数量级的溶质，而获得相当纯净的溶剂(如水)。

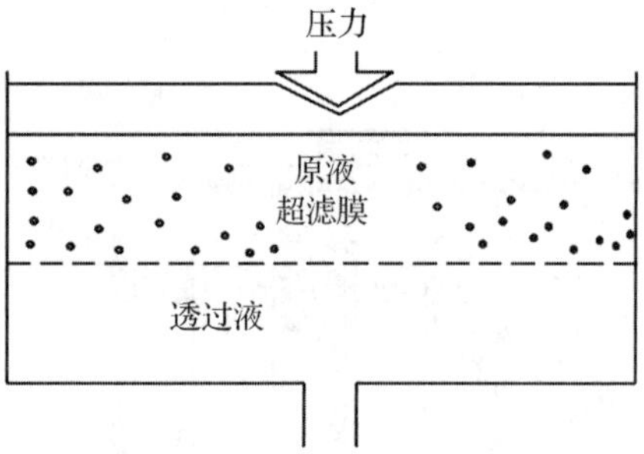

图 6-1-19 超滤原理示意图

(3)超滤 超过滤简称超滤，其分离物质的基本原理是被分离的溶液借助外界压力，以一定的流速沿着具有一定孔径的超过滤膜流动，让溶液中的无机离子、低相对分子质量物质透过膜表面，把溶液中高分子、大分子物质、胶体、蛋白质、细菌、微生物等截留下来，从而实现分离与浓缩，超过滤的原理如图6-1-19所示。

(四)杀菌设备

1. 臭氧杀菌设备

臭氧的分子式为O_3，为天蓝色、有腥臭味的气体，液态呈暗黑色，固态呈蓝黑色。

臭氧消毒是指以臭氧作为消毒剂的水处理技术，臭氧是一种强氧化剂，它可以杀灭细菌繁殖体和芽孢、病毒、真菌等，并可破坏肉毒杆菌毒素。其杀菌机理在于，臭氧遇水后，直接或利用反应中生成的大量羟基自由基及新生态氧间接氧化水中的无机物、有机物，并进入细菌的细胞内氧化胞内有机物，从而达到杀菌消毒、净化水质的目的，与加氯消毒相比，臭氧消毒剂量小、作用快、消毒效果更佳，同时可以改善水的口感和观感。

臭氧生成方式主要有紫外光法(UV法)、电晕放电法(CD法)、膜电极电解法。

(1)紫外光法(UV法) 使用特定波长(185 nm)的紫外线照射氧分子，使氧分子分解而产生臭氧，常在消毒碗柜上使用，紫外光法生成的臭氧纯度仅不到3%。

(2)电晕放电法(CD法) 以空气或纯氧为原料，利用空气干燥器、空气过滤器、氧气制造机生产臭氧的方法。在两个平行的高压电极之间平行放置一个介电体，并保持一定的放电间隙，当在两极间通入高压交流电时，在放电间隙形成均匀的蓝紫色电晕放电，空气通过放电间隙时，氧分子受到电子的激发获得能量，并相互碰撞，聚合成臭氧。电晕放电法是目前最常见的臭氧生成方式，电晕放电法生成的臭氧纯度最高为 6%。电晕放电法在激发空气中的氧气(20%)产生臭氧的同时，也激发了空气中氮气(78%)并产生副产物氮氧化物(NO_x)，而使用纯氧的电晕放电法则不会产生氮氧化物。

(3)膜电极电解法　采用低压直流导通固态膜电极的正负两极处理纯水，水在特殊的阳极接口上以质子交换的形式被分离为氢、氧分子，氢从阴极直接被排放，氧分子在阳极因高密度电流产生的电子激发而获得能量，并聚合成臭氧。电解法生成的臭氧纯度约为 20%及以上。电解法生成臭氧的副产物为氧气和氢，无氮氧化物(NO_x)，且不需考虑空气湿度。

臭氧发生器实体如图 6-1-20 所示。

2. 紫外线杀菌设备

紫外线杀菌波段主要在 200～300 nm，其中以 253.7 nm 波长的杀菌能力最强。当水或空气中的各种细菌病毒经过紫外线(253.7nm 波长)照射区域时，紫外线穿透微生物的细胞膜和细胞核，破坏核酸(DNA 或 RNA)的分子键，使其失去复制能力或失去活性而死亡，从而在不使用任何化学药物的情况下杀灭水或空气中所有的细菌、病毒(图 6-1-21、图 6-1-22)。

图 6-1-20　臭氧发生器

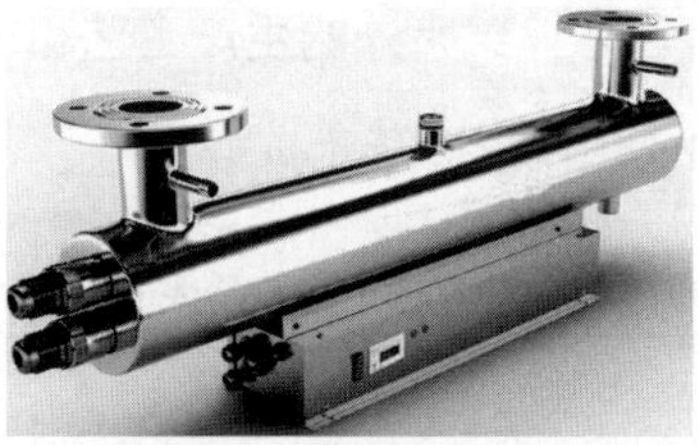

图 6-1-21　紫外线杀菌器

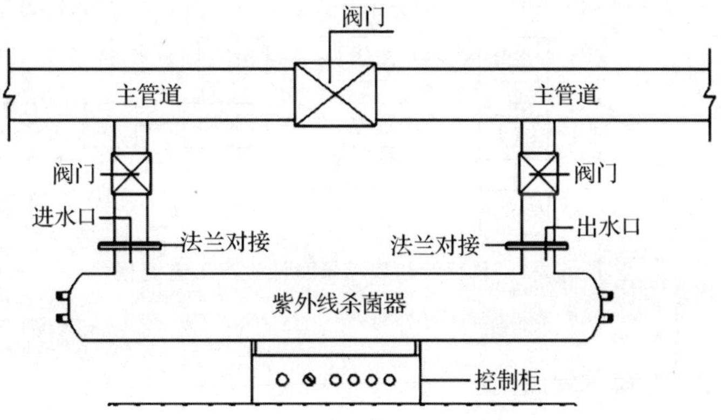

图 6-1-22　紫外线杀菌机械原理

任务 6-2　果蔬汁饮料加工机械与设备

技术知识

一、果蔬汁(浆)类及其饮料的相关定义

(1)果蔬汁类及其饮料　以水果和(或)蔬菜(包括可食的根、茎、叶、花、果实)等为原料,经加工或发酵制成的液体饮料。它主要分为果蔬汁(浆)、浓缩果蔬汁(浆)、果蔬汁(浆)类饮料三大类。

(2)果蔬汁(浆)　以水果或蔬菜为原料,采用物理方法(机械方法、水浸提等)制成的可发酵但未发酵的汁液、浆液制品;或在浓缩果蔬汁(浆)中加入其加工过程中除去的等量水分复原制成的汁液、浆液制品。如原榨果汁(非复原果汁)、果汁(复原果汁)、蔬菜汁、果浆/蔬菜浆、复合果蔬汁(浆)等。

(3)浓缩果蔬汁(浆)　以水果或渍菜为原料,从采用物理方法榨取的果汁(浆)或蔬菜汁(浆)中除去一定量的水分制成的,加入其加工过程中除去的等量水分复原后具有果汁(浆)或蔬菜汁(浆)应有特征的制品。含有不少于两种浓缩果汁(浆),或浓缩蔬菜汁(浆),或浓缩果汁(浆)和浓缩蔬菜汁(浆)的制品为浓缩复合果蔬汁(浆)。

(4)果蔬汁(浆)类饮料　以果蔬汁(浆)、浓缩果蔬汁(浆)为原料,添加或不添加其他食品原辅料和(或)食品添加剂,经加工制成的制品,如果蔬汁饮料、果肉(浆)饮料、复合果蔬汁饮料、果蔬汁饮料浓浆、发酵果蔬汁饮料、水果饮料等。

二、果蔬汁和浓缩果蔬汁的生产工艺和布局

如图 6-2-1 和图 6-2-2 所示。

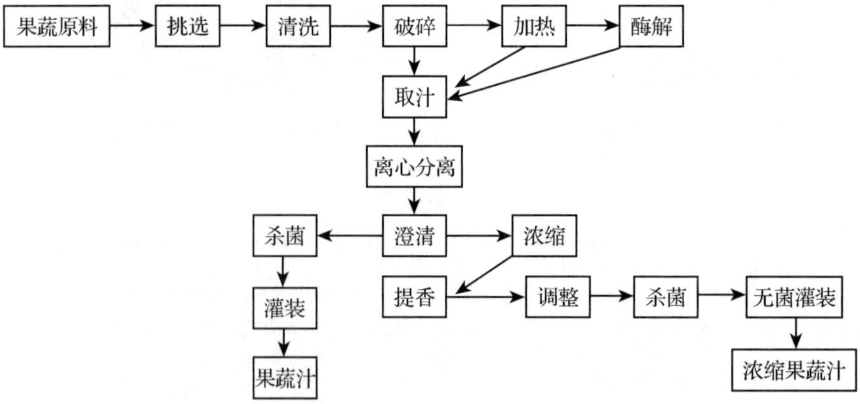

图 6-2-1　果蔬汁和浓缩果蔬汁生产工艺流程

三、果汁饮料生产的技术要点

(1)原料挑选　果蔬原料质量极为重要。应选用新鲜、色泽好的成熟果蔬。

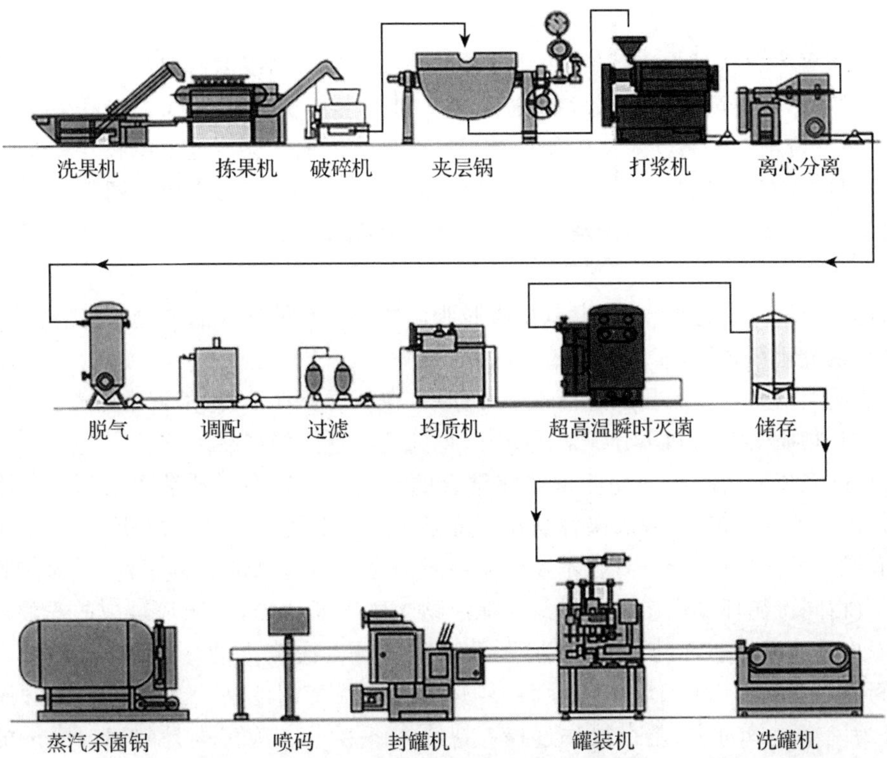

图 6-2-2　果蔬汁和果肉果汁生产线布局

(2)清洗　根据果蔬品种、形状和技术要求的不同,选择清水、酸碱溶液、洗涤剂溶液等,以及浸泡、刷洗、鼓泡清洗、喷洗等方式,控制适当的洗涤时间和温度,彻底清除果蔬原料表面的尘土、残留农药化肥、微生物等。

(3)挑选与去杂　应剔除病虫果和霉烂果,剔除有机械伤害或污垢的部位。去除果蔬的不可食部分,如苹果、菠萝、梨等要去皮除芯,桃等去核去皮,樱桃、葡萄等去柄梗,香蕉剥皮等。

(4)破碎　只有将果蔬组织破坏,才能得到被包在细胞内的汁液。破碎果蔬的方法有磨碎、打碎、压碎和打浆等。果蔬碎块大,出汁率较低;果蔬碎块小,榨汁和过滤难度增大,且汁中悬浮物多,不易澄清。不同的果蔬采用不同的破碎方法。如苹果采用打碎,葡萄采用挤压破碎,番茄采用打浆。

(5)加热　果蔬破碎过程中果胶酶、多酚氧化酶等内源酶会导致果蔬汁色泽、风味和黏度的变化,必须加热使其失活。需要控制好加热温度和时间。温度过高,时间过长,会使较多的果胶溶入果蔬汁,增加了黏度。加热后应迅速降温,降低果蔬汁风味损失。

(6)酶解　利用果胶酶降解果蔬汁中的果胶,降低果蔬汁黏度,提高出汁率。通常的最佳酶解工艺(OME)是在果蔬破碎后,果蔬汁在 15～25 ℃温度下酶解 30～60 min。可以同时使用纤维素酶等。

(7)取汁　根据操作不同分为压榨法和提取法两类。不同的果蔬原料采用不同的取汁方式,同一种果蔬也可采用不同的取汁方法。

①压榨法　利用外加机械挤压力,将果蔬汁从果蔬或果蔬浆中挤出的过程称为压榨。挤压设备都有过滤分离系统,因此,压榨法又称挤压过滤法。

②浸取法　用适当温度的热水浸取破碎的果蔬原料中的可溶性固形物。不仅干制果蔬及山楂、酸枣、大枣等含水量少、难以压榨法取汁的果蔬需要采用浸取法取汁，苹果、梨、葡萄等也常用压榨法取汁，以提高可溶性固形物得率，减少果渣中有效物质的含量，提高果汁澄清度。

(8)澄清　澄清是果蔬汁生产中的关键工序。虽然果蔬汁已经过了离心分离处理，但是还会有微小的悬浮物质和果胶、多糖、蛋白质等胶体物质在其中，容易在后续调制、加热过程中引起胶体凝聚沉淀，影响果蔬汁的澄清度和稳定性。果蔬汁生产中普遍采用酶解法澄清和超滤法澄清。

①酶解法澄清　通过加入果胶酶(果胶脱脂酶和聚半乳糖醛酸酶的复合酶)使果胶分解后与悬浮颗粒结成团簇，发生絮凝的澄清方法。

②超滤法澄清　利用膜孔的选择性筛分作用，在压力驱动下，把溶液中的微粒、悬浮物、胶体和高分子等物质与溶剂和小分子溶质分开，得到澄清透明的产品。

目前普遍采用酶法脱胶和超滤澄清相结合的工艺。一般在超滤装置前配备一个循环罐(同时也是待滤汁的贮罐)。脱胶果汁从循环罐泵入超滤系统，透过膜的清汁进入缓冲罐，送往浓缩；被截留的浑汁送回循环罐内，不断向循环罐内添加待超滤的新鲜果汁，其添加速度与超滤速率大致相同。循环操作使罐内果蔬汁浑浊物含量不断增加，当循环罐中的浑浊物达到限定值，将停止超滤操作前，向循环罐内加入果汁蒸发时二次蒸汽的冷凝水，稀释果汁中浑浊物浓度，再行超滤，进一步回收可溶性固形物，该法称稀释超滤法。从整体看酶法脱胶与超滤澄清成为一个连续过程，整个操作过程可持续 20～24 h。膜污染是超滤法澄清的关键技术问题。

(9)果蔬汁的加热　果蔬汁产品目前仍普遍采用加热杀菌。在生产果蔬浓缩汁时，通常在酶处理前进行巴氏杀菌，有时巴氏杀菌与芳香物质回收同时进行，达到杀菌、灭酶、芳香物质回收的目的。果蔬汁的加热杀菌一般在灌装前，为了防止非无菌灌装过程中发生的微生物二次污染，有时还应根据产品品种和需要进行二次杀菌。

(10)芳香物质回收　果蔬的芳香物质包括水溶性芳香成分和挥发性油(精油)，不同的果蔬有不同的芳香物质，主要是醇、醛、酮、酯等物质。果蔬中的芳香物质在蒸发浓缩时损失最大。在蒸发浓缩前或浓缩中要进行芳香物质回收。芳香物质回收主要采用蒸馏，通过加热使果蔬汁挥发性成分蒸发进入气相而富集，反复气化和冷凝，就可获得高浓度的芳香物质回收液。芳香物质回收可采用多级蒸馏法、精馏法、扩散香气精馏等方法。

(11)浓缩　浓缩处理可以提高果蔬汁的糖度和酸度，从而抑制微生物引起的败坏，提高产品的稳定性和保藏性。浓缩多采用真空蒸发浓缩和反渗透浓缩。

①真空蒸发浓缩　即通过加热或减压的方法使溶液沸腾，使部分溶剂气化蒸发、溶液得以浓缩的过程。为了缩短受热时间且不影响所要求的浓缩量，通常采用真空膜式蒸发，即让溶液在蒸发器的表面以很薄的液层流过，浓缩液很快离开热表面，溶液在短时间内就可得到气化、浓缩。常用的膜式蒸发器有升膜式蒸发器、降膜式蒸发器、升降膜式蒸发器、刮板式蒸发器、离心式薄膜蒸发器。

②反渗透浓缩　反渗透又称逆渗透，与正常的渗透过程相反，对膜一侧的料液施加压力，当压力超过它的渗透压时，溶剂会逆着自然渗透的方向做反向渗透。果蔬汁浓缩使用的反渗透膜主要是乙酸纤维素膜和聚酰胺纤维素膜，能保证较高的水分流动速度，保证紊流流动，防止膜表面附着和堆积某些果蔬成分而降低膜的通量。与传统蒸发法相比，反渗透浓缩果汁在

常温下进行，不会产生加热臭和生成褐变物质，色泽变化小，芳香和营养成分的损失少，降低能耗和操作简单等优点。目前，反渗透浓缩已在杏、樱桃、树莓、橙、桃和草莓等芳香性强的果汁浓缩中得到应用。

浓缩时，果汁中的果胶和果浆会附着在膜表面生成凝胶层，从而大大恶化膜的渗透性能，使膜的通量变小，并难以清洗恢复，因此用反渗透浓缩工艺制造果蔬浓缩汁的经济浓度一般在25波美度左右。澄清果汁较少形成凝胶层，如果用超滤（UF）澄清，再用反渗透（RO）法浓缩，可以获得无加热臭且香味好的浓缩制品。

（12）杀菌和包装　为实现长期贮存的目的需杀菌和包装，方法有热灌装和无菌灌装。热灌装包装方式可长期保持无菌状态。灌装温度依产品性质（pH）而定，灌装密封后冷却至25～30 ℃。这种方法适用于番茄、橘子、杧果、香蕉等的浓缩汁或浓缩浆。无菌灌装即将浓缩汁杀菌冷却后，在无菌条件下装入预先灭过菌的复合塑料袋内（浓缩果蔬汁使用无菌大袋），并加以密封。包装系统包括杀菌冷却机和无菌包装机，杀菌冷却机可选用管式、板式和刮板式换热器，无菌包装机按灌装头数可分单头和双头两种类型。无菌灌装过程包括喷气杀菌、灌装、冲洗和密封。

四、果蔬汁（浆）类及其饮料生产的机械与设备

学习视频19
螺杆泵

在果蔬汁（浆）类及其饮料生产中所用到的果蔬原料在生产之前要进行清洗、去皮等前处理工序，所用到的清洗、去皮等前处理机械与设备在之前已经介绍，而后续的过滤、浓缩、杀菌、灌装等工序所需设备与其他食品的加工机械有交叉，在此不再赘述。这里主要介绍螺杆泵果蔬榨汁机的结构和工作原理。

螺杆泵（图6-2-3）是利用一根或数根螺杆与螺腔的相互啮合使空间容积变化来输送液体。食品工厂多使用单螺杆卧式泵，用于输送高黏度黏稠液体及带有固体物料的浆液，如番茄酱和果汁榨汁生产线上常采用这种泵。

螺杆泵的结构如图6-2-4所示，工作时电机将动力传给连杆轴2，螺杆5在连杆轴2的带动下旋转；螺杆5与橡胶衬套6（又称定子）相啮合并形成数个互不相通的密闭的啮合空间；当螺杆5转动时，封闭啮合空间内的料液便由吸料口向出料口方向运动；当封闭腔运动至出料口末端时，封闭腔自行消失，料液便由出料口排出；与此同时在吸料口又形成新的封闭腔将料液吸入并向前推进，从而实现连续抽送料液的作用，完成料液的输送。

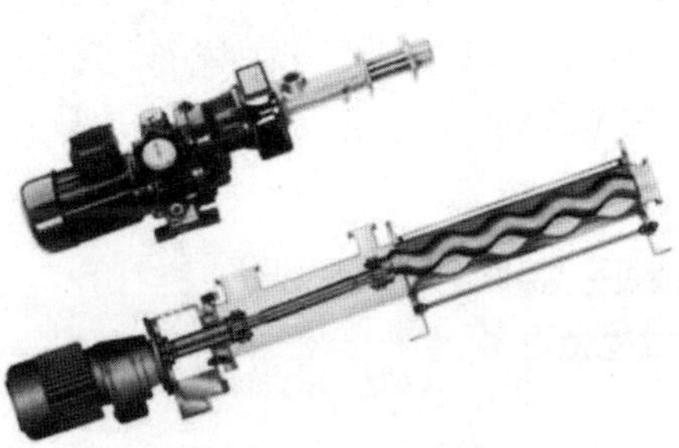

图6-2-3　螺杆泵实物

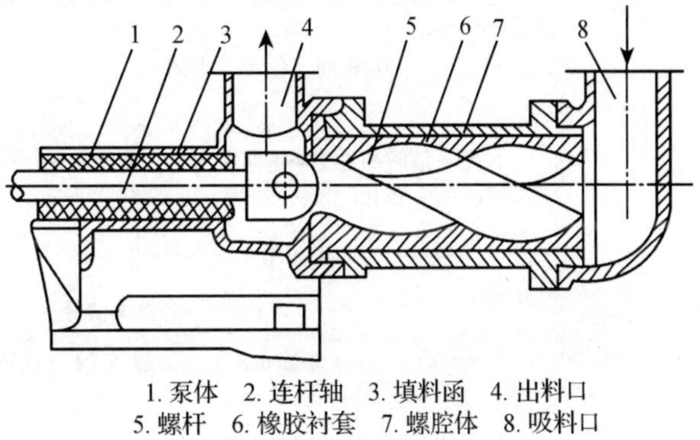

1. 泵体　2. 连杆轴　3. 填料函　4. 出料口
5. 螺杆　6. 橡胶衬套　7. 螺腔体　8. 吸料口

图6-2-4　螺杆泵结构

螺杆泵具有输送液体连续均匀、无脉动、运动平稳、压力较高、自吸性好、结构简单、零部件少等优点。在使用时，为保护橡胶衬套，泵不能空转，开泵前需灌满液体，否则会烧坏橡胶衬套。合理的螺杆转速为750～1 500 r/min，转速过高易引起螺杆与橡胶衬套的剧烈摩擦而发热损坏橡胶衬套，转速过低会影响生产能力。

任务 6-3　碳酸饮料(汽水)加工机械与设备

技术知识

一、碳酸饮料(汽水)的相关定义

(1)碳酸饮料(汽水)　以食品原辅料和(或)食品添加剂为基础，经加工制成的，在一定条件下充入一定量二氧化碳气体的液体饮料，如果汁型碳酸饮料、果味型碳酸饮料、可乐型碳酸饮料、其他型碳酸饮料等，不包括由发酵自身产生的二氧化碳的饮料。

(2)果汁型　原果汁含量不低于2.5%的碳酸饮料，如橘汁汽水、苹果汁汽水、菠萝汁汽水或混合果汁汽水等。

(3)果味型　以果香型食用香精为主要赋香剂，原果汁含量低于2.5%的碳酸饮料，如橘子汽水、柠檬汽水等。

(4)可乐型　含有焦糖色、可乐香精或类似可乐和水果香型的辛香、果香混合香型的碳酸饮料。无色可乐不含焦糖色。

(5)其他型　含有植物抽提物或以非果香型的食用香精为赋香剂以及补充人体运动后失去的电解质、能量等的碳酸饮料，如姜汁汽水、运动汽水等。

碳酸饮料也可以分为仅含有二氧化碳的苏打水和经过调味赋香的汽水。

二、碳酸饮料的生产工艺

调味糖浆和碳酸水(即充二氧化碳的水)混合(简称浆水调和)是碳酸饮料生产的关键工序，依此将工艺分为预调式和现调式两种。

(1)预调式工艺流程(一次灌装)　预调式工艺是将调味糖浆和碳酸水定量混合后，再灌入包装容器中的技术，此工艺为大规模生产采用，见图6-3-1。

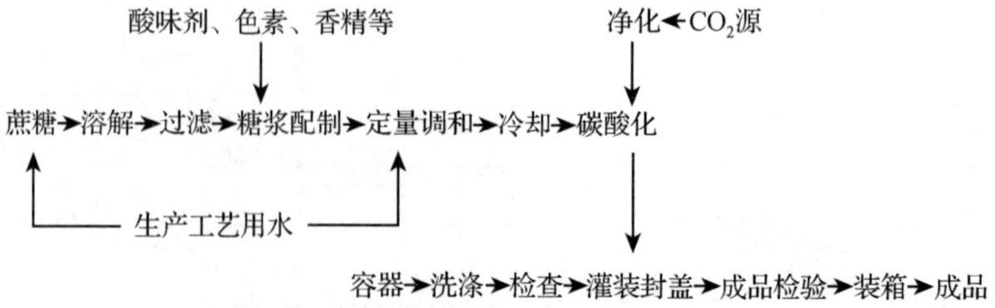

图6-3-1　碳酸饮料一次灌装生产工艺流程

(2)现调式工艺流程(二次灌装)　现调式工艺是先将配好的调味糖浆灌入包装容器后再灌入碳酸水的二次灌装技术，见图6-3-2。

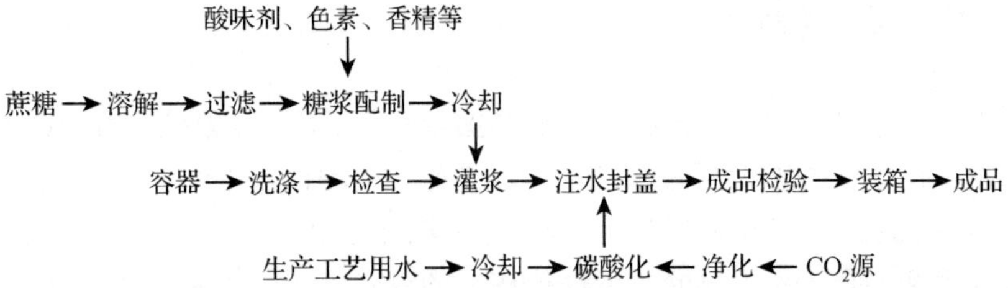

图 6-3-2　碳酸饮料二次灌装生产工艺流程

两种灌装方法的优、缺点如表 6-3-1 所列。

表 6-3-1　两种灌装方式的对比

灌装类型	适合生产规模	优点	缺点
一次灌装	大型企业	糖浆和水的比例准确，灌装量容易控制，产品质量一致，气泡较少，含气量足，生产速度快	不适于带果肉的碳酸饮料的灌装；设备较复杂，混合机和糖浆接触，洗涤和消毒都不方便
二次灌装	中小型企业	设备简单、投资少，易保证产品的卫生，清洗方便，如灌装机漏水，糖浆损失较少	易产生泡沫、CO_2 和灌装量不足；含气量不足；混合不均匀产品质量不一致；带果肉的饮料易堵塞喷嘴

三、碳酸饮料生产的技术要点

(1)生产工艺用水　软饮料生产中根据需要可以将用水分为四种：生产工艺用水、冷却用水、生产一般用水、锅炉用水。生产工艺用水直接用于饮料配制，属于饮料的成分。冷却用水用于各冷却工艺，可循环使用。生产一般用水是指生产中各种洗涤、清洁使用的水，可利用处理技术充分回收降级循环使用。用于溶解各种原料的生产工艺用水必须符合国家标准，并经适当软化。所用设备为不锈钢材料制造。

(2)调味糖浆的制备　在生产中，常将蔗糖制成较高浓度的溶液，称为原糖浆或单糖浆。再向原糖浆添加柠檬酸、色素、香精等其他配料，制备成调味糖浆。也可将除原糖浆之外的配料预先配合，制成原浆。糖浆不仅决定饮料的风味，糖浆配制质量直接影响产品的一致性和质量。因此，糖浆制备是碳酸饮料生产中极为重要的工序。调味糖浆的制备分为糖的溶解、糖液过滤、调味糖浆的配合三个步骤。

①糖的溶解　按照温度分为冷溶法和热溶法。按照工艺分为间歇式和连续式溶解两种，其中蔗糖的连续式溶解是指将糖和水按比例供给，加热溶解、浓度控制、糖液杀菌和冷却都是连续进行的，实现了全封闭、全自动操作生产，此种方法制备的糖液质量好、生产效率高、浓度误差小，适合大规模生产。

②糖液过滤　旨在除去糖液中的微细杂质，小工厂可以采用自然过滤法，即用锤形厚绒布滤袋，内加纸浆滤层过滤，方法简单，效率低，易受微生物污染。大企业常采用板框压滤机或硅藻土过滤机过滤糖浆，以硅藻土或纸浆等作助滤剂，助滤剂于糖浆溶化后期加入，用泵加压循环通过过滤机，形成的均匀滤层可以去除杂质，使糖液变得澄清透明。硅藻土过滤机性能稳定、适应性强、过滤效果高，是规模化生产的首选。

（3）浆水调和　浆水调和分为现调式和预调式两种，主要的调和机构为定量泵、节流阀和流量阀。

（4）碳酸化　二氧化碳（CO_2）是碳酸饮料的关键成分，更是界限性成分。CO_2 的溶解、混合过程称为碳酸化或碳酸饱和，用于碳酸化的设备称为碳酸化器或汽水混合机。

碳酸化系统一般是由 CO_2 调压站、水冷却器和混合机组成的。CO_2 调压站是一个根据所供应的 CO_2 压力和混合机所需要的压力进行调节的设备。CO_2 在液体中的溶解度与温度成反比，因此应使水和糖浆在冷却降温至 4℃以下后再进行碳酸化。小型企业用溶糖罐、储水罐分别冷却糖浆和水，大型企业通常采用板式换热器冷却。常用的 CO_2 混合机有喷雾式混合机、薄膜式混合机、喷射式碳酸化器、填料塔式混合机和混比系统。

（5）灌装　饮料的灌装方式有等压式灌装、负压式灌装、加压式灌装等，碳酸饮料大都采用等压式灌装，即在灌装时容器和灌装机贮液缸压力相等。

四、饮料生产的关键工艺与主要机械

见表 6-3-2。

表 6-3-2　不同类型饮料主要加工机械与设备

饮料类型	重要工艺	主要机械与设备
包装饮用水	泵、过滤、反渗透、超滤、离子交换、杀菌、灌装	水泵、过滤设备（粗滤、精滤、超滤）、反渗透装置、杀菌设备（臭氧杀菌、紫外线杀菌）、灌装设备
果蔬汁（浆）类及其饮料	筛选、清洗、压榨、过滤、澄清、浓缩	洗果机、选果机、榨汁机、真空浓缩机
碳酸饮料（汽水）	调配、碳酸化、灌装	调和机、碳酸化系统、灌装机

五、碳酸饮料（汽水）生产机械与设备

（一）夹层锅

在饮料生产中夹层锅常作为化糖设备。夹层锅又名二层锅、蒸汽锅、蒸煮锅、夹层蒸汽锅。夹层锅采用夹套加热，加热介质可分为蒸汽、导热油、电。夹层锅主要用于糖果、制药、乳品、酒类、糕点、蜜饯、饮料、罐头等食品的加工，是罐头食品调味煮汁的主要设备，常用来热烫、预煮各种原辅材料。

1. *夹层锅结构*

夹层锅设备结构简单，使用方便，见图 6-3-3。常用的夹层锅为半球形，按其操作方式的不

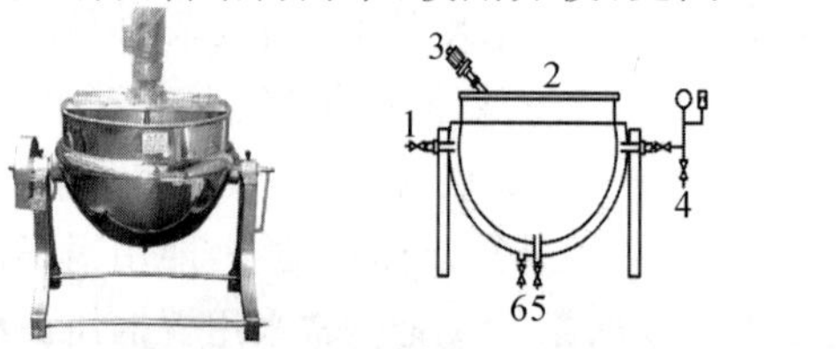

（a）固定式

1. 不凝气体出口　2. 锅盖　3. 搅拌器　4. 蒸汽进管　5. 物料出口　6. 冷凝水出口

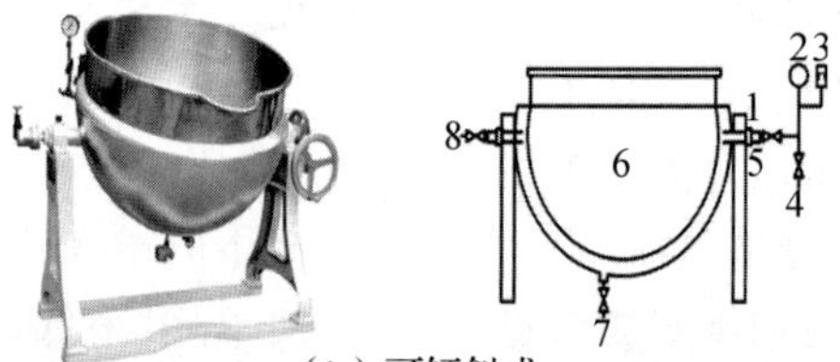

（b）可倾斜式

1. 蜗轮　2. 压力表　3. 安全阀　4. 蒸汽进管　5. 手轮　6. 锅体　7. 冷凝水出口　8. 不凝气体出口

图 6-3-3　夹层锅

同，可分为固定式夹层锅和可倾式夹层锅。固定式夹层锅的进蒸汽管 4 安装在与锅体中心线呈 60°角的壳体上，出料通过底部接管，利用落差排料，或在底部接口处安装抽料泵，把物料用泵抽至其他高位容器。因此，固定式夹层锅常用来调配汤汁等液体物料。当容器大于 500 L 或用作加热稠性物料时，常带有搅拌器，搅拌器的搅拌叶片有桨式和锚式，转速一般为 10～20 r/min。

可倾式夹层锅的蒸汽进管 4 从安装在支架上的填料盒中接入夹层。锅体 6 由两层球形壳体组成，内层材料是 3 mm 厚的不锈钢板，外层材料是 5 mm 厚的普通钢板，内外两层壁板相互焊接。由于夹层加热室要承受 0.4 MPa 的压力，其焊缝应有足够的强度。

2. 操作方法

操作时可先将物料倒入锅内，夹层里通入蒸汽，通过锅体内壁进行热交换，用以加热物料。加热结束后，转动手轮 5，驱动蜗轮 1 使锅体倾斜，倾斜角度可在 0°～90°的范围内任意改变，以倒出物料。可倾式夹层锅因此得名。

夹层锅锅体两侧焊制轴颈，支撑于支架两边的轴承上，轴颈一般采用空心轴，蒸汽管从这里伸入夹层中，为防止漏气，周围加填料制成填料盖(或称填料盒)密封。但对可倾式锅体，因倾倒时轴颈绕蒸汽管回转而容易磨损，故此处仍易泄漏蒸汽。

机架用槽钢或两个具有“T”形断面的铸铁支架和一根连接两个支架的螺杆组成。

进气管在夹层锅装有压力表 2 的一端，不凝气体排出管在另一端。压力表旁装有一个安全阀 3，生产中如果排气端因故受阻或其他原因引起压力升高，超过允许压力时，安全阀能自动排汽，以确保夹层锅的安全生产。

锅内蒸煮物料时，由于蒸汽通过锅内壁与物料进行热交换，必然有冷凝水产生，一部分冷凝水停留在夹层内，积累到一定量后，可听到夹层内水的冲击声，影响蒸煮物料的速度，此时应及时打开接在冷凝水出口 7 上的旋塞放出冷凝水。为提高热效率，在冷凝水排出口可装置疏水阀，以便冷凝水经常排放。每次使用完毕后，要将夹层内的冷凝水放干净，以便下次使用。

夹层锅内壁球体部分用不锈钢板焊接而成，焊缝部分经不起长时间、高浓度的盐溶液或酸溶液等物料的腐蚀，在生产结束后，必须及时清洗，避免将此类物料长时间存放于锅内。

蜗轮蜗杆和锅体两边的轴承油杯处要经常加润滑油，始终保持润滑，这样既便于操作，也能延长设备的使用寿命。

夹层锅是一种压力容器，使用时要定期进行耐压试验，若发现焊接部分过薄甚至漏气时就要停止使用，进行维修，以防事故发生。

几种常用的夹层锅的技术特性见表 6-3-3。

表 6-3-3　几种夹层锅技术特性

设备型号	GT611	GT612	GT613	GT614
容量/L	100	200	300	400
蒸汽压力/MPa	0.203	0.253	0.304	0.304
出料管直径/mm	38	38	50	50
设备总质量/kg	150	300	400	500
外形尺寸(长×宽×高)/mm	880×880×1 030	1 000×1 000×1 160	1 120×1 120×1 225	1 260×1 260×1 300

(二)碳酸化系统

碳酸化就是使 CO_2 与冷净水或糖浆充分接触,让其溶解在液体中,制成含 CO_2 的饮料。碳酸化的程度会直接影响碳酸饮料的质量和口味,是饮料生产的重要工艺之一。一般,风味不同,产品的含气量不同,有的要强烈,有的要柔和。如橙汁汽水含气量(容积倍数)为 1.5～2.5;可乐汽水含气量为 3.5～4;柠檬汽水含气量为 3.5～4。

1. 碳酸化的定义

二氧化碳在水中有一定的溶解度,水吸收二氧化碳的作用一般称为二氧化碳饱和作用或碳酸化。

2. CO_2 在碳酸化中的作用

清凉解渴;阻碍微生物的生长,延长汽水的货架期;突出香气;有舒服的杀口感:二氧化碳配合汽水中其他成分,产出一种特殊的风味,各个不同品种需要不同的杀口感。

3. 碳酸化设备

碳酸化系统一般由冷却器(将水温降至碳酸化所需温度)、混合机(碳酸化)和 CO_2 净化器组成。碳酸化过程一般是在碳酸化罐或管及填料塔内进行的,可在碳酸化罐的顶部安装喷头、塔板,将液体分散成薄膜或雾状,使料液与 CO_2 充分接触并混合。碳酸化混合机有薄膜式混合机、喷雾式混合机、喷射式碳酸化器三种。

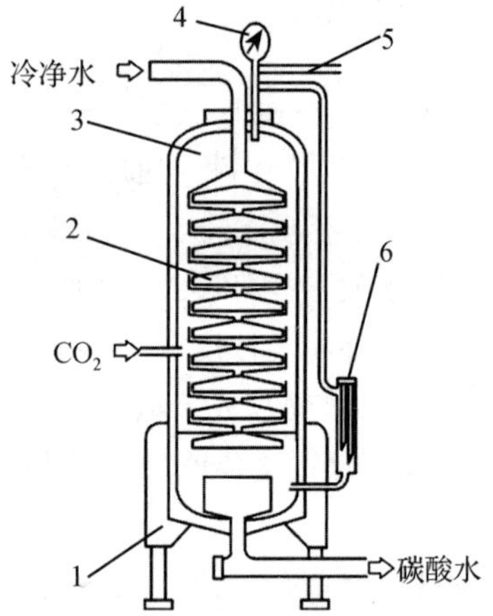

图 6-3-4 CBN 型薄膜式碳酸化器

(1)薄膜式碳酸化器　基本结构如图 6-3-4 所示,其主体是一个压力容器,经过滤、减压处理后的 CO_2 气体恒定地向压力容器输入,容器内 CO_2 的压力控制在 0.4～0.6 MPa。容器内部有多组圆盘,当水流过圆盘时,形成薄层,使充满在容器中的 CO_2 与水充分接触,可以延长水在 CO_2 气体中的停留时间,又扩大了接触面积,在水流动过程中完成碳酸化。碳酸水由碳酸化器的底部出口流出,被送往灌装机。

(2)喷雾式碳酸化器　基本结构如图 6-3-5 所示,主要由双作用式活塞泵、碳酸化罐、机座和管道组成。在工作时,CO_2 充满罐内,活塞泵将水泵入碳酸化罐中央的竖管,形成高压水,通过喷雾器将水喷成小水滴,在 CO_2 气体中落下,与 CO_2 气体充分接触,形成碳酸水。其特点是管道密封好,便于拆装及清洗,结构简单,混合效果好。

(3)喷射式碳酸化器　基本结构如图 6-3-6 所示,是一种高效气液混合设备,其主要构件是文丘里管,见图 6-3-7。其工作原理是处理水经过加压后进入流体通道,当水流至收缩的喷嘴处时,流速增加。随水流增加,水的内部压力迅速下降,形成低压区,不断吸收 CO_2。当水离开喷嘴时,周围的环境压力与水的内部压力形成较大的压差。为了维持平衡,水会爆裂成细小的水滴,同时,水与气体间有很大的相对速度,使水滴变得更加细微,增加水与 CO_2 的接触面积,提高了混合效果。

(三)等压灌装机

食品工业中有很多含气饮料,如各种汽水、汽酒、香槟酒、矿泉水、啤酒等。这类含气饮料其

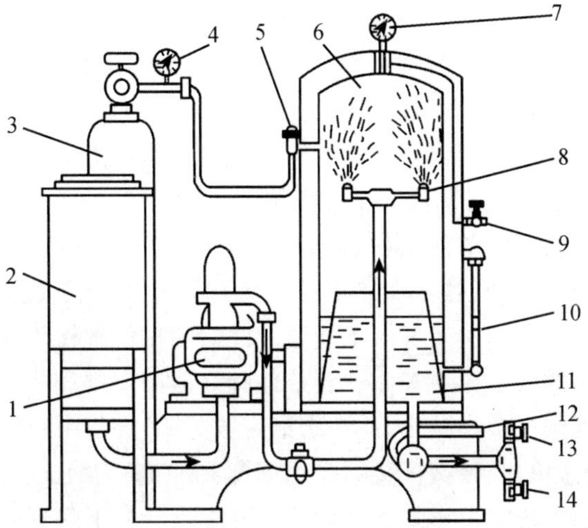

1. 双缸活塞泵　2. 贮水缸　3. 二氧化碳钢瓶　4. 压力表　5. 止逆阀　6. 碳酸化罐　7. 压力表　8. 喷嘴　9. 入气阀　10. 液位显示控制器　11. 碳酸水　12. 接安全阀　13. 放碳酸水截止阀　14. 排放阀

图 6-3-5　喷雾式碳酸化器结构

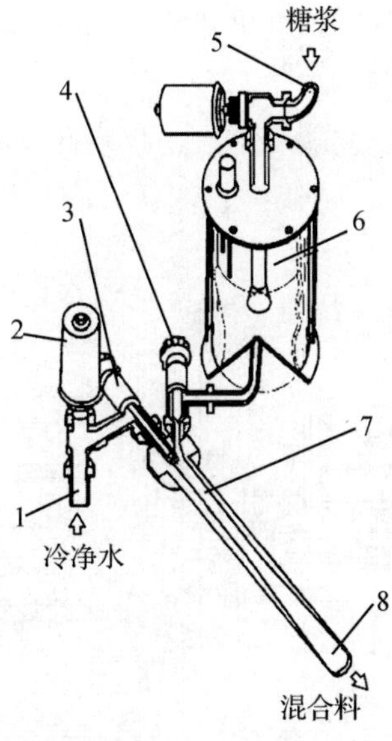

1. 水进口
2. 压缩空气阀
3. 节流阀（调节水量）
4. 调节阀（调节贮浆）
5. 糖浆进口
6. 平衡量
7. 文丘里管
8. 喷嘴

图 6-3-6　喷射式碳酸化器结构

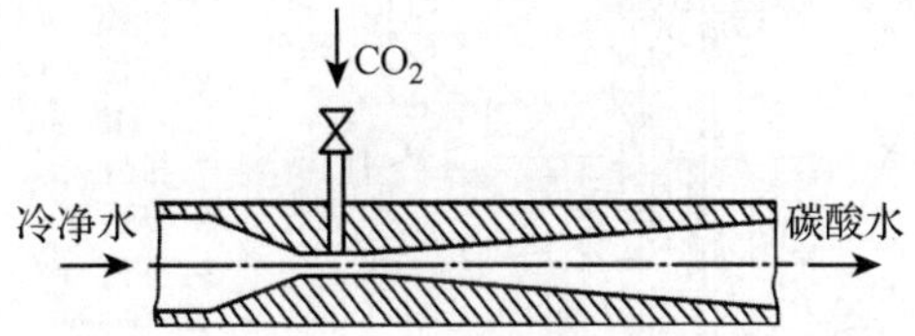

图 6-3-7　文丘里管结构

生产过程是在一定温度和压力工艺操作条件下，通入二氧化碳气体（啤酒在发酵过程中生成二氧化碳），使 CO_2 溶于液体达到饱和溶解状态。因此，在灌装过程中，必须避免液料中的二氧化碳逸出，所以，含气饮料采用常压和负压灌装法都不适宜，应采取在容器中预加压力使之与气体相应的饱和溶解压力相等再进行灌装，即等压灌装法。也即进行含气饮料灌装时，要先建立起液缸和容器之间相等的压力（饮料中气体溶解饱和压力），再进行灌装。

图 6-3-8 为等压灌装装置，其基本工作程序是：初始时气阀 1 及注液阀 2 在弹簧、储液箱压力及系统零件重力的作用下处于关闭状态。在装料机做装料运转时，装料瓶罐在瓶托升降机构作用下上升，先受到灌装阀前端的定位密封碗罩 6 作用而就位，而后瓶口顶着定位密封碗罩 6 沿

其导柱 10 一起上升，当定位密封碗罩上部的凸台碰压到开启气阀用的下端顶杆 9 后，则同时推动顶杆 9 一起向上运动，直到瓶口与装料器构成密封时，气阀 1 被顶杆 15 带着向上升而开启，从储液箱向装料瓶注入压力气体，造成两者间的等压状态。由于瓶内压力的加大，注液阀 2 受到向上的作用力向上运动，从而开启，向装料瓶中灌注含气饮料，液料沿阀芯经导流锥 8 沿瓶壁流下，瓶中压力气体则顺着气流通道排回储液箱。当装料瓶中所灌注的液位高度浸没气流通道入口时，由注液阀 2 再灌注入装料瓶中的液料按连通作用原理顺气流通道升高。此时按装液程序要求设计配置的第一组碰块碰触关阀柱 3，促使其推开处在顶杆 9 上、下段间的小球，气阀在系统自重力及推杆中弹簧力作用下下降，关闭气阀 1 通道。此后随排气触柱 4 受到第二组磁块碰撞，开启排气通道，排出装料瓶中的残留压力气体。调节针阀 5 能调节排气速度和时间，使瓶内残留压力下降，瓶内作用于注液阀的平衡力减小，注液阀最后被关闭，气道中液料流入瓶中，液料灌注工作完成。各触柱先后脱离碰块，受弹簧恢复力作用恢复到原态。当已完成装料的瓶由升降机构推动瓶托下降时，灌装阀前端的定位密封碗罩装置也随之沿导柱下降到原来的位置。

（四）封口机

1. 压盖封口机

皇冠盖压盖封口机如图 6-3-9 所示，由皇冠盖的压盖机主体、压盖机头、瓶盖供送装置（常采用自动料斗）、进瓶装置、出瓶装置等组成。压盖封口机械可单独使用，也可与灌装机组合成一体构成联合机组应用。

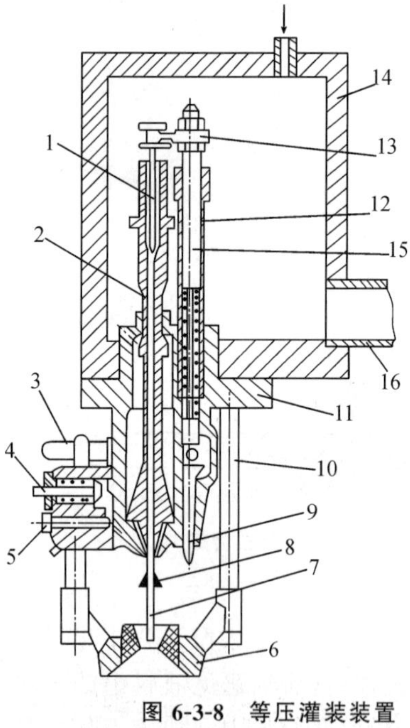

1. 气阀
2. 注液阀
3. 关阀柱
4. 排气触柱
5. 针阀
6. 定位密封碗罩
7. 排气管
8. 导流锥
9. 顶杆
10. 导柱
11. 阀座
12. 导套
13. 连杆
14. 储液箱
15. 顶杆
16. 进液管

图 6-3-8 等压灌装装置

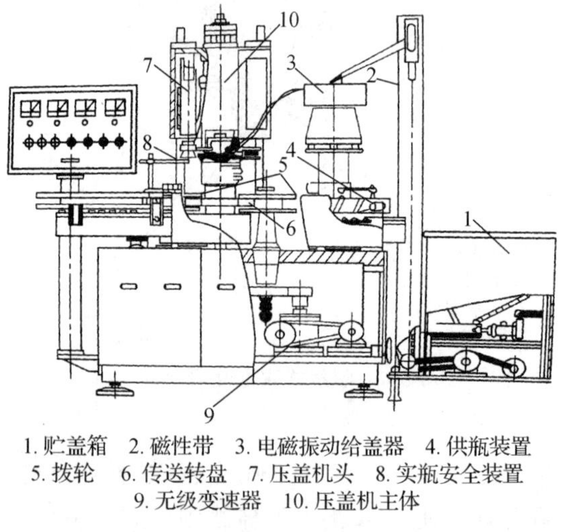

1. 贮盖箱 2. 磁性带 3. 电磁振动给盖器 4. 供瓶装置 5. 拨轮 6. 传送转盘 7. 压盖机头 8. 实瓶安全装置 9. 无级变速器 10. 压盖机主体

图 6-3-9 皇冠盖压盖封口机

压盖机主体结构如图 6-3-10 所示，压盖凸轮为圆柱凸轮，固定安装在心轴上部，压盖机头的滚轮沿凸轮槽运动。为适应不同高度规格瓶子的压盖封口，在心轴上设置有螺旋升降调节机构。调节时，转动手轮轴，通过调高圆锥齿轮带动调节螺母转动，使心轴做轴向移动，从而带动压盖凸轮、压盖机头滑座轴向移动，实现滑座和传动转盘之间的相对位移。空心支承轴通过轴承支承在机座上，由驱动装置通过齿轮带动在空心支承轴上的瓶子传送转盘及压盖机头滑座转动，压盖机头上的滚轮沿着压盖凸轮槽滚转，受压盖凸轮槽的约束，促使压盖机头做升、降运动，完成压盖封口作业。

压盖机头有多种结构形式，图 6-3-11 所示为其中的一种。整个压盖机头以滑动配合安装在压盖机主体的滑座上，用滑键进行周向定位，随空心支承轴一起转动，进行压盖作业。

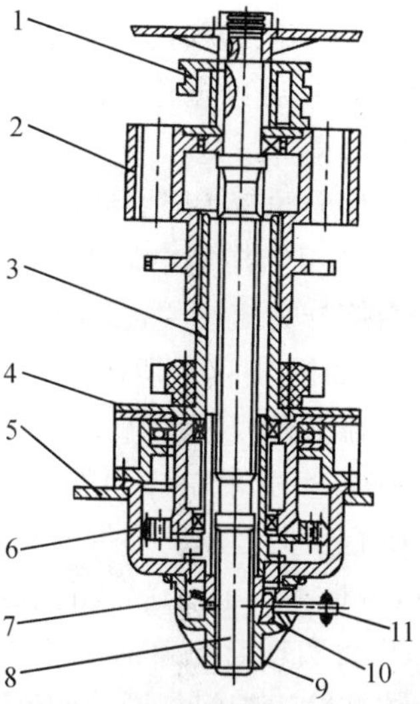

1. 压盖凸轮 2. 压盖机头滑座 3. 空心支承轴 4. 传送转盘 5. 机座箱体 6. 驱动齿轮 7、10. 调高圆锥齿轮 8. 心轴 9. 锁紧螺母 11. 手轮轴

图 6-3-10 压盖机主体结构

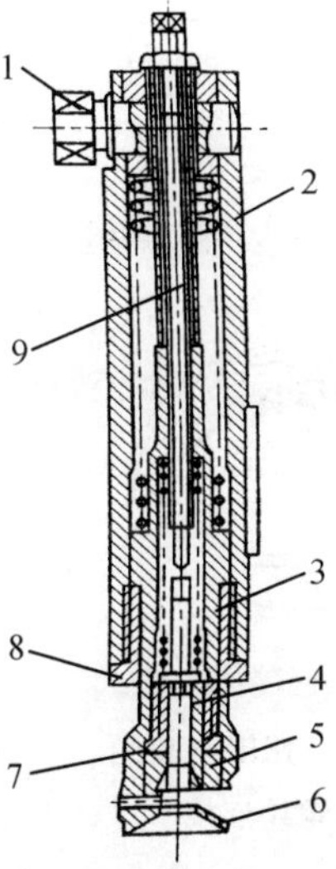

1. 滚轮 2. 空心导柱 3. 导套 4. 压盖心杆 5. 压盖模 6. 对中罩 7. 内螺纹套筒 8. 外螺纹套筒 9. 调节杆

图 6-3-11 压盖机头结构

压盖机头工作时，瓶盖由供盖装置送入压盖机头导槽内，由压盖芯杆上的磁铁吸住瓶盖定位，对中罩使瓶嘴与压盖机头对中，并将瓶盖加到瓶口上。压盖机头受压盖凸轮槽控制向下进行，使压盖心杆压住瓶盖，并向上压缩小弹簧，使压盖力增大，迫使盖与瓶嘴间密封垫产生挤压变形。与此同时，压盖模对盖的裙边进行挤压，迫使裙边向瓶子封口凸缘下压紧，产生塑性变形，形成机械性勾连。最后压盖滚轮沿压盖凸轮轨道向上运动，在弹簧作用下，压盖模与盖分离，压盖机头升起，瓶子由拨轮排出，完成压盖作业。

压盖封口机压盖过程如图 6-3-12 所示，贮盖箱内的皇冠盖被磁性带吸住，提升至顶部后，使皇冠盖落入电磁振动给盖器内。皇冠盖由电磁振动给盖器送出，经过料斗定向后，通过送盖滑槽送至压盖模处，被压盖芯杆中的磁铁吸住，同时，拨轮将瓶子拨入传送转盘内，使瓶子随传动转盘和压盖机头滑座同步转动。压盖心杆随即下降，皇冠盖在压盖模作用下被压向瓶嘴挤压变形，实现封口。最后，压盖心杆上升，被封口的瓶子退出，压盖机等待下一个瓶子进入。

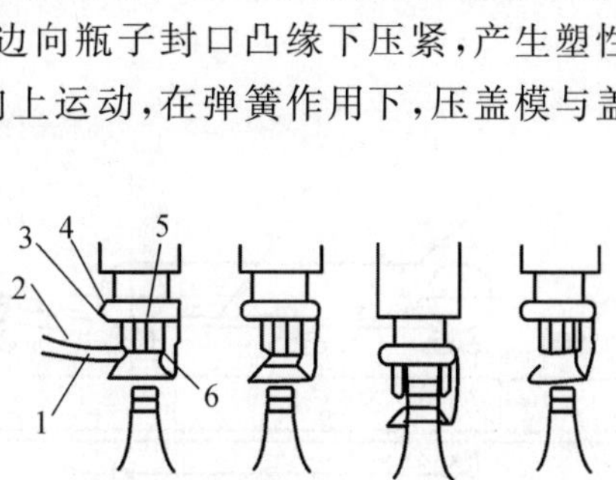

(a) 进盖 (b) 对中 (c) 压盖 (d) 出瓶

1. 皇冠盖 2. 送盖滑槽 3. 压盖模 4. 压头 5. 磁铁 6. 压盖心杆

图 6-3-12 压盖过程示意图

2. 旋盖封口机

瓶盖封口的瓶口外螺纹有单头和多头。单头螺纹常用于小口径的瓶罐，其螺纹螺距较小，

瓶罐口上螺纹多为 2～3 圈，因螺旋的升角小，具有良好的自锁性能。为使封口密封，瓶盖内用橡胶作为密封衬垫。旋紧瓶盖时，密封衬垫发生弹性形变，从而达到气密性要求。

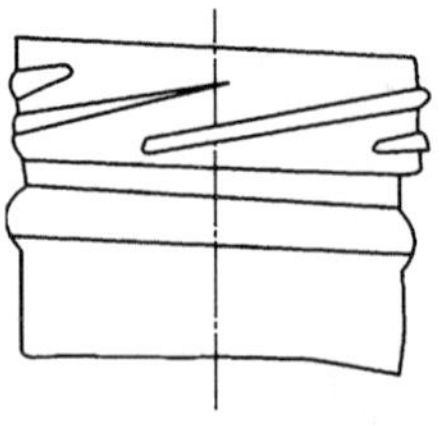

（a）瓶罐口多头外螺纹结构

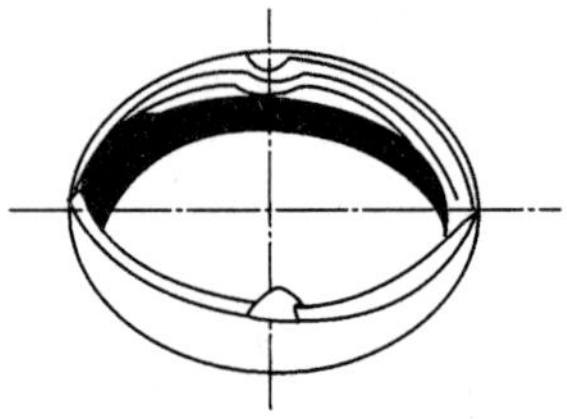

（b）螺旋盖结构

图 6-3-13　瓶罐与盖的多头螺纹连接

多头螺纹螺距较大，每道螺纹段长度约为整圈螺纹的 1/3 或 1/4，上盖与瓶罐开启迅速、方便。与多头螺纹瓶罐口相配的盖子做成与外螺纹头数相等的凸爪。旋盖时，凸爪沿瓶罐上封口外螺纹线前进而旋紧。它广泛用于玻璃、塑料瓶罐食品的封口，这种封口具有启封方便和启封后可再盖封的优点。瓶罐多头螺纹连接结构如图 6-3-13 所示。

对于小口径旋盖，由于螺旋升角较小，达到同样密封程度所需要的旋拧力矩也较小，通常采用结构简单的直接摩擦旋拧机构。而对于大口径旋盖，所需旋拧力矩较大，多采用拧手机构。

（1）直线行进式旋盖机　如图 6-3-14 所示，实瓶由输送带送进，旋盖由自动料斗送至送盖滑槽，在滑槽的端头有弹性定位夹持器夹持定位瓶盖，当料瓶送达时，瓶口碰到盖而自动套在瓶口上，实瓶继续行进至两条平行反向运动的皮带中间，使瓶体在行进中自转。瓶盖上方的压盖板和压盖输送带阻止瓶盖随瓶体转动而使瓶盖被轴向送进，从而实现瓶与盖的旋拧作业。当旋拧达到封口密封要求时，瓶体在输送带间打滑，以保障旋拧安全可靠。

（2）爪式旋盖封口机　爪式旋盖封口机的封口执行机构是三爪式旋盖机头，如图 6-3-15 所示。当瓶盖从料斗到达旋盖头下方时，首先压入弹簧 1 和三个爪组成的爪头 2 内，然后将灌有

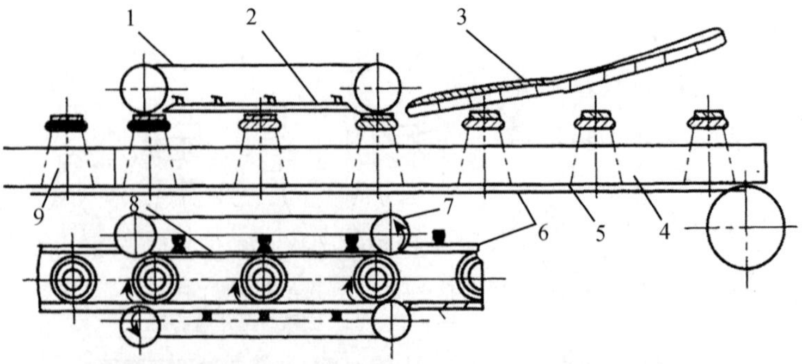

1. 压盖输送带　2. 压盖板　3. 送盖滑槽　4. 上侧板　5. 托板
6、8. 侧导板　7. 旋瓶皮带　9. 瓶子

图 6-3-14　直线行进式旋盖机

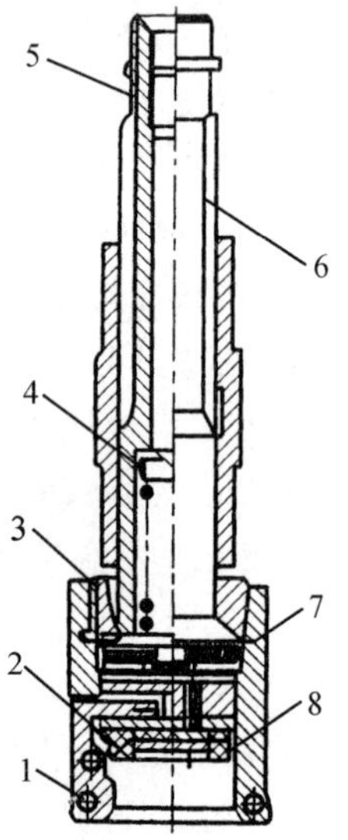

1、4. 弹簧　2. 爪头　3.球铰
5.调节螺钉　6. 传动轴
7.摩擦片　8.橡皮头

图 6-3-15　三爪式旋盖机头

食品的瓶子送到旋盖下同一中心线位置并被夹紧，传动轴下降，通过弹簧 4、球铰 3、摩擦片 7，使橡皮头紧压在瓶盖上。传动轴旋转并靠摩擦力将瓶盖旋紧在瓶口的螺纹上，达到一定的旋紧力后再旋转，则摩擦片打滑，从而防止因旋紧力过大把瓶盖拧坏。转动调节螺钉可调节旋盖头位置的高低，以适应不同高度的瓶子。

技术应用

实验实训　全自动洗瓶机的观察和维护

一、目的要求

通过实验掌握瓶罐清洗机械的结构，理解瓶罐清洗机械的清洗原理，了解瓶罐清洗机械的操作方法以及基本维护知识。

二、设备与工具

全自动洗瓶机 1 台；需清洗的瓶子若干。

三、实训内容和方法步骤

（一）观察

（1）观察全自动洗瓶机的整体结构。

（2）观察全自动洗瓶机的进出口位置，在老师指导下观察全自动洗瓶机预浸泡、洗液浸泡、洗液喷射、热水喷射、温水喷射、冷水喷射及净水喷射等区域的位置及运行次数。

（3）接通电源，并进行试运转。

（4）运转正常后，把要清洗的瓶子由进瓶台送入上瓶装置，观察上瓶装置中瓶托与瓶套的规格形式并理解其进出瓶原理，总结出瓶子先后经过的工序，每道工序的作用是什么。

（5）观察并记录瓶子进出数量、时间间隔，以及瓶子在各浸泡槽及喷射区停留时间和水温情况。

（6）观察并比较进出口处瓶子的洁净程度。

（二）维护保养

（1）洗瓶机在运行期间应注意观察，一旦发现不正常情况立即处理；套筒滚子链、进瓶系统、出瓶系统、回程装置的轴承，每班加润滑脂一次；链盒驱动轴、万向联轴节等每两班加润滑脂一次；各变速箱每季度检查润滑情况一次；每月刷洗喷管，疏通喷嘴，矫正喷嘴位置；每季度对加热器用高压水喷洗一次，对蒸汽管路上污物过滤器和液位探测器清洗一次；每半年检查各种链条张紧器，并及时调整。

（2）要经常注意观察各部位动作是否同步，有无异常响声，各处紧固件是否松脱，液温和液位是否符合要求，水压、气压是否正常，喷嘴及滤网有否堵塞及清洁与否，轴承温度是否正常，润滑是否良好。一旦发现不正常情况，应及时处理。

（3）应根据气温调节浸瓶温，浸瓶的升降温应平稳，液温与瓶温的温差不要超过 35℃，以防止瓶爆裂。碱性洗涤液的浸泡温度应控制在65～70℃，不要低于55℃，碱水喷洗的温度不超过85℃。每隔2 h左右测碱液浓度1次，使洗涤液浓度保持稳定。

四、实训报告

(1)实训报告版面布局合理整洁、叙述严谨、文理通顺、书写简洁、符号标准、图表规范。

(2)对观察到的设备进行分析描述，可用文字描述，也可绘图表示。

(3)写出本次实训的心得体会，以及改进的建议。

(4)独立完成实训报告，无抄袭现象。

思政小课堂

小饮料、大市场、新突破

近几年，食品饮料行业的消费投融资事件集中爆发，茶饮、气泡水、运动饮料等多个细分市场都有新动态。

如今，饮品饮料行业求同存异，朝着更新潮、更健康、更高品质的方向发展，力图抓住年轻消费者的心。有的品牌上市杀入创投圈，有的品牌变更赛道准备新突破，有的品牌则落地打造新消费模式……饮品饮料行业迎来众多消费大爆发，创新的优秀品牌正在向市值千亿元的消费品巨头迈进，它们也将成为城市发展的新动能。

求变是众多品牌商家探索的道路，而创新则是亘古不变的主旋律。饮料是一种全球性的消费品，人们对不同口味、种类和健康选择的需求不断增加。所以，我们一定要有不断创新的意识，通过改进和创新饮料设备，可以满足消费者对多样化、个性化饮料的需求，提高生产效率和质量，减少环境负担，增强用户体验，同时为品牌带来市场竞争优势。

思考与练习

1. 简述离心泵的操作方法和注意事项。
2. 简述反渗透设备的工作原理和操作方法。
3. 试述对洗瓶洗涤剂的要求。
4. 对比不同过滤方式的优缺点及适用范围。
5. 二氧化碳在碳酸饮料中有何作用？二氧化碳在水中的溶解量受哪些因素的制约？
6. 在碳酸饮料生产中，制备调和糖浆应怎样加入原辅料？
7. 写出一次、二次灌装法生产汽水的工艺流程，指出配制调味糖浆时的物料加入顺序，并比较优缺点。
8. 试述影响碳酸化效果的因素。

项目7

其他食品生产加工机械与设备

学习目标

知识目标

- 了解各种食品输送、分级分选、分离、制冷机械与设备的工作过程。
- 掌握各种食品输送、分级分选、分离、制冷机械与设备的基本结构及其工作原理。

能力目标

- 能正确进行食品输送、分级分选、分离、制冷机械设备的选型。
- 能对各种食品输送、分级分选、分离、制冷机械设备进行日常维护。

素质目标

- 能够坚持科学严谨的态度与良好的职业道德。
- 具有较强的质量安全和环保意识。
- 具有认真细致、好学敬业的精神。

项目概述

由于食品种类繁多,食品加工中也经常用到一些通用机械设备如输送设备、分级分选设备、制冷设备等,本项目主要介绍这些常用食品生产加工机械与设备的种类、作用、工作原理,并使学生熟悉其使用与维护方法。

知识导图

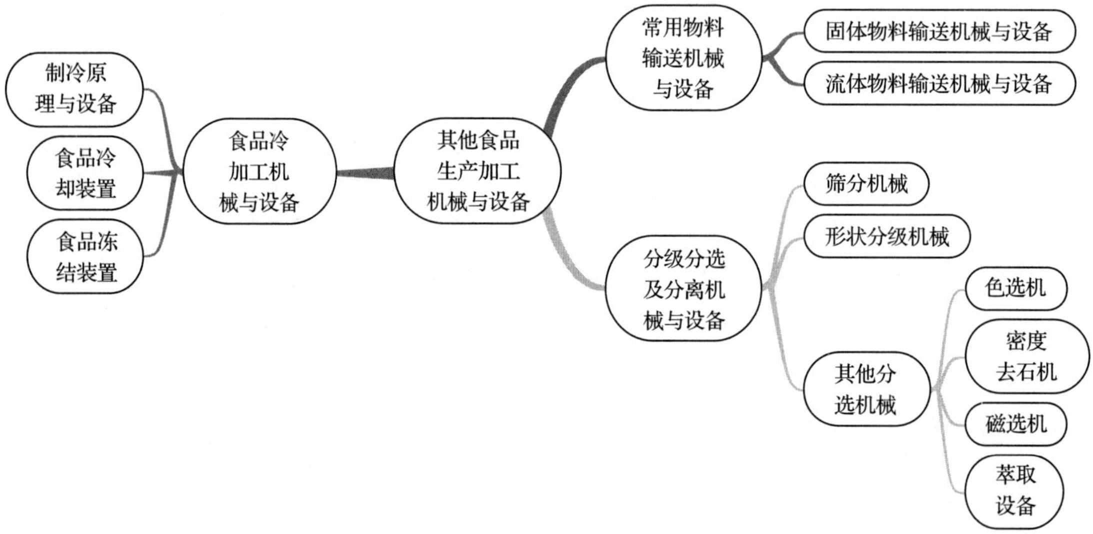

任务 7-1　常用物料输送机械与设备

技术知识

在食品生产过程中，从原料进厂到成品出厂，以及生产单元各工序间，均有大量的物料需要输送，常采用各种输送机械来完成物料的输送任务。所以，合理地选择和使用输送机械，对生产的连续性，提高生产率和产品质量，减轻工人劳动强度等都有着重要意义。尤其是采用了先进的技术设备和实现单机自动化后，更需要将单机之间有机地衔接起来，组成自动流水线，特别是大工业规模化生产情况下，输送机械与设备就更必不可少。

在食品加工过程中所要输送的物料种类繁多，而各物料的性质差异很大，所以，输送机械的选用要根据物料来确定。一般按其工作原理，输送机械可分为连续式输送机械和间歇式输送机械两大类，按所输送物料的状态可分为固态物料输送设备和流体物料输送设备。

一、固体物料输送机械与设备

食品工厂中，固体物料可能以个体（如箱、袋、瓶、罐）或群体（如粉、粒）形式进行输送。在输送过程中应能够保持自身稳定的形状，在一定的压力下可不致造成破损，但过大的压力可能会对物料造成损害。目前输送固体物料时，可选用各种形式的带式输送机、斗式提升机、螺旋输送机、振动输送机或气力输送装置等输送机械与设备。

（一）带式输送机

带式输送机是食品工厂中使用最广泛的一种固体物料连续输送机械。它常用于在水平方向或倾斜度不大（$<25°$）的方向上对物料进行传送，也可兼作选择检查、清洗或预处理、装填、成品包装入库等工段的操作台。适合于输送密度为$(0.5\sim2.5)\times10^3$ kg/m^3 的块状、颗粒状、粉状物料，也可输送成件物品。

学习视频 20
带式输送机

带式输送机具有工作速度范围广（输送速度为 0.02～4.00 m/s）、输送距离长、运输量大、生产效率高、输送中不损伤物料、所需动力不大、工作连续平稳、结构简单可靠、使用方便、维护检修容易、无噪声、能够在全机身中任何地方进行装料和卸料等特点。主要缺点是倾斜角度不宜太大，不密闭轻质粉状物料在输送过程中易飞扬等。

带式输送机的带速视其用途和工艺要求而定，用于输送时一般取 0.8～2.5 m/s，用于检查性运送时取 0.05～0.1 m/s。在特殊情况时按特定要求选用，如在饼干烘炉中使用的输送带，其带速应根据饼干的品种、厚薄及炉长等情况具体决定。通常饼干烘炉的输送带都配有无级变速传动装置，以适应不同饼干所需的不同输送速度。

1. 结构和工作原理

带式输送机是用一根闭合环形输送带作牵引及承载构件，将其绕过并张紧于前、后两滚筒上，依靠输送带与驱动滚筒间的摩擦力使输送带产生连续运动，依靠输送带与物料间的摩擦力使物料随输送带一起运行，从而完成输送物料的任务。

带式输送机的结构如图 7-1-1 所示，主要组成部件有张紧滚筒、张紧装置、装料漏斗、改向滚筒、支撑托辊、封闭环形带、卸载装置、驱动滚筒及驱动装置。

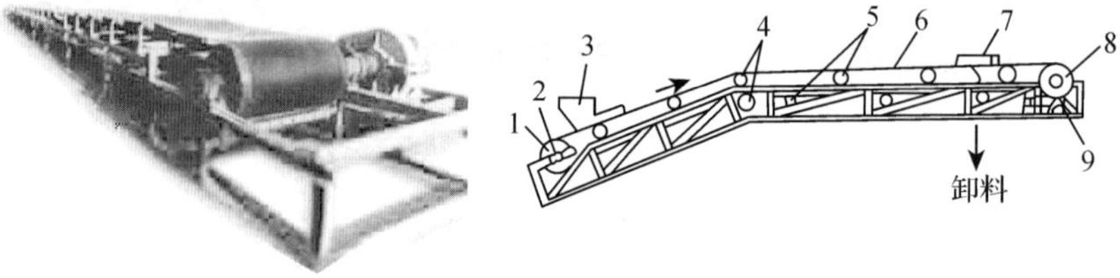

1. 张紧滚筒 2. 张紧装置 3. 装料漏斗 4. 改向滚筒 5. 支撑托辊
6. 封闭环形带 7. 卸载装置 8. 驱动滚筒 9. 驱动装置

图 7-1-1 带式输送机结构

(1)输送带 作为具有牵引和承载功能的构件,输送带应具有强度高、挠性好、质量轻、延伸率小、吸水性小、耐磨性好的特点。食品工业常用的输送带有橡胶带、纤维编织带、网状钢丝带及塑料带。其中,橡胶带为纤维织品与橡胶构成的复合结构,上下两面为橡胶层,耐磨损,具有良好的摩擦性能,并可防止介质的侵蚀。其工作表面有平面和花纹两种,后者适宜于内摩擦力较小的光滑颗粒物料的输送。食品工业中还常采用不锈钢丝网带,其强度高、耐高温、耐腐蚀,适用于边输送、边清洗、沥水、炸制、通风冻结、干燥的场合。塑料带耐磨、耐酸碱、耐油、耐腐蚀,适用温度变化范围大,一般有单层和多层结构,其中多层结构塑料带与普通型橡胶带相似。

(2)驱动装置 包括电动机、减速器、驱动滚筒,在倾斜式输送机上还设有制动装置。驱动滚筒是传递动力的主要部件,一般为空心结构,其长度略大于带宽。驱动滚筒呈鼓形结构,即中部直径稍大,用于自动纠正输送带的跑偏。

(3)托辊 用于承托输送带及其上面的物料,避免作业时输送带产生过大的挠曲变形。托辊分为上托辊(载运托辊)和下托辊(空载托辊)两种。上托辊又有单辊式和多辊组合式,又有平直托辊和槽形托辊之分,见图 7-1-2。平面单辊式支撑的输送带表面平直,物料运送量较少,适合运输成件物品,便于在运输带中间部位卸料。多辊组合式支撑使输送带弯曲呈槽形,运输量大、生产率高,适合运送颗粒状物料,但输送带易磨损。对于较长的胶带输送机,为有效防止胶带跑偏,每隔 5～6 组托辊须安装一个两边有挡板的调整托辊,这种托辊在横向能摆动,如图 7-1-3 所示。定型的托辊总长度应比带宽 100～200 mm,直径采用 Φ89 mm、Φ108 mm、Φ159 mm 几种。下托辊只起承托运输带的作用,多为平面单辊。

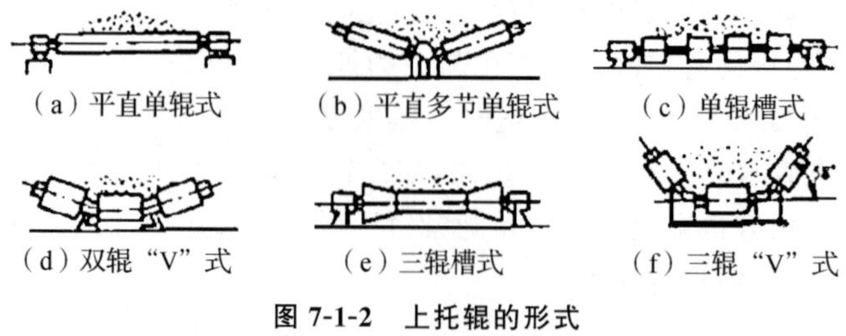

图 7-1-2 上托辊的形式

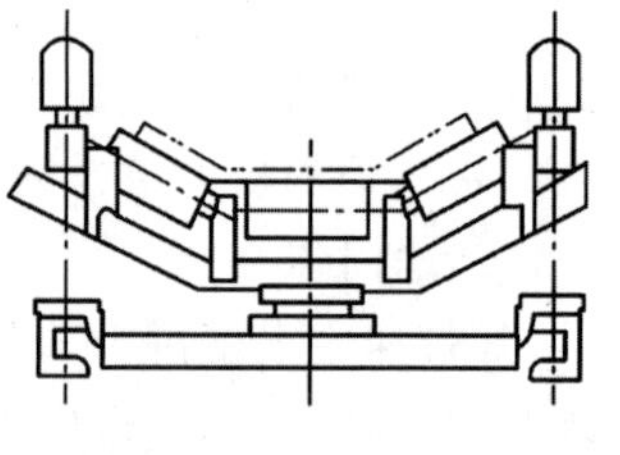

图 7-1-3 调整托辊

托辊的间距和直径与带的种类、带宽及被输送物料的性质和重量等有关。一般上托辊间距可取 250 mm 或 500 mm,下托辊间距为上托辊间距的 2 倍。物料重时,间距应小,当物料为大于 20 kg 的成件物品时,间距应小于物品在输送方向上长度的一半,以保证物品同时有两个以上的托辊支承。物料比较轻时,间距可取 1～2 m。

（4）张紧装置　在带式输送机中，由于输送带具有一定的延伸率，在拉力作用下，本身长度会增大。这个增加的长度需要得到补偿，否则带与驱动滚筒间不能紧密接触而打滑，使输送带无法正常运转。张紧装置的作用是保证输送带具有足够的张力，以便使输送带和驱动滚筒间产生必要的摩擦力以保证输送机正常运转。常用的张紧装置有重锤式、螺旋式和压力弹簧式等，如图 7-1-4 所示。对于输送距离较短的输送机，张紧装置可直接装在输送带从动辊筒的支承轴上，而对于较长的输送机则需设专用的张紧辊。

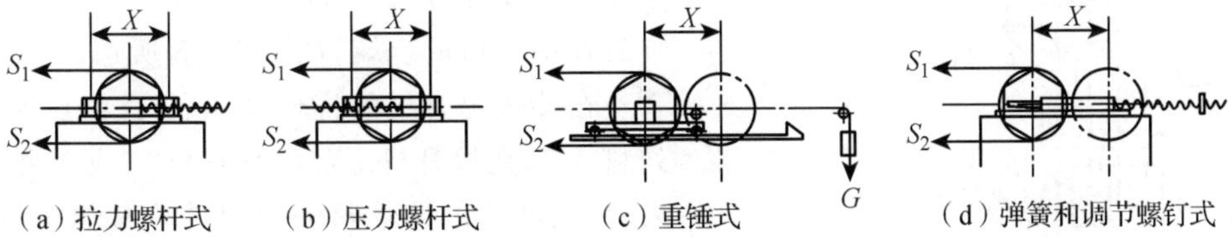

（a）拉力螺杆式　（b）压力螺杆式　（c）重锤式　（d）弹簧和调节螺钉式

图 7-1-4　张紧装置形式

2. 操作要点及注意事项

带式输送机在操作时应遵循“空载启动、空载停车”的原则，即在输送带上无物料的情况下启动，待输送机运行正常后再进料，输送机停机前必须先停止进料且将输送带上的物料全部卸净。除此之外还应注意以下问题：

（1）开机前的检查　开机前应检查输送带的松紧程度，以免出现输送带下垂、打滑空转或拉断等现象。可通过张紧装置调节输送机的松紧。

（2）工作中的检查　工作时，应经常检查托辊的工作情况。如托辊有不转动的情况，将导致运行阻力增大、输送带严重磨损。

（3）进料中的注意事项　进料时必须保持均匀进料，且应尽可能使物料进至输送带的中间位置。否则，会造成超载、输送量减小或偏载现象。

（4）输送机的联合工作　当多台输送机联合工作时，开机应从卸料端开始起动，停机时应先停止进料，对进料端输送机先进行关机，然后逐一停机。

（5）输送轻质粉状物料　要尽力减少粉尘飞扬，并要注意传动部件的密封。既要防止粉尘侵入转动部位，又要防止润滑油的流出而污染物料。

（6）输送带的保养　应注意输送带的保养，严禁其与汽油、柴油、机油等腐蚀性物质与橡胶带接触，经常检查清除表面黏附物。

（7）定期润滑转动构件　注意定期对驱动轮、张紧轮等转动构件加注润滑油。

（8）定期检修输送机　应定期对输送机进行检修，发现问题及时处理，以保证其使用寿命。

（9）输送机的保管　输送机应注意保管，避免日晒夜露和雨淋，防止腐蚀和生锈。如长期不使用，应放松输送带，入库保存。

（二）斗式提升机

在食品连续化生产中，有时需要在不同的高度装运物料，如将物料由一个工序提升到在不同高度上的下一工序，也就是说需将物料沿垂直方向或接近于垂直方向进行输送，此时常采用斗式提升机。如酿造食品厂输送豆粕和散装粉料，罐头食品厂把蘑菇从料槽升送到预煮机，在番茄、柑、橙制品生产线上也常采用。在带或链等挠性牵引件上，均匀地安装着若干料

学习视频 21
斗式提升机

斗用来连续运送物料的运输设备称为斗式提升机。斗式提升机主要用于垂直连续输送散状物料。其优点是结构简单，占地面积小，提升高度大。一般提升高度 12～20 m，最高可达 30～60 m，密封性好，不易产生粉尘等；缺点是料斗和牵引件易磨损，对过载的敏感性大。

1. 构造和工作原理

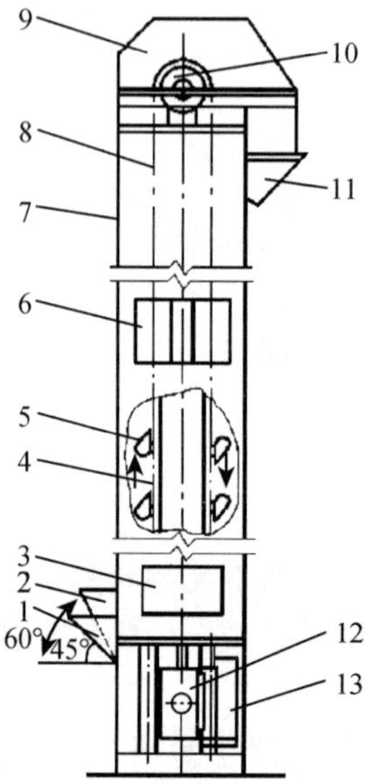

1. 低位装料口
2. 高位装料口
3、6、13. 孔口
4、8. 牵引件
5. 料斗
7. 外壳
9. 头罩
10. 传动滚筒
11. 卸料口
12. 张紧装置

图 7-1-5 斗式提升机结构

斗式提升机主要由牵引件、传动滚筒、张紧装置、料斗、加料及卸料装置和驱动装置等组成。整个装置封闭在金属外壳内，一般传动滚筒和驱动装置放在提升机的上端，如图 7-1-5 所示。

在斗式提升机的挠性牵引件 4、8 上装着一系列料斗 5，在提升机下部的加料口 1(或 2)将物料加入料斗，料斗内的物料随牵引件连续向上移动，在转过传动滚筒 10 的顶端后，由于料斗的翻转，将物料从卸料口 11 卸出。

为适应不同性质物料的输送要求，料斗可制成深斗和浅斗两种。深斗适宜输送干燥、松散及流动性好的物料，浅斗用于输送潮湿及流动性较差的物料。目前国内通用斗式提升机已有专用料斗，并已系列化。

斗式提升机的牵引件有胶带和链条两种。胶带牵引件适合生产能力不大，中等提升高度，磨蚀性小的粉状及小颗粒物料的运输。链式牵引件常用板链及环链，适合生产能力及提升高度较大、物料温度较高的场合。

2. 装料与卸料方式

(1)装料　斗式提升机的装料方式有掏取法和灌入法两种，如图 7-1-6 所示。

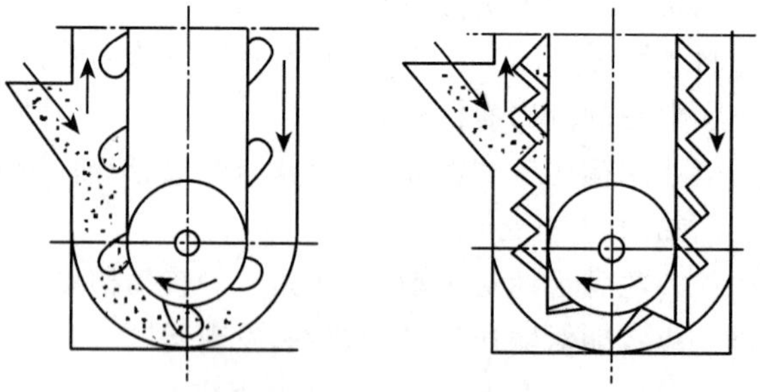

(a) 掏取法　　(b) 灌入法

图 7-1-6 斗式提升机的装料方式

①掏取法　物料加到提升机底部，被运转着的料斗直接挖取而提升。这种装料方法适合磨蚀性小的粉状物料。其运行阻力较小，故料斗的速度较高，为 0.8～2 m/s。

②灌入法　物料直接由装料口加到运行的料斗中，这种装料法适用于料块较大及磨蚀性较大的物料，料斗是密接布置的，其速度较低，一般低于 1 m/s。

(2)卸料　斗式提升机的卸料方式有离心式、离心重力式及重力式三种，如图 7-1-7 所示。

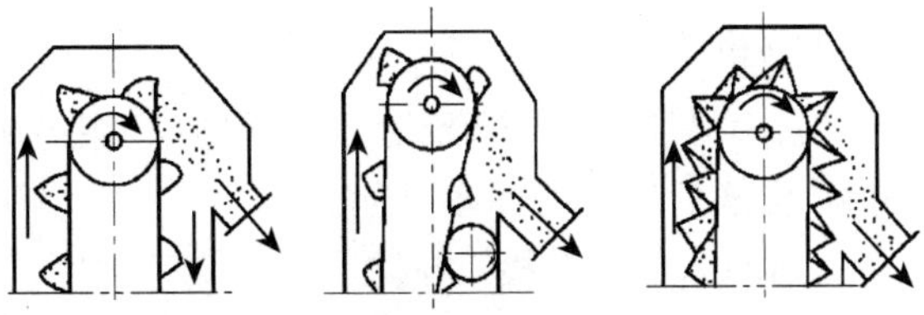

(a) 离心式　　(b) 离心重力式　　(c) 重力式

图 7-1-7　斗式提升机的卸料方式

离心式卸料是利用离心力将物料从卸料口卸出，物料的提升速度高，通常为 1～2 m/s，离心卸料要求料斗间的距离要大些，以免砸伤料斗，此种卸料方式适用于粒度较小、流动性好、磨蚀性小的物料。

离心重力式卸料是利用离心力和重力的双重作用卸料，物料的提升速度为 0.6～0.8 m/s，这种卸料方式适用于流动性不太好的粉状料及潮湿物料。

重力式卸料是依靠物料本身的自重卸料。物料的提升速度较低，通常为 0.4～0.6 m/s，重力卸料时物料是沿前一个料斗的背部落下，所以料斗要紧密相接。这种卸料方式适宜提升块度较大，磨蚀性强及易碎的物料。

3. 斗式提升机生产能力的计算

斗式提升机的生产能力可按下式计算：

$$Q=3\ 600(i/a)v\rho\Phi$$

式中，Q—斗式提升机的生产能力，t/h；

i—料斗容积，m^3；

a—相邻两料斗中心距，一般可取 $a=2.3\sim3.0\ h$，连续布置的料斗取 $a=h$（h 为料斗的深度），m；

v—牵引件（带子或链条）的线速度，m/s；

ρ—物料的堆积密度，t/m^3；

Φ—料斗的充填系数，决定于物料种类、性状及充填方法，可解释为料斗的实际平均装填容积与料斗理论容积的比值。对于粉状、细粒状干燥物料，$\Phi=0.75\sim0.95$；对于谷类物料，$\Phi=0.70\sim0.90$；对于水果类物料，$\Phi=0.50\sim0.70$。

4. 斗式提升机的操作维护

(1)操作时必须遵守“空载启动，空载停车”的原则。也就是先开机，待运转正常后，再给料；停车前应将机内的物料排空。

(2)开车前应做常规检查，即检查紧固件、安全防护及设备润滑情况等。

(3)工作时，进料应均匀，出料管应通畅，以免引起堵塞。如发生堵塞，应立即停止进料并停机，拉开机座插板，清除堵塞物（注意此时不能直接用手伸进底座）。

(4)正常工作时，料斗带应在机筒中间位置。如发现有跑偏现象或料斗带过松而引起料斗与机筒碰撞摩擦时，应及时通过张紧装置进行调整。

(5)严防大块异物进入机座，以免打坏料斗，影响提升机正常工作。输送没有经过初步清理的物料时，进料口应加设铁栅网，防止稻草、麦秆、绳子等纤维性杂质进入机座引起缠绕堵塞。

(6)在设备运行时还应注意以下问题：

①不定期调整机座张紧螺杆、张紧料斗带，消除料斗带跑偏、擦边现象。

②观察是否有异常响声，发现后应及时停车排除。

③检查轴承温度，如超过 40℃，应停车检查排除。

(7)如发生突然停机的情况，应先将机座内积存的物料排出后再开机。

(8)应定期检查提升机料斗带的张紧程度、料斗与料斗带的连接是否牢固。如发现松动、脱落、料斗歪斜和破损现象，应及时检修或更换，以免发生更严重的后果。每年大修应全面检查、紧固或更换零件。

(9)滚动轴承采用钙基润滑脂润滑。每月加换润滑油一次；每年大修时拆洗一次，并更换润滑油。

(10)如停工半个月以上，重新开机前应将机座活动门打开，清除机内存料后再开机。

(三)螺旋输送机

螺旋输送机俗称“绞龙”，是一种不带挠性牵引件的连续输送机械，它利用螺旋的转动将物料向前推移而完成物料的输送，主要适用于各种需密闭输送的松散粉状、粒状、小块状物料，多用于短距离的水平输送，如对面粉、谷物、水泥、砂、煤粉、小块煤、卵石等物料的输送。在输送过程中，还可对物料进行搅拌、混合、加热和冷却等操作。但不宜输送易变质、易碎、黏性大、易结块及大块的物料。

1. 结构和工作原理

螺旋输送机主要有料槽、输送螺旋轴和驱动装置组成，机长较长时应加中间吊挂轴承。如图 7-1-8 所示。

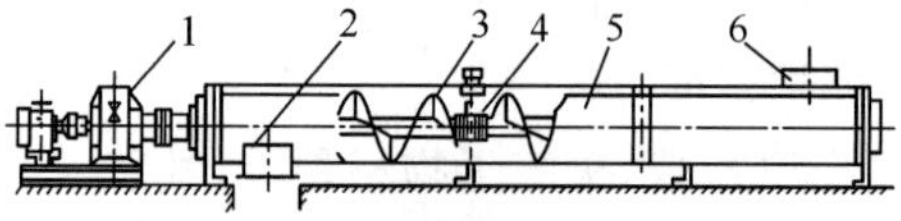

1. 驱动装置　2. 出料口　3. 螺旋轴　4. 中间吊挂轴承　5. 壳体　6. 进料口

图 7-1-8　螺旋输送机结构

螺旋输送机是利用旋转的螺旋轴，将物料在固定的机槽内推移而起到输送作用的。物料由于重力和摩擦力作用，在运动中不随螺旋轴一起旋转，而是以滑动形式沿着料槽由加料端向卸料端移动。

输送螺旋上焊有螺旋叶片，螺旋叶片的面形根据输送物料的不同有实体面形、带式面形和叶片面形等几种形式，如图 7-1-9 所示。螺旋有左旋和右旋之分，又有单线、双线和三线之分，一般多为单线右旋。

实体面形的螺旋叶片主要用于输送干燥、黏度小的小颗粒或粉状物料，其螺距为螺旋直径的 0.8 倍；带式面形的螺旋叶片主要用于输送块状或黏度中等的物料，其螺距等于螺旋直径；叶片面形的螺旋叶片主要用于输送韧性或可压缩性的物料，其螺距为螺旋直径的 1.2 倍，该种面形的螺旋叶片在输送物料的过程中还伴随有对物料的混合、搅拌作用。螺旋叶片是由厚4～10 mm的薄钢板冲压而成的，然后焊接或铆接到螺旋轴上。将螺旋叶片按一定螺距焊在螺旋轴上就形成了能完成物料输送任务的输送螺旋。螺旋轴有空心和实心之分，为减轻轴的重量，常采用空心轴。螺旋轴一般由2～4 m长的空心轴通过轴节段装配而成，连接时将轴节段插入空心轴的衬套内，用螺钉固定连接起来，如图7-1-10所示。在大型螺旋输送机上，常采用法兰连接方法，在螺旋轴端和连接轴端均焊有法兰盘，再用螺钉将法兰盘固定起来，如图7-1-11所示。

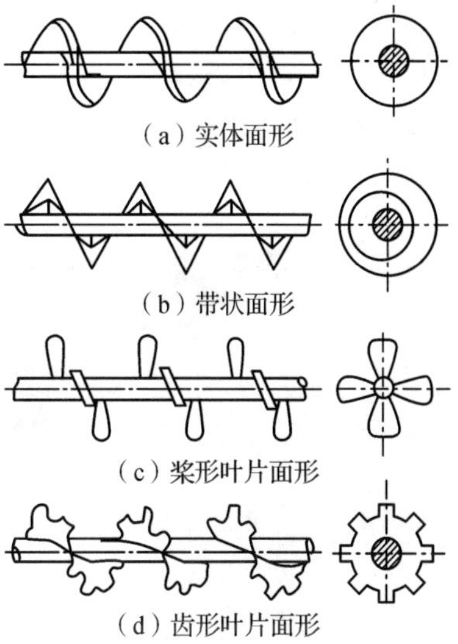

图7-1-9　螺旋形状

2. 操作要点及注意事项

(1)开车前应判明电机旋转方向是否符合工作要求；还应检查料槽内有无杂物，特别是中间悬挂轴承处的堵塞物，以免发生堵塞故障。

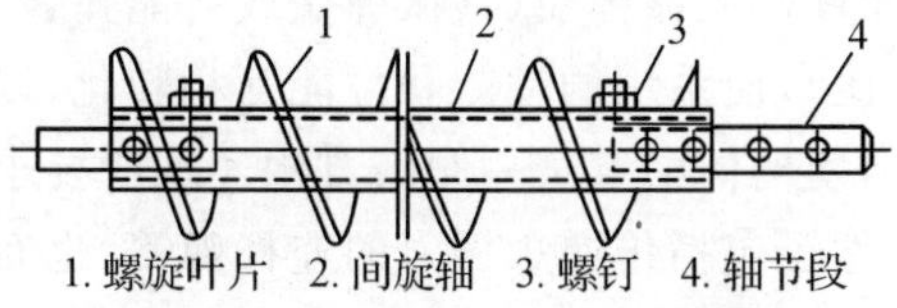

图7-1-10　螺旋轴的节段连接方法

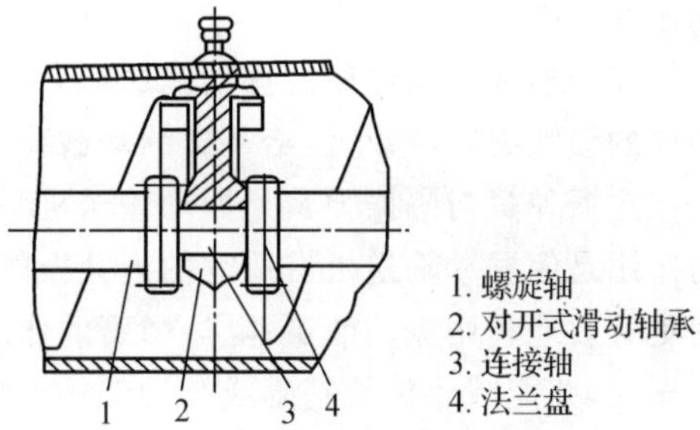

图7-1-11　螺旋轴的法兰连接方法

(2)进入输送机的物料，应先进行必要的清理，以防止大块杂质或纤维杂质进入输送机，保证输送机正常工作。

(3)启动时应保证空载起动，停车时应待机内物料排净后再停车。

(4)在运行过程中，如发现大块杂质或稻秆、草绳等纤维性杂质进入料槽，应立即停车处理。不能在没有停机的情况下直接用手或借助其他工具伸入料槽内掏取物料。

(5)输送黏性较大、含水量较高的物料时，应经常清除机内各处的黏附物，以免引起输送量下降甚至产生堵塞。

(6)输送机顶盖必须盖严，以防止外界物品进入料槽或机内灰尘外扬，甚至发生安全事故；同时，禁止在机盖上踩踏行走，以防人身安全事故的发生。

(四)振动输送机

振动输送机是一种利用振动技术使输送机中的输送构件达到接近共振或扩大共振状态，从而对松散态颗粒物料进行中、短距离输送的输送机械。振动输送机的优点是其结构较前面介绍的几种输送机简单，制造方便，价格便宜，占地小，维护管理方便。但也存在一些不足，如输送能力低(特别是按一定角度向上输送物料时输送能力更低)，有振动产生的噪声，不宜用于潮湿、黏性大或粒度小的粉末物料的输送。

1. 结构和工作原理

振动输送机的结构主要包括输送槽、激振器、主振弹簧、导向杆、隔振弹簧、平衡底架、进料装置、卸料装置等部分,如图 7-1-12 所示。

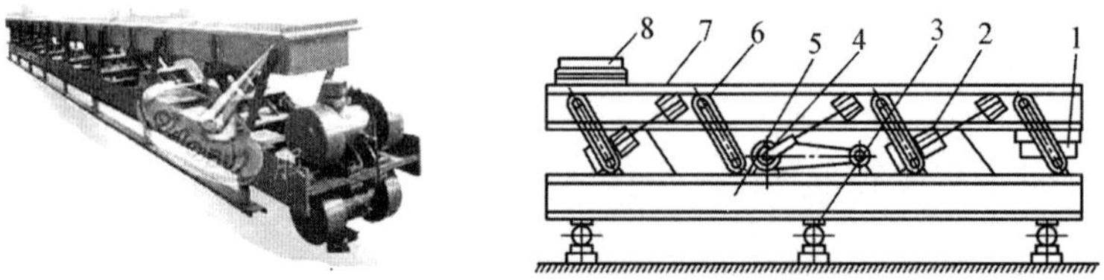

(a) 外形图　　(b) 结构图

1. 卸料装置　2. 主振弹簧　3. 隔振弹簧　4. 激振器　5. 平衡底架
6. 导向杆　7. 输送槽　8. 进料装置

图 7-1-12　振动输送机

激振器是振动输送机的动力来源,其产生周期性变化的激振力,使输送槽与平衡底架产生持续振动,可分为机械式、电磁式、液压式及气动式等类型。其激振力的大小直接影响输送槽的振幅。

输送槽和平衡底架是振动输送机系统中的两个主要部件。槽体输送物料,底架主要平衡槽体的惯性力,并减小传给基础的动载荷。

主振弹簧与隔振弹簧是振动输送机系统中的弹性元件。主振弹簧(共振弹簧或蓄能弹簧)的作用是使振动输送机有适宜的近共振的工作点(频率比),使系统的动能和位能互相转化,以便更有效地利用振动能量;隔振弹簧的作用是支撑槽体,使槽体沿着某一倾斜方向实现所要求的振动,并能减小传给基础或结构架的动载荷。弹性元件还包括传递激振力的连杆弹簧,也有不使用弹性元件的振动输送机。

导向杆的作用是使槽体与底架沿垂直于导向杆中心线作相对振动,并通过隔振弹簧支撑着槽体的重量。导向杆通过橡胶铰链与槽体和底架连接。

振动输送机工作时,由激振器驱动支撑在主振弹簧的工作体。主振弹簧通常倾斜安装,斜置倾角称为振动角。当由激振器产生的激振力作用于工作体上时,工作体就在主振弹簧的约束下做定向强迫振动。处在工作体上的物料,由于受工作体振动的作用而被断续地向前输送。当工作体向前振动时,依靠物料与工作体间的摩擦力,工作体把运动能量传递给物料,使物料得到加速运动,此时物料的运动方向与工作体的振动方向相同。此后,当工作体按激振运动规律向后振动时,物料受惯性作用仍继续向前运动,工作体则从物料下面往后运动。由于运动中阻力的作用,物料超过一段距离后又落回到工作体上,当工作体再次向前振动时,物料又因受到加速而被输送向前,如此反复循环,实现物料的输送。

2. 操作要点及注意事项

(1)地基必须牢固、坚实,紧固件必须可靠,不得松动。

(2)激振器的中心线应通过槽体的重心,否则,工作时会产生附加的扭转振动。

(3)弹簧的刚性系数、长度应一致,以免引起料槽的偏摆和速度的不稳。

(4)工作时应注意物料的工作状况。如物料只跳起而不前移,则应调整振幅或弹簧倾角。

(5)要注意对弹性系统的调谐。如果是板弹簧,可以改变弹簧片数;如果是螺旋弹簧,可以增减激振器的配重，应反复调整直至稳定为止。

(6)以电磁铁为振荡器的输送机，应特别注意调整铁芯和衔铁间的气隙。要保证料槽在悬浮状态下振动。

(7)料槽倾角向上时应小于20°，向下时不超过15°，弹簧斜置角常取20°～35°。

二、流体物料输送机械与设备

输送流体物料时，可选用各种类型的泵、流送槽以及真空吸料装置等输送机械与设备。这里主要介绍流送槽、气力输送装置和真空吸料装置。

(一)流送槽

流送槽是利用水为动力，把食品加工中的球状或块状物料从一地输送到另一地的输送装置，在输送的同时还能完成浸泡、冲洗等工序。流送槽广泛用于番茄、蘑菇、菠萝、土豆、柑橘等物料加工中的输送。

流送槽如图7-1-13所示，它是具有一定倾斜度的水槽和水泵等装置构成，水槽可用钢材、水泥或硬聚乙烯板材制作。水槽内壁要求光滑、平整，以减小摩擦功耗，槽底可做成半圆形或矩形，一般多为半圆形，并设除沙装置。槽的倾斜度，即槽两端高度差与长度之比，用于输送时为0.01～0.02，在转弯处为0.011～0.015；用作冷却槽时为0.008～0.01。为避免输送时造成死角，要求拐弯处的曲率半径应大于3 m。用水量为原料的3～5倍。水流速度为0.5～0.8 m/s。一般多用离心泵给水加压，操作时，槽中水位为槽高的75%。

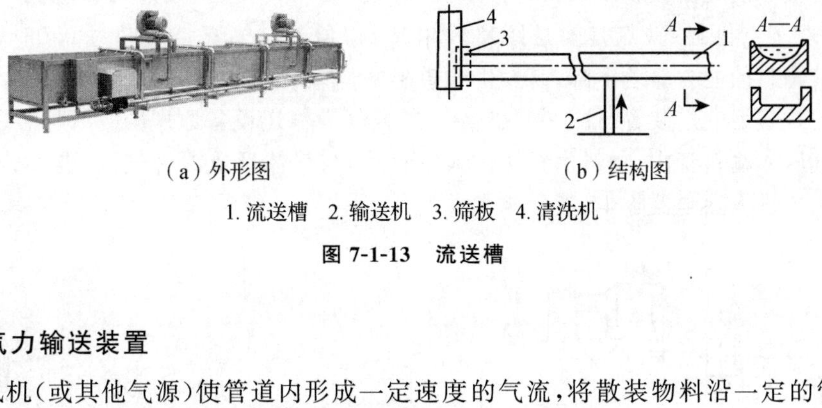

(a)外形图　(b)结构图

1. 流送槽　2. 输送机　3. 筛板　4. 清洗机

图7-1-13　流送槽

(二)气力输送装置

运用风机(或其他气源)使管道内形成一定速度的气流，将散装物料沿一定的管路从一处输送到另一处，称为气力输送。食品工厂散装物料很多，如面粉、大米、麦芽等，运用气力输送技术对这些物料进行输送已收到良好的效果。

1. 气力输送装置的特点

(1)气力输送装置的优点

①物料的输送是在管道中进行的，从而减少了输送场所粉尘污染，使食品卫生和工作环境的卫生都得到改善，同时也降低了物料输送过程中的损耗。

②输送装置结构简单，中途输送仅是些管道，无回程系统，管理方便，易于实现自动化操作。

③输送线路容易选择，布置灵活。合理地利用空间位置，可减少占地面积。

④输送生产率高，降低物料的装卸成本。

⑤在输送过程中，可以同生产工艺结合起来，进行干燥、冷却、分选和混合等操作。

(2)气力输送装置的缺点

①动力消耗较大;

②管道以及与物料接触的构件易于磨损;

③对输送物料有一定限制,不宜输送易于成块黏结和易破碎的物料。

在常规的动压气力输送装置中,其动力消耗较大及工作构件磨损较快的原因在于单位空气流中所含的物料量较少,而输送气流速度却很高(10～30 m/s)。另外,对易碎的物料也难以输送。为了克服上述缺点,正发展一种新型的气力输送装置——静压输送,或称推动输送。这种输送装置是依靠速度不大(通常 4～6 m/s),但压力较高的空气来推动输送。所以,在同样生产能力的条件下,静压输送所需的空气消耗量大大降低。因而使整个系统能量消耗降低,管壁的磨损减少,物料的破损率减低。但目前这种装置在我国使用还较少。

2. 气力输送装置的分类

气力输送装置分为吸入式和压送式两大类,吸入式气力输送系统又可根据工作压强的不同,而分为低真空(真空度小于 10 kPa)和高真空(真空度高于 10 kPa)输送两类,压送系统分低压(压强小于 50 kPa)和高压(压强为 100～700 kPa)两种。此外还有混合式和循环式两种。

(1)吸入式气力输送装置　图 7-1-14 为吸入式气力输送原理图,它的工作原理是风机开动后,整个系统内被抽成一定的真空度。在压差的作用下,大气中的空气流便从料堆物料的间隙透过并把附近的物料带入吸嘴,再沿输料管输送到分离器中,空气与物料在此分离,物料通过卸料器卸出。为了清除残料和灰尘,气流再进入一级离心除尘器除尘,然后再经过二级除尘器除尘,最后洁净的气流被吸入风机再排入大气中。吸入式气力输送装置的主要优点是供料简便并能实现多点供料;缺点是输送距离短(100～200 m),当真空度超过 0.05～0.06 MPa 时,气流携带物料的能力显著下降,易发生管道阻塞。

(2)压送式气力输送装置　图 7-1-15 为压送式气力输送设备原理图。风机装在系统的最前部,把空气压入输料管内,物料由料斗进入输料管,与气体形成混合气流,进入分离器中,物料卸出后,气流进入除尘器除尘,然后排入大气。

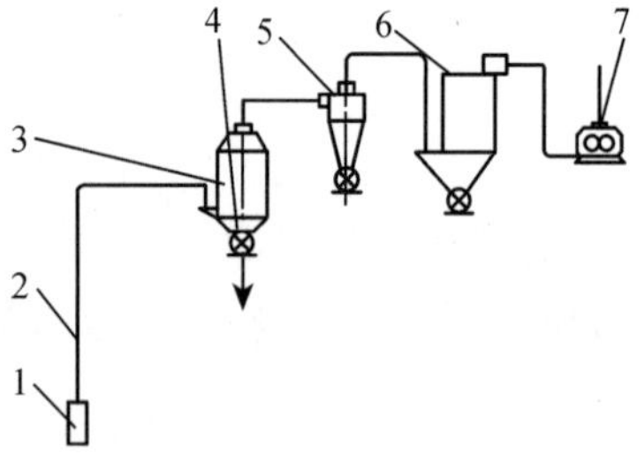

1. 吸嘴　2. 管道　3. 分离器　4. 卸料器
5. 一级除尘器　6. 二级除尘器　7. 风机

图 7-1-14　吸入式气力输送装置

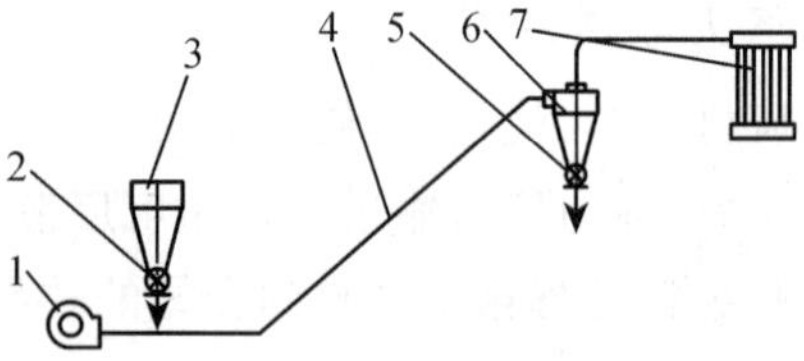

1. 风机　2. 料斗　3. 供料器　4. 输料管
5. 卸料器　6. 分离器　7. 除尘器

图 7-1-15　压送式气力输送装置

(3)混合式气力输送装置　图 7-1-16 为混合式气力输送设备原理图。系统被风机分为前后两部分,前部与吸入式类似,后部与压送式类似。因此,混合式具有两者的共同优点:可以多点供料、运输距离长。缺点是风机的工作条件恶劣,带有灰尘的空气通过风机会影响其使用寿命。

(4)循环式气力输送装置　图 7-1-17 为密闭循环式气力输送装置。该系统在风机出口处设有旁通支管,使部分空气经布袋除尘器净化后排入大气,而大部分空气则返回接料器进行再循环。循环式系统适用于输送细小、贵重的粉状物料。

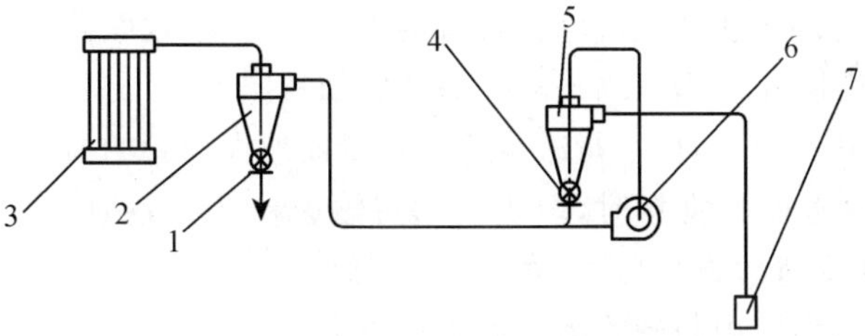

1. 卸料器　2、5. 分离器　3. 除尘器
4. 供料器　6. 风机　7. 吸嘴

图 7-1-16　混合式气力输送装置

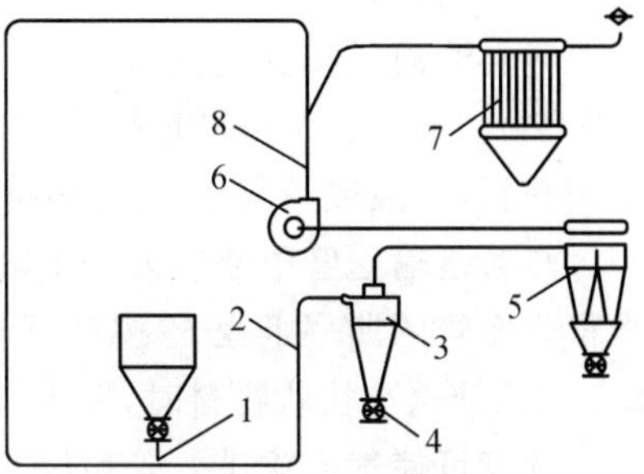

1. 接料器　2. 输料管　3. 卸料管　4. 闭风器
5. 除尘器　6. 风机　7. 布袋过滤器　8. 回风管

图 7-1-17　循环式气力输送装置

3. 气力输送装置的主要零部件

(1)供料器　供料器的作用是使物料进入输料管,并形成一定的混合比。它的结构、工作原理取决于物料的物理性质和气流输送方式。

①吸嘴　吸嘴是吸送式气流输送系统的供料器(图 7-1-18)。其工作原理是利用管内真空,将空气和物料一起吸进输料管。常用的吸嘴有单筒和双筒喇叭形吸嘴。单筒式吸嘴结构简单,但容易因物料堆积造成空气不能进入管道,使操作中断。双筒喇叭形吸嘴,可通过调节套筒上下位置获得最好操作条件。

②旋转加料器　该加料器广泛用于中、低压的压力输送系统。一般适用于流动性较好、磨损性小的粉粒状和小块状物料。最普遍使用的为绕水平轴旋转的圆柱形叶轮供料器,其结构如图 7-1-19 所示。物料从料斗加入后,流进旋转叶轮上部叶片间的格子里,随同叶轮转至下部,借自重落入输料管中。叶轮空格再次转至上部,重新落入物料。于是叶轮不断转动时即完成取料和卸料工作。

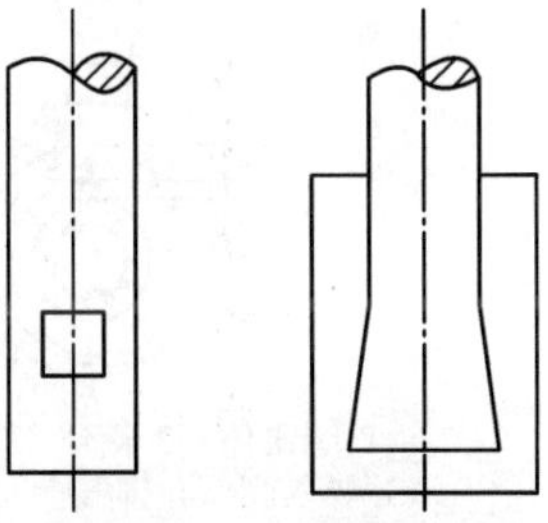

(a) 单筒形　(b) 双筒形

图 7-1-18　吸嘴

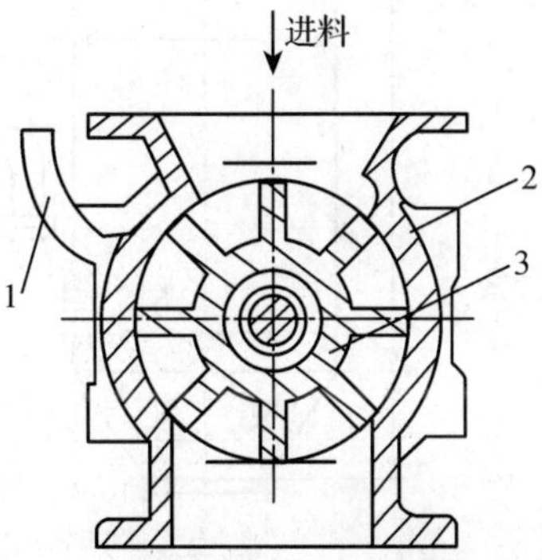

1. 均压管　2. 壳体　3. 转子

图 7-1-19　旋转加料器

(2)输料管　根据工艺要求,输料管系统由直管、弯管、软管、伸缩管、回转接头、管道连接部件等配置而成。管路的布置形式及结构尺寸对气流输送的生产率、能量消耗和使用的可靠性都有很大影响,所以管路元件设计应满足下列要求:接头和焊缝的密封性好;运动阻力小;具有一定灵活性,使用方便;尽量缩短管道的总长度。

输料管内径按空气流量和选定的气流速度来计算,然后按国家标准调整,一般取 50～300 mm。输料管的壁厚根据被输送物料的物理性质和气流输送设备的类型选定,输送摩擦性小的粉料,一般壁厚取 3～4 mm;输送细粒状物料,壁厚取 4～8 mm;块状物料取 6～8 mm。

弯管是输送管中磨损最严重的地方,为减少磨损,应尽量减少弯管数量或加大弯管的曲率半径。弯管的曲率半径 R 按如下选取:当输送粉状物料时,取 $R=6D$;输送粒状物料时,取 $R\geqslant 6D$;输送小块状物料时,取 $R\geqslant 10D$ (D 为弯管直径)。

软管可使气流输送方向和位置灵活变化,但阻力是硬管阻力的 2 倍以上。

(3)分离器　分离器的作用是通过降低气流速度,改变气流运动方向或在离心力的作用下使物料与气体分离。常用的分离器有容积式分离器和离心式分离器两种。

①容积式分离器　如图 7-1-20 所示,它的作用原理是空气和物料的混合气流由输料管进入容积突然增大的容器内,气流的速度大大降低(一般为 $0.03\sim0.1\ v_{悬浮}$),这样气流便失去对物料颗粒的携带能力,物料颗粒在重力的作用下从混合气流中分离出来。

②离心式分离器　如图 7-1-21 所示,它是由圆筒体和导入混合气流用的均向导管以及圆筒体上部的同心排气管、下部连接带卸料口的圆锥体构成的。确定离心式分离器分离效果的主要因素是气流进入的速度和分离器的几何尺寸。气流进入速度一般为 12～16 m/s。

离心式分离器的尺寸较小,制造方便,分离效率较高(可达 80%～90%),压力损失较小(一般在 1 000 Pa 以下)。

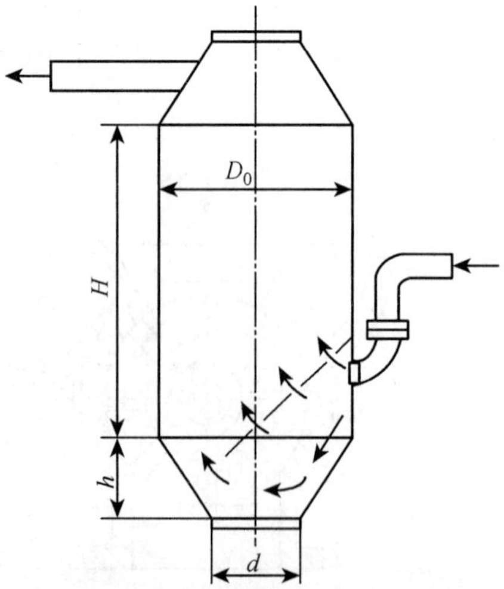

图 7-1-20　容积式分离器

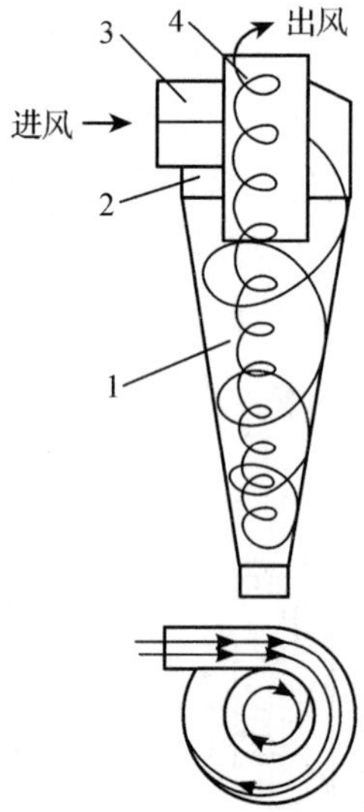

1. 圆锥体　2. 筒体
3. 导入管　4. 排气管

图 7-1-21　离心式分离器

4. 空气除尘器

由于在分离器中只能分离出粒度较大的物料，因此排出的气流内还含有很多微细的物料颗粒和灰尘，因此必须设置除尘器，以便提高风机的寿命和减少对空气的污染。气流输送装置中常用离心式除尘器、布袋式除尘器和洗涤式除尘器。

①离心式除尘器　它的结构和工作原理与离心式分离器类似，不同的是它的外壳半径较小。为了收到更好的除尘效果，常常将两个或几个直径较小的除尘器并联使用。

②布袋式除尘器　它是一种利用多孔的纤维性滤布的过滤作用来进行空气除尘的装置，如图 7-1-22 所示。在外壳内装有许多 Φ100～300 mm 的筒状滤袋，含尘气流从进气口进入，穿过筒状滤袋时，灰尘被截留在内部。从滤袋逸出的干净空气由出口排出。经一段时间后，打开灰口，排掉积灰。为减小干净空气排出的阻力，滤袋支架上安装有振动器。每隔一段时间，振动一次，抖掉滤袋上的粉尘。

布袋除尘器的设备费用高，维修和管理复杂。因此，只适于除尘要求高的场合使用。

③洗涤式除尘器　对于旋风分离器不能分离的粉尘可用水进行清除。通常采用的是洗涤式除尘器。洗涤式除尘器有各种不同的形式，但除尘机理大致相同，主要是利用水滴与粉尘的碰撞，使粉尘被浸湿而留于水中。常用的有泡沫除尘器和水膜除尘器，其效率可达 95%左右，且压力损耗很小。

5. 风机

风机可产生有一定压差的气流，用以克服气力输送系统各机构配件引起的压力损失。气力输送系统中使用最广泛的是罗茨风机，它的工作原理如图 7-1-23 所示。风机的转子之间和转子与机壳之间的间隙为 0.3～0.5 mm，这样即可保证转子的正常旋转又不会引起漏气。这种风机的主要缺点是运转时噪声较大并要求有彻底的除尘措施。压力一般为 0.2～0.5 MPa。

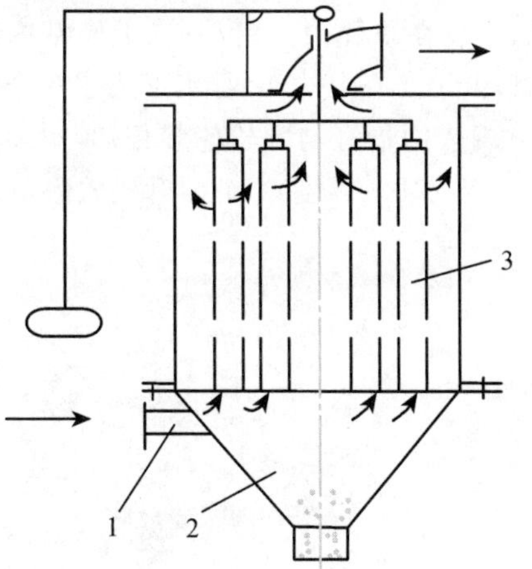

1. 进气管　2. 锥体　3. 布袋

图 7-1-22　布袋过滤器

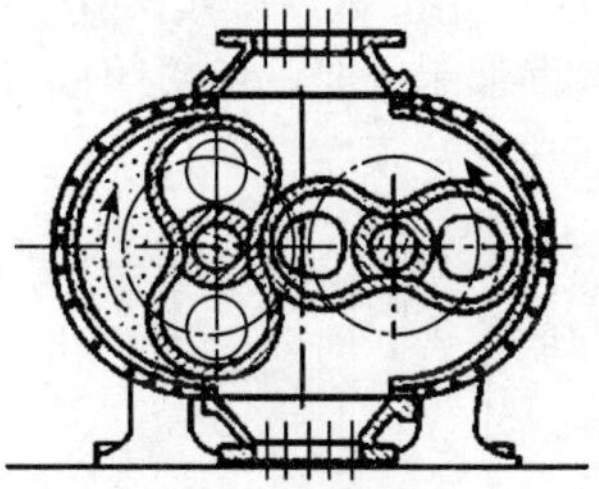

(a) 结构

(b) 转子的工作过程

图 7-1-23　罗茨风机的结构及工作过程

离心式风机是另外一种常用的风机，它由蜗壳和在其中旋转的叶轮组成。其优点是较小的尺寸可以获得较大的风量，效率高，可在含尘量大的环境中作业。但它的最大缺点是风量变化较大，工作不稳定，有可能造成电动机过载。

(三)真空吸料装置

真空吸料是一种简易的流体输送方法,只需要真空设备即可实现流态产品和半成品的输送和提升。该装置对于酱类或带有固体的料液的输送特别适宜,因为用泵输送时,料液物料黏度大,具有腐蚀性,要采用耐腐蚀和不易堵塞的泵才适用,使用真空吸料装置则可解决没有这种特殊泵时的输送问题。但真空输送的距离和高度都不大,效率较低。由于物料处于贮罐内抽真空,比较卫生,同时把物料组织内部的部分空气排除,减少成品的含气量。但由于管道密闭,清洗困难,功率消耗比较大。

1. 真空吸料装置的组成和工作原理

图 7-1-24 为真空吸料装置,主要由输出槽 1、贮料罐 3、分离器 5 和真空设备 7 等部件组成。用真空设备 7 对贮料罐 3 抽真空,造成一定的真空度,这样贮料罐 3 和与其相连的输出槽 1 之间就产生了一定的压力差,物料在压力差的作用下由输出槽 1 经吸料管 2 流入贮料罐 3,从而完成真空吸料的物料输送工作。在贮料罐 3 的顶部还装有调节阀 4,可以随时调节贮料罐 3 中的真空度从而调节贮料罐 3 内液位的高度;在真空设备 7 与贮料罐 3 之间还设有分离器 5,因对贮料罐 3 抽真空时常会带出液体,故须经分离器 5 分离掉液体后再抽真空,若选用湿式真空设备可省去分离装置。

真空吸料的方式有两种,即间歇法和连续法。间歇法是破除贮料罐 3 的真空度,便可从贮料罐 3 中通过其下面的阀门 8 放出物料;连续法排出物料是采用旋转式叶片阀门来实现的,要求旋转式叶片阀门的排料量与从吸料管 2 吸进贮料罐 3 的物料量相等。

2. 真空设备

在真空吸料装置中,产生真空的动力源是各类真空设备。常用的真空设备有水环式真空泵和旋片式真空泵。

(1)水环式真空泵　图 7-1-25 是水环式真空泵的结构图,该泵由泵体和泵壳组成,泵体由一个呈放射状均匀分布的叶轮和轮毂组成,叶轮偏心地安装在泵壳内。启动前,工作室内灌半满水,当电机带动叶轮顺时针旋转时,水被叶轮抛向四周,由于离心力的作用,水形成了一个决定于泵腔形状的近似于等厚度的封闭圆环。水环的上部分内表面恰好与叶轮轮毂相切,水环的下部内表面刚好与叶片顶端接触(实际上叶片在水环内有一定的插入深度)。此时叶轮轮毂与水环之

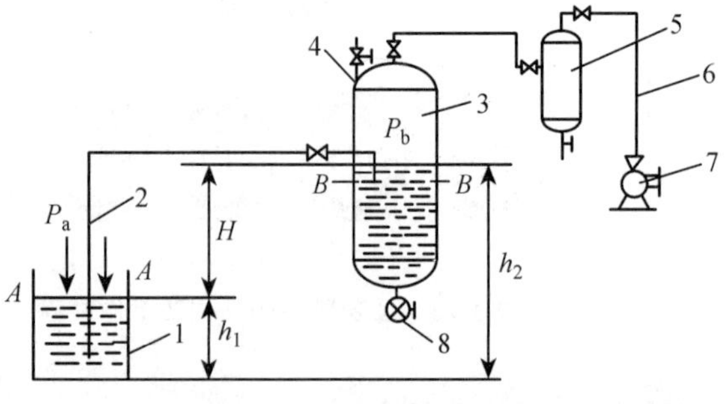

1. 输出槽　2. 吸料管　3. 贮料罐　4. 调节阀　5. 分离器　6. 真空管　7. 真空设备　8. 阀门

图 7-1-24　真空吸料装置

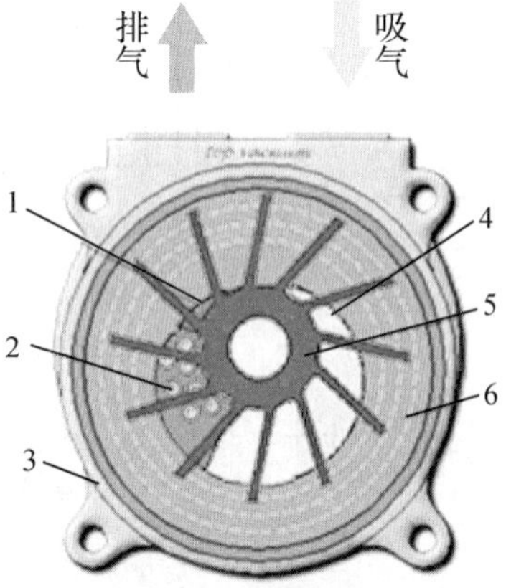

1. 排气口　2. 橡胶球　3. 泵体　4. 吸气口　5. 叶轮　6. 水环

图 7-1-25　水环式真空泵

间形成一个月牙形空间，而这一空间又被叶轮分成叶片数目相等的若干个小腔。如果以叶轮的上部0°为起点，那么叶轮在旋转前180°内小腔的容积由小变大，且与端面上的吸气口相通，此时气体被吸入，当吸气终了时小腔则与吸气口隔绝；当叶轮继续旋转后180°，小腔由大变小，使气体被压缩；当小腔与排气口相通时，气体便被排出泵外。

在泵中，辅助排气阀是一种特殊结构，一般采用橡皮球阀，它的作用是消除泵在运转过程中产生的过压缩与压缩不足的现象。这两种现象都会引起过多的功率消耗。因为水环泵没有直接的排气阀，而且排气压力始终是固定的，泵的压缩比决定于进气口的终止位置和排气口的起始位置，然而这两个位置是固定不变的，因而不适应吸入压力变化的需要。为了解决这个问题，一般在排气口下方设置橡皮球阀，以便当泵腔内过早达到排气压力时，球阀自动开启，气体排出，消除了过压缩现象。一般在设计时都以最低吸入压力来确定压缩比，以此来确定排气口的起始位置，这样就解决了压缩不足的现象。

在水环式真空泵中，泵体和泵壳构成工作室，上面有进、排气口，下面有放水螺栓，盖上有指示旋转方向的箭头，泵体有填料函密封，泵体侧面螺丝孔用来补充工作室内因蒸发和其他消耗的水分。

(2)旋片式真空泵　图7-1-26为旋片式真空泵工作原理示意图，旋片泵主要由定子、转子、旋片、定盖、弹簧等零件组成。其结构是利用偏心地装在定子腔内的转子(转子的外圆与定子的内表面相切，两者之间的间隙非常小)和转子槽内滑动的借助弹簧张力和离心力紧贴在定子内壁的两块旋片，当转子旋转时，始终沿定子的内壁滑动。

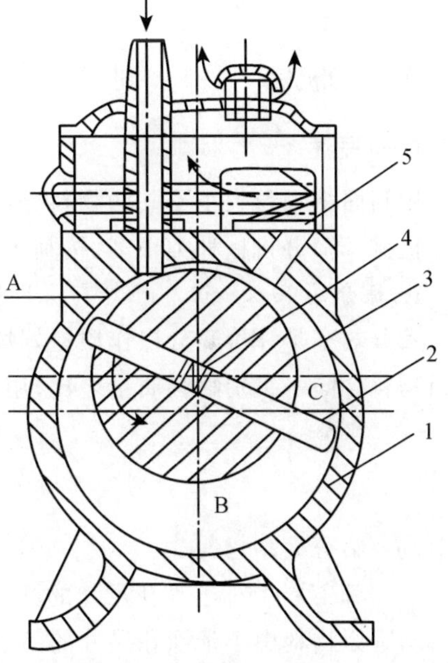

1. 泵体　2. 旋片　3. 转子　4. 弹簧　5. 排气阀

图7-1-26　旋片式真空泵工作原理示意图

两个旋片把转子、定子内腔和定盖所围成的月牙形空间分隔成A、B、C三个部分，当转子按图示方向旋转时，与吸气口相通的空间A的容积不断地增大，A空间的压强不断地降低，当A空间内的压强低于被抽容器内的压强，根据气体压强平衡的原理，被抽的气体不断地被抽进吸气腔A，此时正处于吸气过程。B腔的空间容积正逐渐减小，压力不断地增大，此时正处于压缩过程。而与排气口相通的空间C的容积进一步地减小，C空间的压强进一步地升高，当气体的压强大于排气压强时，被压缩的气体推开排气阀，被抽的气体不断地穿过油箱内的油层而排至大气中，在泵的连续运转过程中，不断地进行着吸气、压缩、排气过程，从而达到连续抽气的目的。

排气阀浸在油里以防止大气流入泵中，油通过泵体上的间隙、油孔及排气阀进入泵腔，使泵腔内所有运动的表面被油覆盖，形成了吸气腔与排气腔的密封，同时油还充满了一切有害空间，以消除它们对极限真空的影响。

3. 真空吸料装置的操作及注意事项

(1)开始抽真空前，应在贮料槽中先注入适量的水，使淹没贮料槽的进口管或先放满料液，起水封作用，不然贮槽与大气相通而抽不了真空。

(2)运转时要控制恒定的真空度,以保证贮槽内水位稳定。

(3)停机时应排掉水分离器内的积液。

(4)对贮槽管道等要经常进行清洗。

任务 7-2 分级分选及分离机械与设备

技术知识

在许多食品加工的原料处理中,经常会用到筛分、形状分离机械等分级分选设备以及萃取、蒸馏等分离设备。这类机械的使用可以保证产品的规格和质量,降低加工过程中原料的损耗率,提高原料的利用率,降低产品的成本,提高劳动生产率,并有利于生产的连续化和自动化。

一、筛分机械

(一)概述

用筛面将颗粒大小不同的物料分成若干级别的操作称为筛分。用于筛分物料的机械称为筛分机械。筛分机械种类很多,按其运动方式分为摇动筛、振动筛和回转筛等几种。

1. 筛分的基本知识

筛分效率是评价筛分操作质量好坏的指标。它是指筛分时实际筛下的筛下级别物料质量与原物料含同一级别物料质量之比,用下式计算:

$$\eta=\frac{a(b-c)}{b(a-c)}\times 100\%$$

式中,η—筛分效率,%;

a—筛下料中小于筛孔尺寸的筛下级别物料含量,%;

b—原物料中小于筛孔尺寸的筛下级别物料含量,%;

c—筛上料中小于筛孔尺寸的筛下级别物料含量,%。

在正常操作下,筛面没有破损,物料中的筛上级别部分不会漏入筛下料中,故有 $a=100\%$,这样,上式变为:

$$\eta=\frac{100(b-c)}{b(100-c)}\times 100\%$$

实际计算时,只要在筛分原料和筛上料中分别取样,精确测定其筛下级别的含量,代入上式即可算出筛分效率。

例如,已知原始给料中应通过第一级筛孔的物料含量为 65%,仍留在筛面上应通过筛孔而未通过筛孔的占筛面物料量的 10%,其余已过筛,试求第一级的分级效率。

这里 $b=65\%$,$c=10\%$,故:

$$\eta=\frac{100\times(b-c)}{b\times(100-c)}\times 100\%=\frac{100\times(65-10)}{65\times(100-10)}\times 100\%=94\%$$

2. 筛面组合

筛面组合可以将各种粒度的混合物通过筛分分成若干个粒级，或提高总的筛分效率。在筛分机械中，常见的筛面组合方式有筛余物法、筛过物法和混合法三种。

(1)筛余物法　筛余物法如图 7-2-1(a)所示。将前道筛面的筛余物送至后道筛面再筛，图中所示筛分产品从Ⅰ到Ⅳ依次渐粗，这种筛面组合的特点是先提细粒后提粗粒。它的优点是粗粒料的筛分路线长，筛面的检查、清理、维护方便。缺点是所有大粒物料要从每层筛面流过，不但筛面易磨损，而且多数粗物料阻碍细粒料接触筛孔，降低筛分效率。

(2)筛过物法　筛过物法如图 7-2-1(b)所示。将前道筛面的筛过物送至下道筛面再筛。筛分产品从Ⅰ到Ⅳ依次渐细，先提粗粒后提细粒。它的优点是使筛面的负荷减轻，有助于提高筛分效率，同时筛面配置空间较紧凑。

(3)混合法　混合法如图 7-2-1(c)所示。这种方法综合了前两种方法的优点，因此流程可以灵活多变。不同的筛分物料，都要根据其物料的具体特点，粗细粒的含量以及筛分的要求，来确定筛面的组合方式。

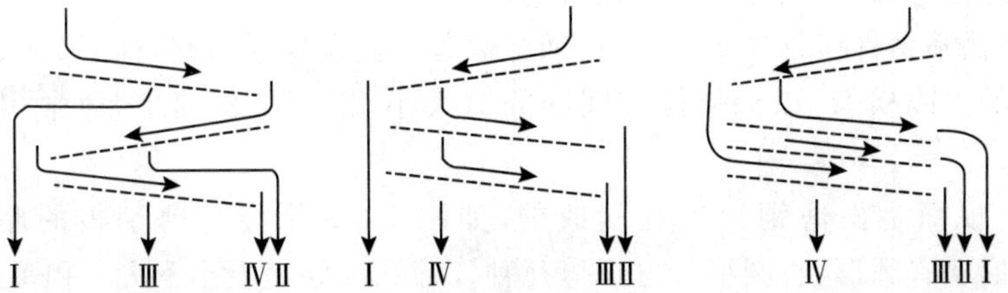

(a) 筛余物法　(b) 筛过物法　(c) 混合法

图 7-2-1　筛面的组合

3. 开孔率(筛面利用系数、筛孔系数)

开孔率即筛面利用系数，是指整个筛面上筛孔所占的面积与总面积之比。

例如，对于编织筛有：

$$K=\frac{b^2}{(b+d)^2}\times 100\%$$

式中，K—开孔率，%；

b—孔边长，mm；

d—编织丝直径，mm。

4. 物料穿过筛孔的概率

以上述编织筛为例，直径为 D 的颗粒在筛面上通过筛孔的可能性为

$$K=\frac{(b-D)^2}{(b+d)^2}\times 100\%$$

当 D 越接近孔尺寸 b 时，筛过的可能性越会大幅度降低。一般可将超过筛孔 0.8～1.0 的粒度级的颗粒称为难筛颗粒。

当颗粒虽为筛下级别，但它与筛面的相对运动速度达到一定值以上时，则完全没有通过筛孔的机会。

5. 影响筛分效率的因素

(1)筛面上物料层厚度　料层越薄,筛下颗粒通过此层的时间越短,每一颗粒接触到筛孔的机会越多,筛分效率就越高。

(2)筛下颗粒百分含量、颗粒级配和形状　筛下颗粒的比例越高,物料被筛落的速度越快,料层减薄的越快,筛分效率就越高。筛下颗粒中粒度小于筛孔直径 3/4 的易筛粒越多,难筛粒越少,筛分效率就越高。球形颗粒比扁平、不规则的颗粒容易筛落。若颗粒过于细微,由于凝聚力、附着力作用,筛分效率很低。

(3)物料含水量　物料不够干时,粉状颗粒受凝聚力、附着力作用,易结成团堵塞筛孔,筛分效率大降。但当含水量超过一定值时,使干粉料变为湿泥浆而达到湿筛条件时,筛分效率便超过干筛。

此外,筛孔形状、筛面种类、筛分机械的运动方式、加料量的多少及均匀程度也直接影响筛分效率。

6. 筛面

用于筛分操作的筛面,按其构造不同分为三种,即栅筛、板筛和编织筛。

(1)栅筛　栅筛由许多钢质棒组成,中间穿以若干根带螺栓的钢条(图 7-2-2),在栅棒之间套上一定尺寸的支隔横管,以保持栅棒间的间隙大小,栅筛结构简单,通常用于物料的去杂粗筛。

(2)板筛　板筛是由薄钢板冲孔制成的,如图 7-2-3 所示。薄钢板的厚度常为 0.5～1.5 mm,孔的形状有圆形、长圆形和方形等几种。筛孔最好是上小下大。稍呈锥形,这样可以减少堵塞。圆孔按颗粒的宽度进行分级,长孔按颗粒的厚度分级,也有时采用三角形孔或异形孔。

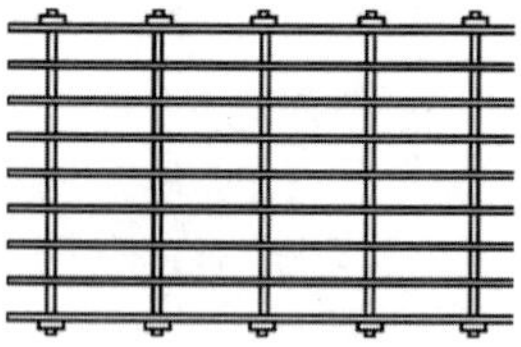

图 7-2-2　栅筛

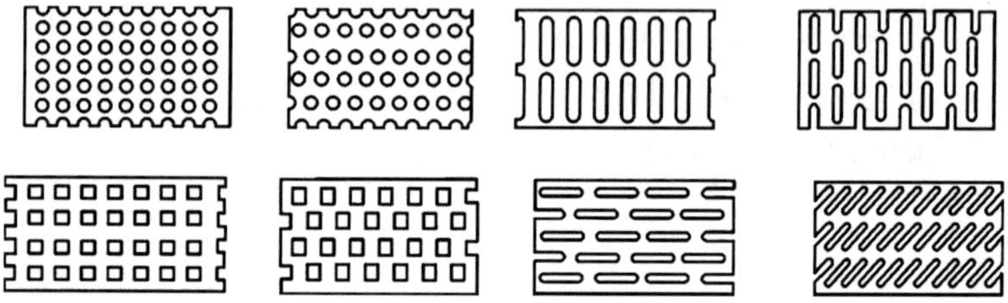

图 7-2-3　板筛面筛孔的排列

筛孔最好是上小下大。稍呈锥形,这样可以减少堵塞。筛孔多采用交错排列,以提高筛分效率。板筛的优点为孔眼固定不变,分级准确,同时坚固、刚硬,使用期限长。

筛面的筛分效率与孔眼的形状、间距和排列有密切关系,即影响筛分效率的不仅是筛面的开孔率,筛孔的排列也影响到颗粒接触和穿过筛孔的机会。

(3)金属丝编织筛面　金属丝编织筛面由金属丝编织而成,也称筛网。制作筛丝的材料要耐腐蚀,有较好的强度和柔软性,常用的有低碳镀锌钢丝(可用于负荷不大、磨损不严重的筛分设备)、高碳钢丝和合金弹簧钢丝(抗拉强度高,延伸率小,可用于较大负荷的筛分设备)、不锈钢丝和有色金属编织的筛网(可以用于高水分物料)等。

编织筛网通常为方孔或矩形孔,孔径尺寸大的可在 25 mm 以上,孔径小的可到 300 目以上(目是英制中表示孔密度的规格,300 目就是每英寸长度内有 300 个孔)。一般 120 目以下的金属丝编织的筛网可以用平纹织法，超过 120 目就必须用斜纹织法，如图 7-2-4 所示。编织筛网不仅用于粉粒料筛分，也常用于过滤作业。编织筛的优点是轻便价廉，筛面利用系数大，同时由于筛丝的交叠表面凹凸不平，有利于物料的离析，颗粒通过能力强。主要缺点是刚度、强度差，易于变形破裂，只适用于负荷不太大的场合。使用编织筛时，周围还需有张紧结构。

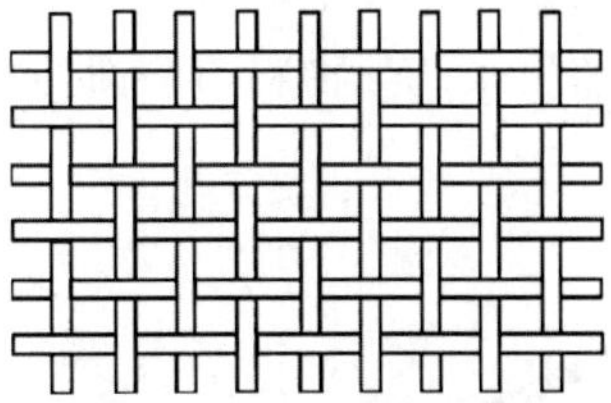

图 7-2-4　编织筛

(4)绢筛面　绢筛面由绢丝织成，或称筛绢，主要用于粉料的筛分，在面粉工业中粉筛用量最大。由于绢丝光滑柔软，所以在筛面中极易移动而改变筛孔尺寸，使用时必须用大框架绷紧，较大孔的绢筛面都用绞织。筛绢的材料为蚕丝或锦纶丝，也可用两种材料混织。

7. 筛制

板筛和编织筛的规格称为筛制。筛网规格的表示方法有两种：一种以每英寸(1 in＝2.54 cm)长度内的筛孔数表示，称为网目数，简称网目，以 M 表示；另一种以每厘米长度内的筛孔数表示，称为筛网的号数，简称筛号，以 N 表示。两者之间有如下近似关系：

$$N=\frac{M}{2.54}$$

表 7-2-1 为编织筛部分筛制。

表 7-2-1　编织筛的部分筛制

筛号	德国筛制(DIN-1171)		泰勒筛制	
	筛孔边长/mm	每平方厘米筛孔数/个	筛孔边长/mm	网目数/个
1	6	1	1.651	10
2	3	4	1.397	12
3	2	9	1.163	14
4	1.5	16	0.991	16
5	1.2	25	0.883	20
6	1.02	36	0.701	24
8	0.75	64	0.589	28
10	0.6	100	0.495	32
11	0.54	121	0.417	35
12	0.49	144	0.351	42
14	0.43	196	0.295	48
16	0.385	256	0.246	60
20	0.3	400	0.208	65
24	0.25	576	0.175	80
30	0.2	900	0.147	100
40	0.15	1 600	0.127	115

8. 筛面运动形式

筛分机械工作过程的基础是物料与筛面的相对运动。对于固定筛面而言，则需要物料具有初始速度或是借重力产生的速度。对于大多数筛分机械而言，则需要借筛面运动的速度和加速度来产生物料与筛面的相对速度，各种筛面的运动方式如图 7-2-5 所示。

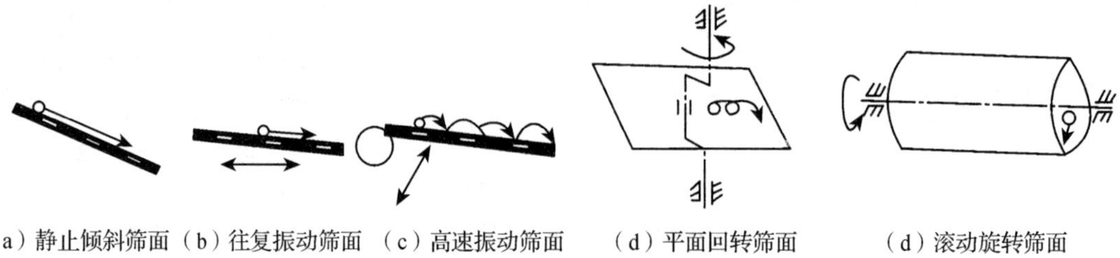

图 7-2-5　筛面基本运动形式

（二）摇动筛

1. 概述

摇动筛的工作原理是在重力、惯性力和物料与筛面之间的摩擦力作用下，物料与筛面之间产生不对称的相对运动而进行连续筛分。按筛面的运动规律不同，摇动筛可分为直线摇动筛、平面摇晃筛和差动筛。

如图 7-2-6 所示，直线摇动筛的筛面基本上做直线运动，它有一个长方形的筛框，筛面固定在筛框上，筛框用拉杆悬挂或用滚轮支承。筛框和筛面由偏心轮机构带动做往复运动。物料由筛面的一端加入，筛面下面有容器承接筛下的物料，不能过筛的物料即由筛面的另一端卸出。筛面一般倾斜安装，也有水平安装的(如差动筛)。筛面倾角通常为 10°～20°，如为湿法筛分可减少至 5°～10°。筛面宽度为 0.5～3 m，长度为 1.5～8 m。如果是干法筛分，则整个筛框要用防尘罩封闭起来，以免操作时粉尘飞扬，影响环境卫生。

摇动筛的筛子结构主要有三种形式：一种为钢条制成的；一种是金属丝或丝线编织的；一种是冲钻孔的薄金属板。食品工厂常用最后一种形式。为了减少筛孔被堵塞，常将筛孔做成圆锥形，孔由上向下逐渐增大，其圆锥角以 70°为宜。

平面摇晃筛的构造与直线摇动筛类似，如图 7-2-7 所示。它与直线摇动筛的主要差别是平面摇晃筛将筛框的一端直接连在偏心轮上。筛面做复杂的平面运动，在与偏心轮连接的一端，运动时有较大的垂直位移。

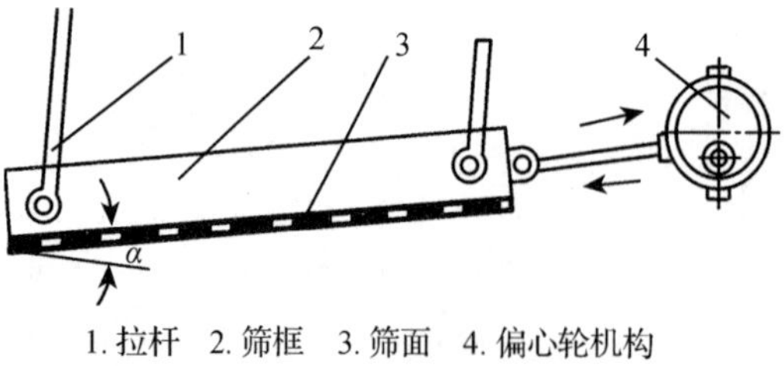

1. 拉杆　2. 筛框　3. 筛面　4. 偏心轮机构

图 7-2-6　直线摇动筛

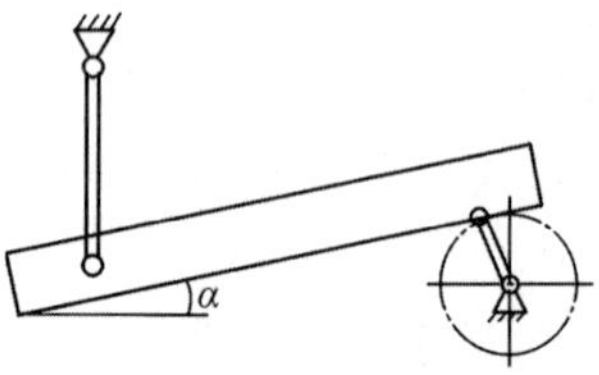

图 7-2-7　平面摇晃筛

差动筛是根据筛面上物料进退运动的不同特征而得名的，其构造如图 7-2-8 所示，筛框装在数个斜立的弹性支杆上，弹性支杆用角钢固定在筛框和底座之间，偏心轮机构使筛框水平运动。虽然筛面是水平放置的，但由于筛框的运动方向与筛面成一定角度，筛面上物料的前进和后退有不同的加速度，从而使筛面上的物料与筛面之间有不对称的相对运动，使筛上物料能够移到筛面的另一侧并卸出。

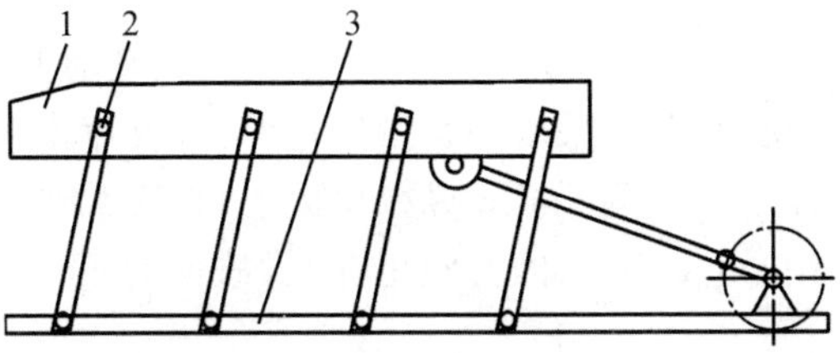

1. 筛框　2. 弹性支杆　3. 底座

图 7-2-8　差动筛

2. 摇动筛的特点

由于摇动筛的筛面是平面的，因而全部筛面都在工作，制造和安装都比较容易，结构简单、调换筛面十分方便，适用于多种物料的分级。但是其动力平衡较差，运行时连杆机构易损坏，噪声较大。

(1)摇动筛与振动筛的区别　摇动筛又称摆动筛，从物料在筛面上的受力来看，摇动筛与振动筛是不一样的。摇动筛是以往复运动为主，而以振动为辅，摆动次数在 600 次/min 以下。振动筛在选矿和粮食筛选中，常是一次筛分产品，物料在筛面上是剧烈跳动的，是以振动为主，其振动次数为 800～1 500 次/min。

(2)物料运动特性　物料正向移动速度快，显然可使物料层处于较薄状态，从而增加过筛机会，若该速度过快，就需要较长的筛面，否则，就会造成来不及过筛的物料进入另一级中。另外，由于料层太薄，物料在筛面上跳动过大而影响过筛机会。

3. 摇动筛主要参数的确定

(1)生产能力

$$Q=3\ 600Bhv\eta$$

式中，Q—生产能力，t/h；

B—筛面宽度，m；

h—在给料处筛面上料层的厚度，m；

v—筛面上料层的移动速度，m/s；

η—物料的容重，t/m^3。

筛面单位流量主要与物料在筛面上的流速有关，流量不能过大。因此，要提高 Q，只能增大 B，但筛宽和筛长有一定比例，B 过大则筛结构庞大，不便操作，物料也不容易沿筛宽方向均匀散落，筛宽一般在 600～1 200 mm 内选取。

(2)功率

$$P=\frac{1.83mn^3r^2}{\eta}\times10^{-7}$$

式中，P—筛机需要的功率，kW；

m—筛机的质量，kg；

n—偏心轴的转速，r/min；

r—偏心轴的偏心距，m；

η—机械效率，一般可取 $\eta=0.7$。

4. 摇动筛工作注意事项

由于摇动筛采用偏心曲轴连杆机构传动，筛体往复运动时是变速运动，由于加速度的影响，使筛体产生的惯性力很大，若不采取平衡措施，就会造成筛体发生振动和噪声，以致影响部件的使用寿命。要使筛体不发生剧烈振动或减少振动，必须做到以下几点。

(1)筛体的左右吊杆长短要一致(因有倾角存在，故前后不一致)，同时任何一根都不得扭曲、变形。

(2)保证筛面张紧和安装平整，筛体不得向两侧倾斜。

(3)偏心机构和连杆应与筛体的长轴线方向一致，不得有偏差与扭曲，更换偏心套时要成对更换。

(4)偏心轴套与传动轴必须紧密配合，不得松动。偏心轴套在轴壳内滑动而不发生晃动，轴壳与连杆连接处必须紧密平整，并且在同一中心轴线上。

(三)振动筛

1. 概述

振动筛是由筛机产生高频振动而实现筛分操作的。由于振动筛筛面具有强烈的高频振动，筛孔几乎完全不会被物料堵塞，故筛分效率高，生产能力大，筛面利用率高。振动筛结构也简单，占地面积小，重量轻，动力消耗省，价格低，应用范围较广，特别适用于细粒物料和浆料的筛分操作。应用较多的是惯性振动筛、偏心振动筛和电磁振动筛。下面介绍惯性振动筛。

图 7-2-9 为惯性振动筛，筛框安装在弹簧上，带有圆盘的主轴由安装在筛框上的一对轴承座支承，圆盘共有两只，其上装有偏重，构成筛机的振动器。当主轴旋转时，由于离心力的作用，使整个传动机构随筛框一起振动，从而使物料在筛面上产生剧烈的相对运动，实现筛分目的。

图 7-2-10 为筛分料浆用的圆形惯性振动筛。筛框和振动器装在筛架上，筛架由橡胶立柱支承并与电动机一同装在机架上；电动机经由 V 带带动振动器旋转。筛网张紧在筛框的下面。操作时，由于振动器的离心力作用，筛架产生高频振动。料浆从筛框上面加入，筛下料通过筛网后进入集浆料斗，留在筛面上的筛上料则定期用人工清除或停机后取出筛框用水冲洗。

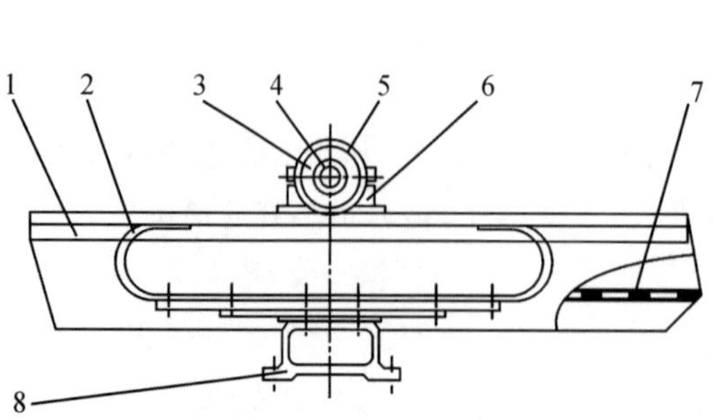

1. 筛框 2. 弹簧 3. 圆盘 4. 主轴 5. 偏重 6. 轴承座 7. 筛面 8. 机座

图 7-2-9 惯性振动筛

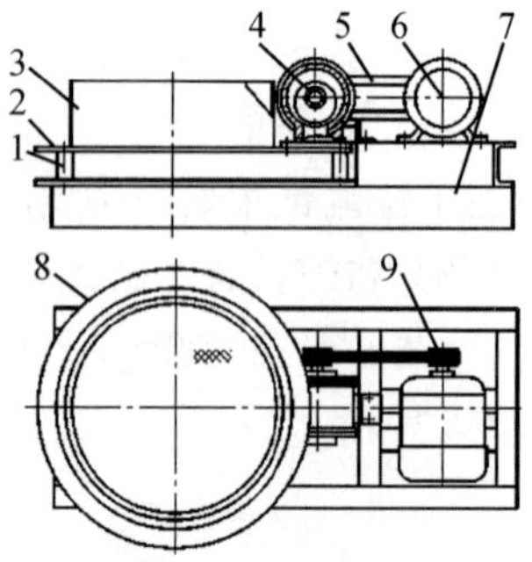

1. 橡胶立柱 2. 筛架 3. 筛框 4. 振动器 5. 带 6. 电动机 7. 机架 8. 筛网 9. 带轮

图 7-2-10 圆形惯性振动筛

图 7-2-11 为另一种圆形振动筛——双锤振动筛的示意图。双锤振动筛适合于粉料的筛分，其结构及工作原理是：电动机与支架、底座连接成为一个整体，筛框装在底座上面，两者之间用夹子夹紧，使框架的装卸比较方便。底座通过弹簧支承在机座上。在电动机两端的轴承上装有两个偏心块，两偏心块之间的夹角可以调节。筛网张紧在筛框的下面。当电动机旋转时，在偏心块产生的离心力作用下，电动机连同支架，底座、筛框和筛网等均做高频振动。物料从筛框上面加入，通过筛网的物料从细料出料管排出，未能过筛的粗粒物料则从粗料出料管卸出。调节两偏心块之间的夹角，可以改变物料在筛面上的运动规律。这种振动筛运动平稳、噪声小，因此应用广泛。

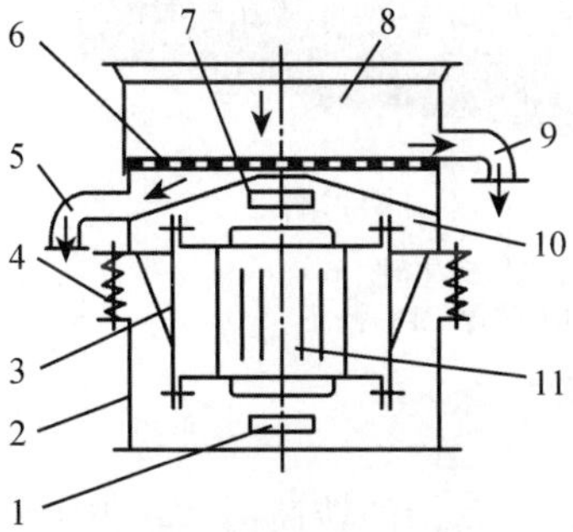

（a）结构图

（b）外形图

1. 下偏心块　2. 机座　3. 支架　4. 支承弹簧　5. 细料出口　6. 筛网　7. 上偏心块　8. 筛框　9. 粗料出口　10. 底座　11. 电动机

图 7-2-11　双锤振动筛

2．操作要点及注意事项

刚安装的新筛和长期搁置未用的振动筛在使用前必须检验电动机的绝缘是否良好。

筛网一定要在筛框上均匀地张紧，使筛网能和筛框以相同的频率和振幅振动而不发生抖动和筛网的局部下垂，这样可保证良好的筛分效果，同时可延长筛网的使用寿命。要随时清除筛网上的杂物，下班前要将筛网清理干净。经常检查筛网，发现筛网变形及破损应及时修整、更换。

注意进口处物料的分布，尽量减小物料对筛网的冲击，延长筛网使用寿命。

振动筛常见故障及排除方法见表 7-2-2。

表 7-2-2　振动筛常见故障及排除方法

故障现象	产生原因	排除方法
振动频率明显下降	传动带损坏、传动带过松	及时更换皮带、张紧传动皮带
筛分速度明显减慢	筛网太松、筛孔被堵塞	重新均匀地绷紧筛网、清理筛网
不正常噪声和金属撞击声	紧固件松动 筛框和筛架间橡胶柱和弹簧损坏	检查各部位螺栓加以紧固 更换弹簧

（四）回转筛

回转筛是一种筛面做回转运动的筛分机械。图 7-2-12 是回转筛结构示意图，主轴从转筒中心穿过，并借助轴毂及放射状的辐条与转筒相连。电动机经减速器带动转筒做旋转运动。物料由加料溜管1从转筒的一端加入，通过筛孔的筛下料汇集于料斗中，不能过筛的物料则由于筛面的倾斜而沿着筛面向转筒的另一端移动，最后从筛上料卸出溜管9卸出。

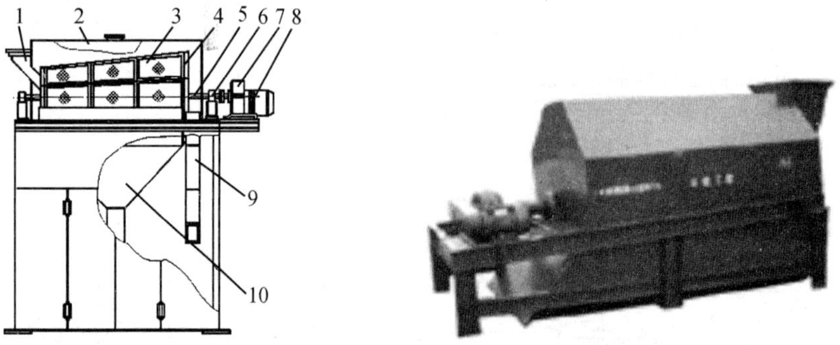

（a）结构图　　（b）外形图

1. 加料溜管　2. 外壳　3. 筛网　4. 回转筒　5. 主轴　6.轴承　7. 减速器　8. 电动机　9. 筛上料卸出溜管　10. 料斗

图 7-2-12　回转筛

回转筛的转筒一般为六角棱台形，故俗称六角筛。六角筛的转筒由六块平坦的筛面组成，筛面更换比较方便，筛机主轴水平放置，筛面通常有4°～7°的倾斜角。

回转筛的优点是操作简单，制造容易，工作平稳。其缺点是筛面利用率低，实际使用面积只占总面积的12%～17%。在具有相同生产能力的条件下，与其他类型筛机相比，显得庞大笨重，动力消耗大，筛分效率低。

二、形状分级机械

(一)滚筒式分级机

1. 概述

滚筒式形状分级设备的主体是几组滚筒，滚筒上分布有孔眼。工作时滚筒转动，使物料在滚筒内滚转并向出口移动，在移动过程中实现分级。每组滚筒上的孔眼直径不同，后组比前组的孔径大，小于第一组孔的物料从第一组掉出用漏斗收集为一个级别，依此类推。这种分组机分级效率较高，目前广泛用于蘑菇和青豆等的分级。

滚筒式形状分级设备如图7-2-13所示，其主要构件是圆柱形筒状筛，收集料斗设在滚筒下面，料斗的数目与分级的数目相同。滚筒用厚度为1.5～2.0 mm的不锈钢板冲孔后卷成圆柱形筒状筛，为了制造方便，整体滚筒分成几节筒筛，筒筛之间用角钢连接作为加强圈，如用摩擦轮传动，则又作为传动的滚圈。滚筒用托轮支承在机架上，机架用角钢或槽钢焊接而成。收集料斗设在滚筒下面，料斗的数目与分级的数目相同。驱动滚筒转动的方式有摩擦轮式、齿圈式和中心轴式。目前多采用摩擦轮驱动：电动机将动力经减速器、链传动至摩擦轮，摩擦轮装在一根长轴上，滚筒两边均有摩擦轮，并且互相对称，其夹角为90°。长轴一端(主动轴)与传动系统相连，另一端装有托轮，不与传动系统相连。主动轴带动其上的摩擦轮转动，摩擦轮紧贴滚圈，滚圈固定在转筒上，摩擦轮与滚圈互相间产生的摩擦力驱动滚筒转动。这种传动方式简单可靠，运转平稳。

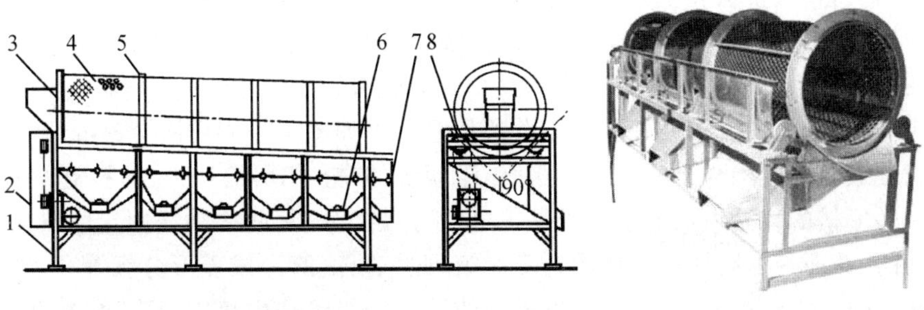

（a）结构图　　　　（b）外形图

1. 机架　2. 传动系统　3. 进料斗　4. 滚筒　5. 滚圈　6. 收集料斗　7. 铰链　8. 摩擦轮

图 7-2-13　滚筒式分级机

物料在滚筒内的移动方式以物料的滚动性不同而异。物料是圆形或近似圆形时，其滚动性好，可将滚筒倾斜安装，使其向出口方向有一倾角，物料在滚动时会向出口处运动。若物料的滚动性差，可靠滚筒内装置的螺旋卷带来实现向出口的移动。

在工作时，滚筒上的小孔往往被原料堵塞而影响分级效果，因此在滚筒外壁安装清筛装置。清筛装置为一木制滚轴，平行于滚筒的中心轴线安装，用弹簧使其压紧在滚筒外壁，可把堵塞在小孔中的原料挤进滚筒中，以提高分级效率。

2. 主要技术参数及操作注意事项

（1）滚筒式分级机的主要性能参数的选取　如果滚筒式分级机的技术参数相互配合不当，使用效果会不好。分级效率也会因为技术参数调整的不同而相差较大。下面是效果较好的一组参数：

滚筒的倾斜角度取 3°～5°；滚筒直径与长度比为 1∶(4～6)；滚筒上的筛孔排列用正三角形排列；滚筒的转速 10～15 r/min，一般不超过 30 r/min；滚筒筛孔直径根据原料情况和分级要求而定。

（2）操作注意事项

①滚筒式分级机用摩擦轮传动虽好处很多，但滚圈与摩擦轮之间因摩擦会产生铁屑掉进滚筒里，直接污染产品，设计时必须充分注意这点。

②滚筒上面的滚圈或连接圈，目前多用角钢弯制，由于有椭圆度存在，当滚筒转动时会有所跳动，若滚筒此跳动使物料离开筛面的话，将会影响分级效率。因此，改用浇铸滚筒比角钢弯制更为理想。

③滚筒内物料升高主要靠滚筒转动和物料对滚筒内壁的摩擦力，因而升角不高，只有 40°～45°。这样，滚筒直径虽大，但其筛面利用率只有 1/8～1/6，其余占滚筒的大部分筛面并没有被利用。若能把升角提高，就能提高筛面利用率，有些厂采取在滚筒中紧贴筛面焊上几根管子的办法，效果较显著。

④滚筒式分级机没有不平衡的工作部分，因而工作时很平稳。但其筛孔易堵塞，机器占地面积很大，在同等生产能力时，其尺寸比平筛大得多，金属消耗量颇大，同时对原料的适应性差，因此要调换滚筒很难。

（二）滚轴式分级机

滚轴式形状分级设备是按原料直径大小进行分级的设备，主要用于球形或近似球形的果蔬原料，如苹果、柑橘、番茄和桃子等的分级。该设备分级快而准确，且果蔬损伤小，在大型果蔬加工中应用较为广泛。这种分级机的分级范围大，分级效率高，对于球形或近似球形体的果蔬原料可在直径 50～100 mm 的范围内将其分为五个级别。

滚轴式形状分级机的工作原理及三辊分级原理分别如图 7-2-14 和图 7-2-15 所示，图 7-2-16 为三滚筒式分级机的结构。全机主要由滚筒、驱动链、链轮、出料输送带、理料辊等组成。一条由横截面带梯形槽的滚筒组成的输送带是该机的分级部分，每两根轴线固定的滚筒之间设有一根可移动的、截面带有同样梯形槽的升降滚筒，此三根滚筒形成菱形分级筛孔，物料就处于此分级筛孔之间。物料进入分级段后，直径小的从此分级筛孔中落下，掉入集料斗中，其余的物料由理料辊排成整齐的单层，由输送带带动继续向前移动。

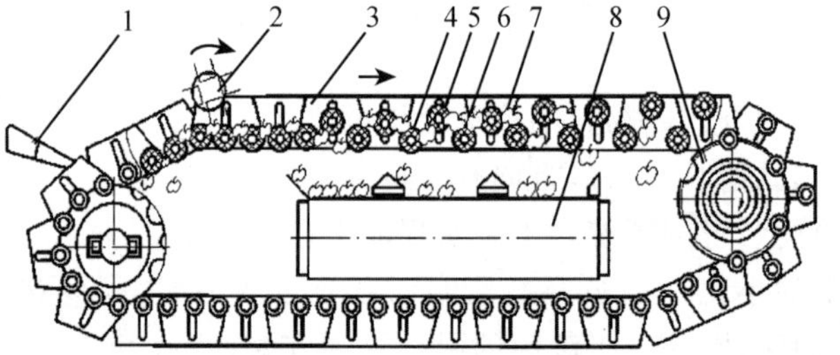

1. 进料台 2. 理料辊 3. 驱动链 4. 前辊 5. 中间辊(升降辊) 6. 后辊 7. 物料 8. 出料输送带 9. 驱动轮

图 7-2-14 滚轴式形状分级机的工作原理

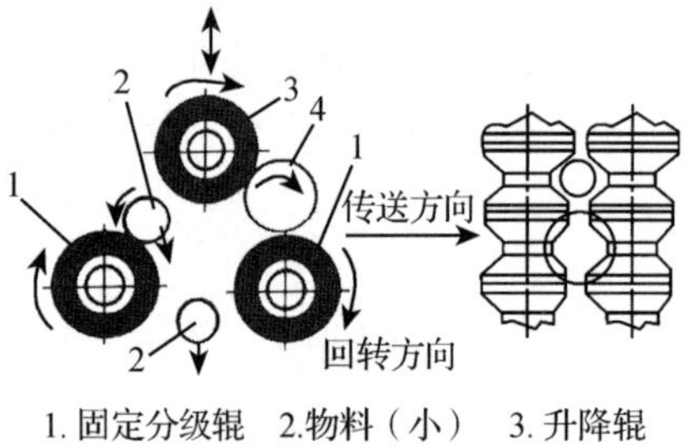

1. 固定分级辊 2.物料（小） 3. 升降辊 4. 物料（大）

图 7-2-15 三辊分级原理图

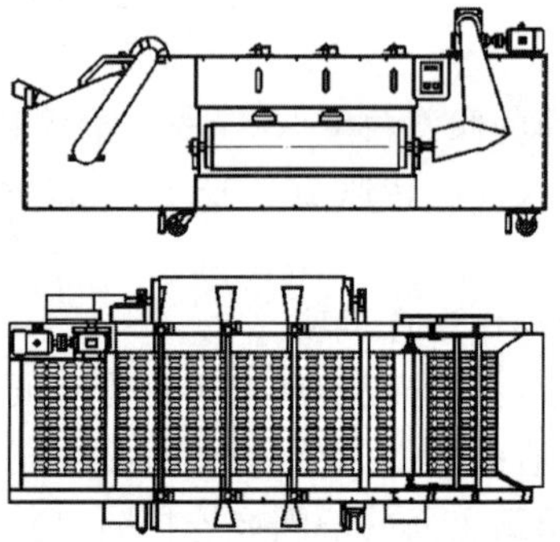

图 7-2-16 三滚筒式分级机示意图

在分级过程中，各分级机构的升降辊可在特定的导轨上逐渐上升，从而使滚筒之间的菱形开孔随之逐渐增大。每个开孔内只有一个物料，当物料的外径与开孔大小相适应时，物料就会落下，大于开孔度的物料则停留在滚筒中随滚筒继续向前运动，直到开孔度相适应时才落下；若物料大于最大开孔度时，则随输送带向前运动到末端，再由集料斗收集处理。升降辊在上升到最高位置后，分级结束，此后再逐渐下降到最低位置，再进行回转，循环以上动作。

滚筒在运行中借助其轴端安装的摩擦滚轮导轨滚动而旋转，从而带动开孔中的物料也转动，这样减少了在分级过程中物料的损伤。

当原料的规格改变时，分级机的开孔度需要加以调节，开孔度是通过调节升降辊的距离来获得的。调节升降辊的机构由蜗轮、蜗杆、螺杆以及连杆机构组成。

(三)精选机

1. 概述

颗粒形状分级设备主要是对谷物颗粒料(如小麦、大麦等)进行精选和分级,它按颗粒的长度进行分级,可以除去半粒和杂粒等,常用的有滚筒式精选机和碟片式精选机两种。

颗粒形状分级设备的工作原理如图 7-2-17 所示,设备上有袋形的凹孔,设备运转时,颗粒会嵌入袋孔中,不同长度的颗粒由于在袋孔中嵌入的深度不同而被带升的高度不同,短小的颗粒被带升到较高的位置才会落下,因此可以将不同长度的颗粒分级。

2. 碟片式精选机

碟片式精选机如图 7-2-18 所示,金属碟片的平面上有许多袋形的凹孔,孔的大小和形式视分级条件而定,例如,从大麦中分离米粒、荞麦、野豌豆,孔洞直径取 6.25～6.5 mm,分离小麦取 8.5 mm。碟片在粮堆中运动时,短小的颗粒嵌入袋孔被带到较高的位置,因此把收集短小颗粒的斜槽放在适当高度的位置上,就能将短小颗粒分离出来。

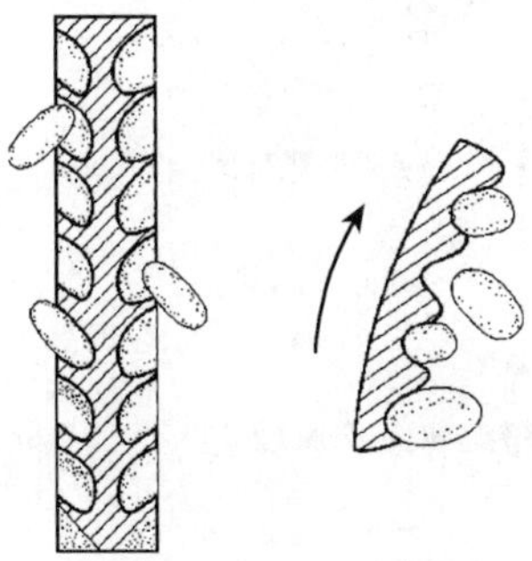

(a) 碟片式　(b) 滚筒式

图 7-2-17　精选机工作示意图

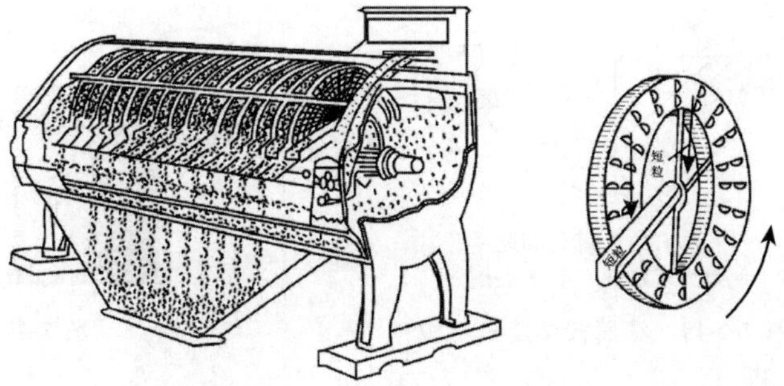

(a) 碟片精选机　(b) 工作示意图

图 7-2-18　碟片式精选机

碟片式精选机的工作面积大、转速高,故工作效率比较高,而且不同规格的袋孔可设在同一台设备中,以适应除去不同品种杂质的需要,若碟片损坏可以部分更换。其缺点是碟片上的袋孔容易磨损,功率消耗比较大。

表 7-2-3 为两种碟片式精选机的技术特性,供参考。

表 7-2-3　两种碟片式精选机的技术特性

项目	FTTΦ25″×27	FTTΦ25″×23
生产能力/(t/24 h)	140	120
碟片直径/mm	630	630
碟片转速/(r/min)		
除荞子	55～60	55～60
除燕麦	70～75	70～75
功率/kW	19	15
外形尺寸/mm	2 200×872×853	1 900×872×853

3. 滚筒式精选机

图 7-2-19 所示为滚筒式精选机结构，其工作原理如图 7-2-20 所示。在筛转圆筒的内表面开有袋孔，长粒的大麦依靠进料位差和滚筒本身的倾斜度，沿滚筒长度方向流动，由一端流出，而短粒大麦则由于嵌入袋孔的位置较深，被带到较高位置而落入中央槽中，由螺旋输送机排出。根据滚筒转速差别又分为快速滚筒式精选机和慢速滚筒式精选机，两者结构基本相似，但由于高速时使颗粒的离心力增大，中央槽、料槽和螺旋输送机位置应较低速的高；另外，低速滚筒式精选机应与水平面呈 5°～10°的倾角，以利于物料向出口处运动，高速滚筒式精选机可接近水平安装。

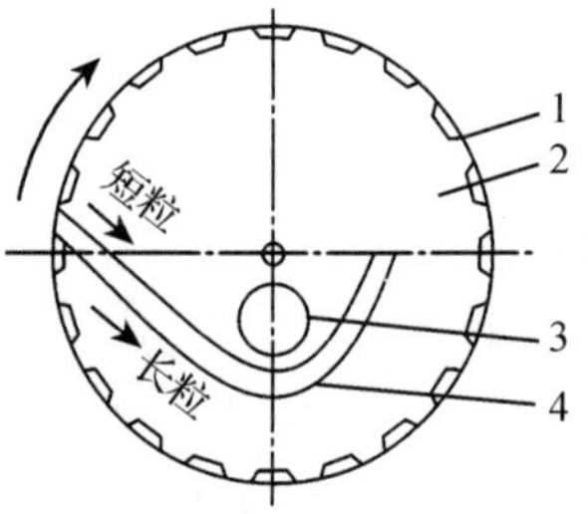

1. 袋孔　2. 筛转圆筒
3. 螺旋输送机　4. 中央槽

图 7-2-19　滚筒式精选机结构

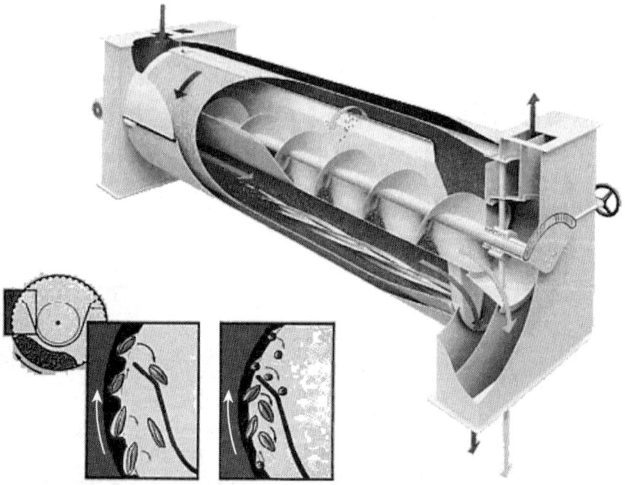

图 7-2-20　滚筒式精选机工作原理

三、其他分选机械

(一)色选机

学习视频 22
色选机

色选机是利用食品物料的光学特性进行无损检测和分选的新型分选机械。食品物料在种植、加工、贮藏、流通等过程中难免会出现缺陷，例如，含有异种异色颗粒、变霉变质粒、机械损伤等，然而，常规手段无法对原料或产品的颜色变化进行有效分选。大多依靠眼手配合进行人工分选，生产率低、容易受主观因素的干扰、精确度低。

色选机是利用光电原理，从大量产品中将颜色不正常或感染病虫害的个体(球状、块状或颗粒状)以及外来杂质检测并分离的设备。光电检测和分选技术克服了手工分选的缺点，具有明显的优势：①检测和分选均为非接触性、非破坏性的，既能检测表面品质，又能检测内部品质；②排除了主观因素的影响，对产品进行逐个检测，保证了分选的精确和可靠性；③劳动强度低，自动化程度高，生产成本降低；④机械的适应能力强，通过调节背景光或比色板，即可以处理不同的物料，生产能力大，适应了日益发展的商品市场的需要和工厂化加工的要求。

光电色选机的结构图和原理图分别如图 7-2-21 和图 7-2-22 所示。光电色选机的工作原理是：贮料斗中的物料由振动喂料器送入一系列通道成单行排列，依次落入光电检测室，在电子视镜与比色板之间通过。被选颗粒对光的反射及比色，板的反射在电子视镜中相比较，颜色的差异使电子视镜内部的电压改变，并经放大。如果信号差别超过自动控制水平的预置值，即被存贮延时，随即驱动气阀，高速喷射气流将物料吹送入旁路通道。而合格品流经光电检测室时，检测信号与标准信号差别微小，信号经处理判断为正常，气流喷嘴不动作，物料进入合格品通道。

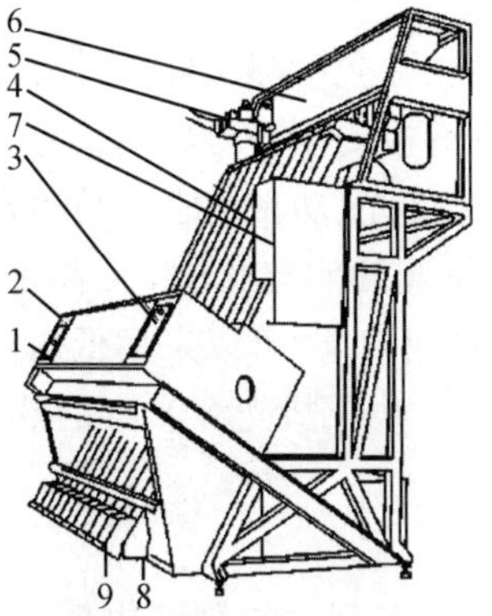

1. 传感器　2. 指示灯　3. 内部控制器　4. 送料滑道
5. 气动控制器　6. 进料斗　7. 控制箱　8. 杂物出口　9. 成品出口

图 7-2-21　色选机结构

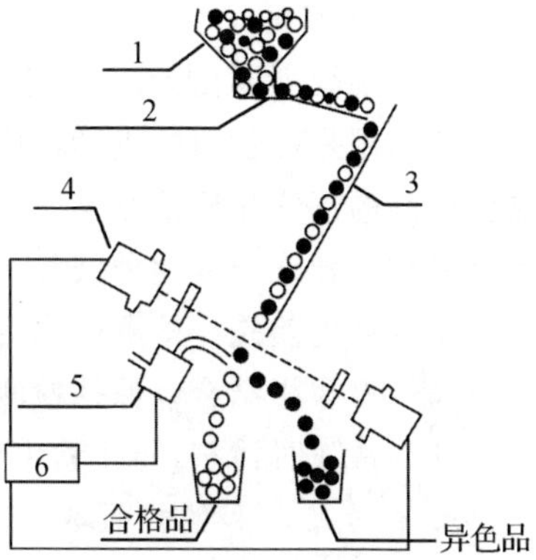

1. 进料斗　2. 振动喂料器　3. 滑槽
4. 光学传感器　5. 高速气流喷嘴
6. 放大器与控制器

图 7-2-22　色选机工作原理

光电色选机主要由供料系统、检测系统、信号处理和控制电路及剔除系统四部分组成，如图 7-2-23 所示。

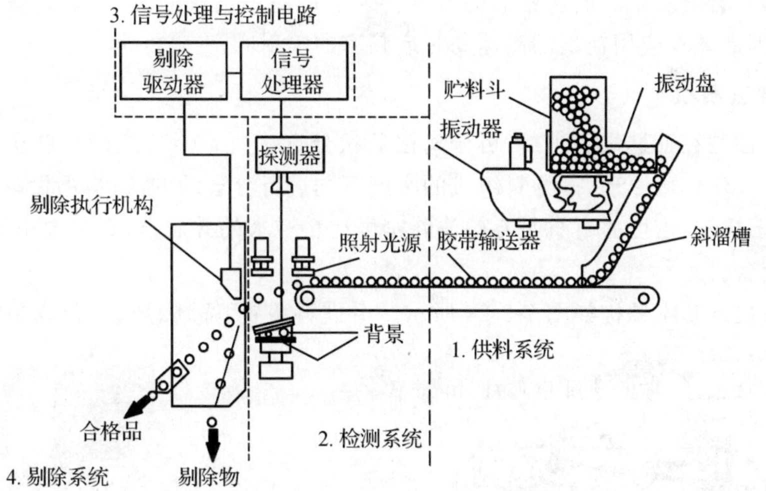

图 7-2-23　光电色选机系统

1. 供料系统

供料系统由贮料斗、电磁振动喂料器、斜溜槽（立式）或胶带输送器（卧式）组成。其作用是使被分选的物料按所需速率均匀地排成单列，穿过检测位置并保证能被传感器有效检测。色选机系多管并列设置，生产能力与通道数成正比。

供料的具体要求如下：

（1）计量　对某一种物料，保证每个通道中单位时间内进入检测区物料量均匀一致。

（2）排队　保证物料沿一定轨道一个个按顺序单行排列进入检测位置和分选位置。

（3）匀速　为了保证疵料确实被剔除，物料从检测位置到达分选位置的时间必须为常数，且须与从获得检测信号到发出分选动作的时间相匹配。送料速度可达 4 m/s,从检测到执行分选动作的延时为 0.5～100 ms,视具体情况而定。

2. 检测系统

检测系统主要由光源、光学组件、比色板、光电探测器、除尘冷却部件和外壳等组成。检测系统的作用是对物料的光学性质(反射、吸收、透射等)进行检测以获得后续信号处理所必需的受检产品的正确品质信息。光源可用红外光、可见光或紫外光,功率要求保持稳定。色选机用光可采用一种波长或两种波长。前者为单色型,只能分辨光的明暗强弱,后者为双色型,能分辨真正的颜色差别。检测区内有粉尘飞扬或积累,影响检测效果,可以采用低压持续风幕或定时地高压喷吹相结合以保持检测区内空气明净、环境清洁,并冷却光源产生的热量,同时还设置自动扫帚随时清扫,防止粉尘积累。

3. 信号处理和控制电路

信号处理控制电路把检测到的电信号进行放大、整形,送到比较判断电路,判断电路中已经设置了参照样品的基准信号。根据比较结果把检测信号区分为合格品信号和不合格品信号,当发现不合格品时,输出一脉冲给分选装置。

4. 剔除系统

剔除系统接收来自信号处理控制电路的命令,执行分选动作。最常用的方法是高压脉冲气流喷吹。它由空压机、贮气罐、电磁喷射阀等组成。喷吹剔除的关键部件是喷射阀,应尽量减少吹掉一颗不合格品带走的合格品的数量。为了提高色选机的生产能力,喷射阀的开启频率不能太低,因此要求应用轻型的高速高开启频率的喷射阀。

(二)密度去石机

重力分选往往在筛选之后进行,可分离按形状分选法所不能分离的一些杂质。重力分选是应用振动和气流作用原理,按物料组成的密度不同进行分选的方法,典型设备是密度去石机(也叫比重去石机)。密度去石机是专门清除密度比粮粒大的并肩石(石子大小类似粮粒)等重杂质的一种装备。

密度去石机的基本结构如图 7-2-24 所示。由进料装置、筛体、风机、传动机构等组成。传

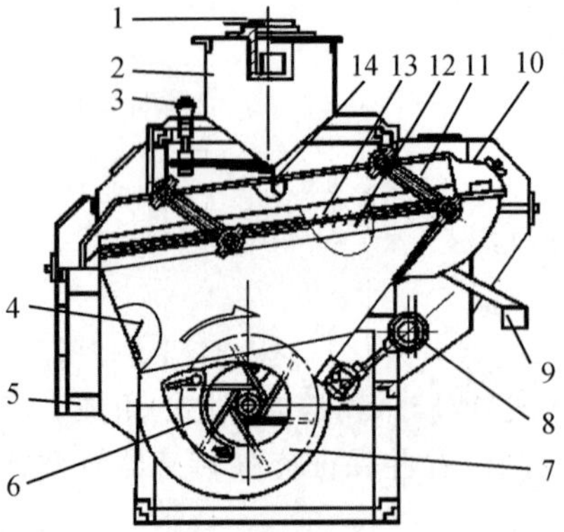

(a) 结构图

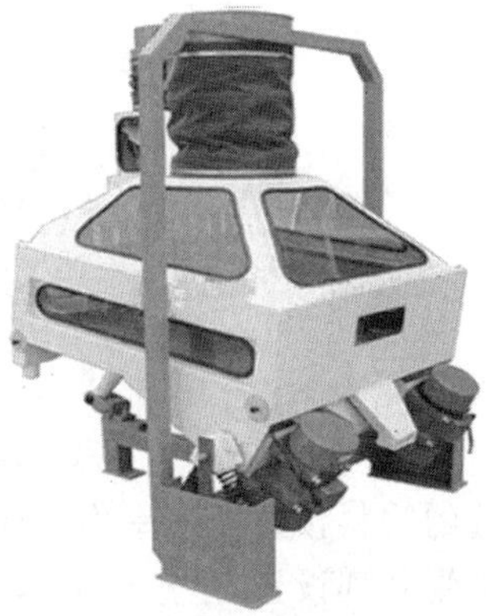

(b) 外形图

1. 进料口 2. 进料斗 3. 进料调节手轮 4. 导风板 5. 出料口 6. 进风调节装置 7. 风机 8. 偏心传动机构 9. 出石口 10. 检查装置(精选室) 11. 吊杆 12. 匀风板 13. 去石筛面 14. 缓冲匀流板

图 7-2-24 密度去石机

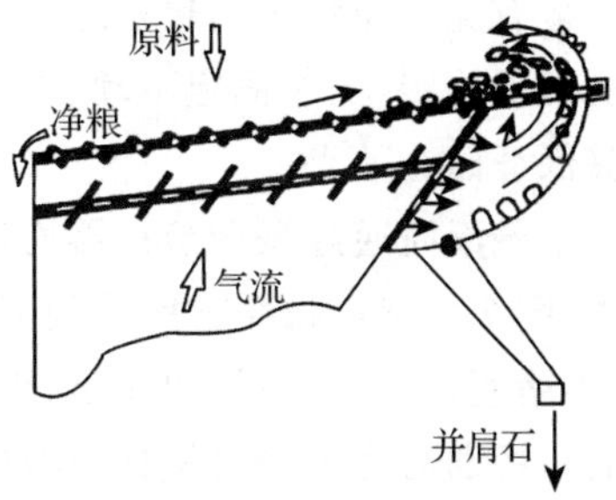

图 7-2-25　密度去石机的分拣装置

动机构常采用曲柄连杆机构和振动电动机两种。进料装置包括进料斗、缓冲匀流板、流量调节装置等。筛体与风机外壳固定连接，风机外壳又与偏心传动机构相连，形成同一振动体。筛体通过吊杆支承在机架上。去石筛面一般用薄钢板冲压成双面突起的鱼鳞形筛孔，筛面向后逐渐变窄，后部称作聚石区，筛面与其上部的圆弧罩构成密度去石机的分拣装置（图 7-2-25），改变圆弧罩内弧形调节板的位置，可改变反向气流方向，以控制石子出口区的含粮粒数。鱼鳞形冲孔去石筛面的孔眼均指向石子运动方向（后上方），对气流进行导向和阻止石子下滑，并不起筛选作用。吹风系统包括风机、导风板、匀风板、进风调节装置等。气流进入风机，经过匀风板、去石筛面，穿过物料后排放到机箱内循环使用。

密度去石机工作时，物料不断地进入去石筛面的中部，由于物料各成分的密度及空气动力特性不同，在适当的振动和气流作用下，密度较小的谷粒浮在上层，密度较大的石子沉入底层与筛面接触，自动分层。由于自下而上穿过物料的气流作用，使物料之间孔隙度增大，降低了料层间的正压力和摩擦力，物料处于流化状态，促进了物料自动分层。因去石筛面前方略微向下倾斜，上层物料在重力、惯性力和连续进料的推力作用下，以下层物料为滑动面，相对于去石机筛面下经至净粮粒出口。与此同时，石子等杂物逐渐从粮粒中分出进入下层。下层石子及未悬浮的重粮粒在振动及气流作用下沿筛面向后上滑，上层物料也越来越薄，压力减小，下层粮粒又不断进入上层，在达到筛面末端时，下层物料中粮粒已经很少了，在反吹气流的作用下，少量粮粒又被吹回，石子等重物则从排石口排出。

（三）磁选机

1. 永磁溜管

永久磁铁装在溜管上边的盖板上，如图 7-2-26 所示，每个盖板上装有两组前后错开的磁铁。工作时，散料从溜管上端流下，磁性物体被磁铁吸住。

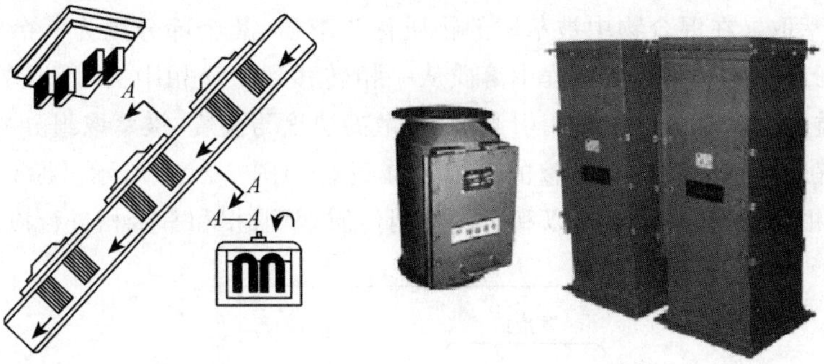

（a）结构图　　（b）外形图

图 7-2-26　永磁溜管

2. 永磁滚筒

永磁滚筒主要由进料装置、滚筒、磁芯、机壳和变速机构等组成（图 7-2-27）。磁芯锶钙铁氧体永久磁铁和铁隔板按一定顺序排列成 170°圆弧形，安装在固定的轴上，形成多极头开放磁路。磁芯圆弧表面与滚筒内表面间隙小而均匀（一般小于 2 mm），滚筒由非磁性材料制成，外表面敷有无毒而耐磨的聚氨酯涂料作保护层，以延长使用寿命。滚筒通过蜗轮蜗杆机构由电动机带动旋转，磁芯固定不动，滚筒重量轻，转动惯量小，滚筒的圆周速度一般为 0.6 m/s 左右能够保证磁选效果。

永磁滚筒通过振动给料器均匀地将料给到分选筒的上部，旋转的筒体把非磁性物料抛离筒体(图 7-2-28)，磁性物料受到强磁场力作用吸向筒体，使用方便，设备处理量大，分离精度高、不堵塞；永磁滚筒结构简单、维护方便，耗电量小，能自动排除磁性杂质，除杂效率高(98% 以上)，特别适合于除去粒状物料中的磁性杂质。

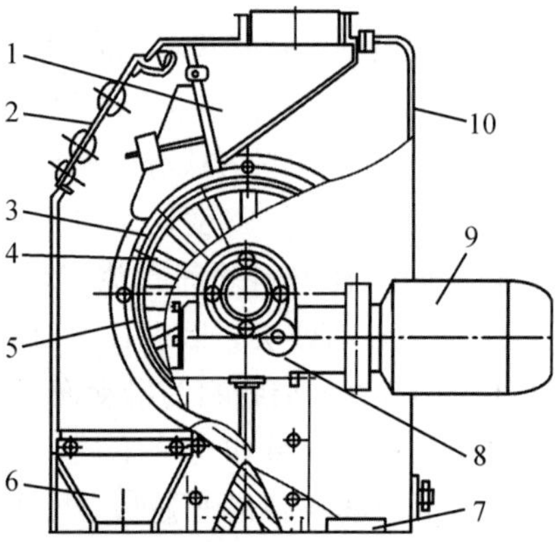

1. 进料斗 2. 观察窗 3. 滚筒 4. 磁芯 5. 隔板 6. 小麦出口 7. 铁杂质收集盒 8. 变速结构 9. 电动机 10. 机壳

图 7-2-27 永磁滚筒的结构

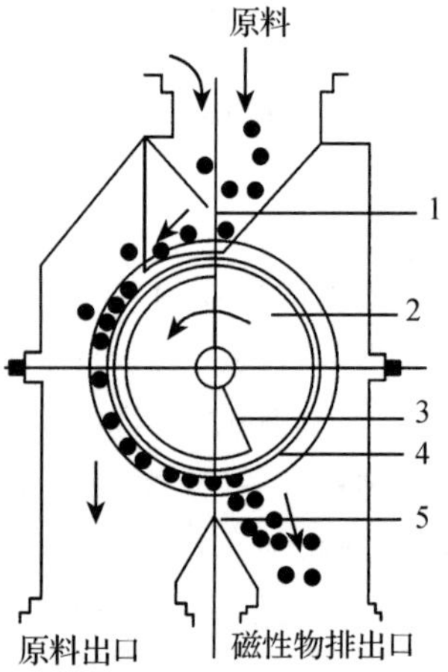

1. 挡板 2. 磁性滚筒 3. 磁心 4. 滚筒隔板 5. 刮刷

图 7-2-28 永磁滚筒工作原理

四、萃取设备

根据不同物质在同一溶剂中溶解度的差别，使混合物中各组分得到部分的或全部分离的分离过程，称为萃取。在混合物中被萃取的物质称为溶质，其余部分则为萃余物，而加入的第三组分称为溶剂或萃取剂。萃取过程中溶质从一相转移到另一相中去，所以萃取也是传质的过程。相间物质的传递是由扩散作用引起的，扩散的速度与温度、被萃取组分的理化性质以及在两相中的溶解度差有关。一个完整的萃取操作过程如图 7-2-29 所示。原料液与溶剂充分混合接触，使一相扩散于另一相中，以利于两相间传质；萃取相和萃余相进行澄清分离；从两相

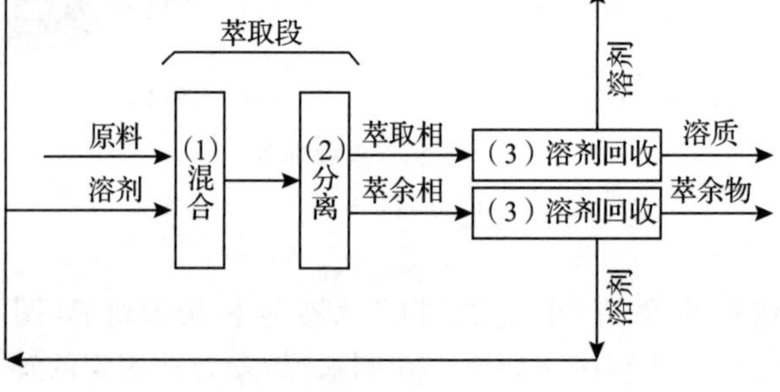

图 7-2-29 萃取过程

分别回收溶剂得到产品，回收的萃取剂可循环使用。萃取相除去溶剂后的产物称为萃取物，萃余相除去溶剂后的产物称为萃余物。

混合物料为液体的萃取称为液-液萃取，所用溶剂与被处理的溶液必须不互溶或很少互溶，而对处理溶液中的溶质具有选择性的溶解能力。例如，可以用溶剂从色素和水的混合物中提取色素。

混合物料为固体的萃取称为液-固萃取（也称为浸出、提取或浸沥，当溶剂为水，被分离的溶质为人们不希望要的组分时，则可称为洗涤），为了增加接触面积，一般需将固体粉碎。例如，香料制作中利用香草为原料，经过浸提过程分离出有用成分。

（一）液-液萃取设备

液-液萃取属于分离均相液体混合物的一种单元操作，在食品工业上主要用于提取与大量其他物质混杂在一起的少量挥发性较小的物质。因液-液萃取可在低温下进行，故特别适用于热敏性物料的提取，如维生素、生物碱或色素的提取，油脂的精炼等。

液-液两相间传质是一个界面更新过程，所以萃取设备的形式从原理上包括实现不同相间膜状接触或将一相分散在另一相以及两相分离两部分。

在此类萃取设备中，分散相和连续相逆流流动，并在连续逆流流动过程中进行质量传递，分散相的聚合及两相的分离是在萃取柱的一端实现的。液-液萃取设备包括两个组成部分：一是混合设备，要求溶剂和料液充分混合，在短时间内接近萃取平衡；另一是分离设备，将萃取后的两相进行分离。

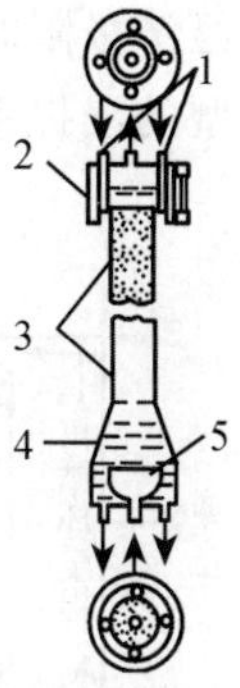

1. 重相（连续相）进口　2. 界面
3. 主接触段　4. 轻相(分散相)
5. 分布器

图 7-2-30　喷淋柱示意图

喷淋柱（重力作用的萃取柱）如图 7-2-30 所示。重相连续相由柱顶引入，充满萃取柱，从柱底通过液封管流出；轻相从柱底进入，通过分布器分散成细小液滴，再通过重相，在柱顶聚合成轻相液层。柱的处理能力较大，随两相密度差和随重相黏度的增加而增大，随轻相黏度的增加而减小。分散相的液滴直径对处理能力影响较大。由于柱内无内部构件，因此两相接触时间短，传质系数小且连续相纵向混合严重，从而萃取效率低。但其结构简单，设备维修费用低，可用于简单的洗涤和溶剂处理过程。

（二）固-液萃取设备

固-液萃取操作通常称为浸出或浸提。食品工业的原料多为动植物产品，固体物质是其主要组成部分。为了分离出其中的纯物质，或者除去其中不需要的物质，多采用浸提操作。随着近年来食品工业的发展，油脂工业、制糖工业、制造速溶咖啡、速溶茶、香料色素、植物蛋白、鱼油、肉汁和玉米淀粉等，都会应用到浸提操作。

固体的浸提过程一般包括：溶剂浸润进入固体内，溶质溶解；溶解的溶质从固体内部流体中扩散达到固体表面；溶质继续从固体表面通过液膜扩散而到达外部溶剂的主体中。

影响浸提速度的因素包括：①可浸提物质的含量：物料中可浸提物含量高，浸提的推动力就大，因而浸提速率就快；②原料的形状和大小：物料形状和大小直接影响传质速率，其应在一定范围内，太大太小都不适宜；③温度：在较高的温度下进行浸提操作，可以提高溶质的扩散速率，从而提高浸提速率，但浸提温度的确定还要考虑物料的特性，避免因温度过高而导致浸提液的品质劣变;④溶剂:溶剂的影响包括溶剂的溶解度、亲和力、黏度、分子大小等各种因素,比较复杂。

在食品工业中,固体浸提物料的粒径多大于100目,且富含纤维成分,常用的浸提装置为单级浸提罐、多级固定床浸提器和连续移动床浸提器等。

1. 单级浸提罐

单级浸提罐为一开口容器,下部安装假底以支持固体物料,溶剂从上面均匀喷淋于物料上,通过床层渗滤而下,穿过假底从下部排出。物料由上方进入,残渣通过下排渣口排出,浸提液由泵排出。物料浸提有时需在高温下进行,溶剂多为挥发性的,且卫生要求高,故单级浸提罐常做成密闭式的,如图7-2-31所示。

单级浸提罐常用作中试设备或小规模的生产设备,可以从植物种子、大豆和花生等原料中提取油脂,从咖啡、干茶叶或中药材中提取浸出物等。

2. 多级固定床浸提器

多级固定床浸提器为将数个浸提罐依序排列,如图7-2-32所示。新溶剂由罐顶注入进行浸提,所得浸提液再泵入次一级的浸提罐,并依序连续操作。罐与罐间设置热交换器,以确保浸提液的温度,提高浸提效率。这样,所得浸提液的浓度逐罐提高,当第一罐物料内的溶质残存浓度低于经济极限时,停止浸提操作。新溶剂则改成从第2号罐注入。

这种类型的浸提系统可用于咖啡、茶精、油脂和甜菜汁的浸提操作。

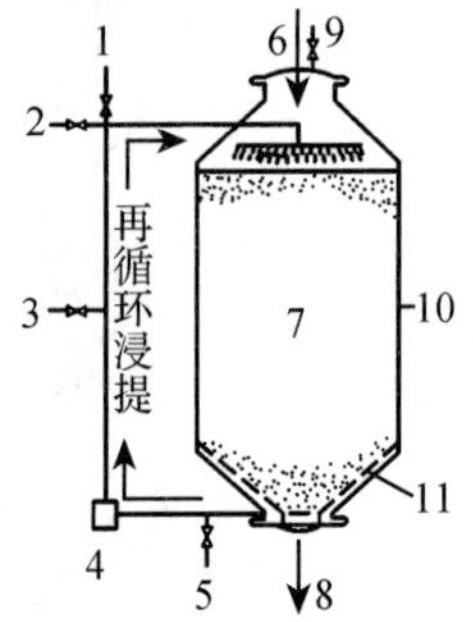

1. 洗水入口 2. 新溶剂 3. 浸提液 4. 泵 5. 洗水出口 6. 物料入口 7. 固体物料槽 8. 残渣出口 9. 排气孔 10. 罐体 11. 假底

图7-2-31 单级浸提罐

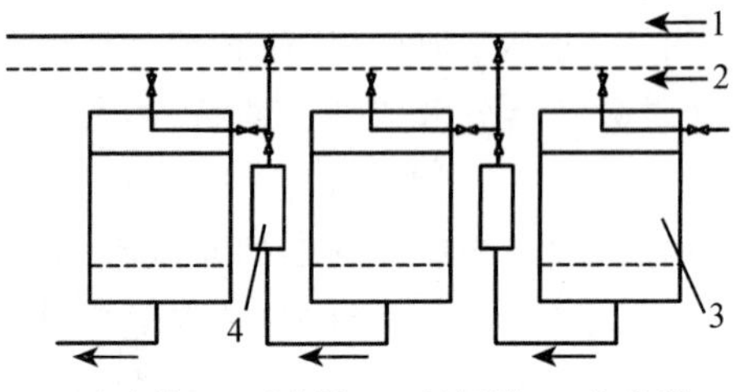

1. 溶液管 2. 溶剂管 3. 浸提罐 4. 加热器

图7-2-32 多级逆流固定床浸提罐

3. 连续移动床浸提器

工业上大多采用连续移动床浸提系统,物料置于一连续移动床上随其移动,溶剂则逆向流动。目前,连续移动床浸提设备主要有浸泡式、渗滤式及浸泡和渗滤混合式三种形式。

(1)浸泡式连续移动床浸提器 物料完全浸没于溶剂之中进行连续浸提。如图7-2-33所示,此浸提器由两个垂直圆形塔,下端用短的水平圆筒连接而成。每段圆筒内均安装有螺旋输送器,螺旋片上均开有滤孔。螺旋输送器将固体物料从低塔的顶部移向底部,再经短距离水平移动而到达高塔的底部,而后上升到达塔顶的卸料口。新鲜溶剂在较高的塔顶附近引入,入口位置低于固体的卸料口,以保证固体残渣有一段沥出溶剂的距离。溶剂依靠重力向下流动,与物料进行流向相反的逆流接触。随着流动,溶剂中溶质浓度逐渐增加。溶液出口位于原料入口下方,并低于溶剂入口位置,排出前经过一特殊的过滤器过滤。这种浸出器常用于大豆和甜菜的浸提。

(2)渗滤式连续移动床浸提器　溶剂喷淋于物料层之上,在通过物料层向下流动的同时进行浸提,物料不浸泡于溶剂中。

如图 7-2-34 所示,主要由转子、假底(活络筛网)、轨道、混合油收集格(油斗)、喷淋装置、进料和卸粕装置、传动装置等组成,整个设备由外壳密封。

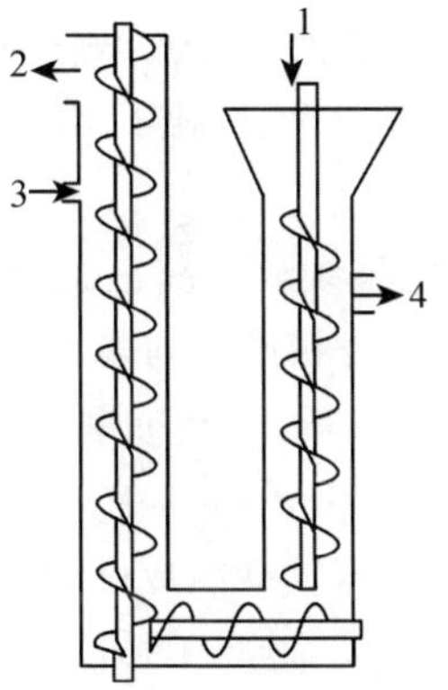

1. 物料　2. 残渣　3. 溶剂　4. 浸提液

图 7-2-33　浸泡式连续移动床浸提器

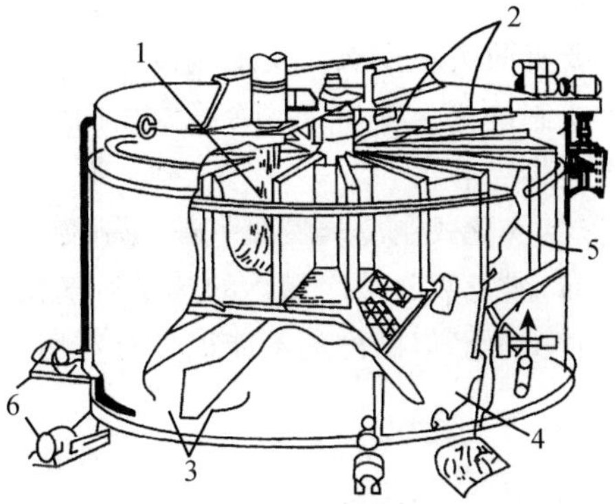

1. 装料　2. 喷淋溶剂　3. 浸提液出口　4. 残渣出口　5. 残渣卸除　6. 溶剂泵

图 7-2-34　渗滤式连续移动床浸提器

浸出器的转动体被钢板间隔形成若干格子,称为浸出格。每个浸出格的下部均装有假底,假底的一侧通过铰链与隔板底侧连接,另一侧有两个滚轮支撑在底座上的内外轨道上。假底与料格吻合形成一个有底容器。假底由角钢、有孔筛板和丝网等构成,这样既能承托被浸物料,又能透过混合油。转动体外圈中间处装有齿条,通过链条和减速器传动,绕主轴做顺时针或逆时针方向转动。当假底合上时,浸出格开始装料,小滚轮就在圆形轨道上缓慢移动,并托住浸出格内的物料。物料经上部喷入的混合油浸泡提取,当其中的油脂被逐渐提取殆尽时,再被新鲜溶剂喷淋浸泡一次。随后即进入粕的最后滴干阶段。粕内低浓度的混合油自行滴干,落入浸出器下部的混合油收集格内。滴干结束后,浸出格即旋转到了出粕处。在出粕处,圆形轨道中断,假底失去依托。由于粕和假底的重量,使假底自动脱开,湿粕随之落入出粕斗中,经绞龙或刮板输送机送去蒸脱以回收湿粕中的溶剂。

任务 7-3　食品冷加工机械与设备

技术知识

食品冷加工主要包括冷却、冻结、冷藏和解冻四个过程,通过冷加工可以保持食品的风味、营养素以及食品原有的性质和新鲜度。食品冷加工所用到的设备主要包括冷却装置和冻结装置。

一、制冷原理与设备

(一)制冷原理与制冷系统

1. 制冷原理与方法

制冷技术的应用范围非常广泛,从工农业生产到日常生活。制冷技术的应用范围一般可分为三个温区：①低温区(约$-120℃$以下)主要用于气体的液化、分离、超导和宇航等；②中温区($-120\sim5℃$)主要用于食品冷冻冷藏、化工生产和生化制品的生产过程；③高温区($5\sim80℃$)主要用于空调、除湿、热泵蒸发和热泵干燥等。制冷温度范围不同，所采取的制冷方式、使用的工质、机器设备及其原理有很大的差别。

食品加工业中所涉及的制冷绝大多数属于中温范围。在该温度范围内，大多是利用液体气化时需要吸收大量潜热而实现制冷的。液体气化制冷主要有液氮气化式、蒸气压缩式、吸收式和吸附式制冷等。食品冷冻冷藏常用的是蒸气压缩式和液氮气化式制冷，吸收式和吸附式制冷应用较少。

(1)液氮气化式制冷　液氮气化式制冷属于开式液体气化系统。是将液氮直接喷淋到被冷却物表面，液氮吸收被冷却物的热量后气化，或将被冷却物沉浸在液氮内降温。这种方式操作简单，初投资低，但制冷剂不能循环再利用，运行费用较大。

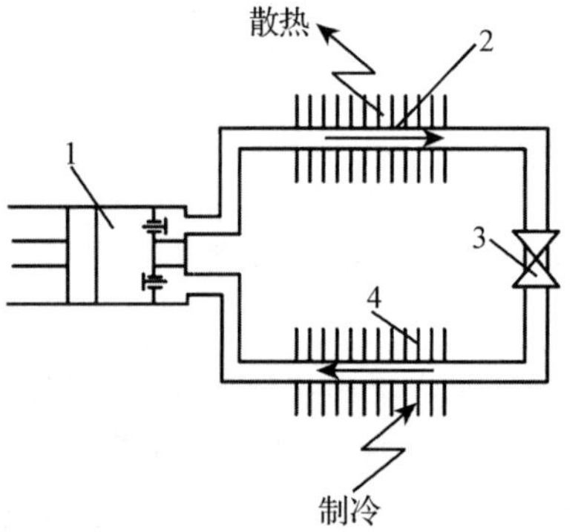

1. 压缩机　2. 冷凝器　3. 节流阀　4. 蒸发器

图 7-3-1　蒸气压缩式制冷系统

(2)蒸气压缩式制冷　蒸气压缩式制冷系统由压缩机、冷凝器、节流阀和蒸发器组成(图 7-3-1)，用管道将其连成一个密封系统。制冷工质在蒸发器内吸收热量并气化成蒸气，压缩机不断地将蒸气从蒸发器中抽走，并将其压缩后在高压下排出，该过程需要消耗能量。经压缩的高温、高压蒸气在冷凝器内被常温冷却介质(水或空气)冷却，凝结成高压低温制冷剂液体。再利用节流装置使高压液体节流，节流后的低压、低温制冷剂蒸气进入蒸发器，再次气化吸收被冷却对象的热量，如此周而复始地完成制冷循环。

(3)吸收式制冷　吸收式制冷是利用某些物质对制冷剂蒸气有很强的吸收能力这一特性来吸收蒸气。如水可以吸收氨蒸气，浓溴化锂溶液可以吸收水蒸气。将一个盛有氨溶液的容器与一个盛有水的容器共置于一个真空的球形罐内，两容器内分别放置温度计测量温度变化，结果发现盛有氨溶液容器的温度不断降低，而盛有水的容器的温度不断升高，这是由于水吸收氨蒸气，使氨溶液不断气化，气化时从剩余的氨溶液中吸取汽化潜热所致，同时水吸收氨蒸气是一个放热过程，所以盛有水的容器的温度升高。这里氨是制冷剂，水为吸收剂。利用这一原理工作的制冷机称为吸收式制冷机。

(4)吸附式制冷　吸附式制冷的驱动能源可以是工业废热、太阳能、化学反应热等低温热源。在吸附式制冷机中，制冷剂液体汽化吸收潜热制冷，气化后的制冷剂蒸气是由对制冷剂蒸气有很强的吸附能力的吸附材料来吸收的，其工作原理同吸收式。常用的吸附材料有沸石、分子筛、活性炭等，常用的制冷剂主要有水、氨和甲醇等。

2. 制冷系统与制冷循环

根据制冷方法的不同，制冷系统有多种形式。液体气化制冷的应用最广，它是利用液体气化时的吸热效应而实现制冷的。液体气化制冷有蒸气压缩式、吸收式、吸附式等形式。

(1)蒸气压缩式制冷系统　图 7-3-2 所示为单级蒸气压缩式制冷机组流程图。系统主要由压缩机、冷凝器、膨胀阀、蒸发器等组成，用管道将其连成一个封闭的系统，制冷工质在蒸发器内与被冷却对象发生热量交换，吸收被冷却对象的热量后气化。产生的低压蒸气被压缩机吸入，经压缩后以高压排出，压缩过程需要消耗能量，压缩机排出的高温高压气态制冷工质，在冷凝器被常温冷却介质(水或空气)冷却，凝结成高压液化低温的液体，流经膨胀阀时节流，变成低压、低温制冷剂气液混合物，进入蒸发器，其中的低压液体在蒸发器中再次汽化制冷。蒸气压缩式制冷机是应用最广泛的制冷装置。单级活塞式压缩制冷的蒸发温度最低只能达到 −40℃，为了达到比较低的蒸发温度，一般采用多级压缩式或复叠式制冷机。

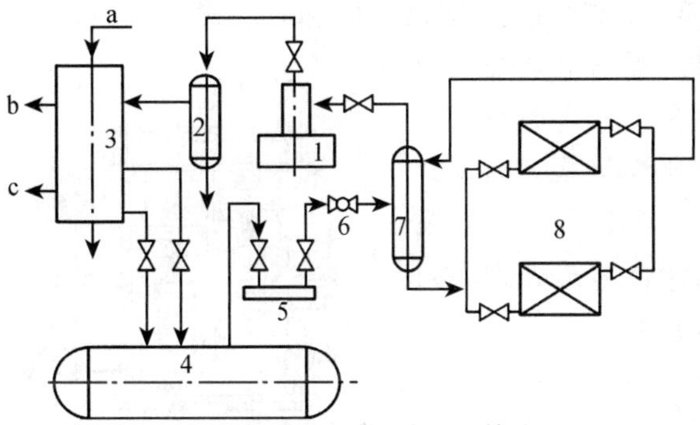

1. 压缩机
2. 油分离器
3. 冷凝器
4. 贮液器
5. 总调节站
6. 膨胀阀
7. 气液分离器
8. 蒸发器

a. 水　b. 放空气　c. 放油

图 7-3-2　单级蒸气压缩式制冷机组流程图

(2)吸收式制冷系统　吸收式制冷机与蒸气压缩式制冷机都是利用高压液体制冷剂经膨胀阀降压，在低压下液体汽化吸热来制取冷量。因此，吸收式制冷也具有冷凝器、节流阀和蒸发器，两者的区别是将低压蒸气变为高压蒸气的方法不同。压缩式制冷机是通过压缩机消耗机械功实现的，而吸收式制冷则是通过消耗热能实现的，所以压缩式制冷系统中的压缩机，在吸收式制冷系统中由吸收器、热交换器、发生器及溶液泵的组合来代替。吸收式制冷机有氨-水吸收式(图 7-3-3)和溴化锂吸收式(图 7-3-4)两种。

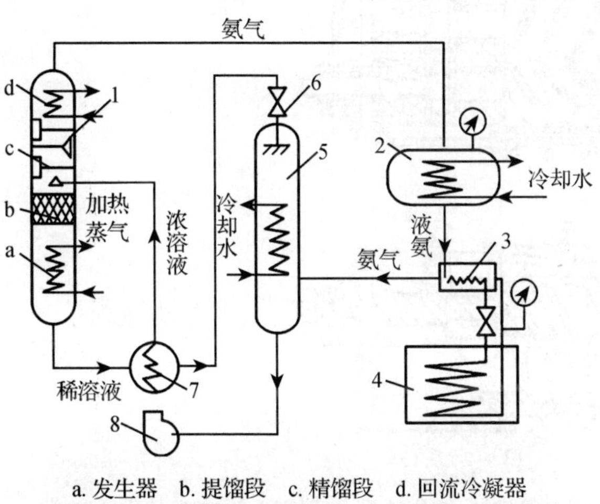

a. 发生器　b. 提馏段　c. 精馏段　d. 回流冷凝器
1. 精馏塔　2. 冷凝器　3. 过冷器　4. 蒸发器　5. 吸收器
6. 节流阀　7.溶液热交换器　8. 溶液泵

图 7-3-3　氨-水吸收式制冷机工作原理

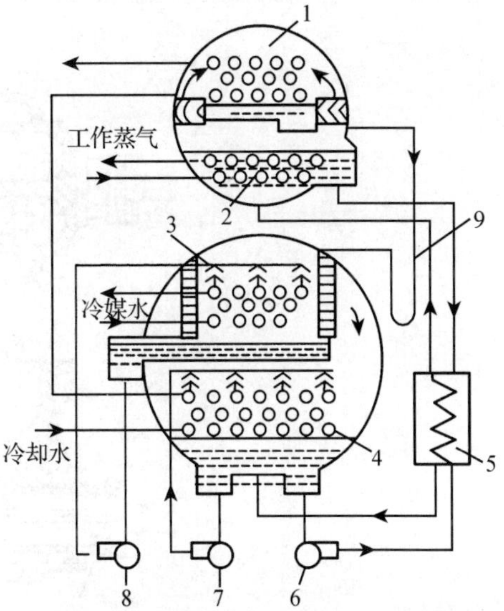

1. 冷凝器　2. 发生器　3. 蒸发器　4. 吸收器
5. 溶液热交换器　6. 发生器泵　7. 吸收器泵
8. 冷却水泵　9. “C”形管

图 7-3-4　溴化锂吸收式制冷机工作原理

(二)制冷系统的主要设备

1. 制冷压缩机

蒸气压缩式制冷机组中的压缩机是从蒸发器中吸入低温低压制冷剂蒸气，压缩成高温高压气体后送到冷凝器，使其在冷凝器中液化，同时维持吸气和排气两端的压力差，使制冷剂在制冷系统中循环流动，并经其他部件完成相态变化，达到制冷目的。根据压缩部件的形式及运转方式的不同，压缩机分为活塞式、螺杆式、滚动转子式和涡旋式等。

(1)活塞式压缩机　活塞式压缩机上要靠电动机带动连杆，连杆带动活塞在气缸内做往复运动不断吸气、压缩、排气，完成压缩过程。活塞式压缩机按气缸数分类，有单缸、双缸和多缸压缩机；按压缩部分与驱动电动机组合形式分为全封闭式、半封闭式(图 7-3-5)和开启式压缩机。按压缩级数又可分为单级(制取温度为－40℃以上)、双级(－70℃以上)和三级压缩机(－110℃以上)。食品冷冻冷藏过程中常用的压缩机的制取温度在－40℃以上。食品快速冻结时会用到双级压缩机或三级压缩机。

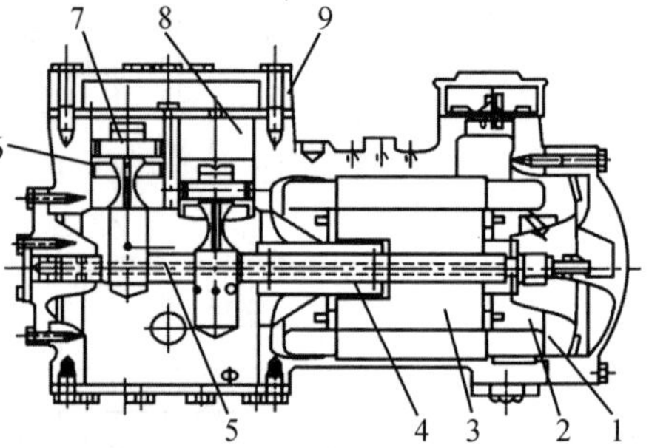

1. 机体　2. 电机绕组　3. 电动机定子
4. 电动机转子　5. 曲轴　6. 连杆
7. 活塞　8. 气缸　9. 阀板

图 7-3-5　半封闭式制冷压缩机

(2)螺杆式压缩机　螺杆式压缩机结构如图 7-3-6 所示，主要由阴转子、阳转子、机体、轴承、轴封、平衡活塞及能量调节装置等组成。其工作原理是由阴、阳转子螺杆的啮合旋转产生容积变化，进行气体的压缩。阴转子的齿沟相当于活塞缸，阳转子相当于活塞。阳转子带动阴转子做回转运动，使阴、阳转子间的容积不断变化，完成制冷剂蒸气的吸入、压缩和排出。

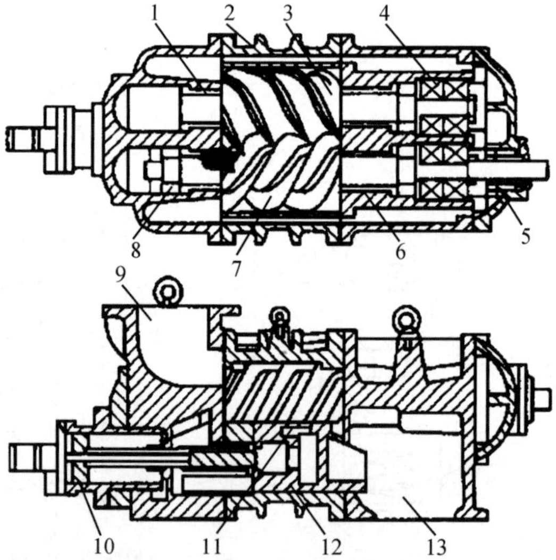

1、6. 滑动轴承　2. 机体　3. 阴转子　4. 推力轴承　5. 轴封　7. 阳转子　8. 平衡活塞　9. 吸气孔
10. 能量调节用卸载活塞　11. 喷油孔　12. 卸载滑阀　13. 排气口

图 7-3-6　双螺杆制冷压缩机

螺杆式压缩机与活塞式相比效率高，适应温度范围广，结构简单，易损件少，运行寿命长。制冷量可在10%～100%范围内实现无级调节，在低负荷运行时较经济。但其润滑系统较复杂，油分离器体积较大，运行噪声大。螺杆式压缩机在中等制冷量范围(580～2 300 kW)应用得较多。

(3)滚动转子式压缩机　滚动转子式压缩机是利用一个偏心圆筒形转子在气缸内转动来改变工作容积，以实现气体的吸入、压缩和排出。图7-3-7为滚动转子式压缩机结构图。滑片将气缸分成两部分，当转子转动时，与吸气管相通的气缸容积增大，进行吸气，与排气口相连的气缸容积减小进行压缩排气。滚动转子式压缩机结构简单，体积小，重量轻，易损件少，运行比较可靠，效率高。其缺点是在环境温度高于43℃时性能较差，长期运转后效率下降，用于热泵运转时制热量小，损坏后修复困难，多用于冰箱、冷柜、空调。

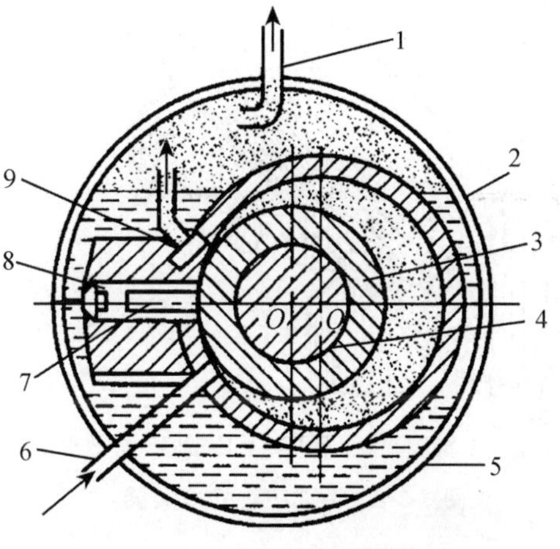

1. 排气管　2. 气缸　3. 转子　4. 曲轴　5. 润滑油　6. 吸气管　7. 滑片　8. 弹簧　9. 排气管

图7-3-7　滚动转子式压缩机

2. 换热设备

制冷系统中，除了压缩机外，还有一些完成制冷循环必需的换热器及其他辅助设备。冷凝器和蒸发器是最主要的换热器。它们传热效果的好坏直接影响制冷机的重量、尺寸和经济性。

(1)冷凝器　在制冷过程中冷凝器起着输出热量并使制冷剂得以冷凝的作用。从压缩机排出的高压高温蒸气进入冷凝器后，将其在工作过程吸收的全部热量传递给周围介质(水或空气)。制冷剂由高压高温蒸气重新凝结为高压低温液体。冷凝器的种类很多，常用的有卧式壳管式、淋水式、蒸发式、空气冷却式和立式壳管式。

①卧式壳管式冷凝器　如图7-3-8所示，钢制圆柱壳体的两端焊有管板各一块，在壳体内装有一组横卧的直管管簇与管板焊接，冷凝器两端各装水盖一个。冷却水在管内流动，借水盖内的挡板多程转折进出。冷却水进出口设在同一水盖上，由下面流进，上面流出，这样可以保证冷凝器的所有管簇始终被冷却水充满。制冷剂蒸气自壳体上部引入，在管壳间通过并将热量传递给水而被冷凝，氨液在壳体下部引出。

卧式壳管式冷凝器结构紧凑、占空间高度小、传热系数高，但清除水垢困难。适于在水温较低、水质较好、水源充足的地方使用。

②淋水式冷凝器　如图7-3-9所示，由储氨器、冷却排管和配水箱等组成。工作时冷却水由顶部进入配水箱，经配水槽流到蛇管的顶面，然后顺着每层排管的外表面呈膜状流下，部分水蒸发，其余落入水池中，通过冷却再重复使用；氨液自排管底部进入管内，沿管上升时遇冷而冷凝成氨液，流入储氨器中。

为了减少管间距离，蛇管不是用一根长钢管绕制而成，而是用单根钢管焊接而成的，焊接前，先将管端稍微弯曲成斜角。

淋水式冷凝器结构简单、操作方便、工作安全、对水质要求不严、容易清洗，但耗材较多，占地面积较大。适用于空气相对湿度较低、水源不足或水质特别差的地方使用。

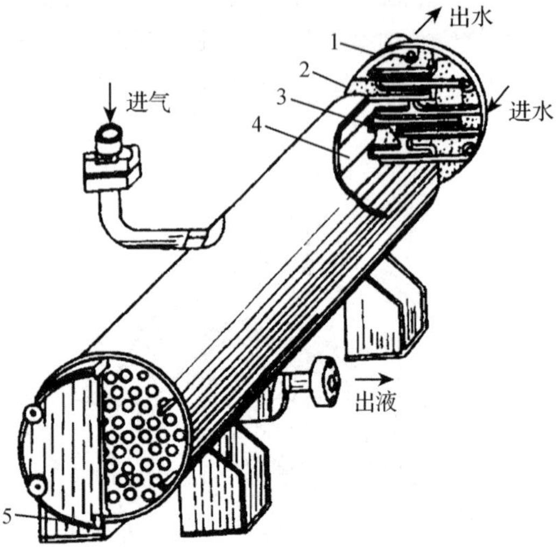

1. 端盖　2. 橡胶圈　3. 管板　4. 冷凝器　5. 放水堵头

图 7-3-8　卧式壳管式冷凝器

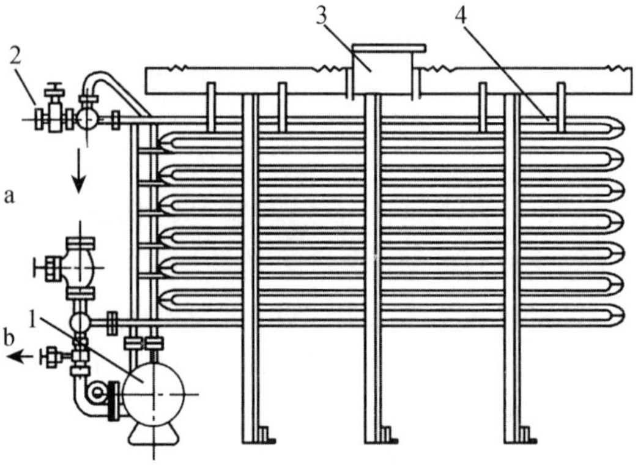

a. 氨气　b. 氨液

1. 储氨器　2. 不凝结气体出口　3. 配水器　4. 冷却排管

图 7-3-9　淋水式冷凝器

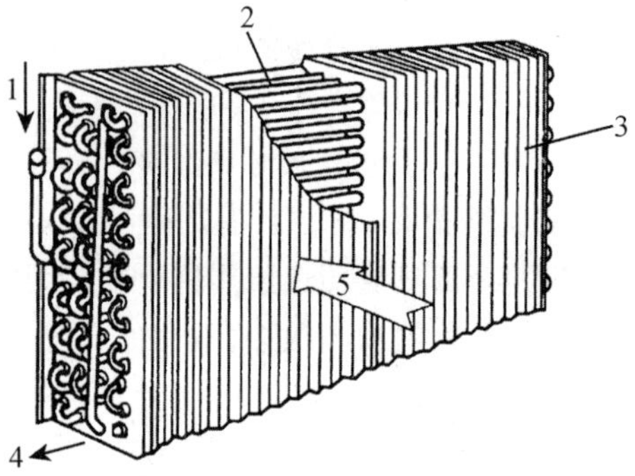

1. 蒸气入口　2. 冷凝管　3. 散热片
4. 出液口　5. 气流方向

图 7-3-10　空气冷却式冷凝器

③空气冷却式冷凝器　空气冷却式冷凝器由一排排蛇形铜管组成，如图 7-3-10 所示，冷却介质为空气。制冷剂蒸气在管内流动，而空气在管外掠过，吸收热量并散发于周围环境中，冷却后的液体靠重力从下部流出。因空气的热导率非常小，为提高传热性能，在冷凝管外装有散热片并用通风机以 2～3 m/s 的风速强制空气流动。空冷式冷凝器常用于供水困难的地方以及中小型家用或医用制冷设备中。

④蒸发式冷凝器　如图 7-3-11 所示，蒸发式冷凝器由冷凝管、供水喷淋装置和风机等组成。它的冷却介质为水和空气。制冷剂蒸气从上部的蒸气入口进入，在冷凝管内与冷却水进行热交换，冷凝后经出液口排出，冷却水喷淋在冷凝管外壁上形成薄层水膜，其中一部分水膜吸热后蒸发成水蒸气，另一部分水聚集成水滴，落回水池。抽风机产生自下而上的气流，将水蒸气排出机外，并冷却滴落过程中的水滴。随气流漂移的雾滴，碰到上部的阻挡栅后也滴回水池。

蒸发式冷凝器的传热效果较好、耗水量较少，但因蒸发式是利用水的气化潜热，空气湿度对冷凝器效果影响较大，湿度越高，越难气化。所以蒸发式冷凝器不宜在湿度较高的地方使用。

(2)冷却塔　以水冷却的制冷系统，冷却水是循环使用的。冷却水在冷凝器中吸收热量，温度升高，然后被泵送到冷却塔顶部，经喷嘴水被喷淋成细小水滴，往下流经填料时形成水膜，与往上流的空气接触发生热质传递，降温后流到塔底，冷却后的水经水泵输送到冷凝器，开始新的循环。每次循环会因蒸发损失部分冷却水，所以需要定期给冷却塔补充水。冷却塔是与水冷冷凝器配套使用的，图 7-3-12 为冷却塔结构示意图。

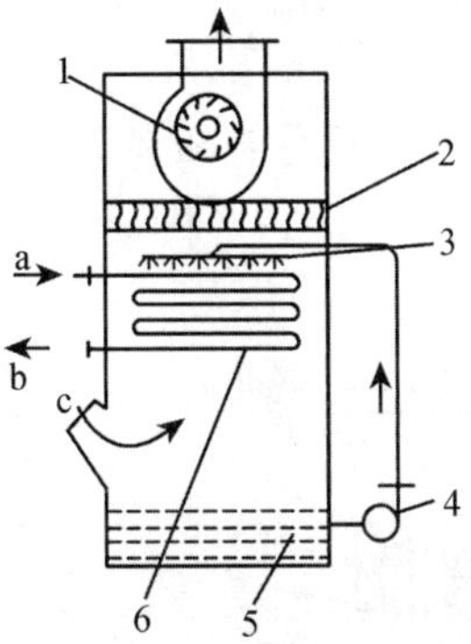

a. 蒸气入口　b. 出液口　c. 空气
1. 抽风机　2. 阻挡栅　3. 喷嘴　4. 泵　5. 水池　6. 冷凝管

图 7-3-11　蒸发式冷凝器

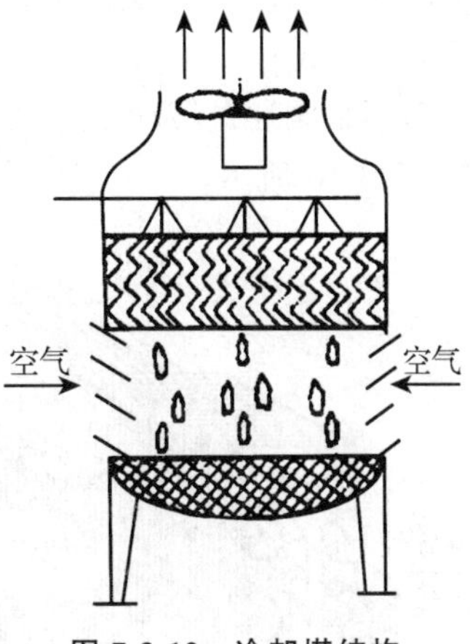

图 7-3-12　冷却塔结构

3. 蒸发器

蒸发器能将被冷却介质的热量传递给制冷剂的热交换器。低压低温制冷剂液体进入蒸发器后，因吸热蒸发而变成蒸气。根据被冷却介质的种类不同，蒸发器可分为两大类：冷却液体的蒸发器和冷却空气的蒸发器。常用冷却液体的蒸发器为壳管卧式蒸发器，常用冷却空气的蒸发器为直接蒸发式空气冷却蒸发器。

(1)壳管卧式蒸发器　壳管卧式蒸发器的外壳是用钢板焊接而成的圆柱筒体，两端带有管板，管板上扩张或焊接着许多无缝钢管或铜管制成的换热管束。两头端盖内具有隔板，端盖用螺栓连接在壳体上，如图 7-3-13 所示。载冷剂在换热管内往返多次流动，而制冷剂则在换热管外蒸发吸收载冷剂的热量。

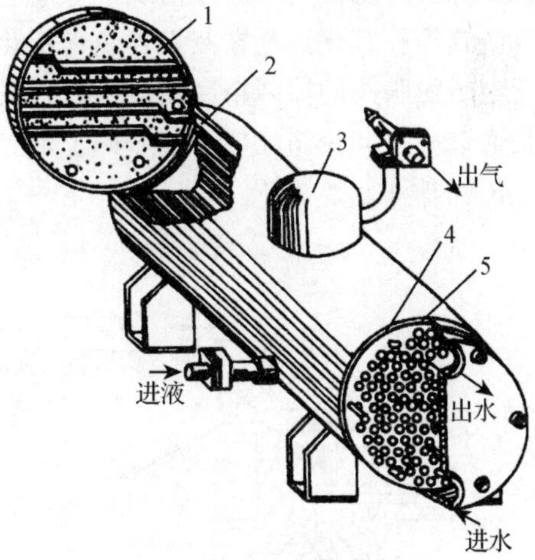

1. 端盖　2. 蒸发管　3. 集气室
4. 管板　5. 橡胶垫圈

图 7-3-13　壳管卧式蒸发器

壳管卧式蒸发器具有结构简单，体积紧凑，传热性能好等优点。其缺点是制冷剂的充注量大，载冷剂有冻结的危险，采用氟利昂作制冷剂时，回流比较困难，在一定程度上会影响传热效果。

(2)直接蒸发式空气冷却蒸发器　直接蒸发式空气冷却蒸发器又称冷风机，广泛用于空气调节、冷库和低温操作间等。这种蒸发器采用翅片管式，如图 7-3-14 所示，管内通以氟利昂液体蒸发吸热，管外通以被冷却的空气。这种蒸发器的优点是结构紧凑，占地面积小，冷量损失少；缺点是气密性要求较高，制冷量调节比较困难。

4. 节流装置

节流装置又称膨胀机构，在管路系统中起着节流和降压的作用。高压制冷剂液体通过节流装置时，经节流降压使其由冷凝压力降低到所要求的蒸发压力。在降压的同时，少部分制冷剂因沸腾蒸发而吸热，使制冷剂液体的温度降低到所需要的低温。节流装置还可以根据蒸发器的工况调节送入蒸发器的制冷剂液体量。常用的节流装置有手动膨胀阀、热力膨胀阀和电子膨胀阀。

手动膨胀阀通过转动手轮改变阀门开启度,结构简单,但不能随热负荷的变化而自动调节,如图 7-3-15 所示。

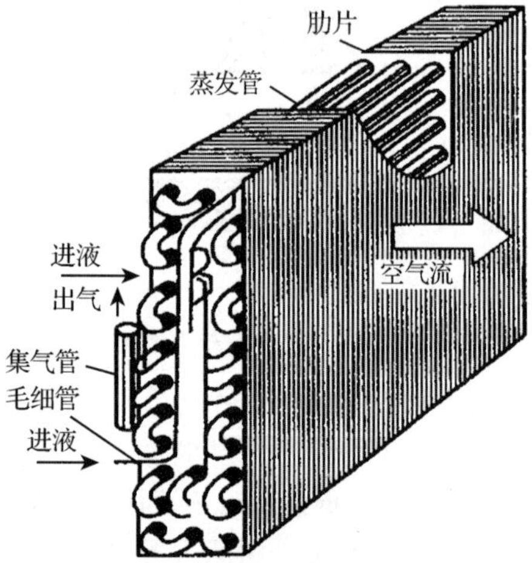

图 7-3-14 直接蒸发式空气冷却蒸发器

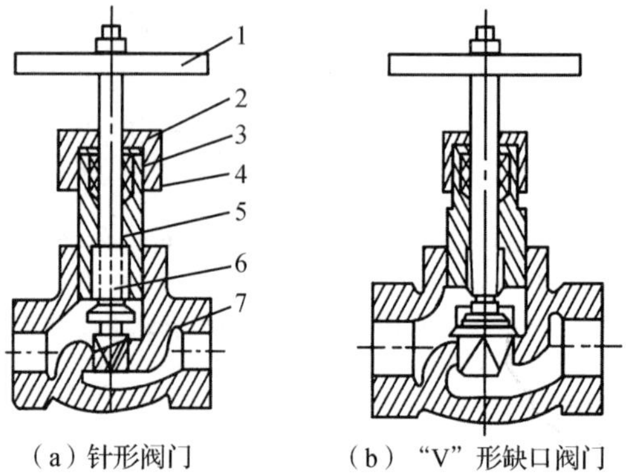

1. 手轮 2. 螺母 3. 钢套筒 4. 填料 5. 铁盖 6. 钢阀管 7. 外壳

图 7-3-15 手动膨胀阀

热力膨胀阀是根据蒸发器出口处蒸气的过热度来自动调节制冷剂流量的节流装置,如图 7-3-16 所示。在氟利昂制冷系统中普遍应用,如风冷式冻结间、制冷装置、冰激凌保藏箱以及空调装置等。其优点是在蒸发器负荷变化时可以自动调节制冷剂液体的流量。

电子膨胀阀的控制精度较高,调节范围大,并为制冷装置的智能化提供了条件。电子膨胀阀是通过调节和控制施加于膨胀阀上的电压或电流,进而控制阀针的运动,达到调节目的,如图 7-3-17 所示。

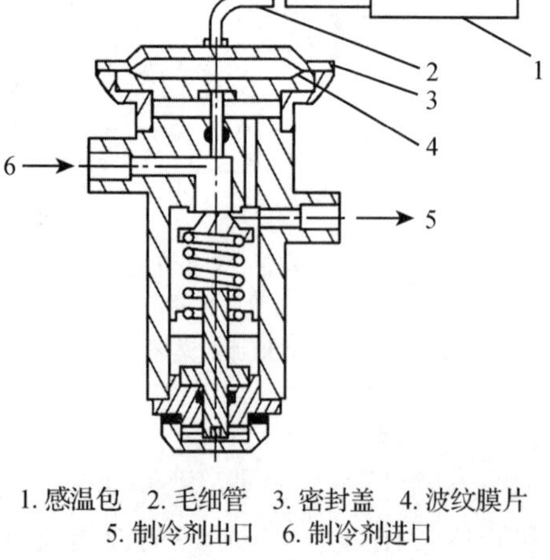

1. 感温包 2. 毛细管 3. 密封盖 4. 波纹膜片 5. 制冷剂出口 6. 制冷剂进口

图 7-3-16 热力膨胀阀

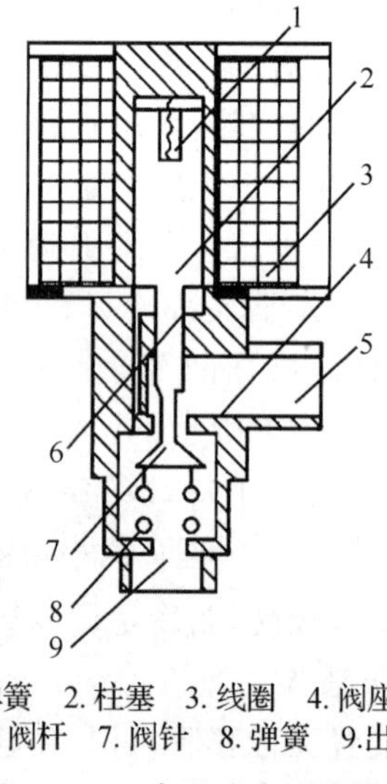

1. 柱塞弹簧 2. 柱塞 3. 线圈 4. 阀座 5. 入口 6. 阀杆 7. 阀针 8. 弹簧 9.出口

图 7-3-17 电磁式电子膨胀阀

二、食品冷却装置

(一)冷风冷却及其装置

冷风冷却是利用强制流动的冷空气使被冷却食品的温度下降的一种冷却方法,包括通风冷却和差压式冷却。

通风冷却是利用风机强制冷空气流动,通过被冷却食品使其温度下降的冷却方法。所以又称强制通风冷却。与将食品放在冷藏库内自然冷却的区别,在于配置了较大风量、风压的风机。这种冷却方式的冷却速率较高,但存在预冷不均匀、产品干耗较大等缺点。为克服这些不足,进一步提高食品的预冷速度,日本于 20 世纪 70 年代发明了差压式冷却。图 7-3-18 为两种冷却方法的比较。

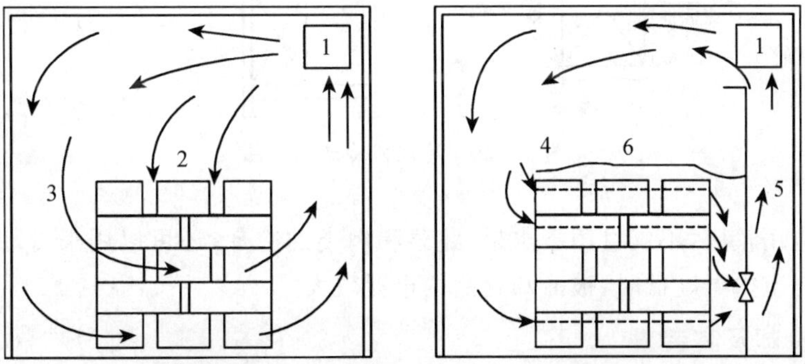

(a) 通风冷却　　(b) 差压式冷却

1. 通风机　2. 箱体间设置通风间隙　3. 风从箱体外通过　4. 风从箱体上的孔中通过　5. 差压式风冷回风道　6. 盖布

图 7-3-18　通风冷却与差压式冷却的比较

差压式冷却装置如图 7-3-19 所示,将食品放在吸风口两侧,并铺上盖布,冷空气通过风机加压在预冷食品两侧产生 2~4 kPa 压差,迫使−5~10℃的冷风以 0.3~0.5 m/s 的速度通过箱体上开设的通风孔,在箱体内流动进行预冷。根据食品种类不同,差压式冷却一般需要 4~6 h,有的可在 2 h 内完成。

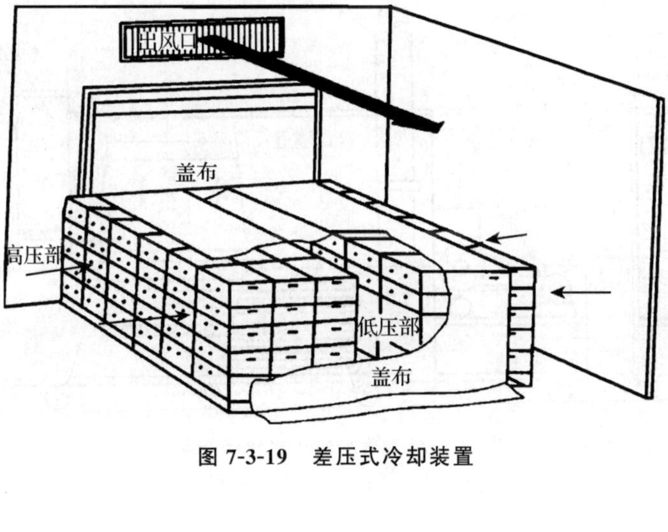

图 7-3-19　差压式冷却装置

差压式冷却具有能耗小，冷却速度快，冷却均匀，可冷却的品种多，易于由强制通风冷却改建的优点，但也有食品干耗较大，货物堆放要求通风口对齐，冷库利用率低的缺点。

冷风冷却装置中的主要设备为冷风机。图 7-3-20 中有几种不同的吸、吹风形式的冷风机。

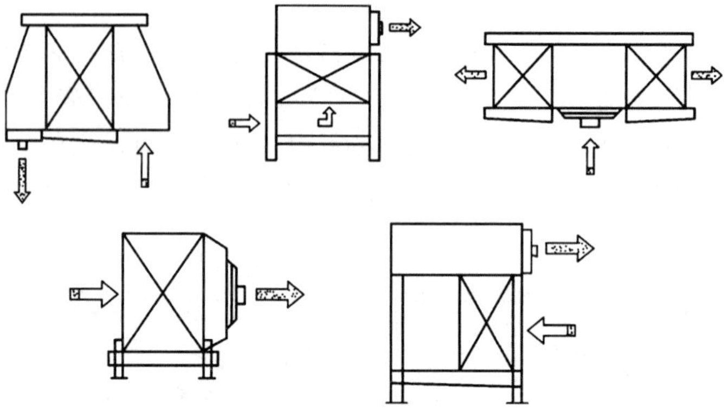

图 7-3-20 冷风机冷却示意图

冷风冷却应用较广，不仅可用于水果、蔬菜和肉类的冷却，还可以用来冷却禽、蛋、调理食品等。缺点是当室内温度低时，被冷却食品的干耗较大。

(二)冷水冷却及其装置

冷水冷却是采用 0～3 ℃的低温水将被冷却食品冷却到所要求温度。冷水冷却有三种形式：喷水式、浸渍式和混合式(喷水和浸渍)，其中以喷水式应用最多。喷水式冷水冷却装置如图 7-3-21 所示，主要由冷却水槽、传送带、冷却隧道、水泵和制冷系统等组成。在冷却水槽内设冷却盘管，由压缩机制冷，使盘管周围的水部分结冰，因而冷却水槽中是冰水混合物，泵将冷却水抽到冷却隧道的顶部，经喷嘴喷淋到放置在传送带上的食品表面。根据食品种类不同可选用不同冷水喷头，如对耐压产品，采用喷淋式大孔喷头；对较柔软产品，选用喷雾式小孔喷头，以免水冲击损坏食品。

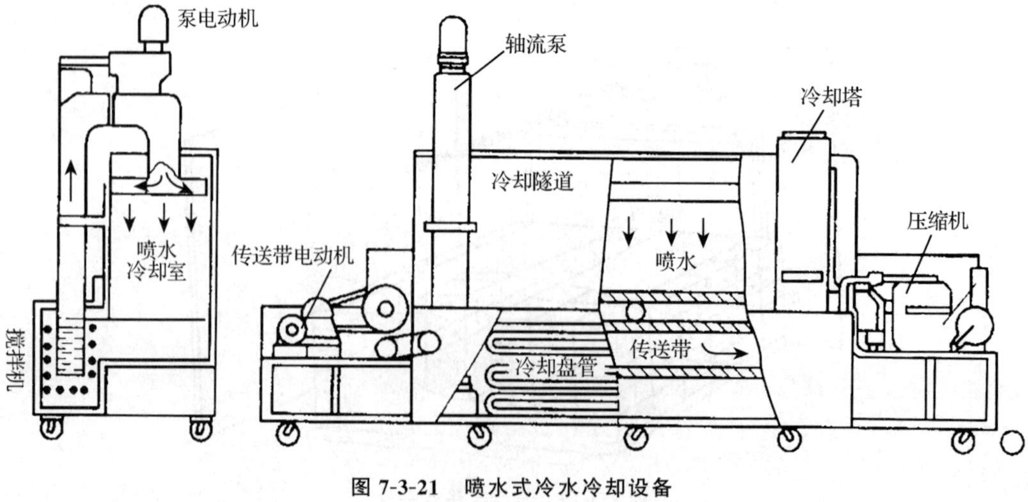

图 7-3-21 喷水式冷水冷却设备

浸渍式冷却设备，一般在冷水槽底部有冷却盘管，上部有放冷却食品的传送带。将被冷却食品直接浸没在冷却槽中，靠传送带在槽中移动，经冷却后输出。冷水冷却设备适用于家禽、鱼、蔬菜、水果的冷却，由于水和空气相比热容量大，所以冷却速度快，无干耗。

应当注意，喷淋式和浸渍式两种冷却方法中冷却水都是循环使用的。因此，当循环水滋生微生物或受某些个体食品污染后，容易造成对其他食品的污染，可在水中加杀菌剂进行控制。因为冷却水直接接触食品，可能对食品的品质有一定的影响，如用冷海水冷却鱼体可能使鱼体吸水膨胀、肉变咸、蛋白质也容易损耗、变色，也易污染。冷海水法目前在国际上被广泛地用来作为预冷手段。

混合式冷却装置一般采用先浸渍后喷淋的步骤。

(三)碎冰冷却

冰是一种良好的冷却介质，具有较大的冷却能力。碎冰冷却是采用冰来冷却食品，利用冰融化时的吸热作用来降低食品的温度。本法的优点是食品冷却速度快，冰的价格便宜、无毒害，易携带和储藏。此外，融解的冰水使食品的表面保持湿润，能避免干耗现象。碎冰冷却主要用于鱼的冷却，此外它也可以用于水果、蔬菜等的冷却。

用于冷却食品的冰有淡水冰和海水冰两种。一般淡水鱼用淡水冰来冷却，淡水冰的融化热为334.72 kJ/kg，采用制冰机制得块冰、片冰以及米粒冰等多种形式。海水冰的融化热为321.70 kJ/kg，以块冰和片冰为主。

碎冰冷却可将碎冰撒在鱼层上，形成一层鱼一层冰，或将碎冰和鱼混拌在一起。前者称为层冰层鱼法，适合于大鱼的冷却；后者称为拌冰法，适合于中、小鱼的冷却。对海上的水产品进行冷却时，可采用碎冰冷却和水冰冷却。

总之，碎冰冷却的特点是无害、便宜；能使冷却表面湿润有光泽，减少干耗；冷却速度快。它也用在叶类蔬菜的冷却和运输及某些食品的加工中，如香肠的碎肉加工。

(四)真空冷却及其装置

真空冷却又叫减压冷却，是根据水在不同大气压下的沸点不同的原理进行的。水在一个标准大气压(101.3 kPa)下，沸点为100℃，当气压降为0.667 kPa时，水在1℃就沸腾了。利用水随压力的降低其沸点也降低的性质，将预冷食品放置在真空室中，当压力降低到一定数值时，食品表面水分开始蒸发，吸收气化潜热，使食品自身被冷却。

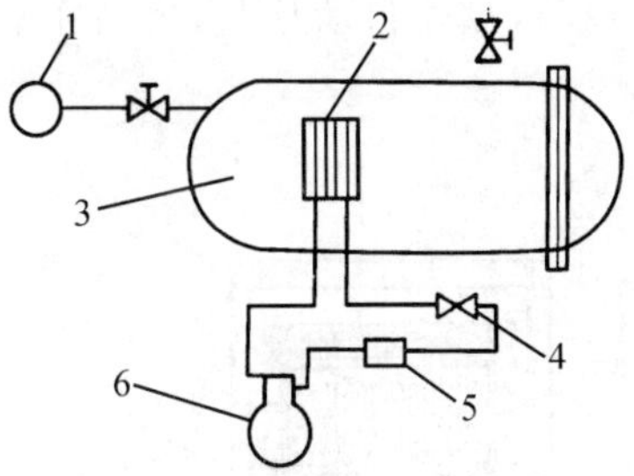

1. 真空泵 2. 冷却器 3. 真空冷却室 4. 膨胀阀 5. 冷凝器 6. 压缩机

图 7-3-22 真空冷却装置

图7-3-22所示为真空冷却装置示意图，它主要由真空泵、冷凝器、制冷压缩机以及真空室等组成。将收获的蔬菜经挑选、整理，装入打孔的塑料箱内，然后推入真空室并密闭，起动真空泵和制冷机。使真空室内压力逐渐降低，当压力降到2.4 kPa左右时，即达到闪点，水分开始蒸发，压力继续降低到0.8 kPa时，水在4℃下沸腾，需吸收约2 496 kJ/kg的汽化热，使蔬菜本身的温度迅速下降。因冷却速度快(20～30 min)，水分气化量仅为2%～4%，对蔬菜新鲜的外观影响不大。真空冷却装置配备的制冷系统和冷凝器，不是用于冷冻果蔬的，而是将蒸发的水蒸气进行冷凝排出，保持真空室内的真空度。

真空冷却是目前冷却速度最快的一种冷却方法，对表面积大(如叶类菜)的食品的冷却效果特别好。真空冷却的主要优点是冷却速度快、时间短；冷却后的食品储藏时间长；易于处理散装产品；若在食品上事先喷洒水分，则干耗非常低。缺点是装置成本高，少量使用时不经济。

三、食品冻结装置

食品的冻结就是将食品中所含的水分大部分转变成冰的过程。食品冻结的原理就是将食品的温度降低到其冻结点以下，使微生物无法进行生命活动，生物化学反应速度减慢，达到食品能在低温下长期储藏的目的。为了提高冻结冻藏食品的质量，最大限度地保持食品原有的营养和风味，降低食品冻结冻藏加工费用，就需要采用合理的冻结方法和选择适当的冻结设备。

(一)空气冻结装置

在冻结过程中，冷空气以自然对流或强制对流的方式与食品换热。由于空气的导热性较差，与食品间的换热系数小，故所需的冻结时间较长。但是，空气资源丰富、无任何毒副作用，其热力性质已为人们熟知，机械化较容易，所以，用空气作介质进行冻结仍是目前应用最广泛的一种冻结方法。

1. 隧道式冻结装置

隧道式冻结装置的特点是：冷空气在隧道中循环，食品通过隧道时被冻结。根据食品通过隧道的方式，可分为传送带式、吊篮式、推盘式冻结隧道等几种。图 7-3-23 是一种传送带式冻结隧道。该冻结装置的传输系统为两条平行工作的液压驱动链式传送带，上面放置冻结盘。开始运行时，将冻结盘放在装卸设备上，盘被自动推上传送带并合盖后，液压传动机构 10 驱动传送带向前移动，使冻结盘通过驱动室 A 进入水分分离室 B。在分离室内，黏附在盘子外面的大部分水被除去，剩余的水分则结成冰，保证水分不被带入冻结间 C 和 D 内，以免蒸发器结霜。食品的冻结过程是在冻结间 C 和 D 内进行的，轴流风机 8 吸入经板片式蒸发器 5 冷却的空气，向冻结盘吹送。为加速冻结过程，并保证食品降温均匀性，在各冻结间内气流流过盘子的方向互为反向。冻结盘到达转向装置时，改变运动方向返回装卸设备。此时，冻结盘自动脱出链条卡扣，在除霜装置 2 上经加热除霜后送至端部位置并翻转，盘盖自动打开，食品冻结块落在输送带 11 上，传输到外面包装贮藏。

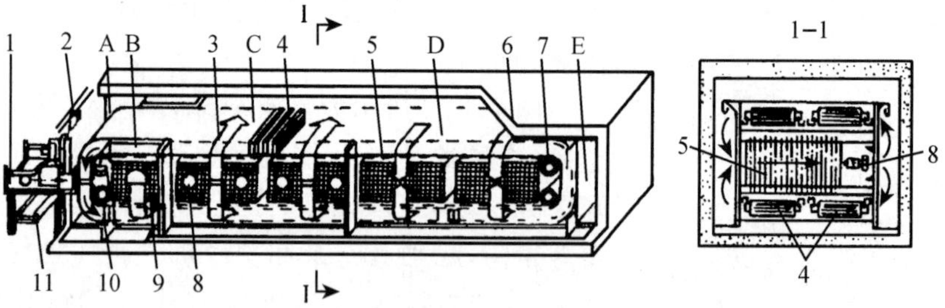

A. 驱动室 B. 水分分离室 C、D. 冻结间 E. 旁路
1. 装卸设备 2. 除霜装置 3. 气流方向 4. 冻结盘 5. 板片式蒸发器 6. 隔热外壳 7. 转向装置
8. 轴流风机 9. 光管蒸发器 10. 液压传动机构 11. 冻结块输送带

图 7-3-23 传送带式冻结隧道

传送带式冻结隧道可用于冻结块状鱼、肉制品、果酱等。特别适合于包装产品，而且最好用冻结盘操作，冻结盘内也可放散装食品。该装置具有投资费用较低，通用性强，自动化程度高的特点。

2. 螺旋式冻结装置

螺旋式冻结装置是20世纪70年代初发展起来的冻结设备，其结构如图7-3-24所示，主要由转筒、蒸发器、轴流风机、传送带及附属设备等组成。其主体部分为一转筒，传送带由不锈钢扣环组成，按宽度方向成对接合，在纵横方向上都具有挠性。运行时拉伸带子的一边就压缩另一边，从而形成一个围绕着转筒的曲面。借助摩擦及传动力，传送带随着转筒一起运动，由于传送带上的张力小，故驱动功率不大，传送带的寿命长。传送带的螺旋升角约为2°，近于水平，食品不会下滑。传送带缠绕的圈数由冻结时间和产量确定。

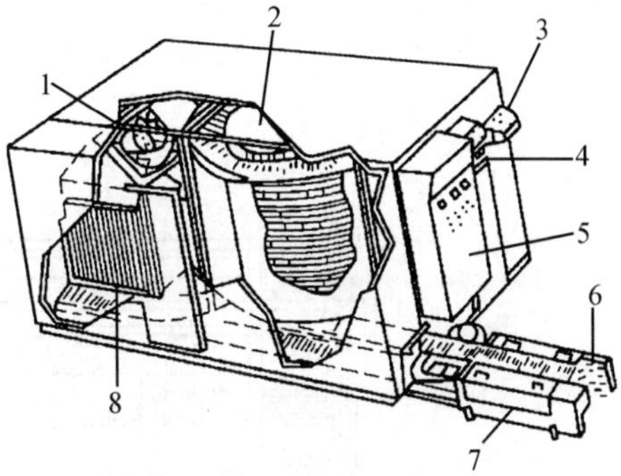

1. 轴流风机　2. 转筒　3. 出冻品口　4. 变频调速装置　5. 电气控制箱　6. 进冻品口　7. 传送带清洗器　8. 蒸发器

图7-3-24　螺旋式冻结装置

被冻结的食品可直接放在传送带上，也可采用冻结盘，食品随传送带进入冻结装置后，由下盘旋而上，冷风则由上向下吹，与食品逆向对流换热，提高了冻结速度。与空气横向流动相比，冻结时间可缩短30%左右。食品在传送过程中逐渐冻结，冻好的食品从出料口排出。

螺旋式冻结装置有多种形式，近年来，人们对传送带的结构、吹风方式等进行了改进，如沈阳新阳速冻设备厂采用国际先进的堆积带做成传送带；美国约克公司改进吹风方式，将冷气流分为两股，其中一股从传送带下面向上吹，另一股经转筒中心到达上部由上向下吹，最后，两股气流在转筒中间汇合，并回到风机，如图7-3-25所示。这样，最冷的气流分别在转筒上下两端与最热和最冷的物料接触，使刚进入的食品尽快达到表面冻结，减少干耗，也减少了装置的结霜量。两股冷气流同时吹到食品上，提高了冻结速度，比常规气流快15%～30%。

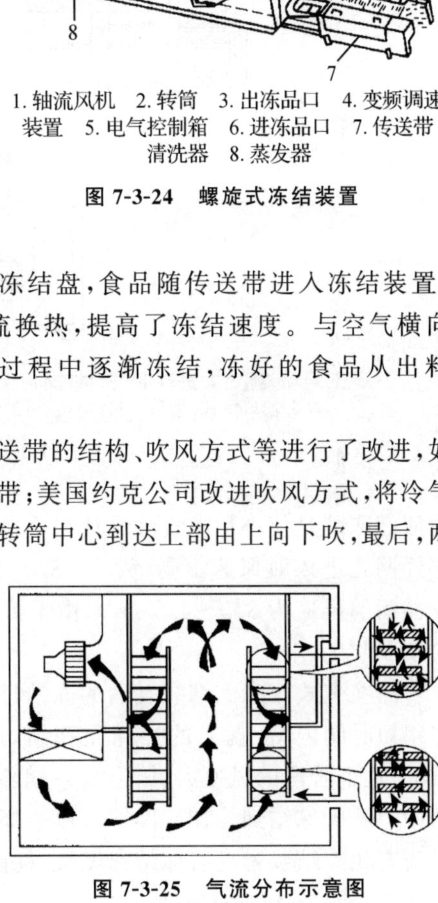

图7-3-25　气流分布示意图

螺旋式冻结装置适用于冻结单体食品，如饺子、烧卖、对虾及经加工整理的果蔬，还可用于冻结各种熟制品，如鱼饼、鱼丸等。螺旋式冻结装置有以下特点：

(1)结构紧凑，占地面积小，仅为一般水平输送带的25%。

(2)在冻结过程中，产品与传送带相对位置保持不变。适于冻结易碎食品和不许混合的产品。

(3)可以通过调整传送带的速度来改变食品的冻结时间，用以冷却不同种类的食品。

(4)进料、冻结等在一条生产线上连续作业，自动化程度高。

(5)冻结速度快，干耗小，冻结质量好。

该装置的缺点是在小批量、间歇式生产时，耗电量大，成本较高。

3. 流态化冻结装置

食品流态化冻结装置是在一定流速的冷空气作用下，使食品在流态化条件下得到快速冻结方法。随着我国速冻果蔬、虾类和速冻调理食品的迅速发展，用于单体快速冻结食品（如小型鱼、虾类、草莓、青豌豆、颗粒玉米等）的带式流态化冻结装置（图 7-3-26）得到了广泛的应用。

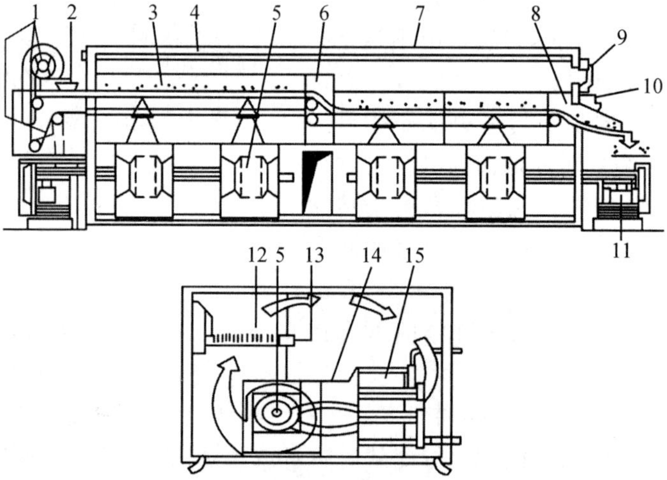

1. 自动装置 2. 进料斗 3. 被冻品 4. 融霜管 5. 风机 6. 转换台 7. 隔热层 8. 出料口 9. 窗口 10. 齿轮 11. 电机 12. 传送带网孔 13. 窗口 14. 检查口 15. 导风板

图 7-3-26 流态化冻结装置

流态冻结是使小颗粒食品悬浮在不锈钢网孔传送带上进行单体冻结的。由于风从传送带底部经网孔进入时风速很高（为 7～8 m/s），把颗粒食品吹起，形成悬浮状态进行冻结。冻结时食品间的风速为 3.5～4.5 m/s，由于传送带上部的空间大，故冷风的速度降低，不致将冻结后的食品吹走。

食品在带式流态冻结装置内的冻结过程分为两个阶段进行：第一阶段为外壳冻结阶段，要求在很短时间内，使食品的外壳先冻结，这样不会使颗粒间相互黏结。以小虾为例，需 5～8 min。这个阶段的风速大、压力高，一般采用离心风机。第二阶段为最终冻结阶段，要求将食品的中心温度冻结到－18℃以下。以小虾为例，需 20～25 min。

流态化冻结装置具有冻结速度快、耗能低和易于实现机械化连续生产等优点。

（二）间接接触冻结装置

间接冻结是将食品放在由制冷剂冷却的板、盘、带或其他冷壁上，食品与冷壁直接接触，而与制冷剂间接接触的冻结方式。对于固态食品，可将食品加工为具有平坦表面的形状，使食品与冷壁面接触良好，增强换热；对于液态食品，用泵使食品通过冷壁热交换器，冻成半融状态。

1. 平板冻结装置

平板冻结装置是一组作为蒸发器的空心平板与制冷剂管道相连，将冻结食品放在两相邻的平板间，并借助油压系统使平板与食品紧密接触。由于金属平板具有良好的导热性能，故其传热系数高。当接触压力为 7～30 kPa 时，传热系数可达 93～120 W/(m^2・K)。平板式冻结装置分为卧式平板冻结装置和立式平板冻结装置。

图 7-3-27 为连续卧式平板冻结装置。食品装入货盘并自动盖上盖 2 后，随传送带向前移动，并由压紧机构 3 对货盘进行预压缩，然后货盘被升降机 4 提升到推杆 5 前面，由推杆 5 推入最上层的两平板间；当这两块平板之间填满货盘时，再推入一块，则位于最右面的货盘将由降低货盘装置 7 送到第二层平板的右边，然后被液压推杆 8 推入第二层平板之间。如此不断反复，直至全部平板间均装满货盘时，液压系统 6 压紧平板进行冻结。冻结完毕，液压系统松开平板，推杆 5 继续推入货盘，此时，位于最低层平板间最左侧的货盘则被液压推杆 8 推上卸货传送带，在此盖从货盘上分离，并被送到起始位置，而货盘经翻盘装置 9 翻转后，食品从货盘中分离出来。经翻转装置门再次翻转后，货盘由升降机送到货盘 1，重新装货，如此重复，直至全部冻结货盘卸货完毕时，平板间又填满了未冻结的货盘，再进行第二次冻结。除货盘装货外，所有操作都是按程序自动完成的。卧式平板冻结装置主要用于冻结分割肉、鱼片、虾及其他小包装食品的快速冻结。

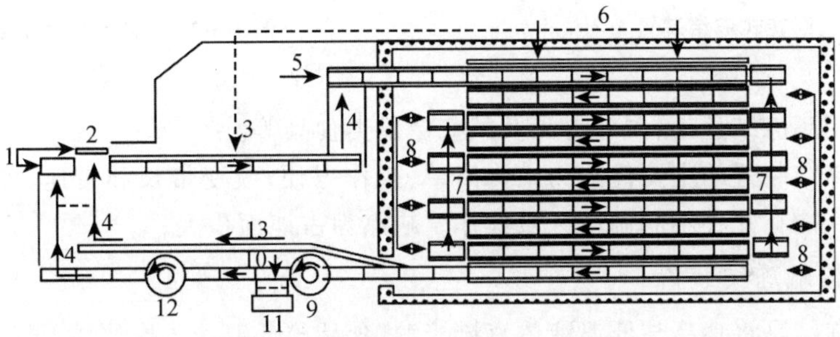

1. 货盘　2. 盖　3. 压紧机构　4. 升降机　5. 推杆　6. 液压系统　7. 降低货盘装置
8. 液压推杆　9. 翻盘装置　10. 卸料　11. 传送带　12. 翻转装置　13. 盖传送带

7-3-27　连续卧式平板冻结装置

平板冻结装置适用于厚度小于 50 mm 的食品，冻结速度快，干耗小，冻品质量高；可在常温下操作，改善了劳动条件，占地面积小。但该冻结装置不适用于冻结厚度超过 90 mm 的食品；未实现自动装卸的装置，需要较大的劳动强度。

2. 回转式冻结装置

回转式冻结装置如图 7-3-28 所示，是一种新型的间接接触连续式冻结装置。其主体为不锈钢制成的回转筒，外壁为冷却表面，内壁之间的空间供载冷剂流过换热，载冷剂由空心轴一端输入筒内，从另一端排出。被冻品呈散状由入口送到回转筒的表面，由于转筒表面温度很低，食品立即粘在上面，进料传送带再给冻品稍施加压力，使其与回转筒表面接触得更好。转筒回转一周，完成食品的冻结过程。冻结食品转到刮刀处被刮下，刮下的食品由传送带输送到包装生产线。该冻结装置的特点是：占地面积小，结构紧凑，冻结速度快，干耗少，生产率高。

学习视频 23
回转式冻结
装置

3. 钢带连续冻结装置

钢带连续冻结装置最早由日本研制生产，其主体是钢带传输机，如图 7-3-29 所示。传送带由不锈钢制成，在带下喷盐水，或使钢带滑过固定的冷却面（蒸发器）使食品降温，同时，食品上部装有风机，用冷水补充冷量，风的方向可与食品平行、垂直、顺向或逆向。传送带移动速度可根据冻结时间进行调节。因为产品只有一边接触金属表面，食品层以较薄为宜。

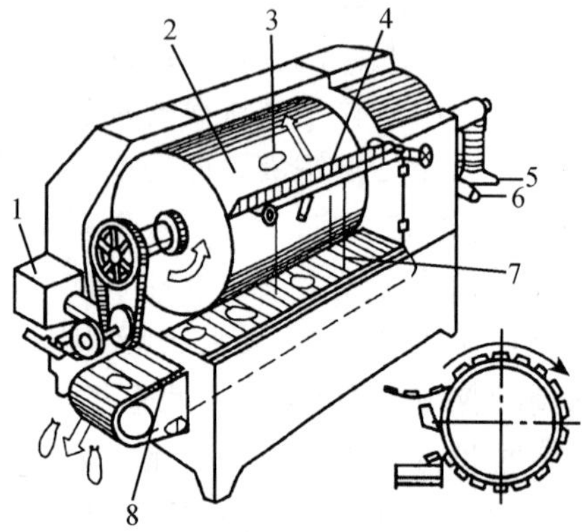

1. 电动机 2. 滚筒冷却器 3. 进料口 4. 刮刀
5. 盐水入口 6. 盐水出口 7. 刮刀 8. 出料输送带

图 7-3-28 回转式冻结装置

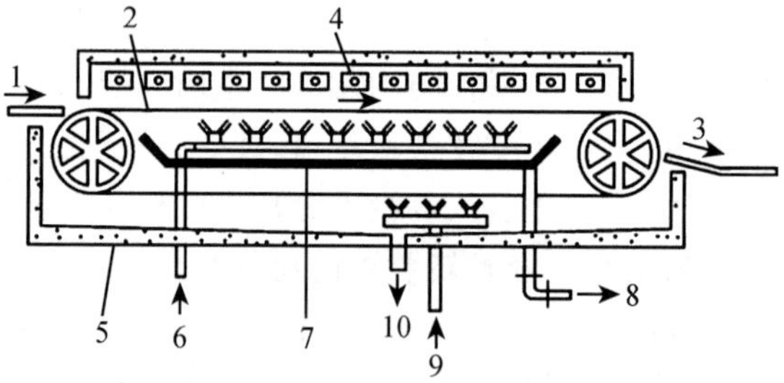

1. 进料口 2. 传送带 3. 出料口 4. 冷却器 5. 隔热外壳
6. 盐水入口 7.盐水收集器 8.盐水出口
9.洗涤水入口 10.洗涤水出口

图 7-3-29 钢带连续冻结装置

该装置适用于冻结鱼片、调理食品及某些糖果类食品等。

钢带连续冻结装置的主要优点为结构简单、操作方便，改变带长和带速，可大幅度地调节产量；干耗较少，能在几种不同温度区域操作。缺点为占地面积大。

（三）直接接触冻结装置

直接接触冻结是将食品与低温液体直接接触，食品与低温液体换热后，迅速降温冻结。食品与低温液体接触的方法有喷淋、浸渍或两者结合使用。采用直接接触冻结食品时，要求低温液体纯净、无毒、无异味、无外来色泽或漂白剂、不易燃易爆等。另外，低温液体与食品接触后，不应改变食品原有的成分和性质。常用的载冷剂有盐水、糖溶液和丙三醇等，经制冷系统降温后与食品接触，使食品冻结。

1. 盐水浸渍冻结装置

盐水浸渍冻结装置如图 7-3-30 所示。该装置主要用于鱼类的冻结，与盐水接触的容器用玻璃钢制成，有压力的盐水管道用不锈钢，其他盐水管道用塑料，从而解决了盐水的腐蚀问题。鱼由进料口与盐水混合后进入进料管，进料管内盐水涡流下旋，使鱼克服浮力而到达冻结器的底部。冻结后鱼体密度减小，浮至液面，由出料机构送至滑道，在此鱼和盐水分离由出料口排出。冷盐水被泵送到进料口，升温密度减小，冻结器中的盐水具有一定的温度梯度，与鱼体分离进入除鳞器，经除去鳞片等杂物的盐水完成一次循环。其特点是冷盐水既起冻结作用又起输送鱼的作用，冻结速度快，干耗小。缺点是装置的制造材料要求较特殊。

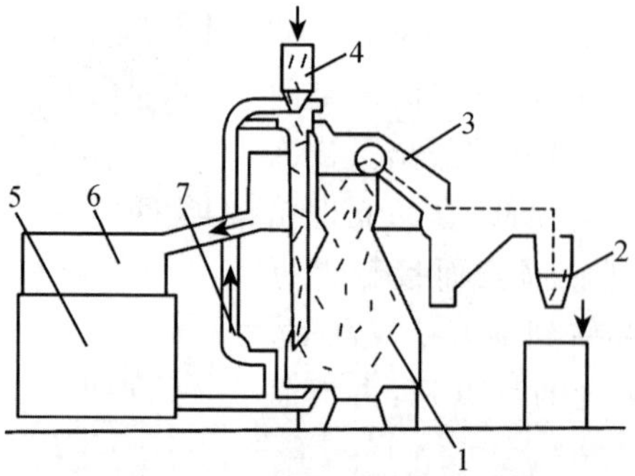

1. 冻结器 2. 出料口 3. 滑道 4. 进料口
5. 盐水冷却器 6. 除鳞器 7. 盐水泵

图 7-3-30 盐水连续浸渍冻结装置

2. 液氮喷淋冻结装置

液氮喷淋冻结装置如图 7-3-31 所示，由隔热隧道式箱体、喷淋装置、不锈钢网格传送带、传动装置、风机等组成。被冻食品由传送带一端送入，经预冷区、冻结(喷淋)区、均温区，从另一端送出。风机将冻结区内温度较低的氮气输送到预冷区，并吹到传送带上的食品表面，经充分换热使食品预冷。进入冻结区后，食品受到雾化管喷出的雾化液氮的冷却而被冻结。根据食品的种类、形状不同，冻结温度和冻结时间可通过调整贮液罐压力以改变液氮喷射量，以及调节传送带速度来加以控制，以满足不同食品的工艺要求。由于食品表面和中心的温度相差较大，所以冻结后的食品需在均温区停留一段时间，使其内外温度趋于均匀。

图 7-3-32 为旋转式液氮喷淋隧道。其主体为一个可旋转的绝热不锈钢圆筒，圆筒的中心线与水平面之间有一定的角度。食品进入圆筒后，表面迅速被喷淋的液氮冻结，由于圆筒有一定的倾斜度，再加上其不断旋转的作用，食品及气化后的氮气一起翻滚着向圆筒的另一端行进，使食品得到进一步的冻结，食品与氮气在出口分离。该装置主要用于块状肉和蔬菜的冻结。

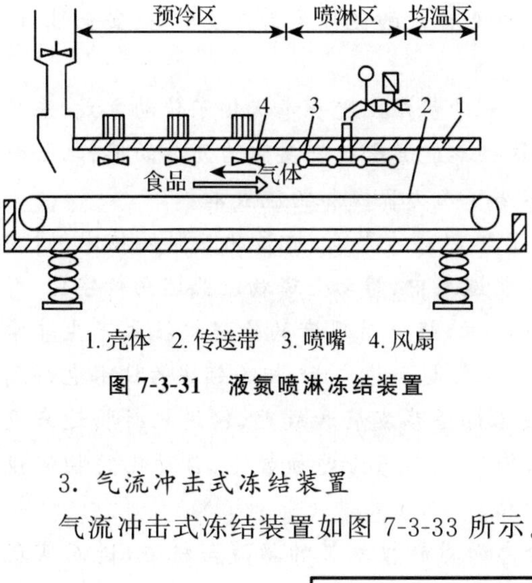

1. 壳体　2. 传送带　3. 喷嘴　4. 风扇

图 7-3-31　液氮喷淋冻结装置

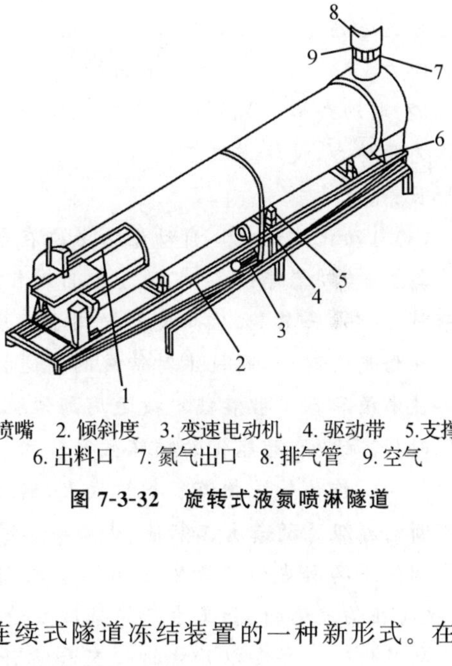

1. 喷嘴　2. 倾斜度　3. 变速电动机　4. 驱动带　5. 支撑轮　6. 出料口　7. 氮气出口　8. 排气管　9. 空气

图 7-3-32　旋转式液氮喷淋隧道

3. 气流冲击式冻结装置

气流冲击式冻结装置如图 7-3-33 所示。它是连续式隧道冻结装置的一种新形式。在冻

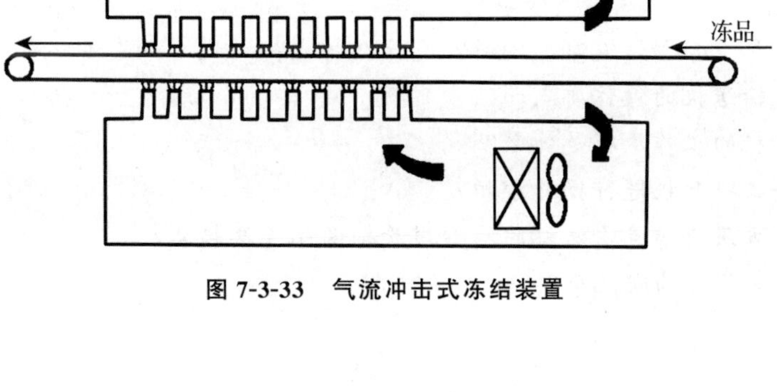

图 7-3-33　气流冲击式冻结装置

结过程中，由空气冷却器吹出的高速冷空气，分别进入上、下两个静压箱。在静压箱内，气流速度降低，由动压转变为静压，并在出口处装有许多喷嘴，气流经喷嘴后，又产生高速气流(流速达 30 m/s)。该高速气流垂直吹向不锈钢网带上的被冻食品，使其表层很快冷却。被冻食品的上部和下部都能均匀降温，达到快速冻结。

思政小课堂

探索输送机的发展历程

据资料记载，在17世纪中期，美国为了传送散状的物料而使用输送机，并把它用在架空的索道上。我国使用输送机的历史要悠久得多，如中国古代的水车就是现代输送机的雏形。

随着科学技术的飞速发展，输送机也在不断地完善和进步。从输送机的结构和功能上来说，输送机传送的不仅是物料，更是一种新的动力和未来的一个发展方向。

输送机发展历程大致可以分为以下几个阶段：

(1)机械式输送机　早期的输送机大多采用机械传动，并用皮带、链条等装置将物件从一个地方运送到另一个地方。这种传动方式虽然简单易行，但也存在许多弊端，比如没有良好的负荷能力、工作噪声大、故障率高等。

(2)电动式输送机　电动式输送机是在机械式输送机的基础之上发展起来的，它采用电动机作为驱动力，使输送机在运行时更加平稳、高效。这种方式的优势是工作效率高、安全性好、寿命长等。

(3)自动化输送机　自动化输送机在电动式输送机的基础上进一步优化了传动方式，采用了计算机、控制器等设备，实现了全自动化生产线，这样就能够进行一些更为复杂的操作，如物品分拣、分装、合装等，从而大大提高了生产效率、节省了人力资源和物流成本。

在信息化时代，新技术对传统的输送机也产生了非常大的影响，更多的互联网技术、虚拟现实技术被和人工智能技术被运用到传统的生产和制造之中，推动全球物流业迈向数字化、智能化时代。比如，智能化的循环生产技术、仓储管理技术，将会对现有的输送机技术产生非常大的推动。作为传统物流装备的代表，输送机的应用已经越来越广泛，相关领域的技术也得到了不断的升级。随着人工智能、大数据、物联网等技术的逐步发展和成熟，输送机必将迎来更加广阔的市场和更为广泛的应用。未来，我们相信输送机将成为更加智能、自动化的物流设备，也将在物流运输、加工生产等领域创造更大的价值。

新时代的青年要以开放的心态和责任感、使命感面对新技术带的挑战与机遇，进而实现“因事而化、因时而进、因势而新”的高要求。

思考与练习

1. 带式输送机适合于运输哪些物料？有什么特点？
2. 简述带式输送机的操作要点和注意事项。
3. 斗式提升机的工作原理是什么？
4. 怎么对斗式提升机进行操作维护？
5. 使用什么方法将螺旋输送机的空心螺旋轴两端连接起来？
6. 气力输送装置分为哪几类？

7. 真空吸料装置的结构原理是什么？
8. 筛面组合的方式及各自的特点是什么？
9. 振动筛的主要构造及操作注意事项有哪些？
10. 简述滚筒分级机、滚轴式分级机、精选机的工作原理。
11. 简述密度去石机的结构及工作原理。

参考文献

[1] 李勇,张佰清.食品机械与设备[M]. 北京:化学工业出版社,2020.
[2] 马海乐.食品机械与设备[M]. 北京:中国农业出版社,2022.
[3] 谭平,邹岚,沈春燕.食品机械与设备[M].徐州:中国矿业大学出版社,2017.
[4] 马兆瑞,秦立虎.现代乳制品加工技术[M].北京:中国轻工业出版社,2010.
[5] 唐丽丽.食品机械与设备[M].重庆:重庆大学出版社,2014.
[6] 巍庆葆.食品机械与设备[M].北京:化学工业出版社,2020.
[7] 张裕中.食品加工技术装备[M].2 版.北京:中国轻工业出版社,2007.
[8] 李东森,吴建章. 通风除尘与气力输送[M]. 北京:中国轻工业出版社,2018.
[9] 桂向东,林宇红.烘焙食品加工技术[M].2 版.武汉:武汉理工大学出版社,2017.
[10] 张国治.食品加工机械与设备[M].北京:中国轻工业出版社,2011.
[11] 刘晓杰,王维坚.食品加工机械与设备[M]. 北京:高等教育出版社,2015.
[12] 陈斌.食品加工机械与设备[M].2 版.北京:机械工业出版社,2018.
[13] 高海燕.食品加工机械与设备[M].北京:化学工业出版社,2008.
[14] 殷涌光.食品机械与设备[M].北京:化学工业出版社,2019.
[15] 李东森,吴建章. 通风除尘与气力输送[M]. 北京:中国轻工业出版社,2018.
[16] 田国庆.食品冷加工工艺[M]. 2 版.北京:机械工业出版社,2018.
[17] 提伟钢,刘一.食品加工机械[M].2 版.北京:中国农业出版社,2018.
[18] 陈从贵.食品机械与设备[M].南京:东南大学出版社,2009.
[19] 马荣朝.食品机械与设备[M].北京:科学出版社,2012.
[20] 崔建云.食品机械[M].北京:化学工业出版社,2006.
[21] 刘晓杰,南浩太.食品机械与设备[M]. 北京:中国轻工业出版社,2017.
[22] 李云飞,葛克山. 食品工程原理[M].4 版.北京:中国农业大学出版社,2019.
[23] 田国庆.食品冷加工工艺[M]. 2 版.北京:机械工业出版社,2018.
[24] 许学勤.食品工厂机械与设备[M].2 版.北京:中国轻工业出版社,2018.
[25] 邹小波.食品加工机械与设备[M]. 北京:中国轻工业出版社,2020.
[26] 管丛江,路红波,王瑞军.食品加工机械与设备[M].北京:中国农业大学出版社, 2018.
[27] 李良.食品机械与设备[M]. 北京:中国轻工业出版社,2019.
[28] 金昌海,于海,赵改名.畜产品加工[M]. 北京:中国轻工业出版社,2018.
[29] 朱经楠,彭健,辜青青,等.射频加热技术及其在果蔬干制中的研究应用进展[J]. 食品工业科技. 2022,43(16):432-441.
[30] 王也,吕为乔,李树君,等.农产品微波干燥技术与装备的研究进展[J].包装与食品机械. 2016,34(03):56-61.
[31] 程佳馨.干燥技术在果蔬加工中的应用[J].中国食品. 2023(01):139-141.
[32] 毛乾羽,刘建超,张欣怡,等.中国食品加工机械制造业的影响因素分析[J].机械工业标准化与质量,2022(04):35-38,48.